Web 开发视频点播大系

Bootstrap 实战从入门到精通

未来科技　编著

中国水利水电出版社
www.waterpub.com.cn
·北京·

内 容 提 要

《Bootstrap 实战从入门到精通》一书系统讲解了 Bootstrap 技术的体系结构、基础知识、组件、插件以及各种深度实战应用。全书分为 3 大部分，共 19 章。第 1 部分（第 1～3 章）为 Bootstrap 基础知识，主要介绍 Bootstrap 是什么，如何使用 Bootstrap，以及 Bootstrap 的技术特性；第 2 部分（第 4～13 章）为 Bootstrap 基本应用，主要介绍 Bootstrap 各种组件和插件的使用，如何扩展 Bootstrap，应用 Bootstrap 第三方插件等；第 3 部分（第 14～19 章）为实战案例，介绍了企业网站、WAP 网站、网络相册等 6 个利用 Bootstrap 实现的项目，可以让读者了解使用 Bootstrap 进行前端开发的全过程。

《Bootstrap 实战从入门到精通》配备了极为丰富的学习资源，其中配套资源有：**214 节教学视频（可二维码扫描）**、**素材源程序**；拓展学习资源有：**习题及面试题库**、**案例库**、**工具库**、**网页模板库**、**网页配色库**、**网页素材库**、**网页案例欣赏库等**。

《Bootstrap 实战从入门到精通》适合作为 Bootstrap 入门、Bootstrap 框架、JavaScript 高级程序设计、HTML5 移动开发人员的参考书，也可作为高等院校网页设计、网页制作、网站建设、Web 前端开发等专业的教学参考书或相关机构的培训教材。

图书在版编目（CIP）数据

Bootstrap实战从入门到精通 / 未来科技编著. --
北京 : 中国水利水电出版社, 2017.8(2020.10重印)
（Web开发视频点播大系）
ISBN 978-7-5170-5421-4

Ⅰ. ①B… Ⅱ. ①未… Ⅲ. ①网页制作工具 Ⅳ.
①TP393.092.2

中国版本图书馆CIP数据核字(2017)第115056号

丛书名	Web 开发视频点播大系
书　名	Bootstrap 实战从入门到精通　Bootstrap SHIZHAN CONG RUMEN DAO JINGTONG
作　者	未来科技　编著
出版发行	中国水利水电出版社 （北京市海淀区玉渊潭南路 1 号 D 座　100038） 网址：www.waterpub.com.cn E-mail：zhiboshangshu@163.com 电话：（010）62572966-2205/2266/2201（营销中心）
经　售	北京科水图书销售中心（零售） 电话：（010）88383994、63202643、68545874 全国各地新华书店和相关出版物销售网点
排　版	北京智博尚书文化传媒有限公司
印　刷	涿州市新华印刷有限公司
规　格	203mm×260mm　16 开本　26 印张　724 千字
版　次	2017 年 8 月第 1 版　2020 年 10 月第 8 次印刷
印　数	18001—20000 册
定　价	59.80 元

前 言

Preface

Bootstrap 是 Twitter 公司开发的一个基于 HTML、CSS 和 JavaScript 的技术框架，为实现 Web 应用程序快速开发提供了一套工具包，使用 Bootstrap 可以构建出非常优雅的 Web 界面，能够让 Web 应用程序看起来与 Windows 或移动设备下的程序一样，应用的一致性是一个趋势，这样开发人员可以把精力放在业务上，而不是 UI 设计上。

本书系统讲解 Bootstrap 技术的体系结构、基础知识、基本用法，以及各种深度应用。它不是一本语法书，也不是一本技术全能书，它不会告诉读者如何编写 HTML、CSS 和 JavaScript 代码，但会告诉读者如何驾驭 Bootstrap，让 Bootstrap 成为前端开发利器，让设计成为一种分享和积累。

本书内容

本书分为 3 大部分，共 19 章，具体结构划分及内容如下：

第 1 部分：Bootstrap 基础知识，包括第 1 章～第 3 章，主要介绍 Bootstrap 是什么，如何使用 Bootstrap 以及 Bootstrap 的技术特性。

第 2 部分：Bootstrap 基本应用，包括第 4 章～第 13 章，主要介绍 Bootstrap 各种组件和插件的使用，以及如何扩展 Bootstrap、应用 Bootstrap 第三方插件等。

第 3 部分：实战案例，包括第 14 章～第 19 章，介绍了 6 个利用 Bootstrap 实现的项目，分别为品牌网站、WAP 网站、营销网站、网络相册、分享网站、企业网站。本书不仅给出了这些项目的源代码，还给出了 APP UI 的一些设计技巧。

本书编写特点

📖 案例丰富

本书采用实例驱动的方式介绍 Bootstrap 下的 APP 开发，全书提供近百个实战案例，旨在教会读者如何进行移动开发。本书的案例包含了作者做过的很多应用，全部来源于真实的生活。本书最后通过 6 个综合项目来复习和巩固所学知识点。

📖 实用性强

本书对于 Bootstrap 的剖析不仅关注知识面的系统性，更强调技术的实用性，特别是讲解 Bootstrap 开发，不仅对 Bootstrap 基础知识进行深入讲解和剖析，还具体演示了如何设计各种网站。

📖 通俗易懂

本书思路清晰、语言平实、操作步骤详细。Bootstrap 是一个比较复杂的技术框架，初学者使用 Bootstrap 会面临很多困难和障碍。本书从下载 Bootstrap 框架开始，手把手地说明和演示，帮助读者快速上手，旨在教会读者正确使用 Bootstrap，并应用 Bootstrap 所提供的全部功能。

📖 操作性强

本书颠覆传统的“看”书观念，是一本能“操作”的图书。每个示例的步骤清晰、明了，能够快速上手，且这样的示例遍布全书每个小节。

编者的初衷是，不但能让读者了解做什么与怎么做，更能让读者清楚为什么要这么做，本书还提供了很多移动APP的设计技巧，以帮助读者找到最佳的学习路径和项目解决方案。

本书显著特色

📖 体验好

二维码扫一扫，随时随地看视频。书中几乎每个章节都提供了二维码，读者朋友可以通过手机微信扫一扫，随时随地看相关的教学视频（若个别手机不能播放，请参考前言中的“本书学习资源列表及获取方式”下载后在计算机上观看）。

📖 资源多

从配套到拓展，资源库一应俱全。本书不仅提供了几乎覆盖全书的配套视频和素材源文件，还提供了拓展的学习资源，如习题及面试题库、案例库、工具库、网页模板库、网页配色库、网页素材库、网页案例欣赏库等，拓展视野、贴近实战，学习资源一网打尽！

📖 案例多

案例丰富详尽，边做边学更快捷。跟着大量的案例去学习，边学边做，从做中学，使学习更深入、更高效。

📖 入门易

遵循学习规律，入门与实战相结合。本书编写模式采用“基础知识+中小实例+实战案例”的形式，内容由浅入深、循序渐进，从入门中学习实战应用，从实战应用中激发学习兴趣。

📖 服务快

提供在线服务，随时随地可交流。本书提供QQ群、网站下载等多渠道贴心服务。

本书学习资源列表及获取方式

本书的学习资源十分丰富，全部资源分布如下：

📖 配套资源

（1）本书的配套同步视频，共计214节（可用二维码扫描观看或从下述的网站下载）。

（2）本书的素材及源程序，共计326项。

📖 拓展学习资源

（1）习题及面试题库（共计1 000题）。

（2）案例库（各类案例4 396个）。

（3）工具库（HTML参考手册11部、CSS参考手册10部、JavaScript参考手册26部）。

（4）网页模板库（各类模板1 636个）。

（5）网页素材库（17大类）。

（6）网页配色库（623项）。

（7）网页案例欣赏库（共计508例）。

📖 以上资源的获取及联系方式

（1）登录网站xue.bookln.cn，输入书名，搜索到本书后下载。

（2）登录中国水利水电出版社的官方网站：www.waterpub.com.cn/softdown/，找到本书后，根据相关提示下载。

（3）加入本书学习QQ群：621135618、625186596、625853788、626360108，读者可以单击QQ窗口右侧的“群应用”下的“文件”，找到相关资源后下载。

（4）读者朋友还可通过电子邮件weilaitushu@126.com、945694286@qq.com与我们联系。

（5）读者朋友可以加入本书微信公众号咨询关于本书的所有问题。

本书约定

为了节省版面，本书显示的大部分示例代码都是局部的，读者需要参考本书示例源代码。

针对部分示例可能需要虚拟服务器的配合，读者可以用 Dreamweaver 定义一个本地虚拟服务器站点。

上机练习本书中的示例要用到 Opera Mobile Emulator 等移动平台浏览器。因此，为了测试所有内容，读者需要安装上述类型的最新版本浏览器。

为了给读者提供更多的学习资源，同时弥补本书篇幅有限的缺憾，本书提供了很多参考链接，部分书中无法详细介绍的问题都可以通过这些链接找到答案。但这些链接地址可能会因时间而有所变动或调整，所以在此说明，这些链接地址仅供参考，本书无法保证所有的链接地址是长期有效的。

本书所列出的插图可能会与读者实际环境中的操作界面有所差别，这可能是由于操作系统平台、浏览器版本等不同而引起的，在此特别说明，读者应以实际情况为准。

本书适用对象

本书适合作为 Bootstrap 入门、Bootstrap 框架、JavaScript 高级程序设计、HTML5 移动开发等人员的参考书，也可作为高等院校网页设计、网页制作、网站建设、Web 前端开发等专业的教学参考书或相关机构的培训教材。

关于作者

未来科技是由一群热爱 Web 开发的青年骨干教师组成的一个松散组织，主要从事 Web 开发、教学培训、教材开发等业务。该群体编写的同类图书在很多网店上的销量名列前茅，让数十万的读者轻松跨进了 Web 开发的大门，为 Web 开发的普及和应用做出了积极贡献。

参与本书编写的人员有：彭方强、雷海兰、杨艳、顾克明、李德光、刘坤、吴云、赵德志、马林、刘金、邹仲、谢党华、刘望、郭靖、张卫其、班琦、蔡霞英、曾德剑、曾锦华、曾兰香、曾世宏、曾旺新、曾伟、常星、陈娣、陈凤娟、陈凤仪、陈福妹、陈国锋、陈海兰、陈华娟、陈金清、陈马路、陈石明、陈世超、陈世敏、陈文广等。

编 者

目 录

Contents

第 1 章　初识 Bootstrap

Bootstrap 是目前最流行的一套前端开发工具包，集成了 CSS、HTML 和 JavaScript 技术，为实现网页快速开发提供了包括布局、网格、表格、按钮、表单、导航、提示等组件。使用 Bootstrap 可以构建出非常优雅的前端界面，本章将简单介绍 Bootstrap 的发展、特性、版本变迁等基础知识。

【学习重点】

- 了解 Bootstrap 发展历史。
- 了解 Bootstrap 功能、特色和构成。

1.1　Bootstrap 概述

Bootstrap 是由 Twitter（推特）公司（www.twitter.com）主导开发，基于 HTML、CSS、JavaScript 的简洁灵活的交互组件集合。它符合 HTML、CSS 规范，代码简洁、视觉优美、直观、强悍，让 Web 开发更迅速、简单。该框架设计时尚、直观、强大，可用于快速、简单地构建网页或网站。

1.1.1　Bootstrap 发展历史

2010 年 6 月，Twitter 公司前端开发人员为了提高内部的协调性和工作效率，自发成立了一个兴趣小组，期望开发一个统一的工具包。整个项目由 Mark Otto（马克·奥托）和 Jacob Thornton（雅各布·桑顿）负责，项目命名为 Bootstrap，希望提供一种精致、经典、通用，并使用 HTML、CSS 和 JavaScript 构建的组件，为用户创建一个设计灵活、内容丰富的插件库。

后来，Bootstrap 在 Twitter 公司内部迅速成长，并被 www.twitter.com 广泛采用，形成了稳定版本。随着工程师对其不断地开发和完善，Bootstrap 进步显著，不仅包括基本样式，而且有了更为优雅和持久的前端设计模式。2011 年 8 月，Twitter 将其开源，开源地址为 http://www.getbootstrap.com/。

如今 Bootstrap 已发展到包括几十个组件，并已成为最流行的项目，截至 2017 年 4 月 1 日，在 GitHub（https://www.github.com/twitter/bootstrap/）上有超过 6 816 个关注和 49 803 个分支，如图 1.1 所示。当然，这个数字还在不断变化中。

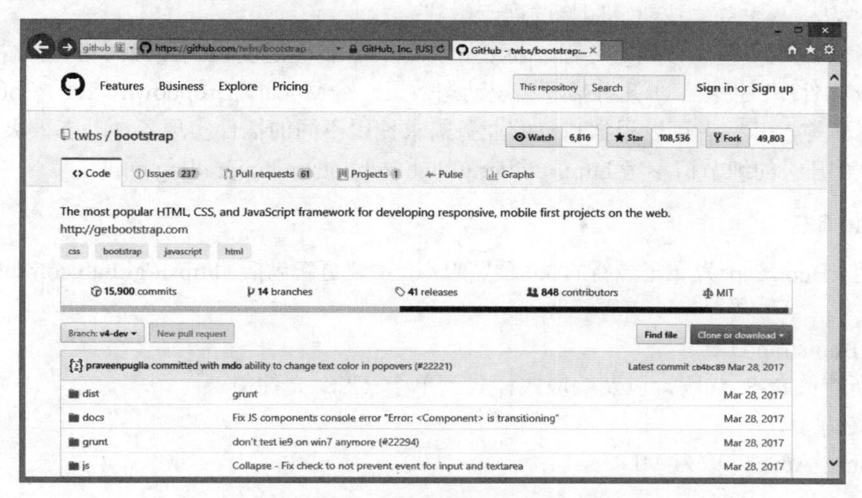

图 1.1　GitHub 开源页面

1.1.2 Bootstrap 的版本

了解 Bootstrap 版本变化的过程，能够更直观地了解 Bootstrap 在 Web 开发中的地位和价值，把握未来 Web 前端开发技术的发展方向。

1. Bootstrap 1.0

2011 年 8 月，Twitter 推出了用于快速搭建网页应用的轻量级前端开发工具 Bootstrap。Bootstrap 是一套用于开发网页应用，符合 HTML 和 CSS 简洁但优美规范的库。Bootstrap 由动态 CSS 语言 LESS 写成，在很多方面类似 CSS 框架 Blueprint。经过编译后，Bootstrap 就是众多 CSS 的合集。

Bootstrap 的内置样式继承了 Mark Otto 简洁亮丽的设计风格，便于开发团队快速部署一个外观时尚的网页应用。对于普遍缺乏优秀前端设计的创业团队来说，某种程度上 Bootstrap 可以帮助他们快速架设非常经典的 Web 应用界面。

2. Bootstrap 2.0

2012 年 1 月，Twitter 正式发布 Bootstrap 2.0 版本。

Bootstrap 2.0 参考了网络社区的意见和 Twitter 前端重构过程中积累的经验。除了增加新样式外，还修改了一些网页元素的默认样式，解决上一版本中的几十个 Bug，同时完善了说明文档。

Bootstrap 2.0 在原有特性的基础上着重改进了用户的体验和交互性。例如，新增加的媒体展示功能，适用于智能手机上多种屏幕规格的响应式布局，另外新增了 12 款 jQuery 插件，可以满足 Web 页面常用的用户体验和交互功能。

Bootstrap 2.0 重大改进是添加了响应设计特性，采用了更为灵活的 12 栏网格布局。还更新了一些进度栏以及可定制的图片缩略图，并增加了一些新样式。

Bootstrap 2.0 把现有框架进行了清晰的功能划分，主要分为框架、基础 CSS、构件库和 jQuery 插件库。

- 框架：主要提供基于网格的各种布局，包括普通网格系统、嵌入式网格、固定布局、自适应布局，同时可以对网格和布局进行自定义，提供了响应式设计，可以通过单个文件支持各种手持设备，自适应不同的设备和屏幕变化。
- 基础 CSS：包括各种排版样式，如标题、段落、引用块、列表、内联标签等，代码展示方面提供了基于 code 标签的内嵌代码，基于 pre 的块代码和基于 Google Prettify 的代码样式，同时提供各种表格、表单、按钮、图标的展示方式。
- 构件库：提供了基于按钮、导航、标签、排版、警告、进度栏、图像网格等控件。
- jQuery 插件库：提供了十几种插件实现动态效果，如 Modal、Dropdown、Tab、Tooltip、Popover、Carousel 等，开发者可以根据自己的业务需求使用不同的插件实现各种动态效果。

Bootstrap 2.0 升级的细节请参考 http://twitter.github.io/bootstrap/upgrading.html。

3. Bootstrap 3.0

2013 年 3 月，Bootstrap 发布了最新的 3.0 预览版本，主要更新包括（https://github.com/twitter/bootstrap/pull/6342）：

- 更改 Bootstrap URL。
- 编译所有 LESS 代码，以及响应式样式到单个 CSS 文件中。
- 不再支持 IE7。
- 许可证由 Apache 改为 MIT。
- 删除 *-wip 分支样式。

- 加速版本化。
- 改进响应式 CSS。
- 集中来自社区的贡献。

该版本被标签为“移动优先”，因为进行了完全重写以更好地适应手机浏览器。移动的风格是直接在库中存在。

其他的改变还包括转换文档到 Jekyll 替代 Mustache、重做插图、更新支持 Retina 的示例截图、重新设计图标预览、更新所有示例以演示新的改进、通过插件改进 noConflict 等。此外 Bootstrap 3.0 还包含一些其他重要的改进。Bootstrap 3.0 包含大量新特性，用户可以通过 http://v3.bootcss.com/了解 Bootstrap 3.0 版本特性。

4. Bootstrap 4.0

2015 年 8 月，Bootstrap 发布 4.0 内测版。Bootstrap 4.0 是一次重大更新，几乎涉及每行代码。主要更新包括：

- 从 LESS 迁移到 SASS：Bootstrap 的编译速度比以前更快。
- 改进网格系统：新增一个网格层适配移动设备，并整顿语义混合。
- 支持选择弹性盒模型（flexbox）：只要修改一个 Boolean 变量，就可以利用 flexbox 的优势快速布局。
- 废弃了 wells、thumbnails 和 panels，使用 cards 代替。cards 是个全新概念，但使用起来与 wells、thumbnails 及 panels 很像，且更方便。
- 将所有 HTML 重置样式表整合到 Reboot 中：在不能 Normalize.css 的地方可以使用 Reboot，它提供了更多选项。例如，box-sizing: border-box、margin tweaks 等都存放在一个单独的 SASS 文件中。
- 新的自定义选项：不再像前面版本一样，将渐变、淡入淡出、阴影等效果分放在单独的样式表中，而是将所有选项都移到一个 SASS 变量中。想要给全局或考虑不到的角落定义一个默认效果？很简单，更新变量值，重新编译即可。
- 不再支持 IE8，使用 rem 和 em 单位：放弃对 IE8 的支持意味着开发者可以放心地利用 CSS 的优点，不必研究 css hack 技巧或回退机制了。使用 rem 和 em 代替 px 单位，更适合做响应式布局，控制组件大小。如果要支持 IE8，只能继续用 Bootstrap 3.0。
- 重写所有 JavaScript 插件：为了利用 JavaScript 的新特性，Bootstrap 4.0 用 ES6 重写了所有插件。现在提供 UMD 支持、泛型拆解方法、选项类型检查等特性。
- 改进工具提示和 popovers 自动定位：这部分要感谢 Tether 工具的帮助。
- 改进文档：所有文档以 Markdown 格式重写，添加了一些方便的插件组织示例和代码片段，文档使用起来会更方便，搜索的优化工作也在进行中。
- 更多变化：支持自定义窗体控件、空白和填充类，此外还包括新的实用程序类等。

除了发布 Bootstrap 4.0 外，官方还发布了 Bootstrap 主题。主题有很多工具集，和 Bootstrap 本身一样。

提示：

> 发布 Bootstrap 3.0 时，Bootstrap 曾放弃了对 2.x 版本的支持，给很多用户造成了麻烦，因此当升级到 Bootstrap 4.0 时，开发团队将继续修复 Bootstrap 3.0 的 Bug，改进文档。Bootstrap 4.0 最终发布之后，Bootstrap 3.0 的文档也不会下线。

1.1.3 浏览器支持

Bootstrap 的目标是在最新的桌面和移动浏览器上有最佳的表现，也就是说，在较老旧的浏览器上某些组件表现会有些不同，但功能是完整的。Bootstrap 支持所有主流浏览器的最新版本，具体如下：

- Chrome（Mac、Windows、iOS 和 Android）。
- Safari（只支持 Mac 和 iOS 版，Windows 版已经不再支持）。
- Firefox（Mac、Windows）。
- Internet Explorer。
- Opera（Mac、Windows）。

Bootstrap 在 IE7 上的表现还可以，完全支持 IE8 和 IE9，不过 IE 不支持很多 CSS3 属性和 HTML5 元素，如圆角矩形和投影，因此在 IE 浏览器上应用 Bootstrap 还需要谨慎，主要问题说明如表 1.1 所示。另外，IE8 需要 Respond.js 配合才能实现对媒体查询的支持。

表 1.1 Bootstrap 3 对 IE8 和 IE9 支持说明

CSS 特性	IE8	IE9
border-radius	不支持	支持
box-shadow	不支持	支持
transform	不支持	支持，需带 -ms 前缀
transition	不支持	不支持
placeholder	不支持	不支持

如果要了解 CSS3 和 HTML5 特性在各个浏览器上的支持情况，请参阅 http://www.caniuse.com/。

由于浏览器的安全规则问题，Respond.js 不能通过 file:// 协议（打开本地 HTML 文件所用的协议）访问的页面上发挥正常的功能。如果需要测试 IE8 的响应式特性，必须用 http 服务器（如 apache、nginx）托管 HTML 页面才可以。

Respond.js 不支持通过 @import 引入的 CSS 文件。如 Drupal 一般被配置为通过@import 引入 CSS 文件，Respond.js 对其将无法起到作用。

IE8 不完全支持 box-sizing: border-box;与 min-width、max-width、min-height 或 max-height 一同使用。因此，从 Bootstrap v3.0.1 版本开始，.container 类样式就不再使用 max-width。

Bootstrap 不支持 IE 的兼容模式。为了让 IE 浏览器运行最新的渲染模式，建议将下面的<meta> 标签加入到页面中：

```
<meta http-equiv="X-UA-Compatible" content="IE=edge">
```

上面一行代码加入页面中，以确保在每个被支持的 IE 浏览器中保持最好的页面展现效果。

IE 10 没有将屏幕的宽度和视口（viewport）的宽度区别开，这导致 Bootstrap 中的媒体查询并不能很好地发挥作用。为了解决这个问题，用户可以引入下面的 CSS 样式修复该问题：

```
@-ms-viewport { width: device-width; }
```

然而，这样做会导致 Windows Phone 8 设备按照桌面浏览器的方式呈现页面，而不是较窄的手机呈现方式。为了解决这个问题，还需要加入以下 CSS 和 JavaScript 代码，直到微软修复该问题。

CSS 样式：

```
@-webkit-viewport      { width: device-width; }
@-moz-viewport         { width: device-width; }
@-ms-viewport          { width: device-width; }
@-o-viewport           { width: device-width; }
@viewport              { width: device-width; }
```

Javascript 代码：

```
if (navigator.userAgent.match(/IEMobile\/10\.0/)) {
  var msViewportStyle = document.createElement("style")
  msViewportStyle.appendChild(
    document.createTextNode(
      "@-ms-viewport{width:auto!important}"
    )
  )
  document.getElementsByTagName("head")[0].appendChild(msViewportStyle)
}
```

更多说明可以浏览 http://timkadlec.com/2013/01/windows-phone-8-and-device-width/页面。

1.2　Bootstrap 特性

下面简单介绍 Bootstrap 功能和特色，以便更详细地了解它。

1.2.1　Bootstrap 的构成

Bootstrap 构成模块从大的方面可分为布局框架、页面排版、基本组件、jQuery 插件以及变量编译的 LESS 几个部分。下面简单介绍 Bootstrap 中各模块的功能。

（1）页面布局

布局在每个项目中都必不可少，Bootstrap 在 960 网格系统的基础上扩展了一套优秀的网格布局，而在响应式布局中有更强大的功能，能让网格布局适应各种设备。使用也相当简单，只需要按照 HTML 模板应用，就能轻松地构建所需的布局效果。

（2）页面排版

页面排版的好坏直接影响产品风格。在 Bootstrap 中，页面的排版都是从全局的概念上出发，定制了主体文本、段落文本、强调文本、标题、Code 风格、按钮、表单、表格等格式。

（3）基本组件

基本组件是 Bootstrap 精华之一，都是开发者平时需要的交互组件。例如，网站导航、Tabs、工具条、面包屑、分页栏、提示标签、产品展示、提示信息块和进度条等。这些组件都配有 jQuery 插件，运用它们可以大幅度提高用户的交互体验，使产品不再那么呆板、无吸引力。

（4）jQuery 插件

Bootstrap 中的 jQuery 插件主要用来帮助开发者实现与用户交互的功能，下面是 Bootstrap 提供的常见插件：

- 对话框（Modals）：是在 JavaScript 模板基础上自定义的一款流线型、灵活性极强的弹出蒙版效果的插件。
- 下拉框（Dropdowns）：Bootstrap 中一款轻巧实用的插件，可能制作具有下拉功能，如下拉菜单、下拉按钮、下拉工具条等效果。
- 滚动条（Scrollspy）：实现滚动条位置的效果，如在导航中有多个标签，用户单击其中一个标签，滚动条会自动定位到导航中标签对应的文本位置。
- Tabs：能够快速实现本地内容的转换，动态切换标签对应的本地内容。
- 提示工具（Tooltips）：是一款优秀的 jQuery 插件，无需加载任何图片，采用 CSS3 新技术，动态显示 data-attributes 存储的标题信息。

- 提示面板（Popover）：在 Tooltips 的插件上扩展，用来显示一些叠加内容的提示效果，此插件需要配合 Tooltips 一起使用。
- 警告框（Alert）：用来关闭警告信息块。
- 按钮（Button）：用来控制按钮的状态或更多组件功能，如复选框、单选按钮以及载入状态条等。
- 折叠（Collapse）：一款轻巧实用的手风琴插件，可以用来制作折叠面板或菜单等效果。
- 幻灯片（Carouse）：实现图片播放功能的插件。
- 补全文本（Typeahead）：可以记住文本框输入的文本，下次输入时可以自动补全。
- 动画效果（Transitions）：Bootstrap 使用这个插件，为一些动画效果增加了过渡性，使动画效果更细腻、生动。

（5）动态样式语言——LESS

LESS 是动态 CSS 语言，基于 JavaScript 引擎或者服务器端对传统的 CSS 进行动态的扩展，使得 LESS 具有更强大的功能和灵活性。基于 LESS，编辑 CSS 就可以像使用编程语言一样，定义变量、嵌入声明、混合模式、运算等。

Bootstrap 中有一套编辑好的 LESS 框架，开发者可以将其应用到自己的项目中，也可通过 less.js、Less.app 或 Node.js 等方法来编辑 LESS 文件。LESS 文件一旦编译，Bootstrap 框架就仅包含 CSS 样式，这意味着没有多余的图片、Flash 之类的元素。

（6）Bootstrap 的 jQuery UI

Bootstrap 的 jQuery UI 其实是从框架中衍生出来的一个 jQuery UI 主题，受到 Twitter 项目的启发，Addy Osmani 也在 Bootstrap 的基础上整理出一个 jQuery UI Bootstrap 主题。

jQuery UI Bootstrap 除了包含 Bootstrap 各个方面功能之外，还在其基础上补充了以下特性：动态添加 Tabs、日期范围选择组件、自定义文件载入框、滑动块、日期控件等。

1.2.2 Bootstrap 的特色

Bootstrap 是非常棒的前端开发工具包，具有以下特色：

（1）由匠人造，为匠人用

与所有前端开发人员一样，Bootstrap 团队是国际上最优秀的全端开发的组织，他们乐于创造出色的 Web 应用，同时希望帮助更多的同行从业者，为同行提供更高效、更简洁的产品。

（2）适应各种技术水平

Bootstrap 适应不同技术水平的从业者，无论是设计师，还是程序开发人员，使用 Bootstrap 既能开发简单的小东西，也能构造更为复杂的应用。

（3）跨设备、跨浏览器

最初设想的 Bootstrap 只支持现代浏览器，不过新版本只能支持主流浏览器，不包括 IE7 及以下版本。从 Bootstrap 3.0 开始，重点支持各种平板和智能手机等移动设备。

（4）提供 12 列栅格布局

栅格系统不是万能的，不过在应用的核心层有一个稳定和灵活的栅格系统确实可以让开发变得更简单。可以选用内置的栅格，或是自己手写。

（5）支持响应式设计

从 Bootstrap 2.0 开始，提供完整的响应式特性。所有的组件都能根据分辨率和设备灵活缩放，从而提供一致性的用户体验。

（6）样式化的文档

与其他前端开发工具包不同，Bootstrap 优先设计了一个样式化的使用指南，不仅用来介绍特性，更用以展示最佳实践、应用以及代码实例。

（7）不断完善的代码库

尽管经过 gzip 压缩后，Bootstrap 只有 10KB 大小，但它仍是最完备的前端工具箱之一，提供了几十个全功能的、随时可用的组件。

（8）可定制的 jQuery 插件

任何出色的组件设计，都应该提供易用、易扩展的人机界面。Bootstrap 为此提供了定制的 jQuery 内置插件。

（9）选用 LESS 构建动态样式

当传统的枯燥 CSS 写法止步不前时，LESS 技术横空出世。LESS 使用变量、嵌套、操作、混合编码，帮助用户花费很小的时间成本，却可以编写更快、更灵活的 CSS 样式表。

（10）支持 HTML5

Bootstrap 支持 HTML5 标签和语法，要求建立在 HTML5 文档类型基础上进行设计和开发。

（11）支持 CSS3

Bootstrap 支持 CSS3 所有属性和标准，逐步改进组件以达到最终效果。

（12）提供开源代码

Bootstrap 全部托管于 GitHub（https://github.com/），完全开放源代码，并借助 GitHub 平台实现社区化开发和共建。

（13）由 Twitter 制造

Twitter 是互联网的技术先驱，引领时代技术潮流，Twitter 前端开发团队是公认的最棒的团队之一，整个 Bootstrap 项目由经验丰富的工程师和设计师奉献。

1.2.3 Bootstrap 的功能

Bootstrap 集成 HTML、CSS、JavaScript 技术，包含三大主要部分，简单说明如下：

- Bootstrap 的 HTML：是基于 HTML5 最新的前沿技术，它不同于古老陈旧的其他网页标准，灵活高效，简洁流畅。它摒弃了那些复杂而毫无意义的标签，引入了全新的<header>、<section>、<footer>、<article>、<video> <canvas>等标签，使网页的语义性大大增加，从此网页不仅是供机器阅读的枯燥文字，而是可供人类欣赏的优美作品。在网页中插入多媒体，也因有了<video>和<canvas>而再也不需借助腐朽的 Flash 控件。
- Bootstrap 的 CSS：是使用 LESS 创建的 CSS，是新一代的动态 CSS。对设计师来说，能写得更少；对浏览器来说，解析更容易；对用户来说，阅读更轻松。直接用自然书写的四则算术和英文单词来表示宽度、高度、颜色，使得写 CSS 不再是高手才会的神秘技能。
- Bootstrap 的 JavaScript：使用 jQuery 的 JavaScript，它不会使每个用户都为了相似的功能，在每个网站都去下载一份相同的代码，而是用一个代码库，将常用的函数放进去，按需取用，用户的浏览器只需下载一份代码，便可在各个网站上使用。正如 jQuery 的口号：The Write Less, Do More。写更少的代码，实现更多的交互效果和应用功能。

Bootstrap 的设计原则是“并行开发”“作为产品的风格指南”“迎合所有的技能水平”，以帮助开发者解决实际问题，不断完善自己，吸引更多的人选择 Bootstrap 应用于自己的项目中。

Bootstrap 框架提供一级的视觉效果，且应用视觉效果保持一致性。这个其实是很难的，使用 Bootstrap 可以确保整个 Web 应用的风格完全一致，一致的用户体验，一致的操作习惯。如果希望整个网站的链接、按钮、提醒都有统一的视觉效果，就应该毫不犹豫地选择 Bootstrap，它还可以为不同级别的提醒使用不同的颜色。

快速应用，简单而优雅，Bootstrap 会让 Web 应用看起来与 Windows 或 Gnome 下的程序一样，一样的按钮，一样的对话框，运行快速。而且越来越多的 Web 应用被直接放在桌面上运行，应用的一致性是一个趋势，开发人员可以把精力放在业务上，而不是 UI 设计上。

Bootstrap 主要由 LESS（动态 CSS 语言）编写，在很多方面类似于 Blueprint 框架（http://www.blueprintcss.org/）。经过 Node.js 编译后，Bootstrap 就是众多 CSS 的合集。Mark Otto 在 Twitter 开发官方博客表示，Bootstrap 用到了一些最新的浏览器技术，可以为开发人员提供精致的网页排版方式，这可以帮助加速项目开发，在一个完备的系统中拥有一致的设计和实现方法。

1.3 Bootstrap 应用浏览

自从 Bootstrap 在 Github 上开源之后，互联网上涌现了很多基于 Bootstrap 建设的网站，这些网站界面清新、简洁。同时，也出现了很多 Bootstrap 扩展插件。

1.3.1 Bootstrap 网站

目前使用 Bootstrap 的著名案例有 NASA 和 MSNBC 的 Breaking News。此外很多 CMS 也在运用 Bootstrap 框架，如大家熟悉的 WordPress、Drupal 等。如果想了解更多 Bootstrap 案例，可以参考 https://wrapbootstrap.com/。

下面介绍 3 个不同类型的国内网站，这些网站虽然不为人知，但分别从不同侧面展示 Bootstrap 在开发中的应用效果。如果读者想了解更多的 Bootstrap 网站，可以浏览 http://expo.bootcss.com/。

（1）乐窝（http://www.lewoer.com/）

乐窝是专为大学生和都市年轻人提供一个用靠谱的无中介的利用地图租房和找房的工具，如图 1.2 所示。

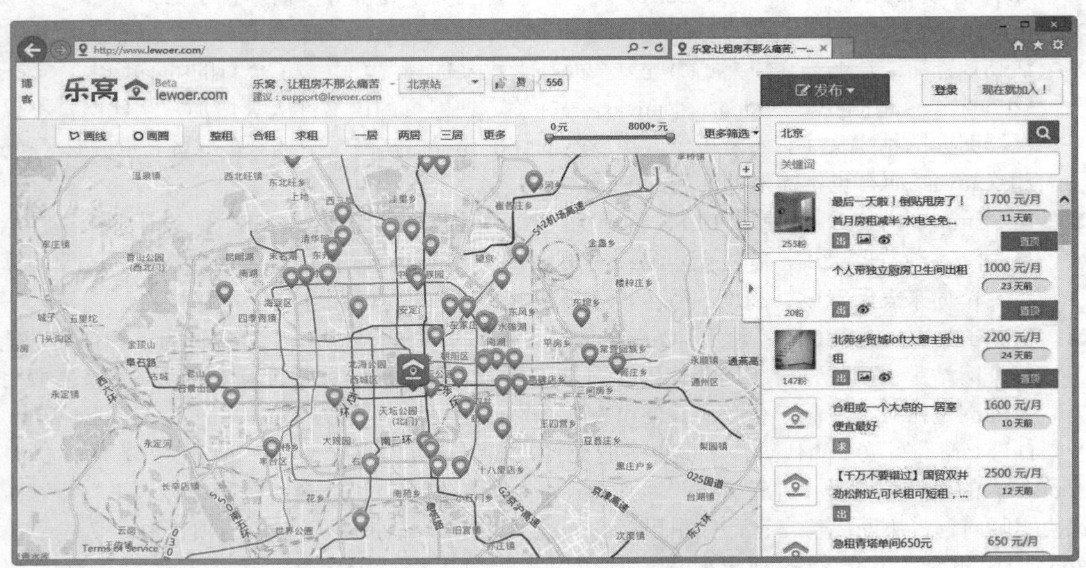

图 1.2 乐窝网站首页

（2）佚站（http://www.yeahzan.com/）

佚站主要以建设展示型网站为起点，为个人、企业、组织与社会搭建网络信息平台，简单描述就是提供网站建设和网页设计的网站，首页效果如图 1.3 所示。

图 1.3　佚站网站首页

（3）翁天信（http://www.dandyweng.com/）

翁天信是一个个人网站，整个网站页面全部采用 Bootstrap 设计，页面整体效果大方、美观，如图 1.4 所示。

图 1.4　翁天信网站首页

1.3.2　Bootstrap 插件

基于 HTML5 和 CSS3 的 Bootstrap，具有大量的诱人特性：友好的学习曲线、卓越的兼容性、响应式设计、12 列格网、样式向导文档、自定义 jQuery 插件、完整的类库、基于 LESS 等。因此，也出现了大量以 Bootstrap 为基础的扩展技术插件，下面简单介绍几个比较著名的案例，更多的案例可以访问

http://www.bootcss.com/进行了解。

（1）Sco.js

http://www.bootcss.com/p/sco.js/。

由于大部分的 Bootstrap js 插件是无法扩展的，因此才有了 sco.js，它是对 Bootsrap 中 js 插件的增强实现。

（2）Chart.js

http://www.bootcss.com/p/chart.js/。

Chart.js 是一个简单、面向对象、为设计者和开发者准备的图表绘制工具库。

（3）Bsie

http://www.bootcss.com/p/bsie/。

Bsie 弥补了 Bootstrap 对 IE6 的不兼容。目前，Bsie 能在 IE6 上支持大部分 bootstrap 的特性。

（4）jQuery UI Bootstrap

http://www.bootcss.com/p/jquery-ui-bootstrap/。

jQuery UI Bootstrap 允许在使用 jQuery UI 控件时也能充分利用 Bootstrap 的样式，而且不会出现样式不统一的现象，使 Bootstrap 和 jQuery UI 可以完美地融合在一起。

（5）Flat UI

http://www.bootcss.com/p/flat-ui/。

Flat UI 是基于 Bootstrap 做的 Metro 化改造，由 Designmodo 提供。Flat UI 包含了很多 Bootstrap 提供的组件，但是外观更加漂亮。

（6）Metro UI CSS

http://www.bootcss.com/p/metro-ui-css/。

Metro UI CSS 是一套用来创建类似于 Windows 8 Metro UI 风格网站的样式。现在，Metro UI CSS 项目在 Bootstrap 的基础上被开发成一个独立的解决方案。

（7）HTML5 Boilerplate

http://www.bootcss.com/p/html5boilerplate/。

HTML5 Boilerplate 是一套专业的前端模板，用以开发快速、健壮、适应性强的 APP 或网站。

（8）BootstrapEd

http://bootstraped.org/base-css.html。

BootstrapEd 是基于 Bootstrap，并且优化 Bootstrap 在中文 Web 环境中的效果，增强 Bootstrap 中的内置组件，增加有价值的通用组件。

1.4 Bootstrap 开发工具和资源

1.4.1 Bootstrap 开发工具

Jetstrap（https://www.jetstrap.com/）是国外开发者为 Bootstrap 专门设计的可视化制作工具，允许其他开发者、设计师直接在网页端拖拽各个组件即可制作出漂亮的网页。通过 Jetstrap 制作出来的网页 100% 符合 Bootstrap 标准。只要设计了电脑端的页面，它会自动适配手机端和 iPad 端（响应式设计）。这个工具有利于那些想快速搭建一个简单网页的用户，不需要去学习太多东西就可以做到。我们可以把它比作成一个网页版的 Dreamweaver，但使用更加简单。

Layout It（http://www.layoutit.com/）是一个在线工具，它可以简单而又快速地搭建 Bootstrap 响应

式布局，操作基本是使用拖动方式来完成，而元素都是基于 Bootstrap 框架集成的，所以很适合网页设计师和前端开发人员使用，快捷方便。

英文版访问地址是 http://www.layoutit.com/build。

中文版访问地址是 http://justjavac.com/tools/layoutit/。

Adobe 的 Dreamweaver CC 通过扩展插件的方式提供了对 Bootstrap 的支持。

1.4.2　Bootstrap 资源

作为基于 HTML、CSS、JavaScript 简洁、灵活的流行前端框架，我们可以把它想象成一个定义了很多效果的 CSS、JavaScript 的代码库，库里面已经定义好了各种组件的显示效果与动画，如栅格布局、各种按钮、表格、表单、下拉菜单、标签页、导航条等，对于初学者来说，花几个小时阅读本书，就能快速了解其用法，只要按照它的使用规则使用即可。

- Bootstrap2 中文参考：http://wrongwaycn.github.com/bootstrap/docs/index.html。
- Bootstrap3 中文网：http://www.bootcss.com/。
- Bootstrap2 英文参考：http://twitter.github.com/bootstrap/index.html（http://getbootstrap.com/2.3.2/）。
- Bootstrap3 英文参考：http://getbootstrap.com/。
- 还有如下一些服务网站：
    - Bootstrap 文档全集：这里收集了 Bootstrap 从 V1.0.0 版本到 V2.3.2 整个文档的历史。
      中文版：http://docs.bootcss.com/。
      英文版：http://bootstrapdocs.com/。
    - Bootstrap 中文文档：
      Bootstrap3：http://v3.bootcss.com/
      Bootstrap2：http://v2.bootcss.com/
    - Bootstrap 应用网站导航：http://www.lovebootstrap.com/。

第 2 章　使用 Bootstrap

为了帮助读者快速入门，引导用户正确使用 Bootstrap，本章将简单介绍如何安装和使用 Bootstrap 插件，为深入学习 Bootstrap 奠定基础。

【学习重点】

- 下载和定制 Bootstrap。
- 正确使用 Bootstrap。

2.1　下载和定制 Bootstrap

下载 Bootstrap 3.0 之前，先确保系统中是否准备好了一个网页编辑器，本书使用 Dreamweaver 软件。另外，读者应该对自己的网页制作水平进行初步评估，是否基本掌握 HTML 和 CSS 技术，以便在网页设计和开发中轻松学习和使用 Bootstrap。

扫一扫，看视频

2.1.1　下载 Bootstrap

Bootstrap 提供了几种快速上手的方式，每种方式都针对有不同级别的开发者和不同的使用场景。Bootstrap 压缩包包含两个版本，一个是供学习使用的完全版，另一个是供直接引用的编译版。

（1）下载源码版 Bootstrap

使用谷歌浏览器访问 https://github.com/twbs/bootstrap/页面（IE 浏览器不支持），下载最新版本的 Bootstrap 压缩包。在访问 Github 时，找到 twitter 公司的 bootstrap 项目页面，即可下载保存 Bootstrap 压缩包，如图 2.1 所示。从 GitHub 直接下载到的最新版的源码包括 CSS、JavaScript 的源文件，以及一份文档。

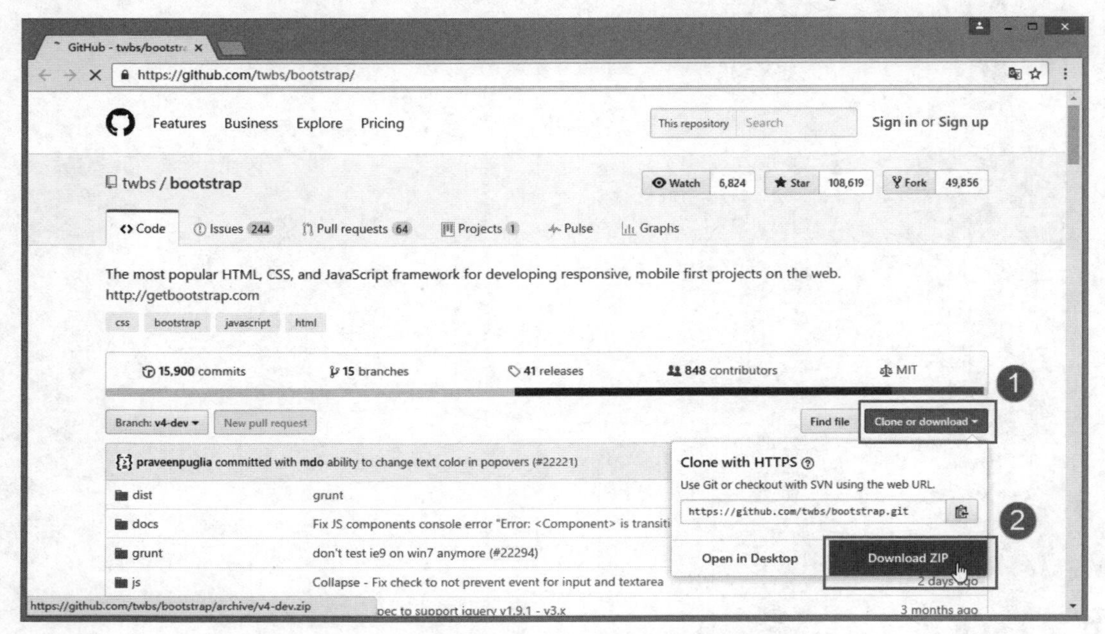

图 2.1　下载 Bootstrap 开发包

通过这种方式下载的 Bootstrap 压缩包，名称为 bootstrap-master.zip，包含 Bootstrap 库中所有的源文件，以及参考文档，它们适合读者学习和交流使用。用户也可通过访问 http://getbootstrap.com/getting-started/下载源代码，如图 2.2 所示。

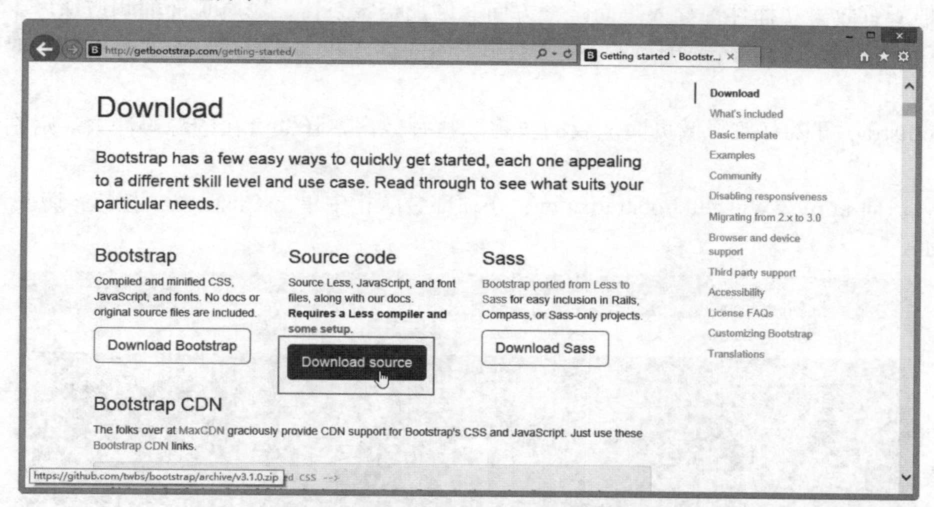

图 2.2　在官网下载 Bootstrap 源代码

（2）下载编译版 Bootstrap

如果希望快速开始，可以直接下载经过编译、压缩后的发布版，访问 http://getbootstrap.com/getting-started/页面（或者 http://www.bootcss.com/），单击 Download Bootstrap 按钮下载即可，下载文件名称为 bootstrap-3.1.0-dist.zip，如图 2.3 所示。

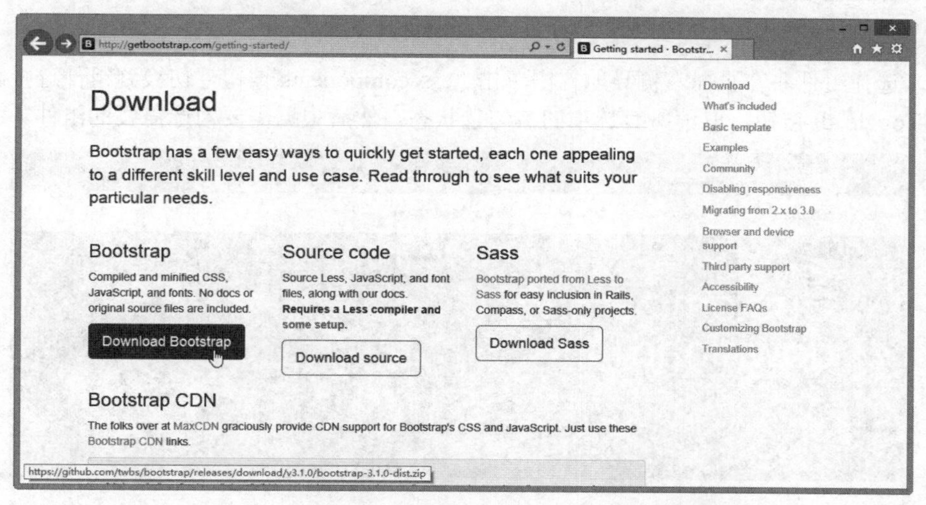

图 2.3　下载 Bootstrap 发布包

通过这种方式下载的压缩文件为 bootstrap.zip，仅包含编译好的 Bootstrap 应用文件，如 CSS、JS 和字体文件。而且所有文件已经过了压缩处理，不过文档和源码文件不包含在这个压缩包中。

直接复制压缩包中的文件到网站目录，导入相应的 CSS 文件和 JavaScript 文件，即可以在网站和页面中应用 Bootstrap 效果和插件。

2.1.2　定制 Bootstrap

Bootstrap 库文件很大，如果仅希望应用其中几个效果，或者特定插件，则建议通过定制方式使用 Bootstrap。把所有效果和插件都导入页面，一方面会增加带宽负荷，影响页面的响应速度；另一方面，众多的 CSS 类样式和 JavaScript 源代码，会与制作页面的样式和脚本发生冲突，影响解析时的执行效率和页面显示效果。

定制 Bootstrap 可以有效降低页面加载的负担和执行效率，降低潜在的源码冲突。定制的具体方法如下：

第 1 步，访问 http://www.getbootstrap.com/，在顶部导航栏中单击 Customize 按钮，切换到定制页面，如图 2.4 所示。

图 2.4　打开 Bootstrap 定制页面

第 2 步，选择组件。在页面右侧导航栏中单击 Less components 按钮，切换到组件选择区，如图 2.5 所示。单击 Toggle all 按钮，取消所有选项的被勾选状态，然后根据需要勾选需要的组件。

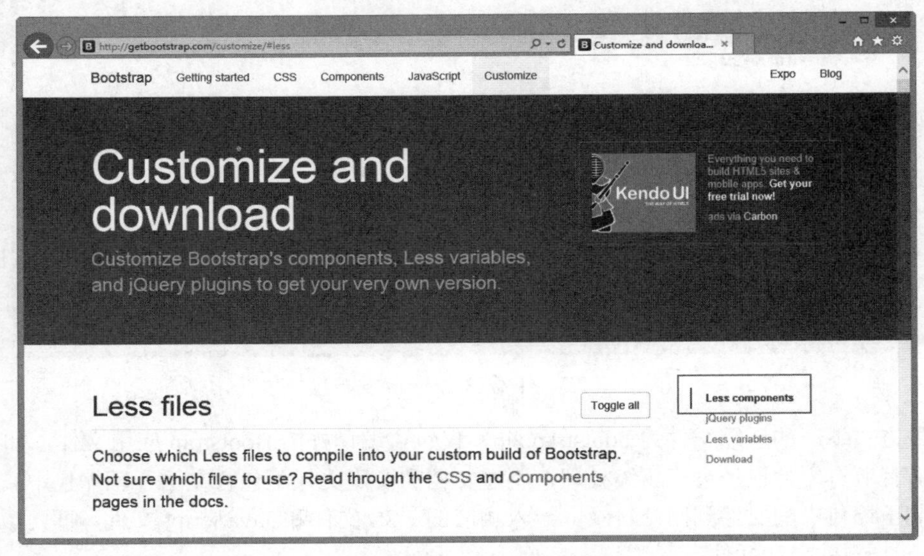

图 2.5　单击 Less components 按钮

组件包括如下几个部分，每部分又包含多个项目，这些部分将在后面几章中进行详细讲解。其中

Common CSS 是用来设置页面基本样式和布局的，建议根据需要必须选择。

- Common CSS（常用 CSS）。
- Components（组件）。
- JavaScript components（JS 组件）。

第 3 步，选择 jQuery 插件。在页面右侧导航栏中单击 jQuery plugins 按钮，切换到 jQuery 插件选择区，如图 2.6 所示。单击 Toggle all 按钮，取消所有选项的被勾选状态，然后根据需要勾选需要的 jQuery 插件。

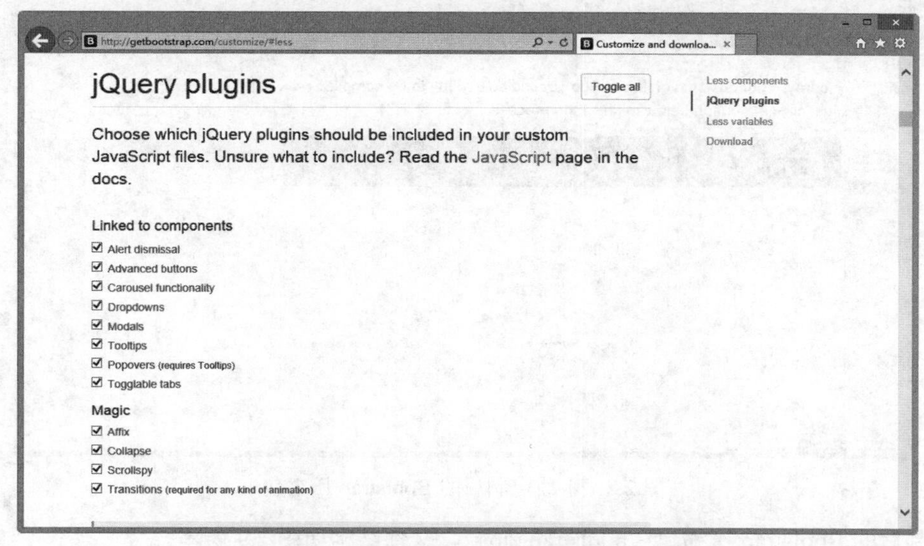

图 2.6　选择 jQuery 插件

所有被勾选的插件将被编译成一个单一的文件 bootstrap.js。所有的插件都需要导入最新版本的 jQuery 库文件作为底层技术支撑。

第 4 步，定制变量。在页面右侧导航栏中单击 Less variables 按钮，切换到 Less 变量配置区，如图 2.7 所示。如果在设置过程中需要恢复默认值，则单击 Reset to defaults 按钮，取消对所有 CSS 变量的设置，然后根据需要重设变量的名称。有关动态 CSS 技术的详细讲解请参阅后面章节内容。

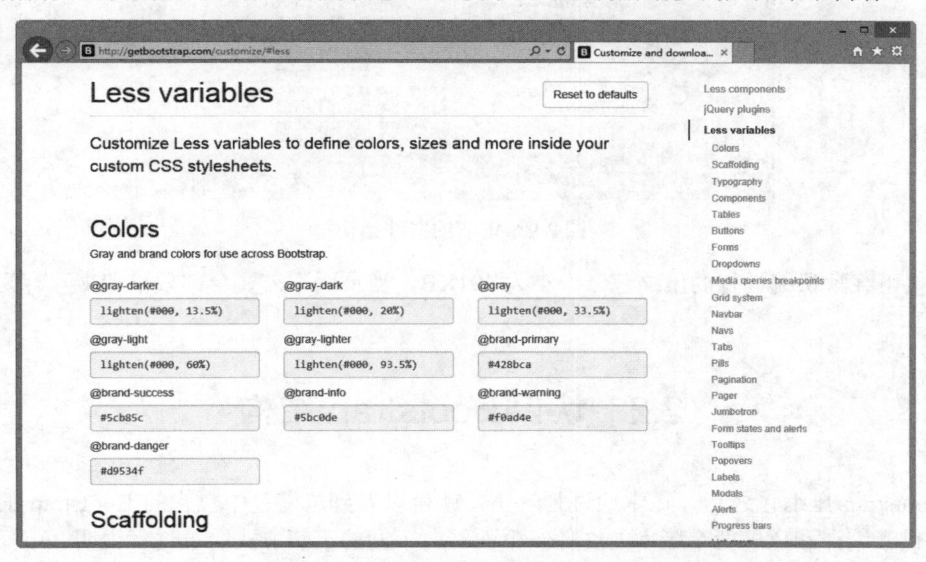

图 2.7　定制变量

第 5 步，打包下载。在页面右侧导航栏中单击 Download 按钮，切换到下载按钮位置，如图 2.8 所示。单击 Compile and Download 按钮，下载定制后的 Bootstrap 压缩包。

下载包括编译的动态 CSS、整理和压缩的 CSS 样式表以及编译的 jQuery 插件，它们都很好地包装在一个 zip 文件中。

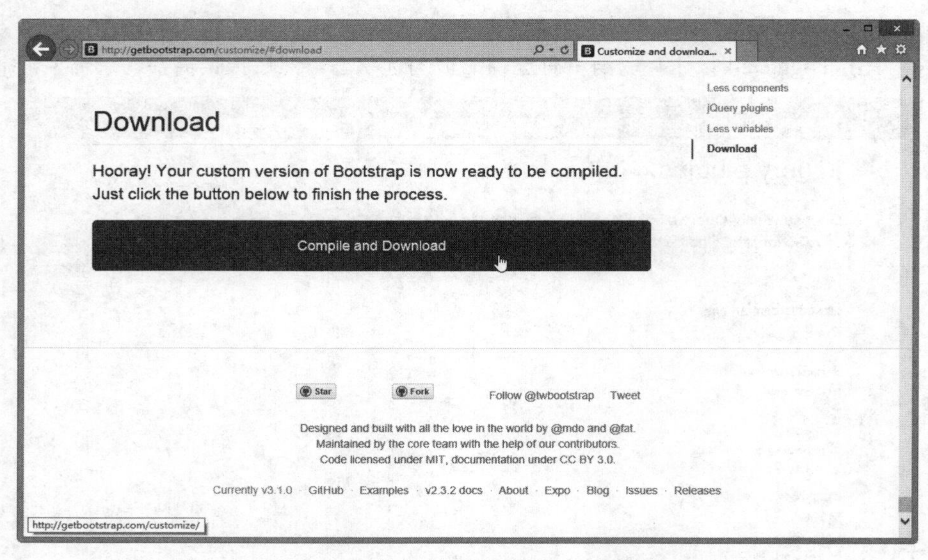

图 2.8　下载定制后的 Bootstrap 压缩包

下载定制后的 Bootstrap 压缩包（bootstrap.zip），文件结构如图 2.9 所示。

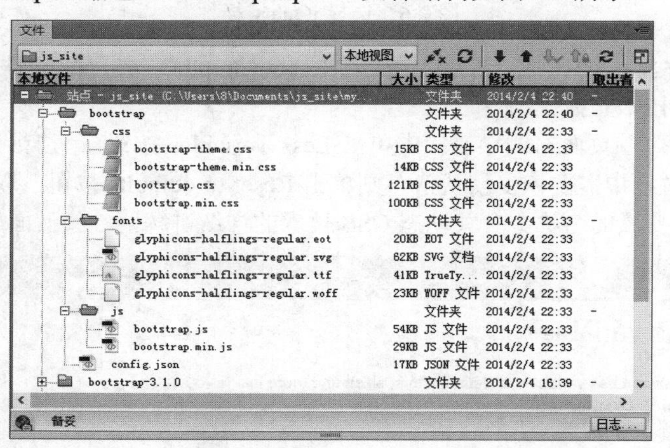

图 2.9　定制的文件结构

如果直接下载默认编译好的压缩包，大小为 491KB，当页面不需要全部效果和交互行为时，这种做法显然不妥。

2.2　认识 Bootstrap 结构

下载 Bootstrap 压缩包之后，在本地进行解压，就可以看到压缩包中包含的 Bootstrap 的文件结构，Bootstrap 提供了编译和压缩两个版本的文件，下面针对不同的下载方式简单进行说明。

扫一扫，看视频

2.2.1　源码版 Bootstrap 文件结构

在 2.1.1 节中，如果按照第一种方法下载源码版 Bootstrap，解压 bootstrap-master.zip 文件，可以看到其中包含的所有文件，如图 2.10 所示。

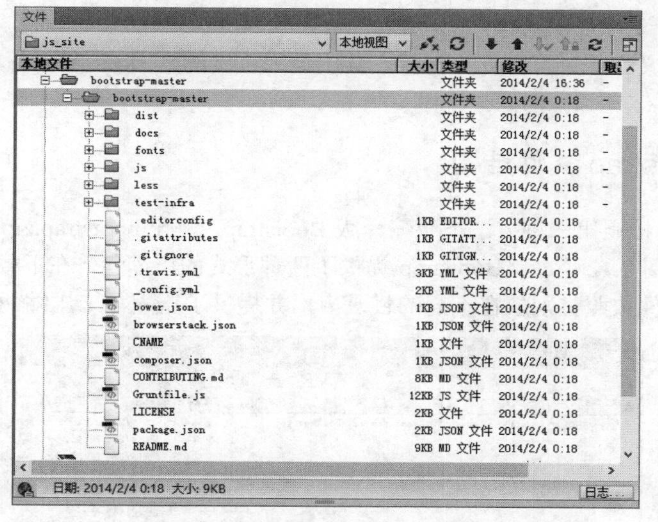

图 2.10　源码版 Bootstrap 文件结构

在下载的压缩包中，可以看到所有文件按逻辑进行分类存储，简单说明如下：

- dist 文件夹：包含了预编译 Bootstrap 包内的所有文件。
- docs 文件夹：存储 Bootstrap 参考文档，在该文件夹中单击 index.html 文件，可以查阅相关参考资料，在 examples 子目录中可以浏览 Bootstrap 应用示例。
- fonts 文件夹：存储字体图标文件，glyphicons-halflings-regular.eot、glyphicons-halflings-regular.svg、glyphicons-halflings-regular.ttf 和 glyphicons-halflings-regular.woff。图标文件包括 200 个来自 Glyphicon Halflings（http://www.glyphicons.com/）的字体图标，部分效果如图 2.11 所示。Glyphicons Halflings 一般不允许免费使用，但允许 Bootstrap 免费使用。

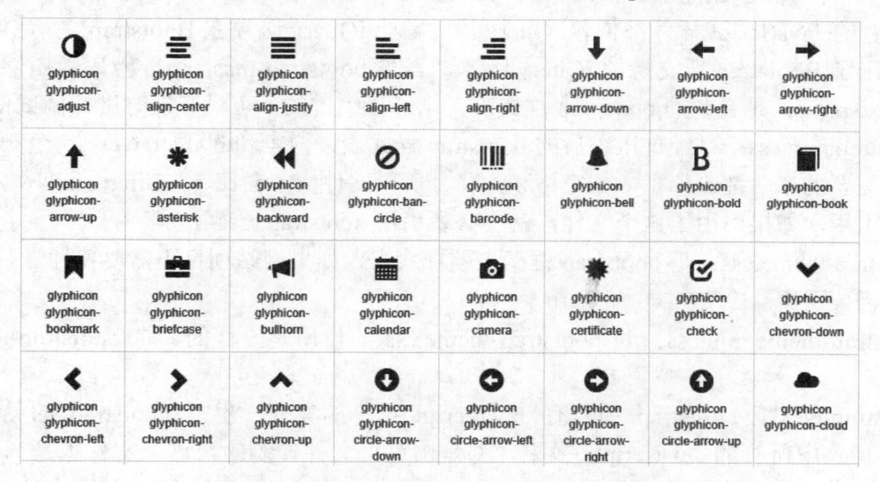

图 2.11　Glyphicon Halflings 字体图标效果

- js 文件夹：存储各种 jQuery 插件和交互行为所需要的 JavaScript 脚本文件，每一个插件都是一个独立的 JavaScript 脚本文件，可以根据需要进行独立引入。

- less 文件夹：存储所有 CSS 动态脚本文件，所有文件都以 less 作为扩展名，但可通过任何文本编辑软件打开。less 是动态样式表语言，需要编译才能在页面中应用，即只有 less 文件被转换为普通的 CSS 样式表文件后才可以被浏览器正确解析。

docs-assets 文件夹、examples 文件夹和所有*.html 文件是文档的源码文件。除了前面提到的这些文件，还包含 package 定义文件、许可证文件等。其中最为重要的是 docs 目录下的 CSS 样式文件、less 目录中的编译文件、js 目录中的 jQuery 插件。

扫一扫，看视频

2.2.2 编译版 Bootstrap 文件结构

在 2.1.1 节中，如果按照第二种方法下载编译版 Bootstrap，解压 bootstrap.zip 文件可以看到该压缩包中包含的所有文件，如图 2.12 所示。Bootstrap 提供了两种形式的压缩包，在下载的压缩包内可以看到以下目录和文件，这些文件按照类别放在不同的目录内，并提供了压缩与未压缩两种版本。

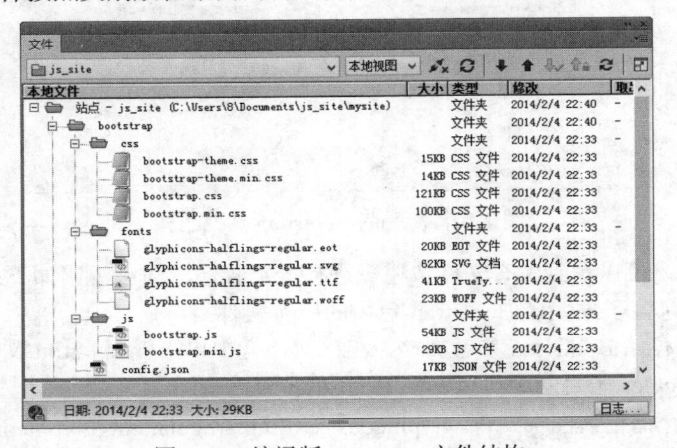

图 2.12　编译版 Bootstrap 文件结构

编译后的文件可快速应用于任何 Web 项目。压缩包中提供了编译版的 CSS 和 JS 文件（bootstrap.*），也同时提供了编译并压缩之后的 CSS 和 JS 文件（bootstrap.min.*）。

注意，所有的 JavaScript 插件都依赖 jQuery 库。因此 jQuery 必须在 Bootstrap 之前引入，在 bower.json 文件中列出了 Bootstrap 所支持的 jQuery 版本，详见 bootstrap-master.zip 源码版压缩包。

- bootstrap.css：是完整的 bootstrap 样式表，未经压缩过的，可供开发时进行调试使用。
- bootstrap.min.css：是经过压缩后的 bootstrap 样式表，内容和 bootstrap.css 完全一样，但是把中间不需要的东西都删掉了，如空格和注释，所以文件大小会比 bootstrap.css 小，可以在部署网站时引用，如果引用了这个文件，就没必要引用 bootstrap.css。
- bootstrap-theme.css：是 bootstrap 框架主题样式表，如果网站项目不需要各种复杂的主题样式，就不需要引用这个 CSS。
- bootstrap-theme.min.css：与 bootstrap-theme.css 的作用是一样的，是 bootstrap-theme.css 的压缩版。
- bootstrap.js：是 bootstrap 的所有 JavaScript 指令的集合，也是 bootstrap 的灵魂，用户看到 bootstrap 中所有的 Javascripts 效果，都是由这个文件控制的，这个文件也是一个未经压缩的版本，供开发时进行调试使用。
- bootstrap.min.js：是 bootstrap.js 的压缩版，内容和 bootstrap.js 一样，但是文件大小会小很多，在部署网站时可以不引用 bootstrap.js，而换成引用这个文件。

2.3 安装 Bootstrap

把 Bootstrap 压缩包下载到本地之后，就可以安装使用了。本节将介绍两种方法如何正确安装 Bootstrap 工具集。

扫一扫，看视频

2.3.1 本地安装

Bootstrap 3.0 的安装大致需要两步：

第 1 步：安装 Bootstrap 的基本样式，样式的安装有多种方法，下面的代码使用<link>标签调用 CSS 样式，这是一种常用的调用样式方法：

```
<!doctype html>
<html>
<head>
<meta charset="utf-8">
<title>test</title>
<link href="bootstrap/css/bootstrap.css" type="text/css">
<link href="bootstrap/css/bootstrap-theme.css" type="text/css">
<link href="bootstrap/css/self.css" type="text/css">
</head>
<body>
</body>
</html>
```

其中 bootstrap.css 是 Bootstrap 的基本样式，bootstrap-theme.css 是 Bootstrap 的主题样式，self.css 是本文档自定义样式。

注意：

这里有两个关键点，其中 bootstrap.css 是 Bootstrap 框架集中的基本样式文件，只要应用 Bootstrap，就必须调用这个文件。而 bootstrap-theme.css 则可根据需要选择性安装，如果想使用各种主题效果，就必须要调用这个样式文件。调用必须遵循先后顺序，bootstrap-theme.css 必须置于 bootstrap.css 之后，否则就不具有响应式布局功能。最后，self.css 是项目中的自定义样式，用来覆盖 Bootstrap 中的一些默认设置，便于开发者定制本地样式。

编译 Bootstrap 的 LESS 源码文件。如果用户下载的是源码文件，就需要将 Bootstrap 的 LESS 源码编译为可以使用的 CSS 代码，目前，Bootstrap 官方仅支持 Recess 编译工具（http://twitter.github.io/recess/），这是 Twitter 提供的基于 less.js 构建的编译、代码检测工具。

第 2 步，CSS 样式安装完成后，就可以进入 JavaScript 调用操作。方法很简单，仅把需要的 jQuery 插件源文件按照与上一步相似的方式加入到页面代码中即可。

调用 Bootstrap 的 jQuery 插件，代码如下：

```
<!doctype html>
<html>
<head>
<meta charset="utf-8">
<title>test</title>
<link href="bootstrap/css/bootstrap.css" type="text/css">
<link href="bootstrap/css/bootstrap-theme.css" type="text/css">
<link href="bootstrap/css/self.css" type="text/css">
</head>
<body>
```

```
<!--文档内容-->
<script src="http://code.jquery.com/jquery.js"></script>
<script src="bootstrap/js/bootstrap.js"></script>
</body>
</html>
```

其中 jquery.js 是 jQuery 库基础文件，bootstrap.js 是 Bootstrap 的 jQuery 插件源文件。JavaScript 脚本文件建议置于文档尾部，即放置在</body>标签的前面，不要置于<head>标签内。

扫一扫，看视频

2.3.2 在线安装

Bootstrap 中文网为 Bootstrap 构建了 CDN 加速服务，访问速度快、加速效果明显。用户可以在文档中直接引用，具体代码如下：

```
<!-- 最新 Bootstrap 核心 CSS 文件 -->
<link rel="stylesheet" href="http://cdn.bootcss.com/twitter-bootstrap/3.0.3/css/
bootstrap.min.css">
<!-- 可选的 Bootstrap 主题文件（一般不用引入） -->
<link rel="stylesheet" href="http://cdn.bootcss.com/twitter-bootstrap/3.0.3/css/
bootstrap-theme.min.css">
<!-- jQuery 文件。务必在 bootstrap.min.js 之前引入 -->
<script src="http://cdn.bootcss.com/jquery/1.10.2/jquery.min.js"></script>
<!-- 最新的 Bootstrap 核心 JavaScript 文件 -->
<script src="http://cdn.bootcss.com/twitter-bootstrap/3.0.3/js/bootstrap.min.js"></script>
```

也可以使用国外的 CDN 加速服务。例如，MaxCDN 为 Bootstrap 免费提供了 CDN 加速服务。使用 Bootstrap CDN 提供的链接即可引入 Bootstrap 文件：

```
<!-- 最新 Bootstrap 核心 CSS 文件 -->
<link    rel="stylesheet"    href="//netdna.bootstrapcdn.com/bootstrap/3.0.3/css/
bootstrap.min.css">
<!-- 可选的 Bootstrap 主题文件（一般不用引入） -->
<link rel="stylesheet" href="//netdna.bootstrapcdn.com/bootstrap/3.0.3/css/bootstrap-
theme.min.css">
<!-- 最新的 Bootstrap 核心 JavaScript 文件 -->
<script src="//netdna.bootstrapcdn.com/bootstrap/3.0.3/js/bootstrap.min.js"></script>
```

2.4 实 战 案 例

下面结合 3 个不同类型的示例演示 Bootstrap 的具体使用方法。

扫一扫，看视频

2.4.1 设计按钮

本节介绍如何创建一个基本的 Bootstrap 文档模板，引导读者正确使用 Bootstrap。

【操作步骤】

第 1 步，启动 Dreamweaver，新建 HTML5 文档。

第 2 步，保存为 index.html。设置网页标题为“Bootstrap 文档模板”。切换到代码视图，可以看到 HTML5 文档结构。

第 3 步，为了把页面设计为一个 Bootstrap 标准模板，需要包含相应的 CSS 和 JavaScript 文件。模板文档的详细代码如下：

```
<!DOCTYPE html>
<html>
  <head>
    <title>Bootstrap 文档模板</title>
    <meta charset="utf-8">
    <meta name="viewport" content="width=device-width, initial-scale=1.0">
    <!-- Bootstrap -->
    <link rel="stylesheet" href="http://cdn.bootcss.com/twitter-bootstrap/3.0.3/
css/bootstrap.min.css">
    <!-- HTML5 Shim and Respond.js IE8 support of HTML5 elements and media queries
-->
    <!-- WARNING: Respond.js doesn't work if you view the page via file:// -->
    <!--[if lt IE 9]>
        <script src="http://cdn.bootcss.com/html5shiv/3.7.0/html5shiv.min.js"></script>
        <script src="http://cdn.bootcss.com/respond.js/1.3.0/respond.min.js"></script>
    <![endif]-->
  </head>
  <body>
    <h1>Hello, world!</h1>
    <!-- jQuery (necessary for Bootstrap's JavaScript plugins) -->
    <script src="http://cdn.bootcss.com/jquery/1.10.2/jquery.min.js"></script>
    <!-- Include all compiled plugins (below), or include individual files as needed
-->
    <script src="http://cdn.bootcss.com/twitter-bootstrap/3.0.3/js/bootstrap.min.
js"></script>
  </body>
</html>
```

第 4 步，设置成功，可以开始使用 Bootstrap 开发任何网站和应用程序。现在，在页面中输入一行信息，与大家打个招呼。使用<h1>标签输出一句问候，在标签类样式中：btn 表示把<h1>标签定义为按钮样式，btn-success 表示成功的动作，btn-large 表示大按钮效果。

在<h1>标签中包含一个<i>标签，用来定义图标；类 glyphicon 表示字体图标；glyphicon-user 表示图标的类型为用户。演示效果如图 2.13 所示。

```
<body class="text-center">
   <h1 class="btn btn-success btn-large"><i class="glyphicon glyphicon-user"></i>
Hello, world!</h1>
</body>
```

图 2.13　设计第一个案例效果

扫一扫，看视频

2.4.2 设计 Tabs 组件

Tabs 是页面中使用频率比较高的组件之一，要使用 Bootstrap 设计基本组件，必须满足 3 个条件：

- 正确设计最基本的 HTML 结构。
- 需要 Bootstrap 中的 jQuery 插件提供相应的功能。
- 在项目中对应的 Tabs 元素上启用 Tabs 功能。

下面的示例演示如何设计一个简单的 Tabs 效果，如图 2.14 所示。

图 2.14　应用 Tabs 组件

【操作步骤】

第 1 步，利用上一节介绍的方法完成页面基本结构创建，读者可直接把上一节设计的 Bootstrap 网页模板另存为 index.html。然后在页面中添加如下 Tabs 结构：

```
<ul class="nav nav-tabs">
    <li class="active"><a href="#tab1" data-toggle="tab">Chart.js</a></li>
    <li><a href="#tab2" data-toggle="tab">grumble.js</a></li>
    <li><a href="#tab3" data-toggle="tab">Sco.js</a></li>
    <li><a href="#tab4" data-toggle="tab">Headroom.js</a></li>
</ul>
<div class="tab-content">
    <div class="tab-pane active" id="tab1"><img src="images/1.png"></div>
    <div class="tab-pane" id="tab2"><img src="images/2.png"></div>
     <div class="tab-pane" id="tab3"><img src="images/3.png"></div>
     <div class="tab-pane" id="tab4"><img src="images/4.png"></div>
</div>
```

在上面的结构中，类 nav 清除列表的默认样式，类 nav-tabs 定义 Tabs 标题栏，类 tab-content 定义 Tabs 组件的内容框。在内容框中，每个子框都必须包含 tab-pane 类。

通过在标题栏超链接中定义<a>标签的 href 属性值，该值与内容框中每个框的 id 值相对应，实现标题项与子内容框绑定，并确保一一对应。

类 active 定义活动的 Tab 项。同时，应该为标题栏中每个<a>标签定义 data-toggle="tab"属性声明。

第 2 步，完成第 1 步设计工作后，在基本的 Tabs 组件下就可以工作。但是，如果需要设计更复杂的交互行为，还需要调用 jQuery 插件。在官网下载 bootstrap-tab.js 文件，并导入到页面中，放置于 bootstrap.js 文件的后面：

```
<script src="http://code.jquery.com/jquery.js"></script>
<script src="bootstrap/js/bootstrap.min.js"></script>
<script src="bootstrap/js/bootstrap-tab.js"></script>
```

第 3 步，自定义 JavaScript 代码，调用 Tab 组件，开启 Tab 功能，代码如下：

```
<script type="text/javascript">
$(function(){
    $('.nav-tabs a:last').tab('show')
})
</script>
```

对于其他组件，使用方法相近，在此不做赘述。

2.4.3　设计企业首页

扫一扫，看视频

本节借助 Bootstrap 布局版式设计一个完整的页面效果，页面版式模拟企业网站类型。企业网站一般都遵循基本的营销类设计格式，具有 1 个主消息板块和 3 个辅助性栏目，如图 2.15 所示。

图 2.15　设计企业网站布局版式

【操作步骤】

第 1 步，新建 HTML5 类型文档。根据上一节介绍的方法引入 Bootstrap 库文件。

第 2 步，在<body>标签内完成页面基本框架的设计，代码如下：

```
<div>
    <div>
        <h1>联想控股</h1>
        <p><img src="images/bg2.png"></p>
        <p><a href="#">更多&raquo;</a></p>
    </div>
    <div>
```

```
        <div>
            <h2>公司专题</h2>
            <p>2013 年 12 月 2 日，联想之星创业大讲堂在常州举行，柳传志就“创业一把手的成长”、
“创业团队的建设”与创业者进行分享。</p>
            <p><a href="#">了解更多&raquo;</a></p>
        </div>
        <div>
            <h2>特别关注</h2>
            <p>从靠“卖电脑”起家，到旗下集 IT、房地产、消费与现代服务、化工新材料、现代农业五
大核心资产运营于一体。</p>
            <p><a href="#">了解更多&raquo;</a></p>
        </div>
        <div>
            <h2>我们的历史</h2>
            <p><img src="images/bg1.png"></p>
            <p><a href="#">了解更多&raquo;</a></p>
        </div>
    </div>
    <hr>
    <footer>
        <p>&copy; Company 2014</p>
    </footer>
</div>
```

在浏览器中的预览效果如图 2.16 所示，此时 Bootstrap 对于文档并没有起到作用。

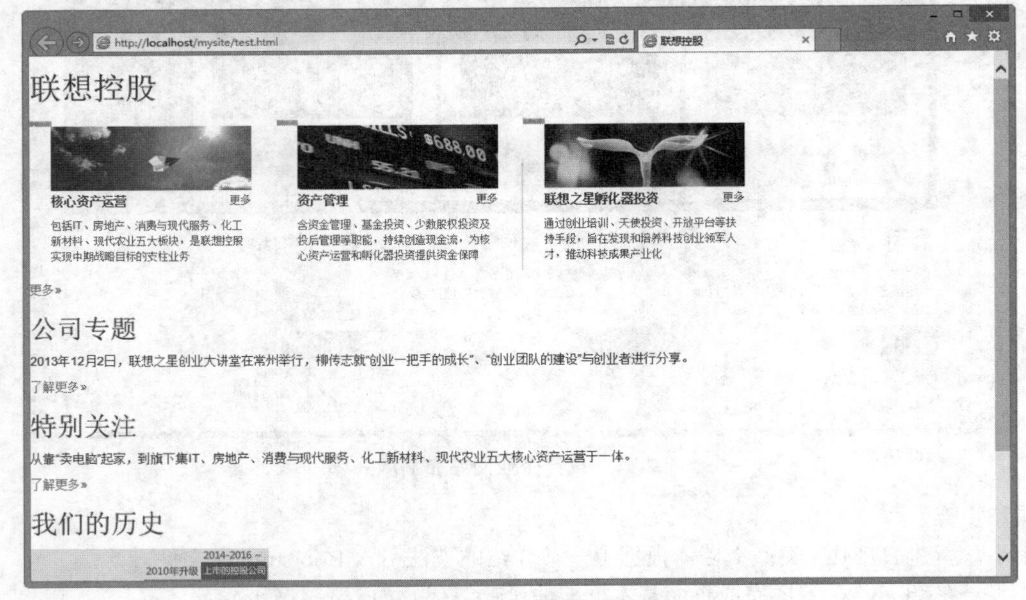

图 2.16　页面基本框架设计效果

第 3 步，设计页面基本布局效果。在第一层<div>标签中引入 container 类样式，设计页面包含框宽度为 940 像素，居中显示；设计第二层中第 1 个<div>标签为大屏幕（jumbotron），通过 class 引入 jumbotron 类样式；设计第二层中第 2 个<div>标签为栅格布局框，通过 class 引入 row 类样式。

然后设计第三层<div>标签为栅格布局。分别为<div class="row">布局包含框中 3 个<div>子标签引入 col-md-4 类样式，即设计每列宽度为 228 像素。

增加布局类样式的结构代码如下：

```
<div class="container">
    <div class="jumbotron"></div>
    <div class="row">
        <div class="col-md-4"></div>
        <div class="col-md-4"></div>
        <div class="col-md-4"></div>
    </div>
    <hr>
    <footer>
    </footer>
</div>
```

此时页面布局效果如图 2.17 所示。

图 2.17　页面基本布局效果

第 4 步，完成页面细节设计。为超链接<a>标签引入按钮类样式，如<a class="btn" href="#">。

第 5 步，自定义页面样式，对 Bootstrap 布局效果进行适当修饰，主要是重写了大屏幕视图包含框<div class="container">的样式，修改宽度，设置高度，清除边界和补白的值，使用灰色边框覆盖默认的红色边框线，增加定义相对定位，设计为定位包含框。

然后隐藏大屏幕视图框内的一级标题，绝对定位广告文本和导航按钮，详细代码如下：

```
<style type="text/css">
div. jumbotron                              { /* 重写大屏幕视图框样式 */
    background: url(images/bg.png) no-repeat;  /* 设计背景图 Banner 效果 */
    height: 443px;                          /* 固定高度显示，方便显示背景图 Banner */
    width: 980px;                           /* 覆盖默认值 940 像素 */
    position: relative;                     /* 设计定位包含框，以方便内部定位 */
    padding: 0;                             /* 清除默认值 60 像素 */
    margin: 0;                              /* 清除 margin-bottom 默认值 30 像素 */
    border-color: gray;                     /* 覆盖默认值 red 边框 */
}
div. jumbotron h1                           { /* 隐藏标题 */
```

```
    display: none;
}
div. jumbotron .banner                                          { /* 定位广告文本在左下角显示 */
    position: absolute;
    bottom: 0;
    left: 10px;
}
div. jumbotron .btn                                             { /* 定位按钮在右下角显示 */
    position: absolute;
    bottom: 14px;
    right: 20px;
}
</style>
```

第 3 章　Bootstrap 基本架构

Bootstrap 为用户提供了大量的 CSS 组件和 JavaScript 插件，其实 CSS 组件和 JavaScript 插件只是 Bootstrap 框架的表现形式而已，它们都是构建在基础平台之上的。本章将结合最新的 Web 前沿技术，介绍 Bootstrap 布局的基本架构。

【学习重点】

- 了解响应式设计的基本方法。
- 正确使用 Bootstrap 栅格系统。

3.1　响应式设计

响应式设计是目前比较流行的 Web 应用技术，Bootstrap 也采用了这项技术，在不同组件中广泛应用。本节将详细介绍响应式设计实现原理和基本用法。

3.1.1　认识响应式设计

响应式设计可以使网页适应于不同的设备，如智能手机、平板电脑、TV、PC 显示器、iPhone 和 Android 手机，包括横向、纵向的屏幕。开发人员只需要正确地实现响应式 Web 设计，网站就可以很好地适合各种设备。

在现阶段，响应式 Web 设计的实现途径包括：弹性网格、液态布局、弹性图片显示、使用 CSS Media Query 技术等。基本设计思想：

- 保证页面元素及布局具有足够的弹性，来兼容各类设备平台和屏幕尺寸。
- 增强可读性和易用性，帮助用户在任何设备环境中都能更容易地获取最重要的内容信息。

例如，2010 年 Ethan Marcotte 提出了响应式网页设计（Responsive Web Design）这个名词，他制作了一个范例，展示了响应式 Web 设计在页面弹性方面的特性（http://alistapart.com/d/responsive-web-design/ex/ex-site-flexible.html），页面内容是《福尔摩斯历险记》中 6 个主人公的头像。如果屏幕宽度大于 1 300 像素，则 6 张图片并排在一行，如图 3.1 所示。

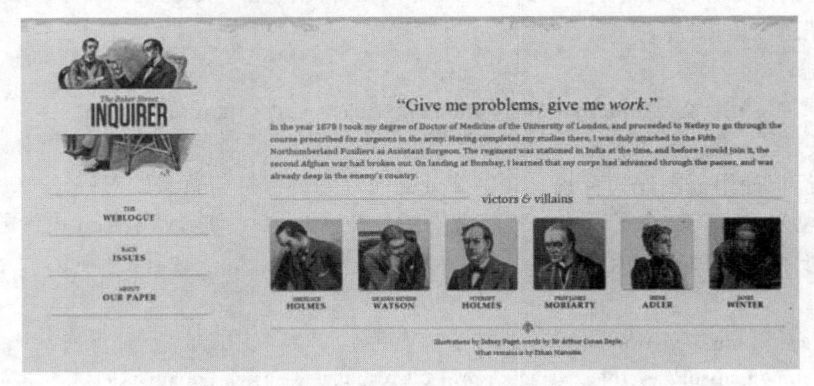

图 3.1　宽屏显示效果

如果屏幕宽度在 600 像素到 1 300 像素之间，则 6 张图片分成两行，如图 3.2（a）所示。如果屏幕宽度在 400 像素到 600 像素之间，则导航栏移到网页头部，如图 3.2（b）所示。如果屏幕宽度在 400 像素以下，则 6 张图片分成 3 行，如图 3.2（c）所示。

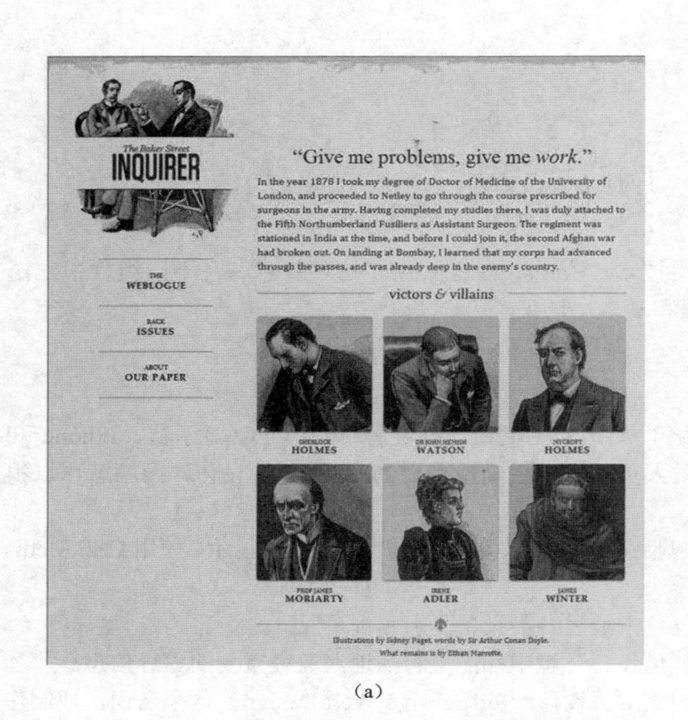

（a）

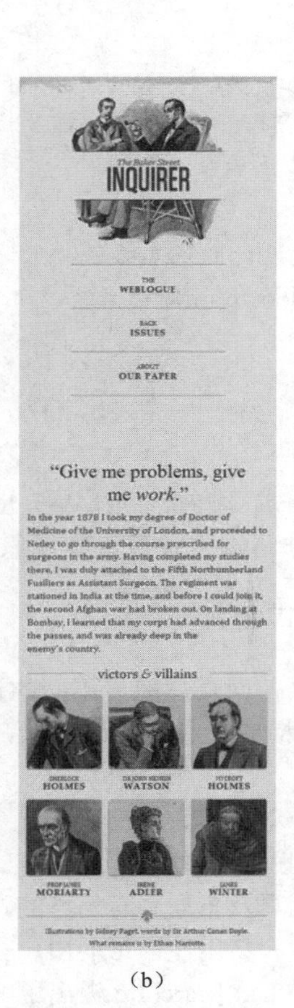

（b）

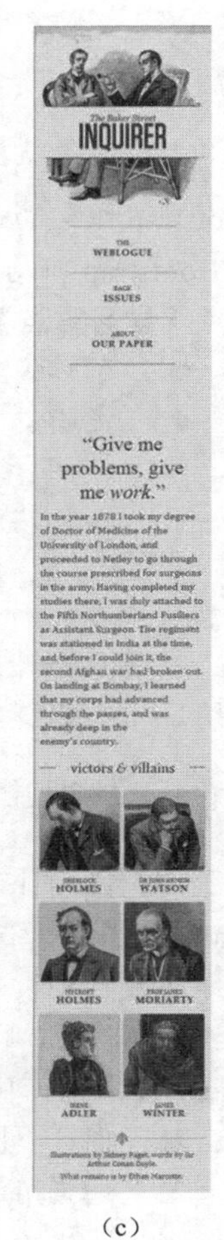

（c）

图 3.2　不同窗口下页面显示效果

如果将浏览器窗口不断调小，会发现 Logo 图片的文字部分始终会保持同比缩小，保证其完整可读。整个 Logo 其实包括两部分：插图作为页面标题的背景图片，会保持尺寸，但会随着布局调整而被裁切；文字部分则是一张单独的图片。

```
<h1 id="logo">
    <a href="#"><img src="site/logo.png" alt="The Baker Street Inquirer" /></a>
</h1>
```

其中，<h1>标记使用插图作为背景，文字部分的图片始终保持与背景的对齐。

该实例的实现方式完美结合了液态网格和液态图片技术，展示了响应式 Web 设计的思路，并且在正确的地方使用了正确的 HTML 标记。

提示：

mediaqueri.es 网站（http://www.mediaqueri.es/）提供了更多这样的例子，还可以使用一个测试工具（http://www.benjaminkeen.com/open-source-projects/smaller-projects/responsive-design-bookmarklet/），可以在一张网页上同时显示不同分辨率屏幕的测试效果。

3.1.2 响应式设计流程

响应式 Web 设计流程如下：

第 1 步，确定需要兼容的设备类型、屏幕尺寸。

设备类型：包括移动设备（手机、平板设备）和 PC。对于移动设备，设计和实现时注意增加手势的功能。

屏幕尺寸：包括各种手机屏幕的尺寸（横向和竖向）、各种平板设备的尺寸（横向和竖向）、普通计算机屏幕和宽屏。

在设计中要注意两个问题：

- 在响应式设计页面时，确定页面适用的尺寸范围。例如，1688 搜索结果页面，跨度可以从手机到宽屏；而 1688 首页，由于结构过于复杂，想直接迁移到手机上不太现实，不如直接设计一个手机版的首页。
- 结合用户需求和实现成本，对适用的尺寸进行取舍。如一些功能操作的页面，用户一般没有在移动端进行操作的需求，就没有必要进行响应式设计。

第 2 步，制作线框原型。针对确定需要适应的几个尺寸，分别制作不同的线框原型，需要考虑清楚不同尺寸下，页面的布局如何变化，内容尺寸如何缩放，功能、内容如何删减，甚至针对特殊的环境做特殊化的设计等。这个过程需要设计师和开发人员保持密切的沟通。

第 3 步，测试线框原型。将图片导入到相应的设备进行一些简单的测试，可以尽早发现可访问性、可读性等方面存在的问题。

第 4 步，视觉设计。由于移动设备的屏幕像素密度与传统计算机屏幕不一样，在设计时需要保证内容文字的可读性、控件可点击区域的面积等。

第 5 步，脚本实现。与传统的 Web 开发相比，响应式设计的页面由于页面布局、内容尺寸发生了变化，所以最终的产出更有可能与设计稿出入较大，需要开发人员和设计师多沟通。

3.1.3 设计响应式图片

扫一扫，看视频

在响应式 Web 设计的思路中，一个重要的因素是如何正确处理图片大小问题。

首先，应该设置图片具有弹性能力。弹性图片的设计思路：就是无论何时，都确保在图片原始宽度范围内，以最大的宽度同比完整地显示图片。不必在样式表中为图片设置宽度和高度，只需要让样式表在窗口尺寸发生变化时，辅助浏览器对图片进行缩放。

有很多同比缩放图片的技术，其中有不少是简单易行的，较流行的方法是使用 CSS 的 max-width 属性。

```
img {
   max-width: 100%;
}
```

只要没有其他涉及图片宽度的样式代码覆盖上面样式，页面上所有的图片就会以原始宽度进行加载，除非其容器可视部分的宽度小于图片的原始宽度。上面的代码确保图片最大的宽度不会超过浏览器窗口或是其容器可视部分的宽度，所以当窗口或容器的可视部分开始变窄时，图片的最大宽度值也会相应减小，图片本身永远不会被容器边缘隐藏和覆盖。

老版本的 IE 不支持 max-width，对其可以单独设置为：

```
img {
   width: 100%;
}
```

此外，Windows 平台缩放图片时，可能出现图像失真现象。这时，可以尝试使用 IE 的专有命令：

```
img {
```

```
    -ms-interpolation-mode: bicubic;
}
```

或者，使用 Ethan Marcotte 开发的专用插件 imgSizer.js（http://unstoppablerobotninja.com/demos/resize/imgSizer.js）。

如果有条件的话，最好能根据不同大小的屏幕，加载不同分辨率的图片。有很多方法可以做到这一条，服务器端和客户端都可以实现。

```
addLoadEvent(function() {
    var imgs = document.getElementById("content").getElementsByTagName("img");
    imgSizer.collate(imgs);
});
```

图片本身的分辨率、加载时间是另外一个需要考虑的问题。虽然通过上面的方法，可以很轻松地缩放图片，确保在移动设备的窗口中可以被完整浏览，但如果原始图片本身过大，便会显著降低图片文件的下载速度，对存储空间也会造成没有必要的消耗，关于这个话题，将在下一节进行介绍。

要实现图片的智能响应，应该解决两个问题：自适应图片缩放尺寸，在小设备上能够自动降低图片的分辨率。

为此，Filament Group 提供了一种解决方案，这个方案的实现需要配合使用几个相关文件：rwd-images.js 和.htaccess，读者可以在 Github 上获取（https://github.com/filamentgroup/Responsive-Images），具体使用方法可以参考 Responsive Images 的说明文档（https://github.com/filamentgroup/Responsive- Images#readme）。

Responsive Images 的设计原理：使用 rwd-images.js 文件检测当前设备的屏幕分辨率，如果是大屏幕设备，则向页面头部区域添加 Base 标记，并将后续的图片、脚本和样式表加载请求定向到一个虚拟路径"/rwd-router"。当这些请求到达服务器端时，.htacces 文件会决定这些请求所需要的是原始图片还是小尺寸的响应式图片，并进行相应的反馈输出。对于小屏幕的移动设备，原始尺寸的大图片永远不会被用到。

该技术支持大部分现代浏览器，如 IE8、Safari、Chrome 和 Opera，以及这些浏览器的移动设备版本。在 FireFox 及一些旧浏览器中，仍可得到小图片的输出，同时原始大图也会被下载。

例如，读者可以尝试使用不同的设备访问 http://filamentgroup.com/examples/responsive-images/页面，会发现不同设备中所显示的图片分辨率是不同的，如图 3.3 所示。

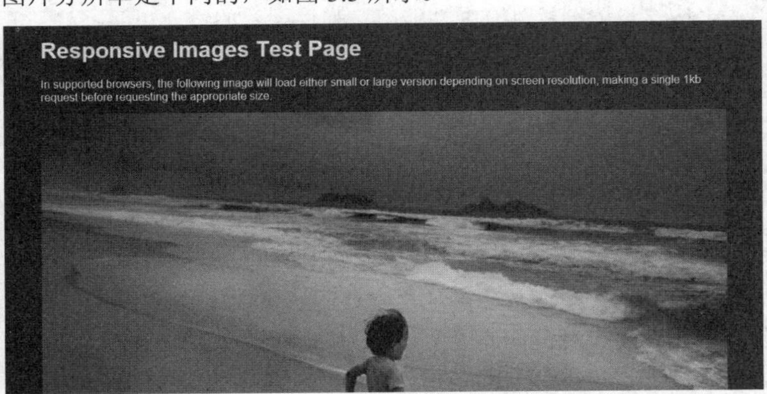

图 3.3　不同设备下图片分辨率也不同

提示：

在 iPhone、iPod Touch 中，页面会被自动同比例缩小至最适合屏幕大小的尺寸，X 轴不会产生滚动条，用户可以上下拖拽浏览全部页面，或在需要时放大页面的局部。这里会产生一个问题，即使使用响应式 Web 设计的方法专门为 iPhone 输出小图片，它同样会随着整个页面一起被同比例缩小，如图 3.4 左图所示。

图 3.4　不同设备下视图下的效果

针对上面的问题，可以使用苹果专有 meta 标记来解决类似的问题。在页面的<head>部分添加以下代码：

```
<meta name="viewport" content="width=device-width; initial-scale=1.0">
```

viewport 是网页默认的宽度和高度，上面这行代码的意思是，网页宽度默认等于屏幕宽度（width=device-width），原始缩放比例（initial-scale=1）为 1.0，即网页初始大小占屏幕面积的 100%。更多关于 viewport meta 标记的用法，可以参考苹果官方的文档（http://developer.apple.com/library/safari/#documentation/appleapplications/reference/safarihtmlref/Articles/MetaTags.html）。

注意：

在 Bootstrap 3.0 中可以通过添加.img-responsive 类样式，让 Bootstrap 3.0 中的图片对响应式布局的支持更友好：

```
<img src="..." class="img-responsive" alt="Responsive image">
```

其实质就是为图片赋予 max-width: 100%;和 height: auto;属性，可以让图片按比例缩放，不超过其包含框的尺寸。

3.1.4　设计响应式布局结构

扫一扫，看视频

由于网页需要根据屏幕宽度自动调整布局，首先，不能使用绝对宽度的布局，也不能使用具有绝对宽度的元素。具体说，CSS 代码不能指定像素宽度：

```
width: 940 px;
```

只能指定百分比宽度：

```
width: 100%;
```

或者

```
width:auto;
```

网页字体大小也不能使用绝对大小（px），而只能使用相对大小（em）。例如：

```
body {
    font: normal 100% Helvetica, Arial, sans-serif;
}
```

上面的代码定义字体大小是页面默认大小的 100%，即 16 像素。然后，定义一级标题的大小是默认字体大小的 1.5 倍，即 24 像素（24/16=1.5）。

```
h1 {
    font-size: 1.5em;
```

```
}
```

定义 small 元素的字体大小是默认字体大小的 0.875 倍，即 14 像素（14/16=0.875）。

```
small {
    font-size: 0.875em;
}
```

流体布局（http://alistapart.com/article/fluidgrids）是响应式设计中的一个重要方面，它要求页面中各个区块的位置都是浮动的，不是固定不变的。

```
.main {
    float: right;
    width: 70%;
}
.leftBar {
    float: left;
    width: 25%;
}
```

Float 的优势是如果宽度太小，并列显示不下两个元素，后面的元素会自动在前面元素的下方显示，而不会出现水平方向 overflow（溢出），避免了水平滚动条的出现。另外，应该尽量减少绝对定位（position: absolute）的使用。

在响应式网页设计中，除了图片方面，我们还应考虑页面布局结构的响应式调整。一般可以使用独立的样式表，或者使用 CSS Media Query 技术。例如，可以使用一个默认主样式表来定义页面的主要结构元素，如#wrapper、#content、#sidebar、#nav 等的默认布局方式，以及一些全局性的样式方案。

然后可以监测页面布局随着不同的浏览环境而产生的变化，如果它们变得过窄、过短、过宽、过长，则通过一个子级样式表来继承主样式表的设定，并专门针对某些布局结构进行样式覆盖。

【示例 1】 下面的代码可以放在默认主样式表 style.css 中：

```
html, body {}
h1, h2, h3 {}
p, blockquote, pre, code, ol, ul {}
/* 结构布局元素 */
#wrapper {
    width: 80%;
    margin: 0 auto;
    background: #fff;
    padding: 20px;
}
#content {
    width: 54%;
    float: left;
    margin-right: 3%;
}
#sidebar-left {
    width: 20%;
    float: left;
    margin-right: 3%;
}
#sidebar-right {
    width: 20%;
    float: left;
}
```

【示例 2】 下面的代码可以放在子级样式表 mobile.css 中，专门针对移动设备进行样式覆盖：

```
#wrapper {
   width: 90%;
}
#content {
   width: 100%;
}
#sidebar-left {
   width: 100%;
   clear: both;
   border-top: 1px solid #ccc;
   margin-top: 20px;
}
#sidebar-right {
   width: 100%;
   clear: both;
   border-top: 1px solid #ccc;
   margin-top: 20px;
}
```

CSS3 支持在 CSS2.1 中定义的媒体类型，同时添加了很多涉及媒体类型的功能属性，包括 max-width（最大宽度）、device-width（设备宽度）、orientation（屏幕定向：横屏或竖屏）和 color。在 CSS3 发布之后，新上市的 iPad、Android 相关设备都可以完美地支持这些属性。所以，可以通过 Media Query 为新设备设置独特的样式，而忽略那些不支持 CSS3 的台式机中的旧浏览器。

【示例 3】 下面的代码定义了如果页面通过屏幕呈现，非打印一类，并且屏幕宽度不超过 480px，则加载 shetland.css 样式表：

```
<link rel="stylesheet" type="text/css" media="screen and (max-device-width: 480px)"
href="shetland.css" />
```

用户可以创建多个样式表，以适应不同设备类型的宽度范围。更有效率的做法是：将多个 Media Queries 整合在一个样式表文件中：

```
@media only screen and (min-device-width : 320px) and (max-device-width : 480px)
{
   /* Styles */
}
@media only screen and (min-width : 321px) {
   /* Styles */
}
@media only screen and (max-width : 320px) {
   /* Styles */
}
```

上面的代码可以兼容各种主流设备。这样整合多个 Media Queries 于一个样式表文件的方式，与通过 Media Queries 调用不同样式表是不同的。

上面的代码被 CSS2.1 和 CSS3 支持，也可以使用 CSS3 专有的 Media Queries 功能来创建响应式 Web 设计。通过 min-width 可以设置在浏览器窗口或设备屏幕宽度高于这个值的情况下，为页面指定一个特定的样式表，而 max-width 属性则反之。

【示例 4】 使用多个 Media Queries 整合在单一样式表中，这样做更加高效，减少请求数量。

```
@media screen and (min-width: 600px) {
   .hereIsMyClass {
      width: 30%;
      float: right;
```

```
    }
}
```

上面的代码中定义的样式类只有在浏览器或屏幕宽度超过 600px 时才会有效。

```
@media screen and (max-width: 600px) {
    .aClassforSmallScreens {
        clear: both;
        font-size: 1.3em;
    }
}
```

这段代码的作用则相反，该样式类只有在浏览器或屏幕宽度小于 600px 时才会有效。

因此，使用 min-width 和 max-width 可以同时判断设备屏幕尺寸与浏览器实际宽度。如果希望通过 Media Queries 作用于某种特定的设备，而忽略其上运行的浏览器是否由于没有最大化，而在尺寸上与设备屏幕尺寸产生不一致的情况时，可以使用 min-device-width 与 max-device-width 属性来判断设备本身的屏幕尺寸，代码如下：

```
@media screen and (max-device-width: 480px) {
    .classForiPhoneDisplay {
        font-size: 1.2em;
    }
}
@media screen and (min-device-width: 768px) {
    .minimumiPadWidth {
        clear: both;
        margin-bottom: 2px solid #ccc;
    }
}
```

还有一些其他方法可以有效地使用 Media Queries 锁定某些指定的设备。

对于 iPad 来说，orientation 属性很有用，它的值可以是 landscape（横屏）或 portrait（竖屏）：

```
@media screen and (orientation: landscape) {
    .iPadLandscape {
        width: 30%;
        float: right;
    }
}
@media screen and (orientation: portrait) {
    .iPadPortrait {
        clear: both;
    }
}
```

这个属性目前只在 iPad 上有效。对于其他可以转屏的设备（如 iPhone），可以使用 min-device-width 和 max-device-width 来变通实现。

下面将上述属性组合使用，来锁定某个屏幕尺寸范围：

```
@media screen and (min-width: 800px) and (max-width: 1200px) {
    .classForaMediumScreen {
        background: #cc0000;
        width: 30%;
        float: right;
    }
}
```

上面的代码可以作用于浏览器窗口或屏幕宽度在 800px 至 1200px 之间的所有设备。

其实，用户仍然可以选择使用多个样式表的方式来实现 Media Queries。如果从资源的组织和维护的角度出发，这样做更高效：

```
<link rel="stylesheet" media="screen and (max-width: 600px)" href="small.css" />
<link rel="stylesheet" media="screen and (min-width: 600px)" href="large.css" />
<link rel="stylesheet" media="print" href="print.css" />
```

读者可以根据实际情况决定使用 Media Queries 的方式。例如，对于 iPad，可以将多个 Media Queries 直接写在一个样式表中。因为 iPad 用户随时有可能切换屏幕定向，这种情况下，要保证页面在极短的时间内响应屏幕尺寸的调整，必须选择效率最高的方式。

Media Queries 不是绝对唯一的解决方法，它只是一个以纯 CSS 方式实现响应式 Web 设计思路的手段。另外，还可以使用 JavaScript 来实现映射设计。特别是当某些旧设备无法完美支持 CSS3 的 Media Queries 时，它可以作为后备支援。我们可以使用专业的 JavaScript 库来帮助支持旧浏览器（如 IE 5+、Firefox 1+、Safari2 等）支持 CSS3 的 Media Queries，使用方法很简单，下载 css3-mediaqueries.js（http://code. google.com/p/css3-mediaqueries-js/），然后在页面中调用它即可。

所有主流浏览器都支持 Media Queries，包括 IE9，对于老式浏览器（主要是 IE6、IE7、IE8）可以考虑使用 css3-mediaqueries.js：

```
<!-[if lt IE 9]>
<script
src="http://css3-mediaqueries-js.googlecode.com/svn/trunk/css3-mediaqueries.js"
></script>
<![endif]->
```

【示例 5】 下面代码演示了如何使用简单的几行 jQuery 代码来检测浏览器宽度，并为不同的情况调用不同的样式表：

```
<script type="text/javascript" src="http://ajax.googleapis.com/ajax/libs/jquery/
1.9.1/jquery.min.js"></script>
<script type="text/javascript">
$(document).ready(function(){
   $(window).bind("resize", resizeWindow);
   function resizeWindow(e){
      var newWindowWidth = $(window).width();
      if(newWindowWidth < 600){
         $("link[rel=stylesheet]").attr({href : "mobile.css"});
      }
      else if(newWindowWidth > 600){
         $("link[rel=stylesheet]").attr({href : "style.css"});
      }
   }
});
</script>
```

类似这样的解决方案还有很多，借助 JavaScript，可以实现更多的变化。

扫一扫，看视频

3.1.5　自适应显示页面

对于响应式 Web 设计，同比例缩放元素尺寸，以及调整页面结构布局，是两个重要的响应方法。但是对于页面中的文字内容信息来说，则不能简单地以同比缩小，或者调整布局结构的方法进行处理。对于手机等移动设备来说，在文字内容方面，已经有了很多最佳实践方式和指导原则：简化的导航、更易聚焦的内容、以信息列表代替传统的多行文案内容等。针对这个问题，可以使用下面这条样式代码来解决：

```
display: none;
```

注意，不要使用 visibility:hidden 的方式，因为这只能使元素在视觉上不做呈现；display 属性则可帮助我们设置整块内容是否需要被输出。

【示例】 下面通过简单的几步设计一个初步响应式页面效果。

第 1 步，通过 Dreamweaver 新建一个 HTML5 文档，在头部区域定义 Meta 标签。大多数移动浏览器将 HTML 页面放大为宽的视图（viewport）以符合屏幕分辨率。这里可以使用视图的 Meta 标签来进行重置，让浏览器使用设备的宽度作为视图宽度并禁止初始的缩放。

```
<!doctype html>
<html>
<head>
<meta charset="utf-8">
<!-- viewport meta to reset iPhone inital scale -->
<meta name="viewport" content="width=device-width, initial-scale=1.0">
</head>
<body>
</body>
</html>
```

第 2 步，IE8 或者更早的浏览器并不支持 Media Query。可以使用 media-queries.js 或者 respond.js 来为 IE 添加 Media Query 支持。

```
<!-- css3-mediaqueries.js for IE8 or older -->
<!--[if lt IE 9]>
   <script  src="http://css3-mediaqueries-js.googlecode.com/svn/trunk/css3-media-
queries.js"></script>
<![endif]-->
```

第 3 步，设计页面 HTML 结构。整个页面基本布局包括头部、内容、侧边栏和页脚。头部为固定高度 180 像素，内容容器宽度是 600 像素，而侧边栏宽度是 300 像素，线框图如图 3.5 所示。

```
<!doctype html>
<html>
<head>
<meta charset="utf-8">
<!-- viewport meta to reset iPhone inital scale -->
<meta name="viewport" content="width=device-width, initial-scale=1.0">
<!-- css3-mediaqueries.js for IE8 or older -->
<!--[if lt IE 9]>
   <script src="http://css3-mediaqueries-js.googlecode.com/svn/trunk/css3-media
queries.js"></script>
<![endif]-->
</head>
<body>
<div id="pagewrap">
   <div id="header">
      <h1>Header</h1>
      <p>Tutorial by <a href="#">Myself</a> (read <a href="#">related article
</a>)</p>
   </div>
   <div id="content">
      <h2>Content</h2>
      <p>text</p>
   </div>
```

```
    <div id="sidebar">
        <h3>Sidebar</h3>
        <p>text</p>
    </div>
    <div id="footer">
        <h4>Footer</h4>
    </div>
</div>
</body>
</html>
```

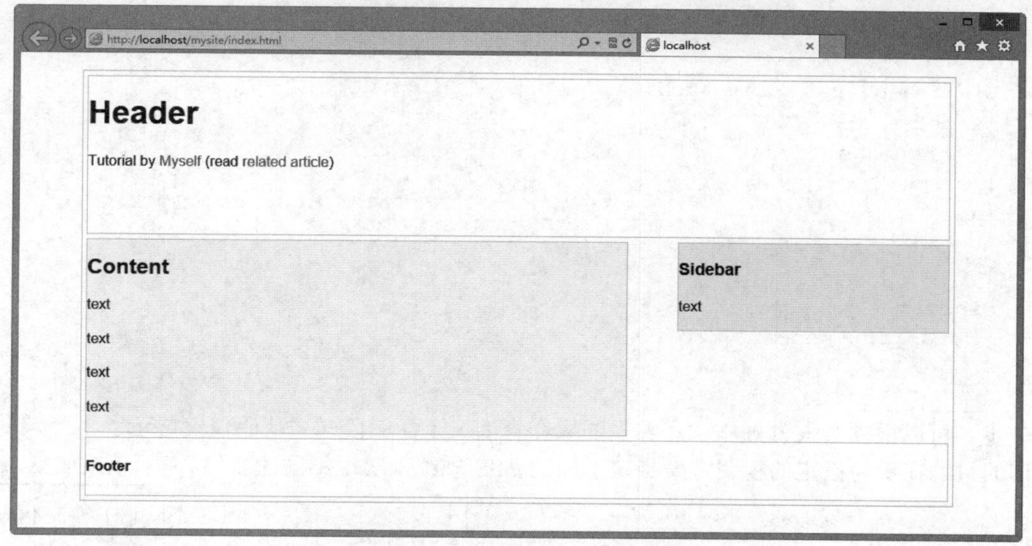

图 3.5　设计页面结构

第 4 步，使用 Media Queries。CSS3 Media Query（媒介查询）是响应式设计的核心，它根据条件告诉浏览器如何为指定视图宽度渲染页面。

当视图宽度为小于等于 980 像素时，如下规则将会生效。基本上，会将所有的容器宽度从像素值设置为百分比以使容器大小自适应。

```
/* for 980px or less */
@media screen and (max-width: 980px) {

   #pagewrap {
      width: 94%;
   }
   #content {
      width: 65%;
   }
   #sidebar {
      width: 30%;
   }
}
```

第 5 步，为小于等于 700 像素的视图指定#content 和#sidebar 的宽度为自适应并且清除浮动，使得这些容器按全宽度显示。

```
/* for 700px or less */
@media screen and (max-width: 700px) {
```

```
    #content {
        width: auto;
        float: none;
    }
    #sidebar {
        width: auto;
        float: none;
    }
}
```

第 6 步，对于小于等于 480 像素（手机屏幕）的情况，将#header 元素的高度设置为自适应，将 h1 的字体大小修改为 24 像素并隐藏侧边栏。

```
/* for 480px or less */
@media screen and (max-width: 480px) {
    #header {
        height: auto;
    }
    h1 {
        font-size: 24px;
    }
    #sidebar {
        display: none;
    }
}
```

第 7 步，可以根据个人爱好添加足够多的媒介查询。上面三段样式代码仅仅展示了 3 个媒介查询。媒介查询的目的在于为指定的视图宽度指定不同的 CSS 规则来实现不同的布局。演示效果如图 3.6 所示。

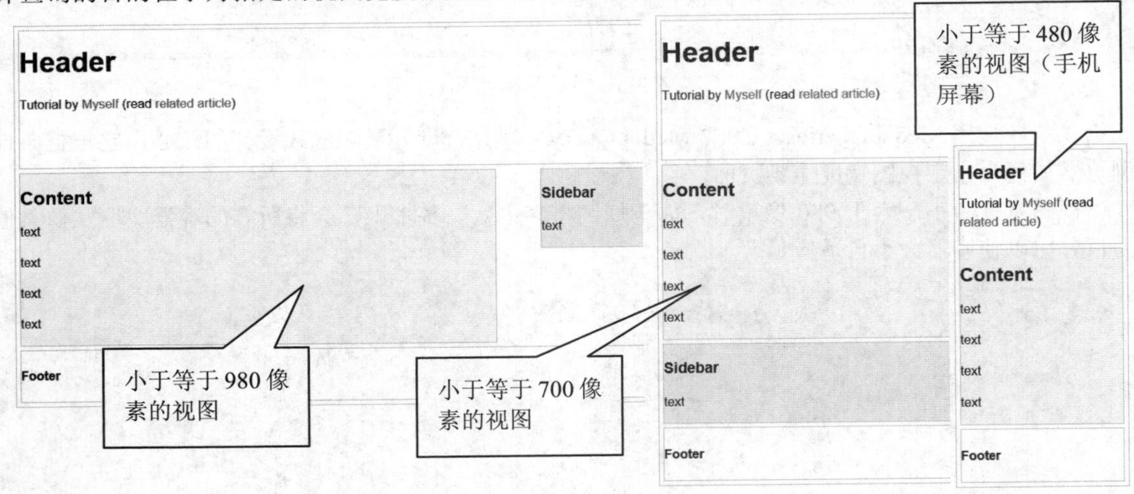

图 3.6　设计不同宽度下的视图效果

注意：

触屏设备已经成为主流。虽然目前多数触屏设备还是小屏幕类型的产品，如手机，但是市场上越来越多的大屏幕设备也开始使用触屏技术。触屏设备无法反映 CSS 定义的 hover 行为及相应的样式，因为它没有鼠标指针的概念，手指点击就是 click 行为，所以不要让任何功能依赖于对 hover 状态的触发。

一般建议在设计中，既有利于改进针对触屏设备的设计方式，同时也不会削弱传统键盘和鼠标设备上的用户体验。例如，放在页面右侧的导航列表可以对触屏设备的用户更加友好。因为多数人习惯用右手点击操作，而左手负责握住设备，这样，放在右侧的导航列表既方便右手的点击，又可以避免被握着设备的左手不小心触碰到。这一点与键盘和鼠标设备用户的习惯完全不矛盾。

3.1.6　设计响应式网站

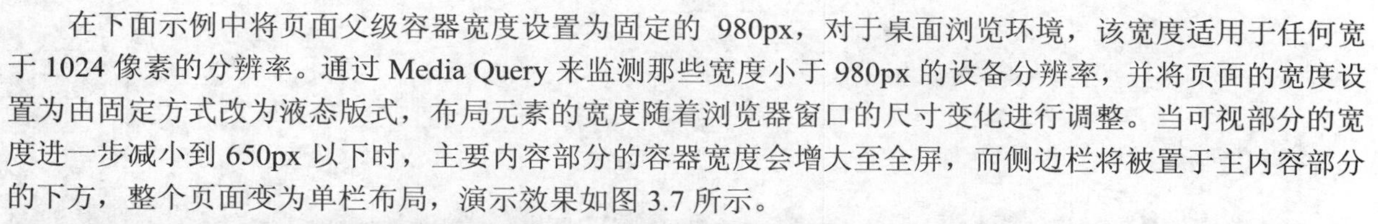

在下面示例中将页面父级容器宽度设置为固定的 980px，对于桌面浏览环境，该宽度适用于任何宽于 1024 像素的分辨率。通过 Media Query 来监测那些宽度小于 980px 的设备分辨率，并将页面的宽度设置为由固定方式改为液态版式，布局元素的宽度随着浏览器窗口的尺寸变化进行调整。当可视部分的宽度进一步减小到 650px 以下时，主要内容部分的容器宽度会增大至全屏，而侧边栏将被置于主内容部分的下方，整个页面变为单栏布局，演示效果如图 3.7 所示。

图 3.7　设计不同宽度下的视图效果

在本示例中，主要应用了下面几个技术和技法：

- Media Query JavaScript。对于那些尚不支持 Media Query 的浏览器，在页面中调用 css3-mediaqueries.js。
- 使用 CSS Media Queries 实现自适应页面设计，使用 CSS 根据分辨率宽度的变化来调整页面布局结构。
- 设计弹性图片和多媒体。通过 max-width: 100%和 height: auto 实现图片的弹性化。通过 width: 100%和 height: auto 实现内嵌元素的弹性化。
- 字号自动调整的问题，通过-webkit-text-size-adjust:none 禁用 iPhone 中 Safari 的字号自动调整。

【操作步骤】

第 1 步，新建 HTML5 类型文档，编写 HTML 代码。使用 HTML5 标签来更加语义化地实现这些结构，包括页头、主要内容部分、侧边栏和页脚。

```
<!doctype html>
<html>
<head>
<meta charset="utf-8">
</head>
<body>
<div id="pagewrap">
    <header id="header">
        <hgroup>
```

```
            <h1 id="site-logo">Demo</h1>
            <h2 id="site-description">Site Description</h2>
        </hgroup>
        <nav>
            <ul id="main-nav">
                <li><a href="#">Home</a></li>
            </ul>
        </nav>
        <form id="searchform">
            <input type="search">
        </form>
    </header>
    <div id="content">
        <article class="post"> blog post </article>
    </div>
    <aside id="sidebar">
        <section class="widget"> widget </section>
    </aside>
    <footer id="footer"> footer </footer>
</div>
</body>
</htm>
```

第 2 步，IE 是永恒的话题，对于 HTML5 标签，IE9 之前的版本无法提供支持。目前的最佳解决方案仍是通过 html5.js 来帮助旧版本的 IE 浏览器创建 HTML5 元素节点。因此，这里添加如下兼容技法，调用该 JS 文件：

```
<!--[if lt IE 9]>
<script src="http://html5shim.googlecode.com/svn/trunk/html5.js"></script>
<![endif]-->
```

第 3 步，设计 HTML5 块级元素样式。首先仍是浏览器兼容问题，虽然经过上一步努力已经可以在低版本的 IE 中创建 HTML5 元素节点，但仍需要在样式方面做些工作，将这些新元素声明为块级样式。

```
article, aside, details, figcaption, figure, footer, header, hgroup, menu, nav,
section {
      display: block;
}
```

第 4 步，设计主要结构的 CSS 样式。这里将忽略细节样式设计，将注意力集中在整体布局上。整体设计在默认情况下页面容器的固定宽度为 980 像素，页头部分（header）的固定高度为 160 像素，主要内容部分（content）的宽度为 600 像素，左浮动。侧边栏（sidebar）右浮动，宽度为 280 像素。

```
<style type="text/css">
#pagewrap {
    width: 980px;
    margin: 0 auto;
}
#header { height: 160px; }
#content {
    width: 600px;
    float: left;
}
#sidebar {
    width: 280px;
    float: right;
```

```
}
#footer { clear: both; }
</style>
```

第 5 步，初步完成了页面结构的 HTML 和默认结构样式，具体页面细节样式便不再繁琐，读者可以参考本节示例源代码。

此时预览页面效果，由于还没有做任何 Media Query 方面的工作，页面还不能随着浏览器尺寸的变化而改变布局。在页面中调用 css3-mediaqueries.js 文件，解决 IE8 及其以前版本支持 CSS3 Media Queries。

```
<!--[if lt IE 9]>
    <script src="http://css3-mediaqueries-js.googlecode.com/svn/trunk/css3-medi
aqueries.js"></script>
<![endif]-->
```

第 6 步，创建 CSS 样式表，并在页面中调用：

```
<link href="media-queries.css" rel="stylesheet" type="text/css">
```

第 7 步，借助 Media Queries 技术设计响应式布局。当浏览器可视部分宽度大于 650px 小于 980px 时（液态布局），将 pagewrap 的宽度设置为 95%，将 content 的宽度设置为 60%，将 sidebar 的宽度设置为 30%。

```
@media screen and (max-width: 980px) {
   #pagewrap { width: 95%; }
   #content {
      width: 60%;
      padding: 3% 4%;
   }
   #sidebar { width: 30%; }
   #sidebar .widget {
      padding: 8% 7%;
      margin-bottom: 10px;
   }
}
```

第 8 步，当浏览器可视部分宽度小于 650px 时（单栏布局），将 header 的高度设置为 auto；将 searchform 绝对定位在 top:5px 的位置；将 main-nav、site-logo、site-description 的定位设置为 static；将 content 的宽度设置为 auto（主要内容部分的宽度将扩展至满屏），并取消 float 设置；将 sidebar 的宽度设置为 100%，并取消 float 设置。

```
@media screen and (max-width: 650px) {
   #header { height: auto; }
   #searchform {
      position: absolute;
      top: 5px;
      right: 0;
   }
   #main-nav { position: static; }
   #site-logo {
      margin: 15px 100px 5px 0;
      position: static;
   }
   #site-description {
      margin: 0 0 15px;
      position: static;
   }
   #content {
```

```
        width: auto;
        float: none;
        margin: 20px 0;
    }
    #sidebar {
        width: 100%;
        float: none;
        margin: 0;
    }
}
```

第 9 步，当浏览器可视部分宽度小于 480px 时，480px 也就是 iPhone 横屏时的宽度。当可视部分的宽度小于该数值时，禁用 HTML 节点的字号自动调整。默认情况下，iPhone 会将过小的字号放大，这里可通过-webkit-text-size-adjust 属性进行调整。将 main-nav 中的字号设置为 90%。

```
@media screen and (max-width: 480px) {
    html {
        -webkit-text-size-adjust: none;
    }
    #main-nav a {
        font-size: 90%;
        padding: 10px 8px;
    }
}
```

第 10 步，设计弹性图片。为图片设置 max-width: 100%和 height: auto，实现其弹性化。对于 IE，仍然需要一点额外的工作。

```
img {
    max-width: 100%;
    height: auto;
    width: auto\9; /* ie8 */
}
```

第 11 步，设计弹性内嵌视频。对于视频也需要做 max-width: 100%的设置，但是 Safari 对 embed 的该属性支持不是很好，所以使用以 width: 100%来代替。

```
.video embed,.video object,.video iframe {
    width: 100%;
    height: auto;
    min-height: 300px;
}
```

第 12 步，iPhone 中的初始化缩放。在默认情况下，iPhone 中的 Safari 浏览器会对页面进行自动缩放，以适应屏幕尺寸。这里可以使用以下的 meta 设置，将设备的默认宽度作为页面在 Safari 的可视部分宽度，并禁止初始化缩放。

```
<meta name="viewport" content="width=device-width; initial-scale=1.0">
```

3.2 使用 Bootstrap 栅格系统

栅格系统（Grid Systems）也称网格系统，它运用固定的格子设计版面布局，以规则的网格阵列来指导和规范网页中的版面布局以及信息分布。栅格系统的优点是使设计的网页版面工整简洁，因此很受网页设计师的欢迎，已成为网页设计的主流风格之一。

3.2.1 网页栅格系统设计基础

在网页设计中，如果把网页宽度平均切分为 N 个网格单元，每个单元之间预留一定的空隙，此时整个页面就如同一个网格系统，如图 3.8 所示。

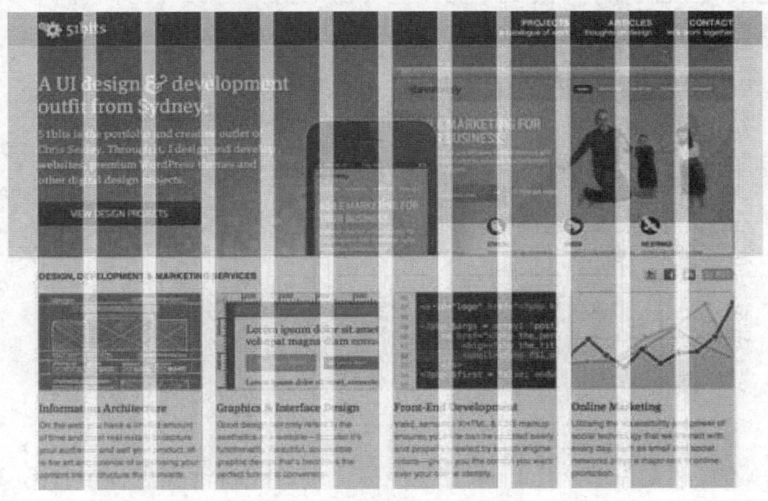

图 3.8　栅格系统效果图

如果把网页宽度设置为 W，页面分割成 n 个网格单元，每个单元假设为 a，每个单元与单元之间的间隙设为 i，同时把 a+i 定义 A，即一个单元宽度，则可以定义一个等式：

$$W=(a\times n)+(n-1)i$$

由于 a+i=A，可得(A×n) − i = W，这个公式表述了网页布局与网页背后的栅格系统之间的某种关系，如图 3.9 所示。

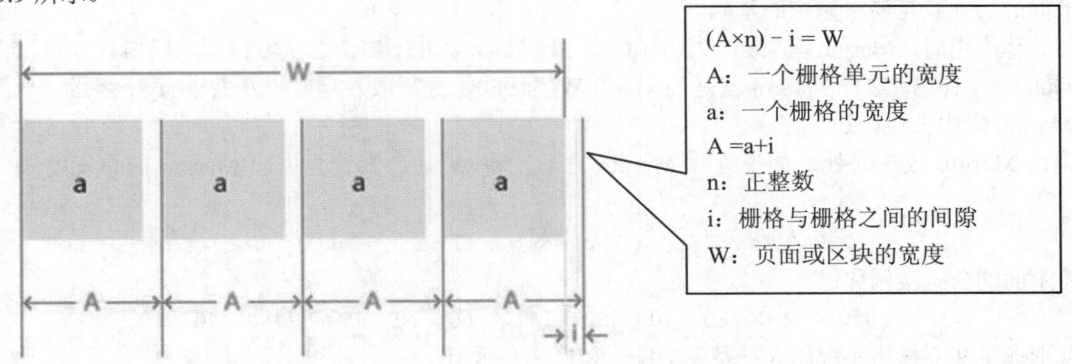

图 3.9　栅格系统示意图

在网页设计中，当搭建页面结构复杂的门户型网站时，一般习惯定义页面宽度为固定宽度，同时多选择宽度为 950px/960px。例如，Alexa 全球排名前 100 的站点，它们的首页宽度多为 950px 或 960px，这些站点有个共同特点：页面结构较复杂，都可以认为是门户型网站，如 AOL 为 960px，Yahoo! 为 950px，淘宝为 950px，新浪为 950px，网易为 960px，搜狐为 950px，优酷为 960px。而对于网站功能专一，页面结构相对简单的站点来说，如 Google、YouTube、Facebook、Flickr!、eBay、百度、新浪微博等，它们的首页宽度似乎没什么固定规律。

目前绝大多数显示器都支持 1024×768 及其以上分辨率。为了有效利用屏幕宽度同时保证栅格的灵活度，可以看出 960 是非常合适的。这样，在目前主流显示器下，960 就成为网页栅格系统中的最佳宽度。一个标准的栅格系统构成如图 3.10 所示。

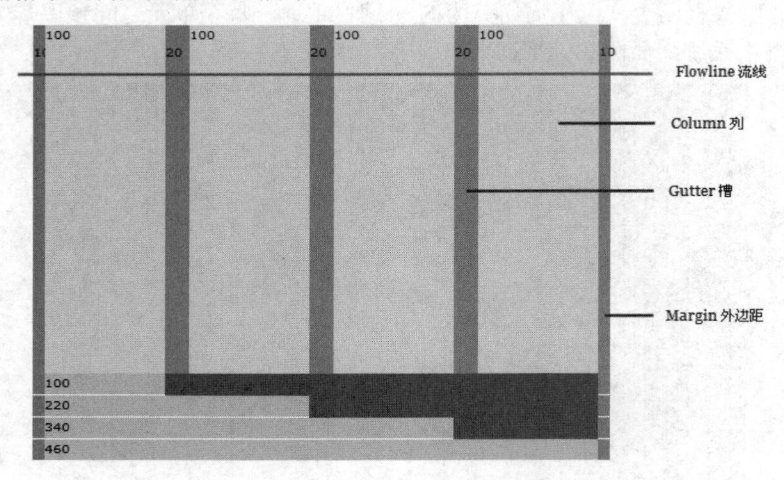

图 3.10　栅格系统构成

将 Flowline 的总宽度标记为 W，Column 的宽度标记为 c，Gutter 宽度标记为 g，Margin 的宽度标记为 m，Column 的个数标记为 N，可以得到以下公式：

$$W = c \times N + g \times (N - 1) + 2 \times m$$

一般来说，Gutter 的宽度是 Margin 的两倍，上面的公式可简化为：

$$W = c \times N + g \times (N - 1) + g = (c + g) \times N$$

将 c+g 标记为 C, 公式变得非常简单：

$$W = C \times N$$

上面的公式就是栅格系统的基础。

在具体应用时，Margin 其实是一个空白边，从视觉上看并不属于总宽度。不少栅格设计里习惯性地设定 Gutter 为 10px, 这样 Margin 就是 5px。当 W 为 960，分割成 6 列时，左右 Margin 各为 5px，也可以将 Margin 集中放在一边。

无论 Margin 放在何处，如果去除 Margin 之后，将 W 的含义变为去除 Margin 的总宽度，公式变化为：

$$W = N \times C - g$$

将上面的公式实例化：

$$950 = 12 \times 80 - 10 \quad 950 = 16 \times 60 - 10 \quad 950 = 24 \times 40 - 10$$

就形成了 960 栅格系统的 3 种常见切法，如图 3.11 所示。

Blueprint（http://www.blueprintcss.org/）是一个经典的栅格系统，提供了一个完整的 CSS 框架，栅格系统是它的一部分功能。

（1）16×60 栅格系统，如图 3.12 所示。

（2）24×40 栅格系统，如图 3.13 所示。

上面 3 种切法中，N 越大，灵活度越高，可以根据网页的实际复杂度来选用对应的切法。在 960 栅格系统（http://www.960.gs/）首页中，展示了 12×80 的应用，如图 3.14 所示，其中左图网站地址为 http://www.interactionhero.com/，右图网站地址 http://www.5by5.tv/。

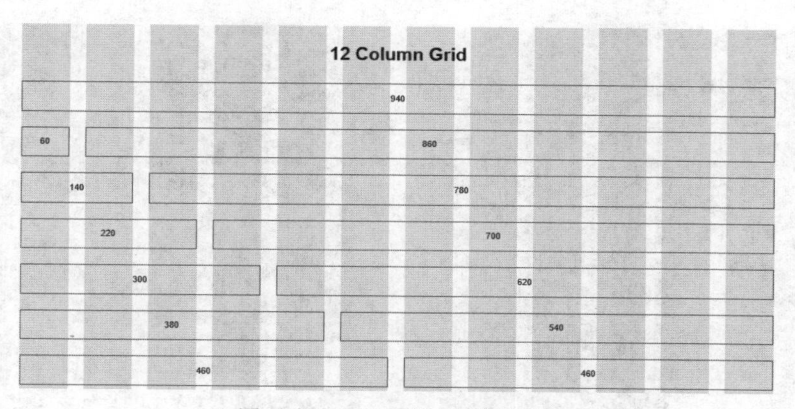

图 3.11　12×80 栅格系统切法

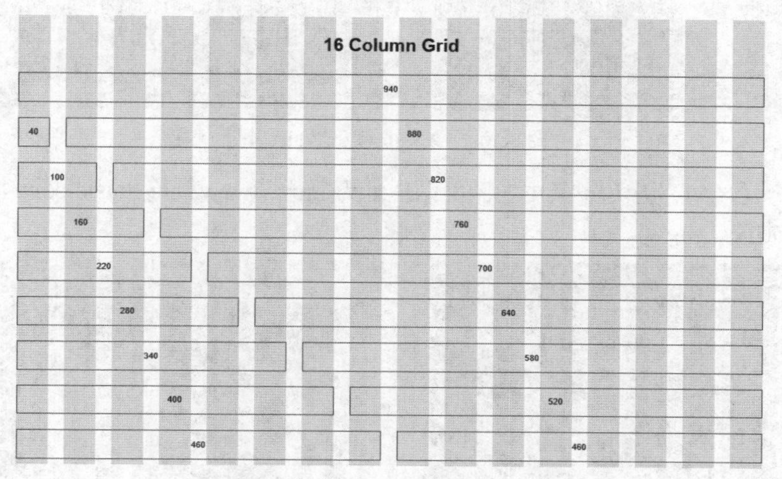

图 3.12　16×60 栅格系统切法

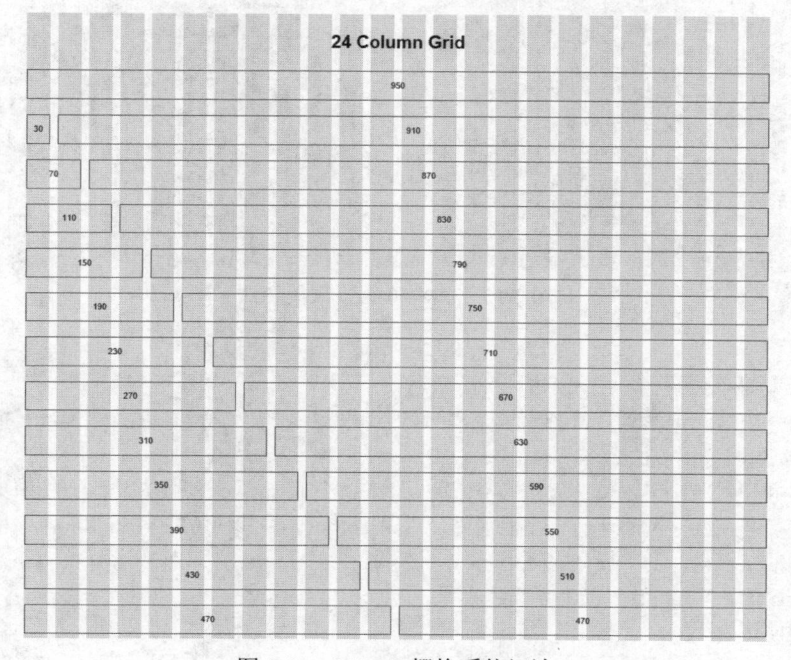

图 3.13　24×40 栅格系统切法

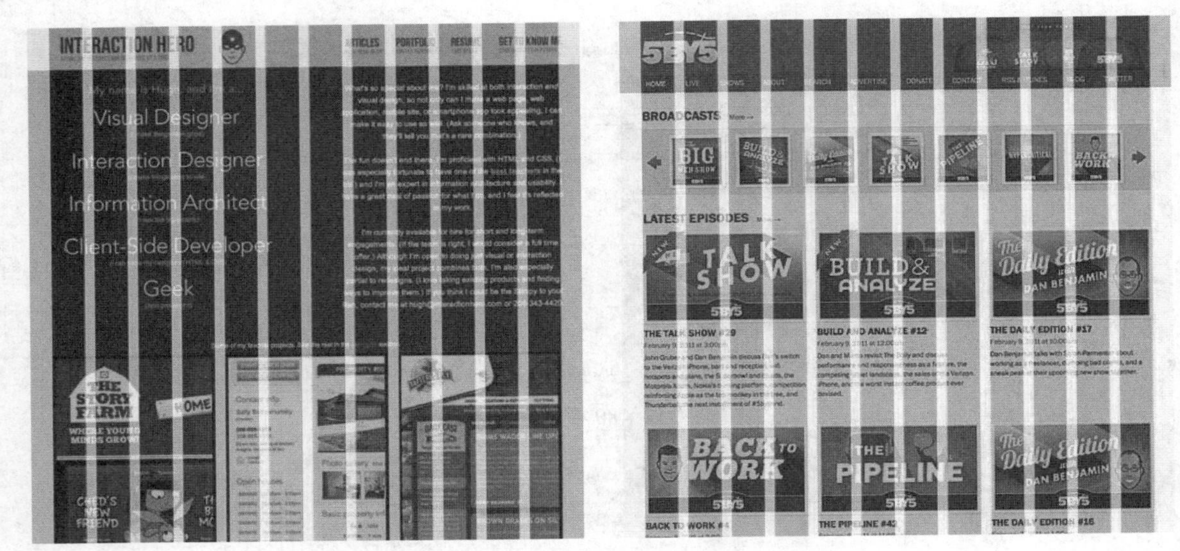

图 3.14　12×80 栅格系统切法

图 3.15 展示了 16×60 的应用，其中左图网站地址为 http://www.sonymusic.com/，右图网站地址为 http://www.fedoraproject.org/。

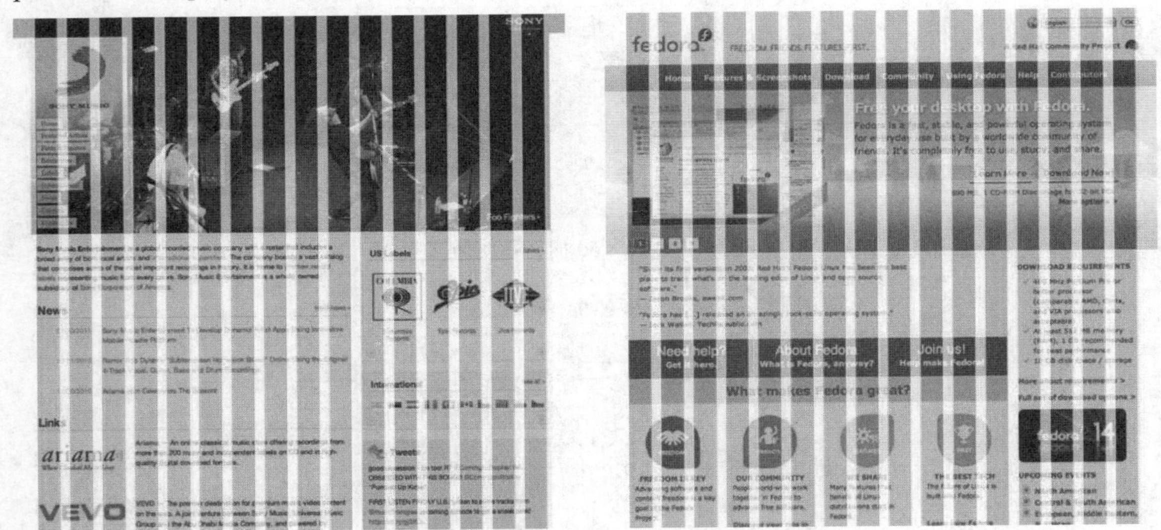

图 3.15　16×60 栅格系统切法

提示：

栅格系统具有以下优势：

- 能大大提高网页的规范性。在栅格系统下，页面中所有组件的尺寸都是有规律的。这对于大型网站的开发和维护来说，能节约不少成本。
- 基于栅格进行设计，可以让整个网站各个页面的布局保持一致。这能增加页面的相似度，提升用户体验。
- 对于设计师们来说，灵活地运用栅格系统，能做出很多优秀和独特的设计。
- 对于大型网站来说，使用栅格化将是一种潮流和趋势。

对于栅格系统来说，非常适合以下场景应用：

- 页面的总体宽度布局，如两栏、三栏等布局。
- 一些固定区块的尺寸，如广告图片的尺寸。

- 区块之间的间距，可以参考栅格系统的槽宽（Gutter）。
- 一些可以栅格化的小区域，暗合栅格往往能简化布局上的考虑。

除了上面这些应用场景，强行使用栅格系统，往往会束手束脚，适得其反。

3.2.2　认识 Bootstrap 栅格系统

Bootstrap 3.0 对布局系统重新进行打造，抛弃原有的以 PC 为核心的设计思维，完全内置了一套响应式、移动设备优先的流式栅格系统，随着屏幕设备或视口（viewport）尺寸的增加，系统会自动分为最多 12 列。它包含了易于使用的预定义 Class，还有强大的 mixin 用于生成更具语义的布局。

使用过 Bootstrap 2.0 的用户都知道，Bootstrap 2.0 的栅格系统有两种：一种是固定式的（Fix），一种是流式的（Fluid）。固定式栅格系统每列的宽度（width）及列与列间的间距（margin）都是固定的，列宽为 60px，列间距为 20px，如图 3.16 所示。

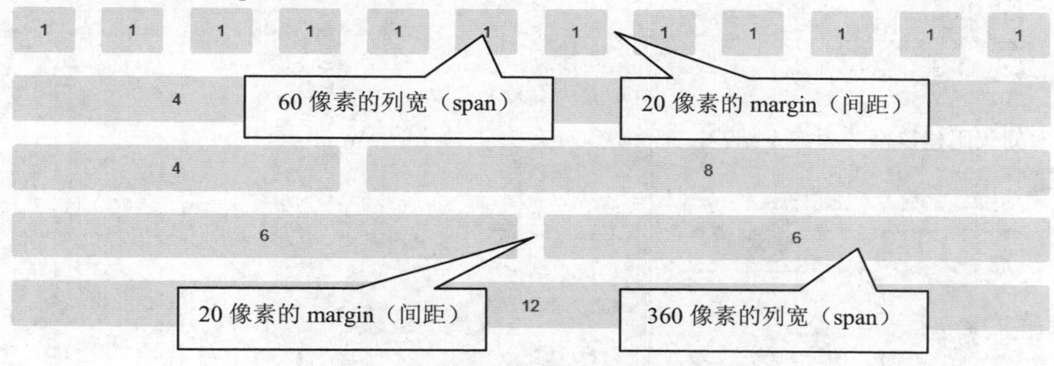

图 3.16　Bootstrap 2.0 固定宽度栅格系统

Bootstrap 2.0 默认的栅格系统为 12 列，宽度为 940px，比标准的 960 栅格系统少 20 像素，这是因为它少了一个 margin 距离，一个 margin 距离默认为 20 像素。因此，虽然宽度仅为 940 像素，但是网页实际宽度与 960 栅格系统相同。

在 Bootstrap 3.0 中，默认仅提供一种响应式栅格系统，并重新规范了列名。整个系统通过一系列的行（row）与列（column）的组合创建页面布局。下面介绍 Bootstrap 3.0 栅格系统的工作原理：

（1）行（row）必须包含在.container 中，以便为其赋予合适的排列（aligment）和内补（padding）。

例如，在下面代码中，一行包含在.container 中，第二行则没有包含 container 中，可以看到两种不同的布局效果，如图 3.17 所示，这说明如果设计完整的页面布局，应该增加.container。

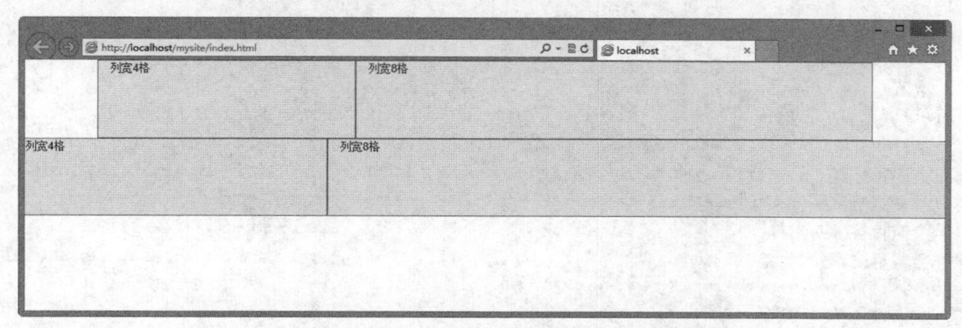

图 3.17　row 和.container 的关系比较

```
<div class="container">
    <div class="row">
```

```
        <div class="col-md-4">列宽 4 格</div>
        <div class="col-md-8">列宽 8 格</div>
    </div>
</div>
<div class="row">
    <div class="col-md-4">列宽 4 格</div>
    <div class="col-md-8">列宽 8 格</div>
</div>
```

（2）使用行（row）在水平方向创建一组列（column）。见上面的示例代码，而在 row 中，可以包含多列（col），列宽总个数应该为 12。

（3）网页内容应当放置于列（col）内，且只有列（col）可以作为行（row）的直接子元素。

例如，下面代码结构就是不合规范的，正如一般不能直接在<tr>标签中插入非<td>或<th>标签一样。

```
<div class="row">
    <h1>Bootstrap 3 栅格系统</h1>
    <div class="col-md-4">列宽 4 格</div>
    <div class="col-md-8">列宽 8 格</div>
</div>
```

上面的代码建议修改为如下结构，把标题文本放置于独立的 row 和 col 中：

```
<div class="row">
    <div class="col-md-12">
        <h1>Bootstrap 3 栅格系统</h1>
    </div>
</div>
<div class="row">
    <div class="col-md-4">列宽 4 格</div>
    <div class="col-md-8">列宽 8 格</div>
</div>
```

（4）类似.row、.col-xs-4 这些预定义的栅格 Class 可以用来快速创建栅格布局。Bootstrap 源码中定义的 mixin 也可以用来创建语义化的布局。

（5）通过设置 padding 从而创建列（col）之间的间隔（gutter）。然后通过为第一列和最后一列设置同样负值的 margin 从而抵消掉 padding 的影响。

在 Bootstrap 3.0 的 CSS 源码中（bootstrap.css）可以看到如下样式集，这些样式集定义了列间隔样式代码。也就是说，Bootstrap 3.0 的列间隔为 30 像素，而 Bootstrap 2.0 中的列间隔为 20 像素，用户可以根据需要手动修改这个间隔值。

```
.row {
    margin-left: -15px;
    margin-right: -15px;
}
.col-xs-1, .col-sm-1, .col-md-1, .col-lg-1, .col-xs-2, .col-sm-2, .col-md-2, .c
ol-lg-2, .col-xs-3, .col-sm-3, .col-md-3, .col-lg-3, .col-xs-4, .col-sm-4, .col
-md-4, .col-lg-4, .col-xs-5, .col-sm-5, .col-md-5, .col-lg-5, .col-xs-6, .col-s
m-6, .col-md-6, .col-lg-6, .col-xs-7, .col-sm-7, .col-md-7, .col-lg-7, .col-xs-
8, .col-sm-8, .col-md-8, .col-lg-8, .col-xs-9, .col-sm-9, .col-md-9, .col-lg-9,
 .col-xs-10, .col-sm-10, .col-md-10, .col-lg-10, .col-xs-11, .col-sm-11, .col-m
d-11, .col-lg-11, .col-xs-12, .col-sm-12, .col-md-12, .col-lg-12 {
    position: relative;
    min-height: 1px;
    padding-left: 15px;
    padding-right: 15px;
}
```

（6）栅格系统中的列是通过指定 1 到 12 的值来表示其跨越的范围。

Bootstrap 3.0 依然采用 12 栅格规范，每一行（row）宽度为 12 格，可以在 col 后缀中进行设置。例如，3 个等宽的列可以使用 3 个.col-md-4 来创建。

```
<div class="row">
    <div class="col-md-4">列宽 4 格</div>
    <div class="col-md-4">列宽 4 格</div>
    <div class="col-md-4">列宽 4 格</div>
</div>
```

如果在一行中添加更多的列，则需要修改列宽后缀。例如，把上面的代码结构改为 12 列布局，设计的结构代码如下所示：

```
<div class="row">
    <div class="col-md-1">列宽 1 格</div>
    <div class="col-md-1">列宽 1 格</div>
    <div class="col-md-1">列宽 1 格</div>
    <div class="col-md-1">列宽 1 格</div>
    <div class="col-md-1">列宽 1 格</div>
    <div class="col-md-1">列宽 1 格</div>
    <div class="col-md-1">列宽 1 格</div>
    <div class="col-md-1">列宽 1 格</div>
    <div class="col-md-1">列宽 1 格</div>
    <div class="col-md-1">列宽 1 格</div>
    <div class="col-md-1">列宽 1 格</div>
    <div class="col-md-1">列宽 1 格</div>
</div>
```

演示效果如图 3.18 所示。

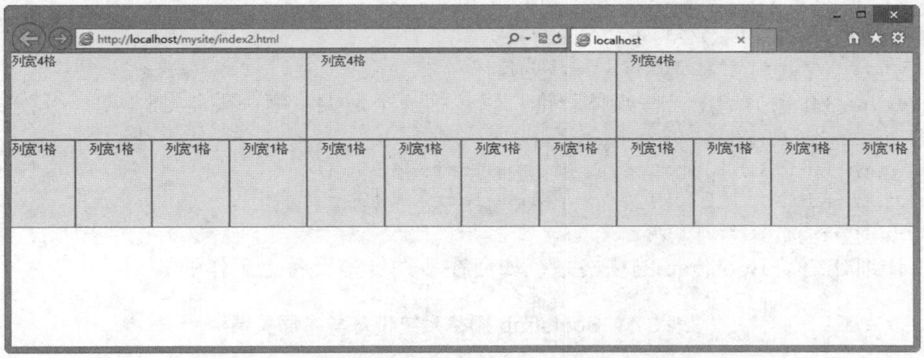

图 3.18　多列栅格系统布局效果比较

这种用法非常类似<table>标签。<div class='row'>相当于<tr>标签，<div class="col-md-1">和<div class="col-md-6">相当于"<td cols='3'>"、"<td cols='6'>"。注意，由于 Bootstrap 3.0 默认是 12 列的栅格，所有列所跨越的栅格数之和最多是 12。

在默认情况下，其中栅格的类样式源代码如下（以 xs 设备类型为例）：

```
.col-xs-1, .col-xs-2, .col-xs-3, .col-xs-4, .col-xs-5, .col-xs-6, .col-xs-7, .c
ol-xs-8, .col-xs-9, .col-xs-10, .col-xs-11, .col-xs-12 { float: left; }
.col-xs-12 { width: 100%; }
.col-xs-11 { width: 91.66666666666666%; }
.col-xs-10 { width: 83.33333333333334%; }
.col-xs-9 { width: 75%; }
.col-xs-8 { width: 66.66666666666666%; }
```

```
.col-xs-7 { width: 58.333333333333336%; }
.col-xs-6 { width: 50%; }
.col-xs-5 { width: 41.66666666666667%; }
.col-xs-4 { width: 33.33333333333333%; }
.col-xs-3 { width: 25%; }
.col-xs-2 { width: 16.666666666666664%; }
.col-xs-1 { width: 8.333333333333332%; }
```

.row 定义栅格行容器，没有定义宽度（width），所以其宽度就由内部栅格的总列宽决定。

提示：

对于需要占据整个浏览器视口（viewport）的页面，需要将内容区域包裹在一个容器元素内，并且赋予 padding: 0 15px;，目的的是抵消掉为.row 所设置的 margin: 0 -15px;，否则，页面会左右超出视口 15px，页面底部出现横向滚动条。

扫一扫，看视频

3.2.3 Bootstrap 响应设备类型

Bootstrap 3.0 通过媒体查询技术实现对不同设备的灵活支持，从而废除了 Bootstrap 2.0 的固定布局系统，在栅格系统中，Bootstrap 3.0 使用以下媒体查询（Media Query）来创建关键的分界点阈值：

```
/* 超小屏幕设备，如手机等，屏幕宽度小于 768px */
/* 没有设备类型，作为 Bootstrap 默认类型样式 */

/* 小屏幕设备，如平板电脑，屏幕宽度最少为 768px */
@media (min-width: 768px) { ... }

/* 中等屏幕设备，屏幕宽度最少为 992 px */
@media (min-width: 992px) { ... }

/* 大屏幕设备，屏幕宽度最少为 1200px */
@media (min-width: 1200px) { ... }
```

同时 Bootstrap 3.0 也另增加一些媒体查询，以包括一个最大宽度，限制 CSS 到一组较窄的设备中：

```
@media (max-width: 767px) { ... }
@media (min-width: 768px) and (max-width: 991px) { ... }
@media (min-width: 992px) and (max-width: 1199px) { ... }
@media (min-width: 1200px) { ... }
```

在表 3.1 详细介绍了 Bootstrap 的栅格系统如何在多种屏幕设备上工作的。

表 3.1 Bootstrap 栅格系统设备与布局关系

	超小屏幕设备 手机（<768px）	小屏幕设备 平板（≥768px）	中等屏幕设备 桌面（≥992px）	大屏幕设备 桌面（≥1200px）
栅格系统行为	总是水平排列	开始是堆叠在一起的，超过这些阈值将变为水平排列		
最大.container 宽度	None（自动）	750px	970px	1170px
class 前缀	.col-xs-	.col-sm-	.col-md-	.col-lg-
列数	12			
最大列宽	自动	60px	78px	95px
槽宽	30px（每列左右均有 15px）			
可嵌套	允许			
偏移（Offsets）	允许			
列排序	允许			

3.2.4　Bootstrap 设备优先化栅格

在 Bootstrap 3.0 栅格系统中，Class 在屏幕宽度大于或等于阈值的设备上起作用，并且将覆盖掉针对小屏幕设备的 Class。因此，对任何一个元素应用任何.col-md-类样式，如果没有设置.col-lg- 类样式，将不仅作用于中等尺寸的屏幕，还将作用于大屏幕设备。

Bootstrap 3.0 遵循设备优先的原则来确定当前结构的布局效果，因此我们可以在相同的结构中设置不同的设备类型，以实现在不同设备中呈现不同的布局效果。

【示例】　设计一个根据不同设备呈现不同布局效果的栅格系统，在栅格系统中利用可视化工具 Class 进行动态设备类型提示，代码如下：

```
<!doctype html>
<html>
<head>
<meta charset="utf-8">
<meta name="viewport" content="width=device-width, initial-scale=1.0">
<link href="bootstrap/css/bootstrap.css" rel="stylesheet">
<style type="text/css">
.row > div {
   background-color: #eee;
   height: 100px;
   border: solid 1px red;
}
</style>
</head>
<body>
<div class="row">
   <div class="col-xs-12 col-sm-6 col-md-4 col-lg-2">
      <div class="visible-xs">col-xs-12</div>
      <div class="visible-sm">col-sm-6</div>
      <div class="visible-md">col-md-4</div>
      <div class="visible-lg">col-lg-2</div>
   </div>
   <div class="col-xs-12 col-sm-6 col-md-4 col-lg-2">
      <div class="visible-xs">col-xs-12</div>
      <div class="visible-sm">col-sm-6</div>
      <div class="visible-md">col-md-4</div>
      <div class="visible-lg">col-lg-2</div>
   </div>
   <div class="col-xs-12 col-sm-6 col-md-4 col-lg-2">
      <div class="visible-xs">col-xs-12</div>
      <div class="visible-sm">col-sm-6</div>
      <div class="visible-md">col-md-4</div>
      <div class="visible-lg">col-lg-2</div>
   </div>
</div>
</body>
</html>
```

演示效果如图 3.19 所示。

xs 设备布局效果　　　　sm 设备布局效果

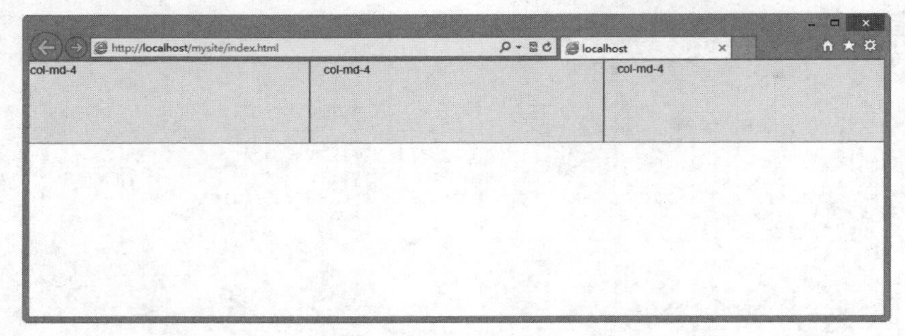

md 设备布局效果

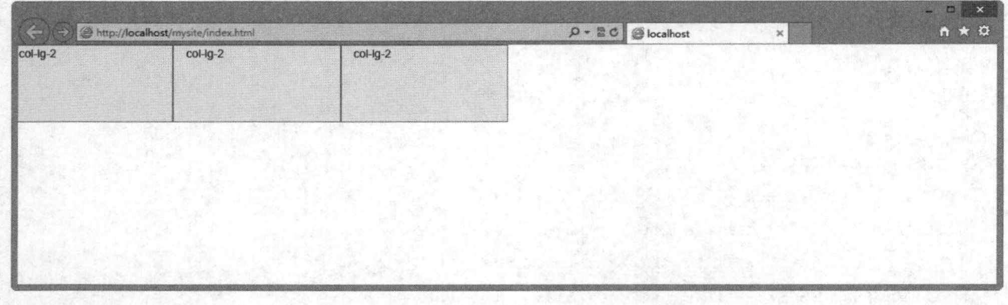

lg 设备布局效果

图 3.19　设备优先的栅格设计效果比较

扫一扫，看视频

3.2.5　Bootstrap 固定栅格和流式栅格

默认情况下，Bootstrap 2.0 没有启用响应式布局特性。如果加入响应式布局 CSS 文件（bootstrap-responsive.css），栅格系统会自动根据可视窗口的宽度从 724px 到 1170px 进行动态调整。在可视窗口低于 767px 宽的情况下，列将不再固定并且会在垂直方向堆叠。

现在，Bootstrap 3.0 把 bootstrap-responsive.css 合并到 bootstrap.css 中，实现在默认状态下支持响应式布局，.container 将根据设备类型调整自身宽度，在 bootstrap.css 中可看到如下样式代码：

```
@media (min-width: 768px) {
  .container {
    width: 750px;
  }
}
@media (min-width: 992px) {
  .container {
    width: 970px;
  }
```

```
}
@media (min-width: 1200px) {
  .container {
    width: 1170px;
  }
}
```

但是每列宽度依然采用百分比进行定义，类似代码如下：

```
.col-xs-12 { width: 100%;}
.col-xs-11 {width: 91.66666666666666%;}
.col-xs-10 {width: 83.33333333333334%;}
```

这种改进设计方式，把 Bootstrap 2.0 中设计两套列宽样式合并为一，优化了样式代码。

在流式栅格中，与固定式栅格不同，每列的宽度依然按照百分比来计算宽度，但是流式外框.container-fluid 不再声明宽度，确保整个布局满屏显示，在 bootstrap.css 中可以看到如下样式代码：

```
.container-fluid {
 margin-right: auto;
 margin-left: auto;
 padding-left: 15px;
 padding-right: 15px;
}
```

由于.row 左右 margin 取负 15px，为了有效显示网页内容，并留出一定的页边距，在.container-fluid 中添加左右 padding 值为 15px。

【示例】　分别使用. container 和.container-fluid 设计固定栅格布局和流式栅格布局，代码如下：

```
<h1>固定布局栅格系统</h1>
<div class="container">
    <div class="row">
        <div class="col-md-4">列宽 4 格</div>
        <div class="col-md-8">列宽 8 格</div>
    </div>
</div>
<h1>流式布局栅格系统</h1>
<div class="container-fluid">
    <div class="row">
        <div class="col-md-4">列宽 4 格</div>
        <div class="col-md-8">列宽 8 格</div>
    </div>
</div>
```

效果如图 3.20 所示。

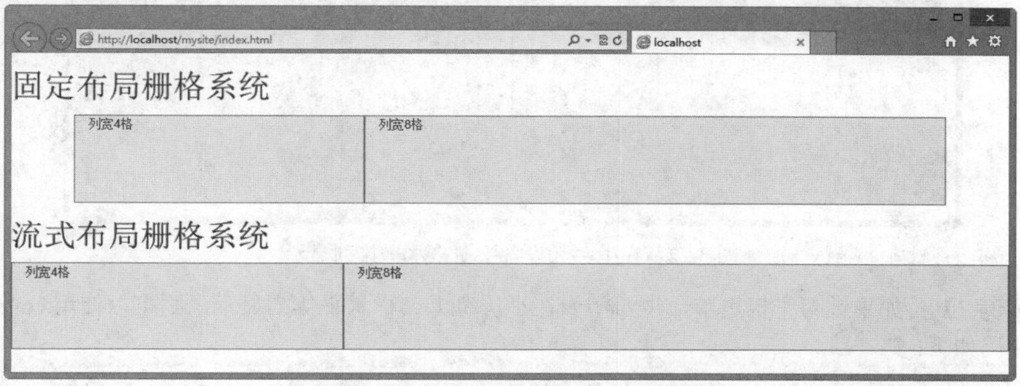

图 3.20　固定布局和流式布局效果图

扫一扫，看视频

3.2.6 Bootstrap 栅格堆叠和水平排列

堆叠和水平排列是 Bootstrap 3.0 栅格系统中列的两种基本布局形式。

【示例 1】 使用一组.col-md 栅格 Class 创建一个基本的栅格系统，代码如下：

```
<div class="container">
    <div class="row">
        <div class="col-md-2">列宽 2 格</div>
        <div class="col-md-2">列宽 2 格</div>
        <div class="col-md-2">列宽 2 格</div>
        <div class="col-md-2">列宽 2 格</div>
        <div class="col-md-2">列宽 2 格</div>
        <div class="col-md-2">列宽 2 格</div>
    </div>
</div>
```

在手机和平板设备上显示为堆叠布局，即在超小屏幕到小屏幕这一范围上呈现栅格堆叠显示，如图 3.21 所示。

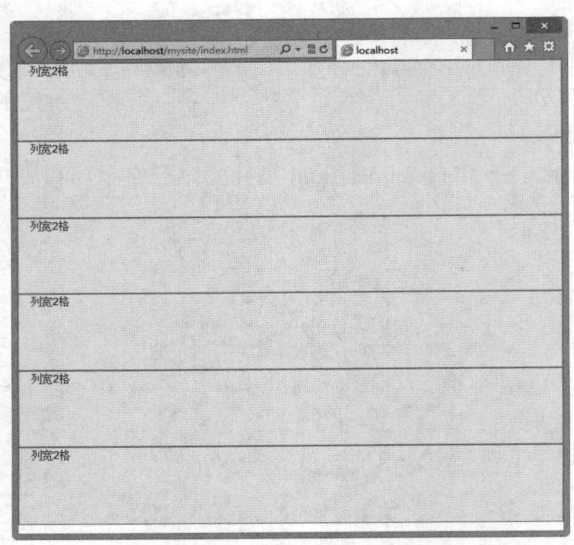

图 3.21 在小设备中栅格堆叠显示

在桌面中及其以上屏幕设备上栅格变为水平排列，如图 3.22 所示。

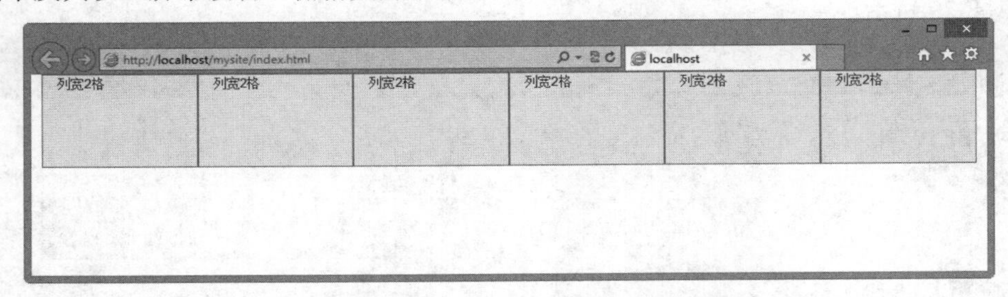

图 3.22 在中、大设备中栅格水平排列显示

【示例 2】 如果针对平板电脑，也希望像在小屏幕上一样水平排列显示，则可以使用.col-sm 设计各列，代码如下：

```
<div class="container">
    <div class="row">
```

```
        <div class="col-sm-2">列宽 2 格</div>
        <div class="col-sm-2">列宽 2 格</div>
        <div class="col-sm-2">列宽 2 格</div>
        <div class="col-sm-2">列宽 2 格</div>
        <div class="col-sm-2">列宽 2 格</div>
        <div class="col-sm-2">列宽 2 格</div>
    </div>
</div>
```

相同屏幕宽度下的比较效果如图 3.23 所示。

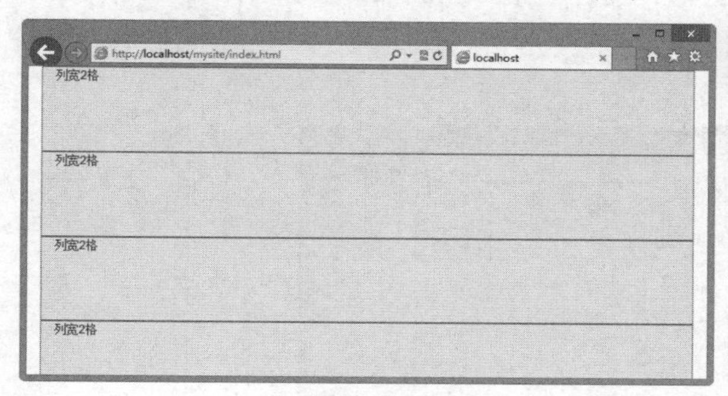

.col-md 堆叠设计效果

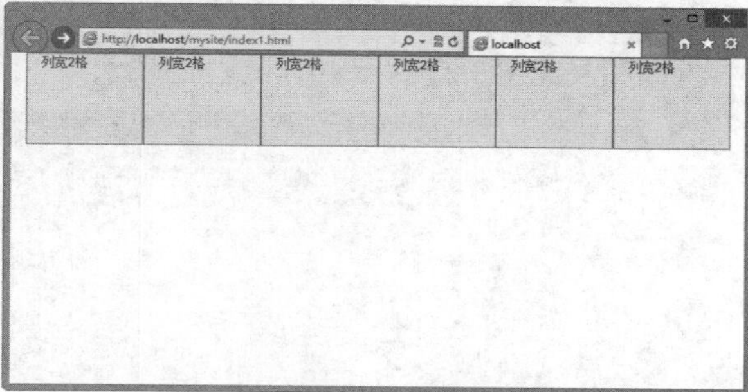

.col-sm 水平排列设计效果

图 3.23 .col-md 和.col-sm 显示效果比较

【示例 3】 如果希望在任何小屏幕设备上所有列都水平排列在一起，则使用针对超小屏幕所定义的.col-xs。针对示例 2，修改其中的 Class，代码如下：

```
<div class="container">
    <div class="row">
        <div class="col-xs-2">列宽 2 格</div>
        <div class="col-xs-2">列宽 2 格</div>
        <div class="col-xs-2">列宽 2 格</div>
        <div class="col-xs-2">列宽 2 格</div>
        <div class="col-xs-2">列宽 2 格</div>
        <div class="col-xs-2">列宽 2 格</div>
    </div>
</div>
```

在小屏幕设备中预览，则可看到完全非堆叠的效果，如图 3.24 所示。

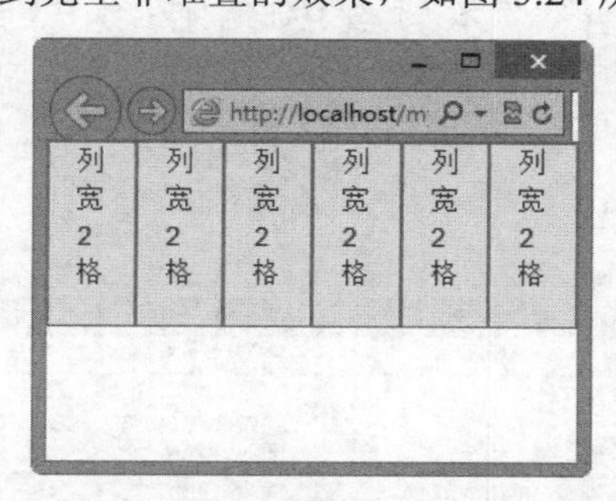

图 3.24 在小屏幕设备中显示为水平排列效果

【示例 4】 在示例 3 的基础上，通过使用.col-sm-* Classe 可以创建更加富有动态和强大的布局。但是，在很多情况下，多列布局中各列高度并非都是一致的，如果为其中一列增加更多的内容，同时删除演示代码中固定高度的声明 height: 100px;，结构代码如下：

```
<div class="container">
    <div class="row">
```

```
        <div class="col-xs-2">列宽 2 格
            <p>这里是大段的段落文本。</p>
        </div>
        <div class="clearfix"></div>
        <div class="col-xs-2">列宽 2 格</div>
        <div class="col-xs-2">列宽 2 格</div>
        <div class="col-xs-2">列宽 2 格</div>
        <div class="col-xs-2">列宽 2 格</div>
        <div class="col-xs-2">列宽 2 格</div>
    </div>
</div>
```

预览效果如图 3.25 所示。

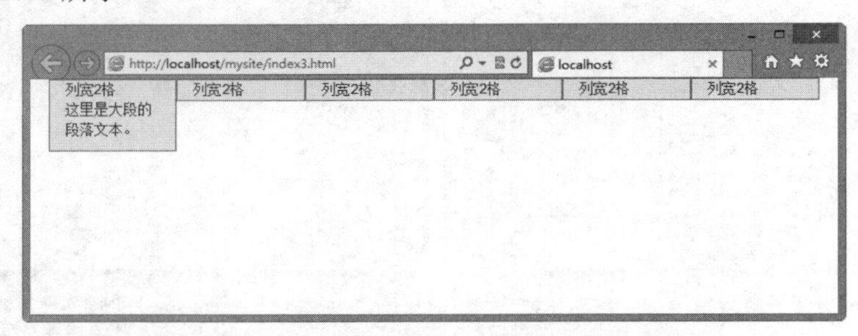

图 3.25　列高不完全等高的栅格布局效果

即便给出更少的 col 栅格，也不免会碰到一些问题，例如，在某些阈值时，某些列可能会出现比别的列高的情况。为了解决这一问题，不妨使用.clearfix 和响应式工具 Class。

【示例 5】　在第一列之后添加<div class="clearfix visible-xs">，设计第一列单行显示，同时定义在 xs（特小屏幕下）设备下有效，代码如下：

```
<div class="container">
    <div class="row">
        <div class="col-xs-2">列宽 2 格
            <p>这里是大段的段落文本。</p>
        </div>
        <div class="clearfix visible-xs"></div>
        <div class="col-xs-2">列宽 2 格</div>
        <div class="col-xs-2">列宽 2 格</div>
        <div class="col-xs-2">列宽 2 格</div>
        <div class="col-xs-2">列宽 2 格</div>
        <div class="col-xs-2">列宽 2 格</div>
    </div>
</div>
```

预览效果如图 3.26 所示。

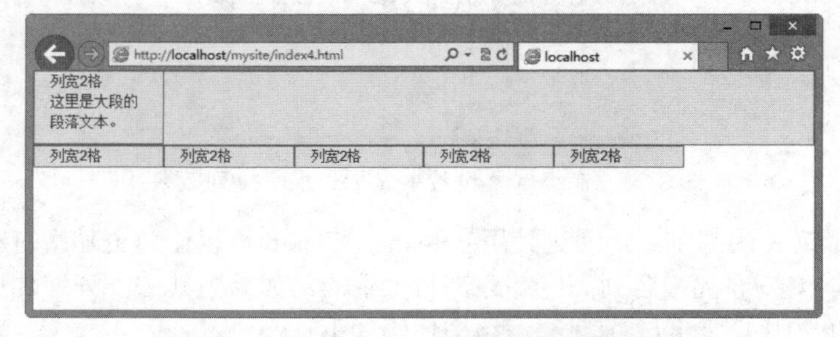

图 3.26　通过换行显示实现列的等高效果

3.2.7　列偏移

使用 offset 系列类可以将列偏移到右侧。这些 Class 通过使用*选择器将所有列增加了列的左侧 margin。例如，.col-md-offset-4 将.col-md 设备下的列向右移动了 4 个列的宽度。

offset 通过 margin-left 实现，因此会对右侧列产生影响，以 col-md 设备为例，在 Bootstrap 3.0 的 CSS 源码中（bootstrap.css）可以看到如下样式集，这些样式集定义了 col-md 设备下 offfset 的样式代码：

```
@media (min-width: 992px) {
    .col-md-offset-12 { margin-left: 100%; }
    .col-md-offset-11 { margin-left: 91.66666666666666%; }
    .col-md-offset-10 { margin-left: 83.33333333333334%; }
    .col-md-offset-9 { margin-left: 75%; }
    .col-md-offset-8 { margin-left: 66.66666666666666%; }
    .col-md-offset-7 { margin-left: 58.333333333333336%; }
    .col-md-offset-6 { margin-left: 50%; }
    .col-md-offset-5 { margin-left: 41.66666666666667%; }
    .col-md-offset-4 { margin-left: 33.33333333333333%; }
    .col-md-offset-3 { margin-left: 25%; }
    .col-md-offset-2 { margin-left: 16.666666666666664%; }
    .col-md-offset-1 { margin-left: 8.333333333333332%; }
    .col-md-offset-0 { margin-left: 0%; }
}
```

offset 也会占据布局空间，因此使用设计列偏移时，必须把 offset 偏移宽度与 col 宽度进行合并计算，确保每个 row 中的列宽和偏移宽度之和等于或小于 12 格。

【示例 1】　在不同 row 行中配合 col 和 offset 设计列宽和列偏移效果，其中第一行设计为第一列宽度为 4，第二列宽度为 6，偏移为 2；第二行设计为第一列和第二列宽度均为 3，同时向右偏移 3 格；设计第三行为单列显示，列宽为 4，向右偏移 1 格，代码如下：

```
<div class="row">
    <div class="col-md-4">列宽 4 格</div>
    <div class="col-md-6 col-md-offset-2">列宽 6 格 偏移 2 格</div>
</div>
<div class="row">
    <div class="col-md-3 col-md-offset-3">列宽 3 格 偏移 3 格</div>
    <div class="col-md-3 col-md-offset-3">列宽 3 格 偏移 3 格</div>
</div>
<div class="row">
    <div class="col-md-4 col-md-offset-1">列宽 4 格 偏移 1 格</div>
</div>
```

最终页面显示效果如图 3.27 所示。

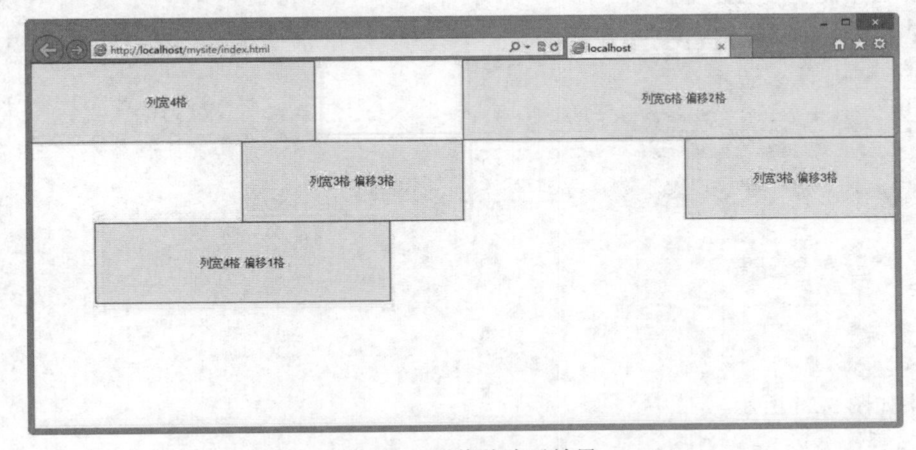

图 3.27　列偏移演示效果

注意：

Bootstrap 栅格系统列宽和间距都是可以定制的，在 variables.less 文件中，可以通过下面几个变量进行自定义：

```
// Default 940px grid
// -------------------------
@gridColumns:12;
@gridColumnWidth:60px;
@gridGutterWidth:20px;
@gridRowWidth:(@gridColumns * @gridColumnWidth) + (@gridGutterWidth * (@gridColumns
- 1));
```

【示例 2】 利用 Bootstrap 栅格系统设计一个 3 列版式，代码如下：

```
<!doctype html>
<html>
<head>
<meta charset="utf-8">
<meta name="viewport" content="width=device-width, initial-scale=1.0">
<link href="bootstrap/css/bootstrap.css" rel="stylesheet">
<style type="text/css">
.row div {
   background-color: #eee;
   border: solid 1px red;
   height: 300px;
}
.container footer {
   background-color: #eee;
   border: solid 1px blue;
   height: 50px;
}
</style>
</head>
<body>
<div class="container">
   <div class="jumbotron"></div>
   <div class="row">
      <div class="col-sm-2"></div>
      <div class="col-sm-7"></div>
      <div class="col-sm-3"></div>
   </div>
   <footer></footer>
</div>
</body>
</html>
```

演示效果如图 3.28 所示。

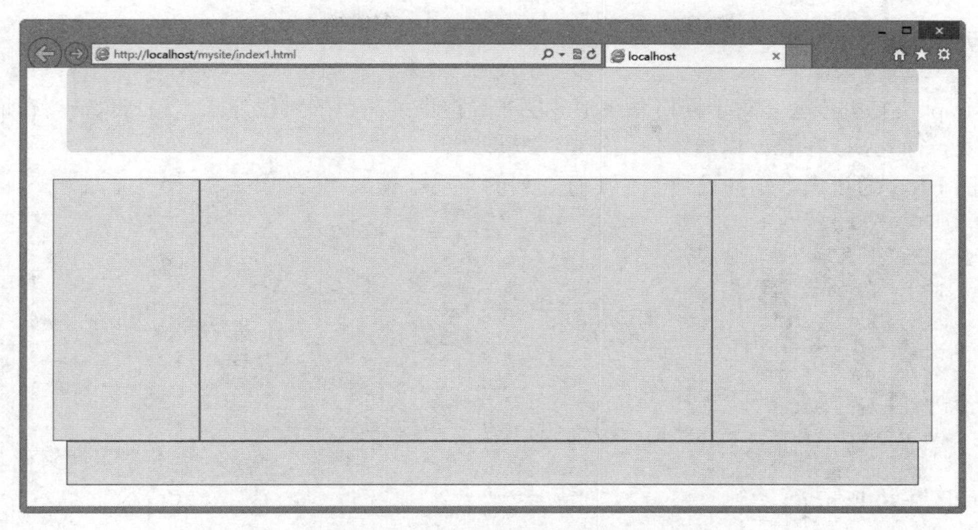

图 3.28　3 列水平排列栅格设计效果

提示：

定义流式栅格的偏移方式与固定栅格系统相同：给任何想偏移的列添加 .offset* 即可。

【示例 3】　针对上一示例，可以把它很轻松地转换为流式布局，代码如下：

```
<div class="container-fluid">
    <div class="jumbotron"></div>
    <div class="row">
        <div class="col-sm-2"></div>
        <div class="col-sm-7"></div>
        <div class="col-sm-3"></div>
    </div>
    <footer></footer>
</div>
```

演示效果如图 3.29 所示。

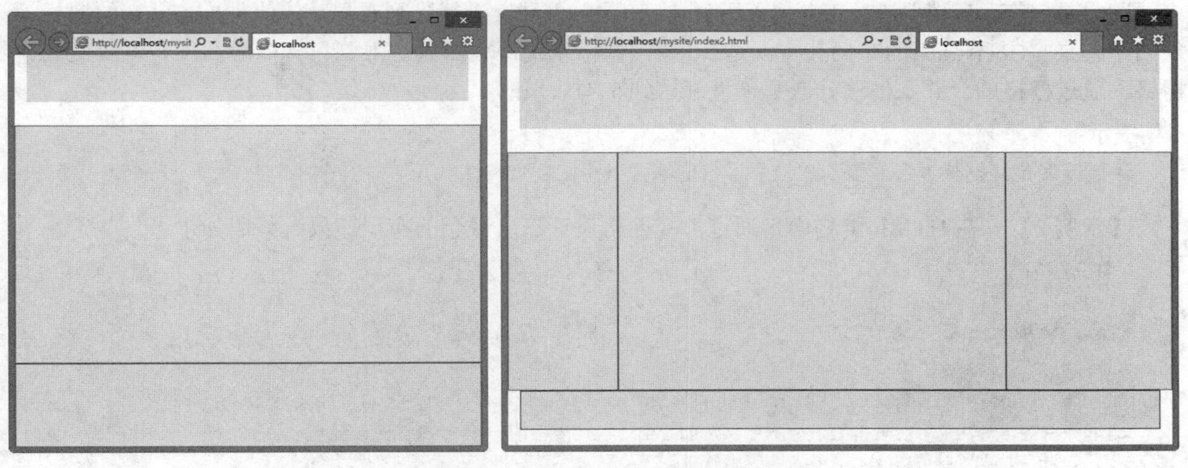

图 3.29　Bootstrap 流式栅格模板效果

扫一扫，看视频

3.2.8 列嵌套

Bootstrap 支持列嵌套，对于栅格系统中多层布局提供了简单的实现方式。用户只需要在嵌套的 col 内部新加入一行 row，在 row 内继续使用栅格系统即可。

【示例 1】 通过嵌套结构设计一个 1 行 3 列的布局结构，代码如下：

```
<div class="row">
    <div class="col-md-9">
        <div class="row">
            <div class="col-md-3">左列</div>
            <div class="col-md-9">中列</div>
        </div>
    </div>
    <div class="col-md-3">右列</div>
</div>
```

效果如图 3.30 所示。

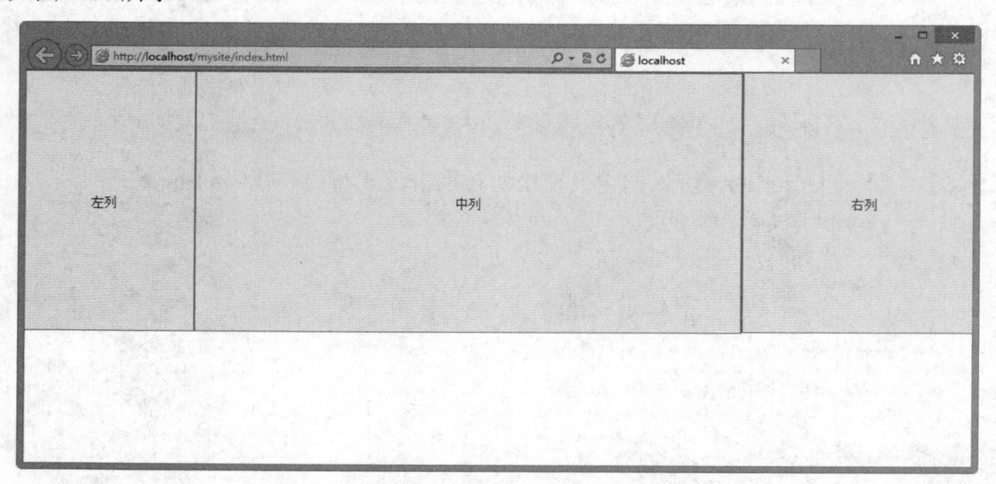

图 3.30 列嵌套结构的 1 行 3 列布局效果

因为是嵌套，所以是在 col 内加入了 row，row 内再继续进行多列布局，依此类推。嵌套的栅格行必须归结起来，Bootstrap 的布局其实就是：容器+栅格系统，容器只是限制包含框的宽度，主要变化在于栅格，通过栅格的合并、偏移、嵌套来最终达到布局效果的。

提示：

不管是固定式栅格，还是流动式栅格，它们都可以实现嵌套设计。

【示例 2】 在 HTML 结构中，通过流式栅格设计三层嵌套的布局效果，代码如下：

```
<!doctype html>
<html>
<head>
<meta charset="utf-8">
<meta name="viewport" content="width=device-width, initial-scale=1.0">
<link href="bootstrap/css/bootstrap.css" rel="stylesheet">
<style type="text/css">
.container-fluid > .row div { line-height:60px;}
.container-fluid > .row >  div { background-color: #ddd; }
.container-fluid > .row >  div >  div { background-color: #ccc;  }
```

```
.container-fluid > .row > div > div > div { background-color: #bbb; }
.container-fluid > .row > div > div > div > div { background-color: #aaa; }
.container-fluid > .row > div > div > div > div > div { background-color: #999;
height: 120px; }
</style>
</head>
<body>
<div class="container-fluid text-center">
    <div class="row">
        <div class="col-xs-12"> Fluid 12
            <div class="row">
                <div class="col-xs-6"> Fluid 6
                    <div class="row">
                        <div class="col-xs-6">Fluid 6</div>
                        <div class="col-xs-6">Fluid 6</div>
                    </div>
                </div>
                <div class="col-xs-6">Fluid 6</div>
            </div>
        </div>
    </div>
</div>
</body>
</html>
```

效果如图 3.31 所示。

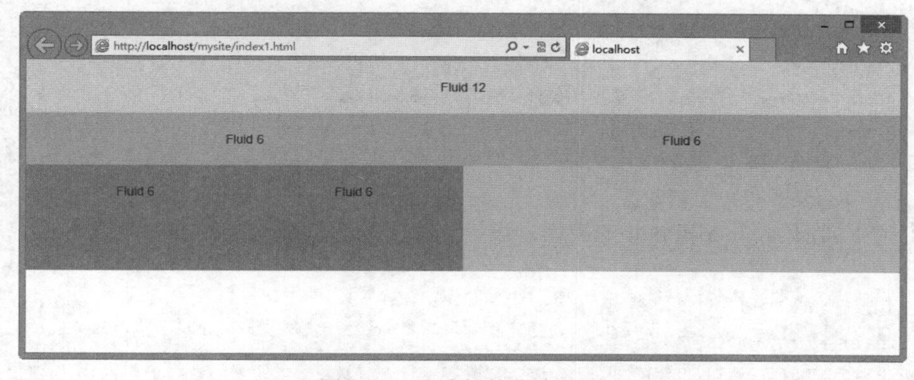

图 3.31　流式栅格嵌套效果

在固定式栅格中，栅格中套栅格逻辑很简单，照着它们的固定宽度进行设计即可。在流式布局中，栅格中套栅格逻辑就稍微复杂一点，不是按照固定宽度来计算，而按照宽度百分比来计算。因此，在实际项目中，同样的栅格套栅格，流式布局会比固定式布局中的栅格宽度宽一些。

Bootstrap 允许通过修改 variables.less 的参数值来自定义栅格系统，流式栅格系统也同样可以进行类似的修改。修改后并重新编译 Bootstrap 来实现自定义栅格系统。

3.2.9　列排序

扫一扫，看视频

列排序通过 push 和 pull 相关类实现，利用这两个系列 Class 可以调整列的显示位置，其中 push 向右偏移，通过 left 属性定义列左侧的偏移位置，而 pull 向左偏移，通过 right 属性定义列右侧的偏移位置。

push 和 pull 排序方法实现很简单，以 col-md 设备为例，在 Bootstrap 3.0 的 CSS 源码中（bootstrap.css）可以看到如下样式集，这些样式集定义了 col-md 设备下 push 和 pull 的样式代码：

```
@media (min-width: 992px) {
    .col-md-pull-12 { right: 100%; }
    .col-md-pull-11 { right: 91.66666666666666%; }
    .col-md-pull-10 { right: 83.33333333333334%; }
    .col-md-pull-9 { right: 75%; }
    .col-md-pull-8 { right: 66.66666666666666%; }
    .col-md-pull-7 { right: 58.333333333333336%; }
    .col-md-pull-6 { right: 50%; }
    .col-md-pull-5 { right: 41.66666666666667%; }
    .col-md-pull-4 { right: 33.33333333333333%; }
    .col-md-pull-3 { right: 25%; }
    .col-md-pull-2 { right: 16.666666666666664%; }
    .col-md-pull-1 { right: 8.333333333333332%; }
    .col-md-pull-0 { right: 0%; }
    .col-md-push-12 { left: 100%; }
    .col-md-push-11 { left: 91.66666666666666%; }
    .col-md-push-10 { left: 83.33333333333334%; }
    .col-md-push-9 { left: 75%; }
    .col-md-push-8 { left: 66.66666666666666%; }
    .col-md-push-7 { left: 58.333333333333336%; }
    .col-md-push-6 { left: 50%; }
    .col-md-push-5 { left: 41.66666666666667%; }
    .col-md-push-4 { left: 33.33333333333333%; }
    .col-md-push-3 { left: 25%; }
    .col-md-push-2 { left: 16.666666666666664%; }
    .col-md-push-1 { left: 8.333333333333332%; }
    .col-md-push-0 { left: 0%; }
}
```

【示例】 下面演示 push 和 pull 的应用。设计一行三列布局样式，左右列宽度为 3，中间列宽度为 6，代码如下：

```
<div class="row">
  <div class="col-md-3">左列</div>
  <div class="col-md-6">中列</div>
  <div class="col-md-3">右列</div>
</div>
```

然后，设计左列在右侧显示，中列在左侧显示，而右列在中间显示，代码如下：

```
<div class="row">
  <div class="col-md-3 col-md-push-9">左列，显示在右侧</div>
  <div class="col-md-6 col-md-pull-3">中列，显示在左侧</div>
  <div class="col-md-3 col-md-pull-3">右列，显示在中间</div>
</div>
```

预览结果如图 3.32 所示。

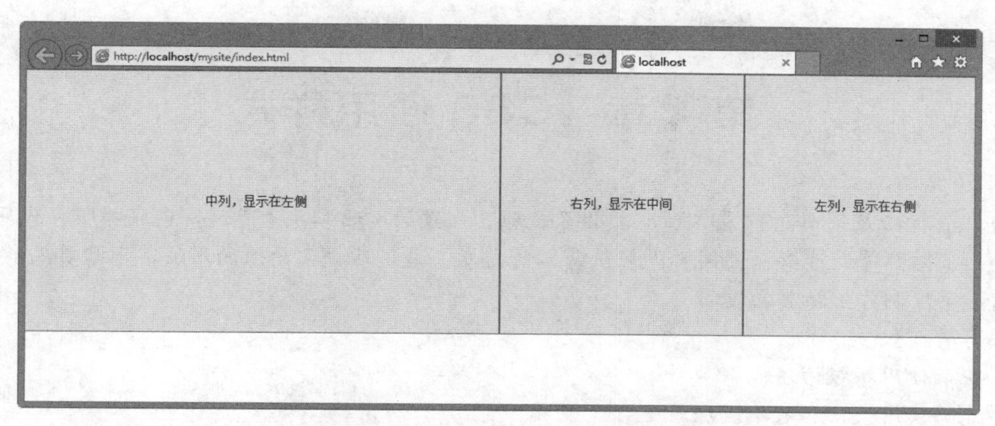

图 3.32　调整各列显示位置

提示：

Bootstrap 3.0 栅格系统遵循每行各列之和为 12 格的设计原则，但是 push 和 pull 不受此限制，但是如果确保列在页面内显示，则列宽加 push 或 pull 宽度之和不能大于 12 格，否则将显示在页面外，或者出现滚动条。

在 bootstrap.css 文件中，可以看到如下代码，Bootstrap 3.0 通过 position: relative;实现了 push 和 pull 的混合使用，而列之间不会相互影响：

```
.col-xs-1, .col-sm-1, .col-md-1, .col-lg-1, .col-xs-2, .col-sm-2, .col-md-2, .col-lg-2, .col-xs-3, .col-sm-3, .col-md-3, .col-lg-3, .col-xs-4, .col-sm-4, .col-md-4, .col-lg-4, .col-xs-5, .col-sm-5, .col-md-5, .col-lg-5, .col-xs-6, .col-sm-6, .col-md-6, .col-lg-6, .col-xs-7, .col-sm-7, .col-md-7, .col-lg-7, .col-xs-8, .col-sm-8, .col-md-8, .col-lg-8, .col-xs-9, .col-sm-9, .col-md-9, .col-lg-9, .col-xs-10, .col-sm-10, .col-md-10, .col-lg-10, .col-xs-11, .col-sm-11, .col-md-11, .col-lg-11, .col-xs-12, .col-sm-12, .col-md-12, .col-lg-12 {
 position: relative;
 min-height: 1px;
 padding-left: 15px;
 padding-right: 15px;
}
```

第 4 章　CSS 通用样式

Bootstrap 核心是一个 CSS 框架，它提供了优雅、一致的页面和元素表现，包括排版、代码、表格、表单、按钮、图片等，能够满足网页设计最基本的需求。通过基础又简洁的用法，不需要太多的时间，便可快速上手，制作出精美的页面。

【学习重点】

- 正确使用排版语法。
- 能够使用表格和表单语法。
- 灵活使用按钮和图片样式。
- 使用工具样式类。

4.1　版　　式

Bootstrap 通过重写 HTML 默认样式，实现对页面版式的优化，以适应当前网页信息呈现的流行趋势。

扫一扫，看视频

4.1.1　标题

在 Bootstrap 中，HTML 定义的所有标题标签都是可用的，从<h1>到<h6>。图 4.1 是对标题标签默认样式与 Bootstrap 样式风格进行比较。

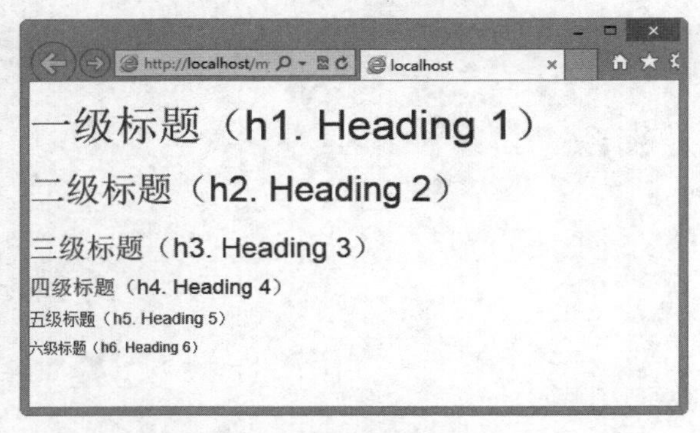

Bootstrap 3.0 样式风格

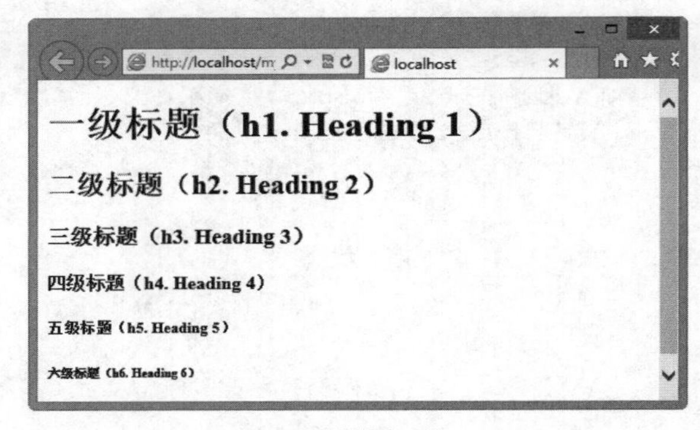

默认样式风格

图 4.1　标题样式风格比较

Bootstrap 标题样式进行了显著的优化：

- 重设上下边界为固定值，默认为一个行高距离，优化后统一为上为 20 像素、下为 10 像素，且不分标题级别，全部统一样式。
- 固定所有标题行高为 1.1，避免行高因标题字体大小而变化，同时也避免不同级别标题行高不一致，影响版式风格统一。
- 固定不同级别标题字体大小，一级为 36px，二级为 30px，三级为 24px，四级为 18px，五级为 14px，六级为 12px。

【示例 1】 Bootstrap 提供 h1 到 h6 的 class，方便为任何标签文本赋予标题样式。例如，下面的<div>标签样式与一级标题样式是相同的：

```
<div class="h1">一级标题样式</div>
<div class="h2">二级标题样式</div>
<div class="h3">三级标题样式</div>
<div class="h4">四级标题样式</div>
<div class="h5">五级标题样式</div>
<div class="h6">六级标题样式</div>
```

【示例 2】 Bootstrap 提供了一套 small 标题样式，只要在标题文本外包裹一层<small>标签即可，代码如下：

```
<h1><small>一级标题（h1. Heading 1）</small></h1>
<h2><small>二级标题（h2. Heading 2）</small></h2>
<h3><small>三级标题（h3. Heading 3）</small></h3>
<h4><small>四级标题（h4. Heading 4）</small></h4>
<h5><small>五级标题（h5. Heading 5）</small></h5>
<h6><small>六级标题（h6. Heading 6）</small></h6>
```

演示效果如图 4.2 所示。

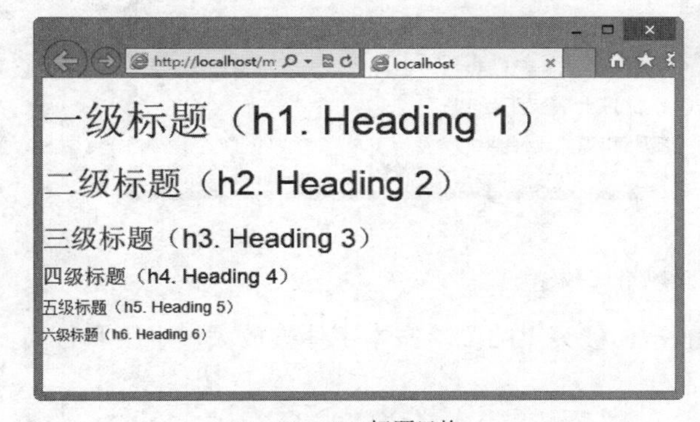

Bootstrap 3.0 标题风格

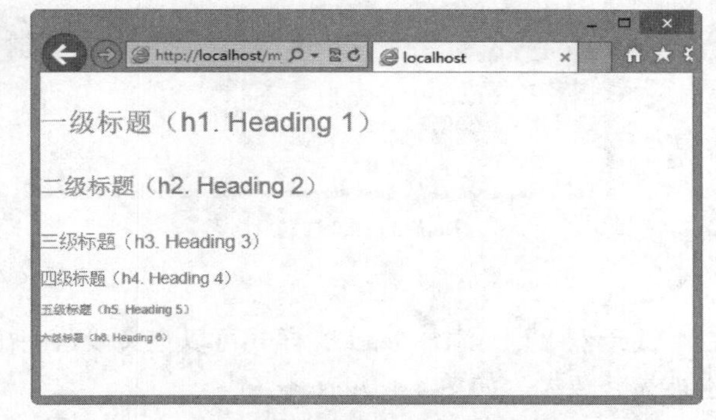

Bootstrap 3.0 标题 small 风格

图 4.2 标题风格比较

提示：

small 标题风格取消了字体粗体样式（font-weight: normal;），设置字体颜色为浅灰色（color: #999999;），行高为 1（line-height: 1;），即一个字体大小。修改一级、二级、三级标题的 small 风格大小为 65%，四级、五级、六级标题的 small 风格大小为 75%。

4.1.2 文本

扫一扫，看视频

Bootstrap 定义页面字体默认样式：font-size 为 14px，line-height 为 1.428，color 为#333333，background-color 为#ffffff。代码如下：

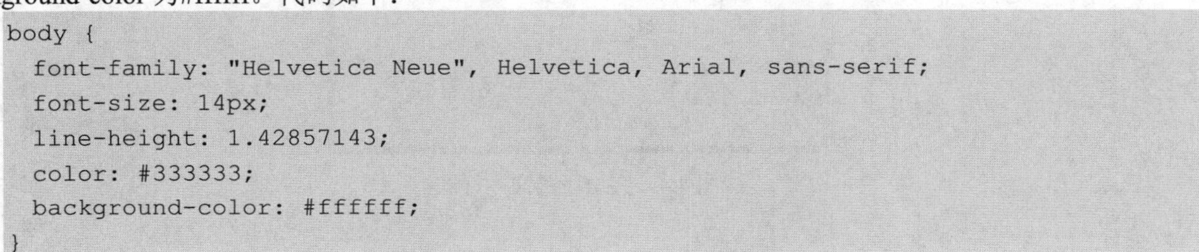

```
body {
  font-family: "Helvetica Neue", Helvetica, Arial, sans-serif;
  font-size: 14px;
  line-height: 1.42857143;
  color: #333333;
  background-color: #ffffff;
}
```

在默认情况下，<p>标签上下外边距保持一个行高的高度。Bootstrap 定义<p>标签为 1/2 行高（10px）的底部外边距（margin）属性。

```
p { margin: 0 0 10px;}
```

【示例 1】 使用 Bootstrap 定义段落文本样式，同时与默认浏览器样式风格进行对比，如图 4.3 所示。可以发现，Bootstrap 风格的段落文本显得更加清秀、温润，字距看起来更柔和，而不像默认字距那样突兀。

```
<h1>山居秋暝</h1>
<h2><small>王维</small></h2>
<p>空山新雨后，天气晚来秋。</p>
<p>明月松间照，清泉石上流。</p>
<p>竹喧归浣女，莲动下渔舟。</p>
<p>随意春芳歇，王孙自可留。</p>
```

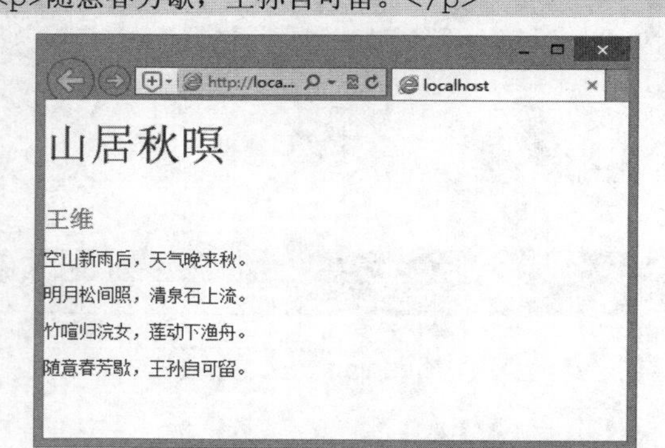

Bootstrap 3.0 样式风格

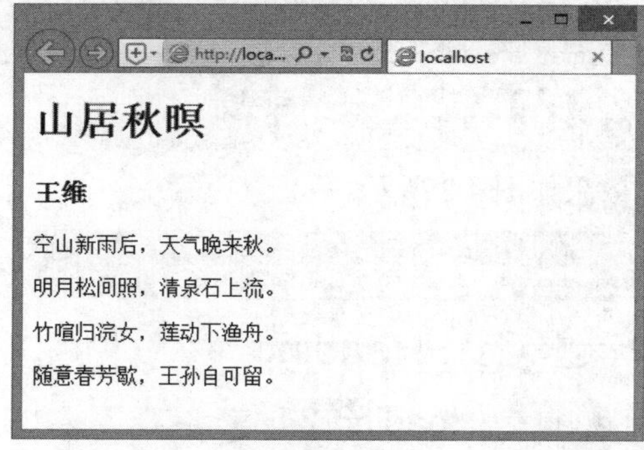

默认样式风格

图 4.3 段落样式风格比较

【示例 2】 添加 lead 类样式可以定义段落突出显示，被突出的段落文本字体被放大，字距和行高也被显著放大，如图 4.4 所示。

```
<h1>山居秋暝</h1>
<h2><small>王维</small></h2>
<p>空山新雨后，天气晚来秋。</p>
<p class="lead">明月松间照，清泉石上流。</p>
<p>竹喧归浣女，莲动下渔舟。</p>
<p>随意春芳歇，王孙自可留。</p>
```

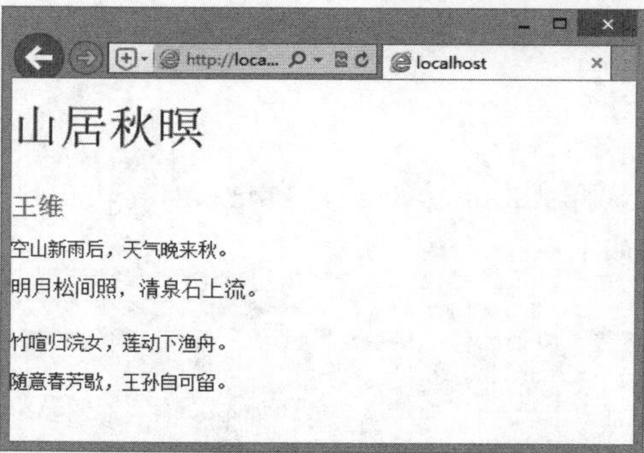

图 4.4 突出段落文本样式

4.1.3　强调

1. 强调类

HTML 定义了 3 个表示强调的标签：

- <em>：显示为斜体样式，侧重于语义。
- <b>：显示为粗体样式，侧重于表现视觉。
- <strong>：显示为粗体样式，侧重于语义。

Bootstrap 3.0 定义了一套强调类，这些表示强调的工具类通过颜色进行区分。具体说明如下：

- .text-muted：提示，浅灰色。
- .text-primary：主要，蓝色。
- .text-success：成功，浅绿色。
- .text-info：通知信息，浅蓝色。
- .text-warning：警告，浅黄色。
- .text-danger：危险，浅红色。

这些样式类也可应用于链接，当鼠标指针经过链接时，其颜色会变深。

【示例 1】　在文档中输入段落文本，并使用 Bootstrap 3.0 强调类提示工具标识文本的性质。代码如下：

```
<h3>强调类工具</h3>
<p class="text-muted">.text-muted：提示，浅灰色</p>
<p class="text-primary">.text-primary：主要，蓝色</p>
<p class="text-success">.text-success：成功，浅绿色</p>
<p class="text-info">.text-info：通知信息，浅蓝色</p>
<p class="text-warning">.text-warning：警告，浅黄色</p>
<p class="text-danger">.text-danger：危险，浅红色</p>
```

演示效果如图 4.5 所示。

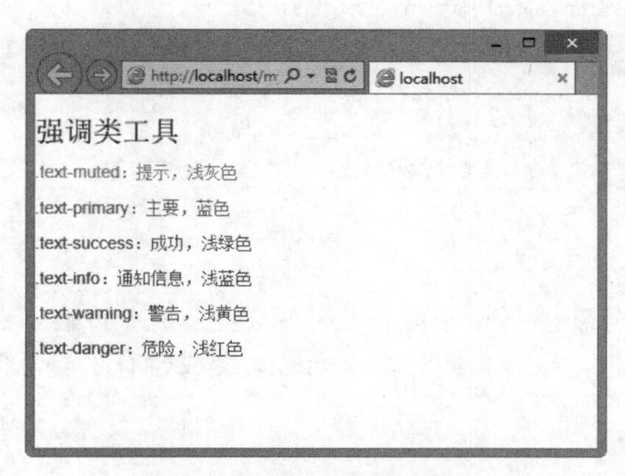

图 4.5　强调类文本效果

对于不需要强调的文本，使用<small>标签包裹，其内文本将被设置为父容器字体大小的 85%。也可以为行内元素定义.small 类，以代替<small>标签。Bootstrap 定义<small>标签的样式如下：

```
small {
  font-size: 85%;
}
```

提示：

在编写代码时，应尽量使用富有语义的标签，如<small>，让网页的文本信息具有逻辑性，从而让搜索引擎能更好地读“懂”网页中的信息。

2. 加粗和斜体

使用 CSS 的 font-weight 属性可以定义字体粗细，代码如下：

```
strong {
  font-weight: bold;
}
```

【示例 2】 使用<strong>标签定义了一行强调文本，以加粗样式显示。代码如下：

```
<p><strong>加粗强调文本</strong></p>
```

使用 CSS 的 font-style 属性可以定义字体倾斜效果：

```
em {
  font-style: italic;
}
```

【示例 3】 斜体与加粗一样，都可以用来强调一段文本，<em>标签负责定义斜体强调效果，与<strong>标签对应使用。代码如下：

```
<p><em>斜体强调文本</em></p>
```

提示：

HTML5 支持使用<b>和<i>标签定义强调文本，<b>标签会加粗显示，而<i>标签会斜体显示。<b>多用于高亮词语，而不会赋予重要含义；<i>多用于表示发言、技术术语等。

扫一扫，看视频

4.1.4 对齐

CSS 使用 text-align 属性定义文本的水平对齐方式。为了方便使用，Bootstrap 定义了 3 个对齐类样式：

```
.text-left { text-align: left;}
.text-right { text-align: right;}
.text-center { text-align: center;}
```

它们分别用来表示文本左对齐、右对齐和居中对齐。

【示例】 下面的 3 行代码分别定义文本左对齐、居中对齐和右对齐效果：

```
<p class="text-left">文本左对齐</p>
<p class="text-center">文本居中对齐</p>
<p class="text-right">文本右对齐</p>
```

扫一扫，看视频

4.1.5 缩略语

缩略语就是当鼠标指针悬停在缩写和缩写词上时就会显示完整内容，Bootstrap 实现了对<abbr>标签的增强样式：带有较浅的虚线框，鼠标指针移至上面时会变成带有“问号”的指针。

```
abbr[title],
abbr[data-original-title] {
  cursor: help;
  border-bottom: 1px dotted #999999;
}
```

【示例 1】 下面的代码在浏览器中预览效果如图 4.6 所示。如想看 CSS 完整的内容，可以把鼠标指针悬停在缩略语上，即可显示提示性文本。但是，<abbr>需要包含 title 属性。

```
<p><abbr title="Cascading Style Sheets">CSS</abbr>是英语层叠样式表单的缩写，它是一种用来表现 HTML 或 XML 等文件样式的计算机语言。
</p>
```

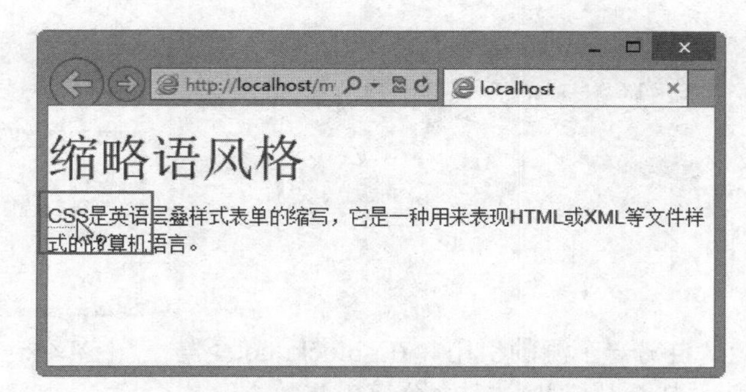

图 4.6　缩略语效果

Bootstrap 为<abbr>标签添加了一个.initialism 类，设计字体大小缩小 10%，同时设置字母全部大写显示，CSS 样式如下：

```
abbr.initialism {
  font-size: 90%;
  text-transform: uppercase;
}
```

【示例 2】　针对示例 1，为<abbr>标签添加.initialism 类，预览效果如图 4.7 所示，缩略词被缩小，同时全部大写显示。

```
<p><abbr class="initialism" title="Cascading Style Sheets">CSS</abbr>是英语层叠样式表单的缩写，它是一种用来表现 HTML 或 XML 等文件样式的计算机语言。
</p>
```

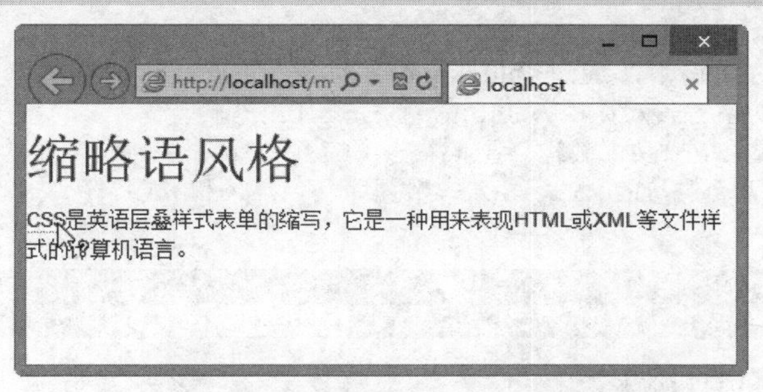

图 4.7　为缩略语应用.initialism 类效果

4.1.6　地址

扫一扫，看视频

<address>标签可定义一个地址（如电子邮件地址）。一般使用它来定义地址、签名或者文档的作者身份。不论创建的文档是简短扼要还是冗长完整，都应确保每个文档附加一个地址，这样做不仅为读者提供了反馈的渠道，还可以增加文档的可信度。

Bootstrap 3.0 优化了<address>标签样式，让联系信息以最接近日常使用的格式呈现：以块状显示，设置底部外边距为 20 像素，清理默认的字体样式，设置行高为 1.4 左右。CSS 样式代码如下：

```
address {
  margin-bottom: 20px;
  font-style: normal;
  line-height: 1.428571429;
}
```

【示例】　在<address>标签内部，如果在每行结尾添加
标签可以保留需要的样式。例如，在下面代码中，通过<address>标签定义一组客户联系信息，并通过
标签实现联系信息多行显示，如图 4.8 所示。

```
<address>
    <a href="mailto:me@163.com ">我的邮箱</a><br />
    网页设计工作室<br />
    北京 688 号<br />
</address>
```

图 4.8　地址信息样式优化效果

扫一扫，看视频

4.1.7　引用

<blockquote>标签定义摘自另一个源的引用。在<blockquote>与</blockquote>之间的所有文本都会从常规文本中分离出来，左、右两边进行缩进，而且有时会使用斜体。

提示：

如果标识提示、注释等简短的引用，建议使用<q>标签进行设计。如果直接引用，建议使用<p>标签。

Bootstrap 3.0 优化了<blockquote>标签样式，重新定义了 padding 和 margin 属性值，清除了左右缩进样式，设计底部外边距为 20 像素，通过在左侧添加灰色粗边框线，设计一种引用效果，具体样式代码如下：

```
blockquote {
  padding: 10px 20px;
  margin: 0 0 20px;
  font-size: 17.5px;
  border-left: 5px solid #eeeeee;
}
```

【示例 1】　在下面的代码中，通过<blockquote>标签引用一段文本介绍，演示效果如图 4.9 所示。

```
<blockquote cite="http://www.w3school.com.cn/">
    <p>全球最大的中文 Web 技术教程。在 w3school 中，可以找到所需要的所有的网站建设教程。 从基础的 HTML 到 XHTML，乃至进阶的 XML、SQL、数据库、多媒体和 WAP。 </p>
</blockquote>
```

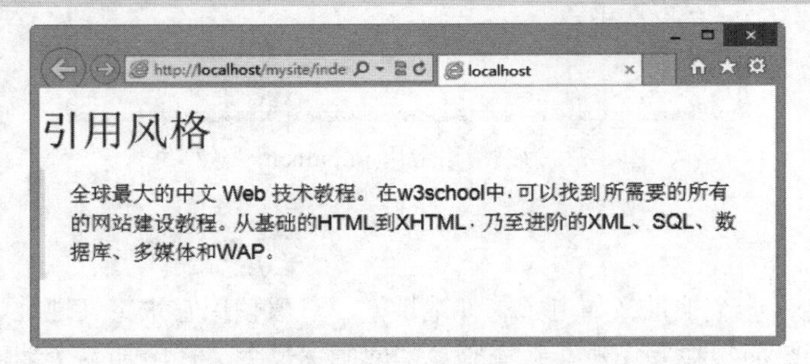

图 4.9　引用文本样式优化效果

【示例 2】　也可以命名来源，通过添加<small>标签来注明引用来源，来源名称可以放在<cite> 标签中。例如，针对示例 1，可做如下修改，预览效果如图 4.10 所示。

```
<blockquote>
    <p>全球最大的中文 Web 技术教程。在 w3school 中，可以找到所需要的所有的网站建设教程。 从基础的 HTML 到 XHTML，乃至进阶的 XML、SQL、数据库、多媒体和 WAP。 </p>
    <small>来源于<cite title="http://www.w3school.com.cn/"><a href="http://www.w3school.com.cn/" target="_blank">W3School</a></cite></small>
</blockquote>
```

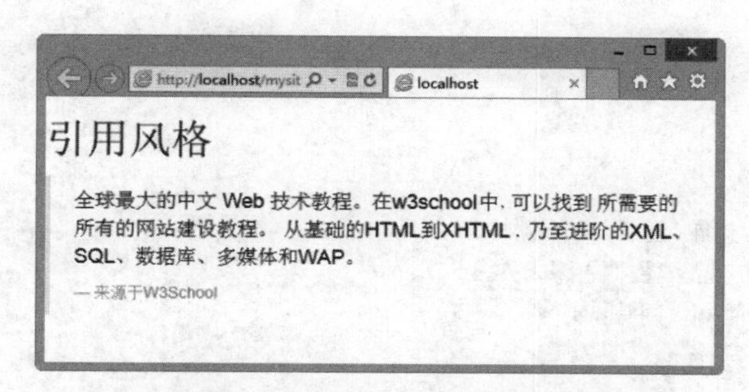

图 4.10　使用<small>标明引用源效果

【示例 3】　还可以使用 pull-right 类，展示另一种样式风格：让引用展现出向右侧移动、对齐的效果。例如，为示例 2 中的<blockquote>添加 pull-right 类，引用效果如图 4.11 所示。

```
<blockquote class="pull-right">
    <p>全球最大的中文 Web 技术教程。在 w3school 中，可以找到所需要的所有的网站建设教程。 从基础的 HTML 到 XHTML，乃至进阶的 XML、SQL、数据库、多媒体和 WAP。 </p>
    <small>来源于<cite title="http://www.w3school.com.cn/"><a href="http://www.w3school.com.cn/" target="_blank">W3School</a></cite></small>
</blockquote>
```

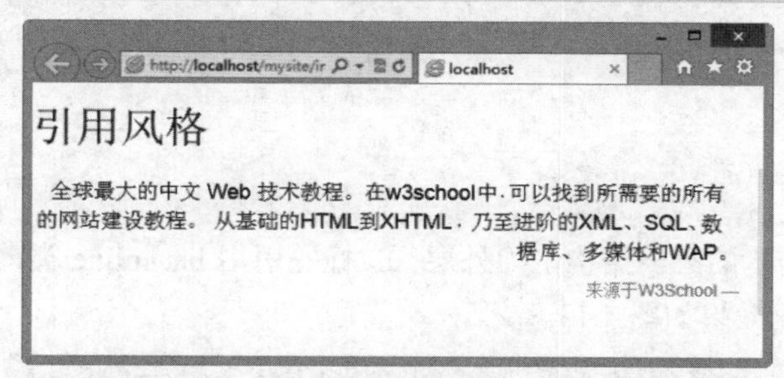

图 4.11　为引用应用 pull-right 类样式效果

4.1.8　列表

扫一扫，看视频

1. 普通列表

HTML 列表结构可分为两种类型：有序列表和无序列表。无序列表使用项目符号来标识列表，而有序列表则使用编号来标识列表的项目顺序。具体使用标签说明如下：

- <ul>...</ul>：标识无序列表。
- <ol>...</ol>：标识有序列表。
- <li>...</li>：标识列表项目。

列表样式在默认状态下，呈现缩进显示，并带有列表项目符号。

Bootstrap 3.0 定义了 list-unstyled 类样式，使用它可以移除默认的 list-style 样式，清理左侧填充，并允许对直接子节点列表项呈现默认样式。

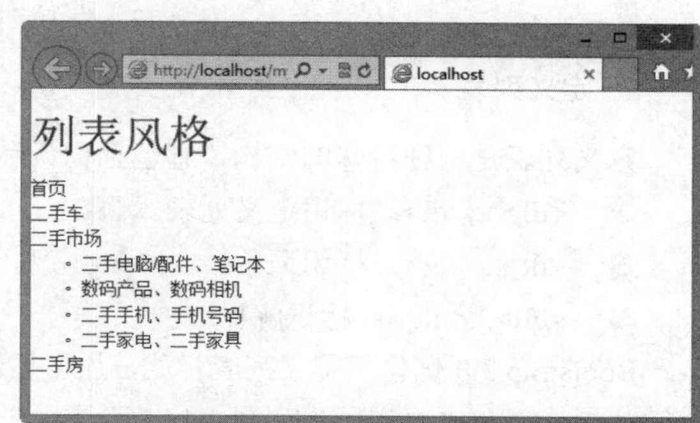

图 4.12　为列表样式引用 list-unstyled 类样式

【示例 1】　在嵌套列表结构中，为外层<ul>标签引用 list-unstyled 类样式，预览效果如图 4.12 所示。

```
<ul class="list-unstyled">
```

```
    <li>首页</li>
    <li>二手车</li>
    <li>二手市场
        <ul>
            <li>二手电脑/配件、笔记本</li>
            <li>数码产品、数码相机</li>
            <li>二手手机、手机号码</li>
            <li>二手家电、二手家具</li>
        </ul>
    </li>
    <li>二手房</li>
</ul>
```

如果让列表项目水平分布，则需要定义行内列表，使用 display:inline-block;让列表项水平排列成一行。为此，Bootstrap 3.0 定义了 list-inline 类样式，同时设置每项都有少量的内补（padding）。

```
.list-inline {
  padding-left: 0;
  list-style: none;
}
.list-inline > li {
  display: inline-block;
  padding-left: 5px;
  padding-right: 5px;
}
```

【示例 2】 针对示例 1 的列表结构，为外层<ul>标签引用 list-inline 类，同时清理掉嵌套的内层列表结构，在浏览器中的预览效果如图 4.13 所示。

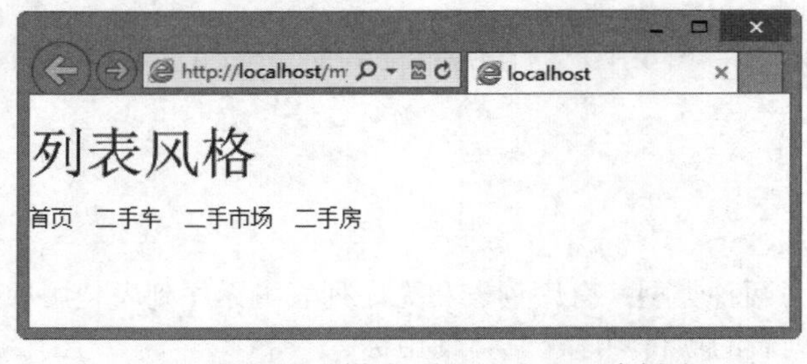

图 4.13 为列表样式引用 list-inline 类样式

2. 定义列表

定义列表是一种特殊的结构，它包括词条和解释两块内容。包含的标签说明如下：

- <dl>...</dl>：标识定义列表。
- <dt>...</dt>：标识词条。
- <dd>...</dd>：标识解释。

Bootstrap 3.0 优化了定义列表样式，加粗显示词条（<dt>），重设了定义列表缩进和间距，使定义列表默认样式看起来更实用，如图 4.14 所示。

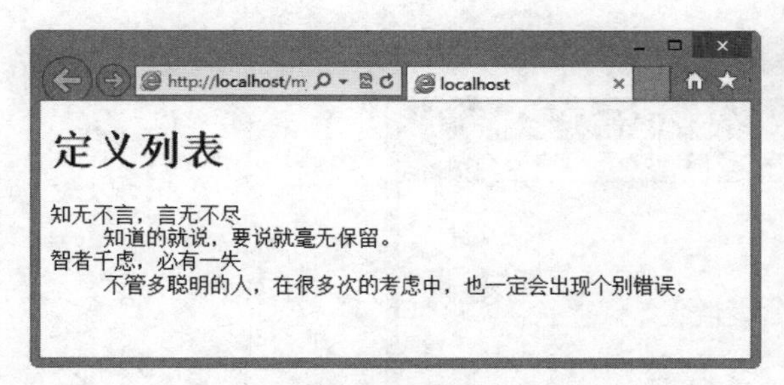

默认定义列表样式

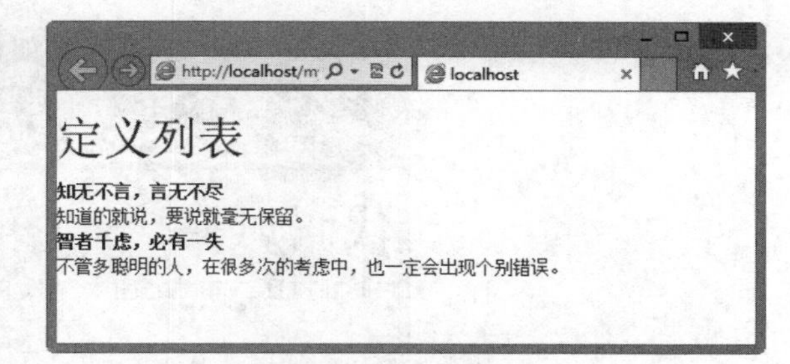

Bootstrap 3.0 风格样式

图 4.14　优化定义列表样式效果比较

【示例 3】　通过 dl-horizontal 类样式可以让解释与词条并列显示。例如，在定义列表结构中，为<dl>标签引用 dl-horizontal 类样式，显示效果如图 4.15 所示。

```
<dl class="dl-horizontal">
    <dt>知无不言，言无不尽</dt>
    <dd>知道的就说，要说就毫无保留。</dd>
    <dt>智者千虑，必有一失</dt>
    <dd>不管多聪明的人，在很多次的考虑中，也一定会出现个别错误。</dd>
</dl>
```

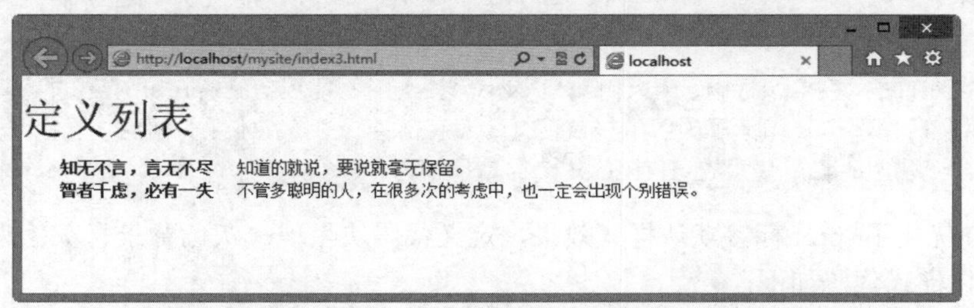

图 4.15　应用 dl-horizontal 类样式效果

提示：

通过引入 text-overflow 类样式，将会对水平定义列表过长而无法在左栏中完全显示的列名截断一部分。而在较窄的视口（宽度）中，会改变成垂直形式来显示，以便适应当前屏幕。

4.1.9　代码

1. 行内代码

<code>标签用于表示计算机源代码或者其他机器可以阅读的文本内容，默认等宽显示。

Bootstrap 3.0 优化了<code>标签默认样式效果，定义行内代码呈现：灰色背景、灰色边框和红色字体效果。CSS 样式代码如下：

```
code {
  padding: 2px 4px;
  font-size: 90%;
  color: #c7254e;
  background-color: #f9f2f4;
  white-space: nowrap;
  border-radius: 4px;
}
```

【示例 1】　在段落文本中，通过<code>标签标识代码文本"$i = 1;"，预览效果如图 4.16 所示。

```
<p>PHP 中的变量名，前面要加上 '$' 符号，例如：<code>$i = 1;</code>。</p>
```

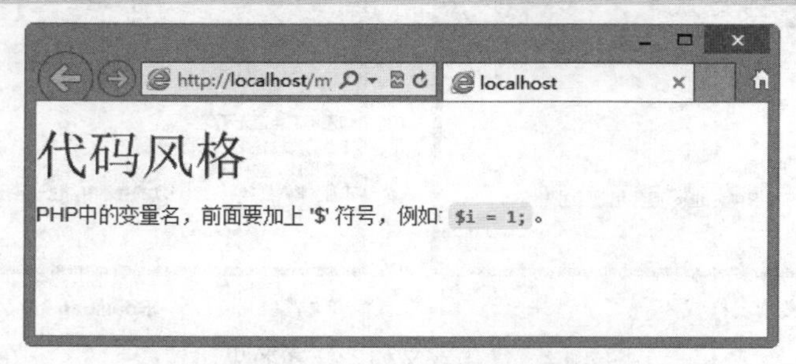

图 4.16　<code>标签样式效果

提示：

如果只是希望使用等宽字体的效果，建议使用<tt>标签。如果想要在严格限制为等宽字体格式的文本中显示编程代码，建议使用<pre>标签。

2. 代码块

<pre>标签可定义预格式化的文本。被包围在<pre>标签中的文本通常会保留空格和换行符，文本呈现为等宽字体效果。

注意：

可能导致段落断开的标签（如标题、<p>和<address>标签）绝不能包含在<pre>所定义的块中。<pre>标签允许包含文本可以包括物理样式和基于内容的样式变化，还有链接、图像和水平分隔线。当把其他标签（如 <a> 标签）放到 <pre> 块中时，就像放在 HTML 文档的其他部分中一样即可。

Bootstrap 3.0 优化了<pre>标签默认样式效果，定义代码块呈现：灰色背景、灰色圆角边框和深色字体效果。具体优化样式代码如下：

```
pre {
  display: block;
  padding: 9.5px;
  margin: 0 0 10px;
  font-size: 13px;
  line-height: 1.428571429;
  word-break: break-all;
  word-wrap: break-word;
  color: #333333;
  background-color: #f5f5f5;
  border: 1px solid #cccccc;
  border-radius: 4px;
}
```

【示例 2】　在段落文本中，通过<pre>标签定义代码段，预览效果如图 4.17 所示。

```
<pre>
&lt;!doctype html&gt;
&lt;html&gt;
&lt;head&gt;
&lt;meta charset=&quot;utf-8&quot;&gt;
&lt;title&gt;Bootstrap 应用模板&lt;/title&gt;
&lt;meta  name=&quot;viewport&quot; content=&quot;width=device-width, initial-scale=
```

```
1.0&quot;&gt;
&lt;link href=&quot;bootstrap/css/bootstrap.min.css&quot;rel=&quot;stylesheet& quot;
type=&quot;text/css&quot;&gt;
&lt;/head&gt;
&lt;body&gt;
&lt;!--网页内容--&gt;
&lt;script src=&quot;http://code.jquery.com/jquery.js&quot;&gt;&lt;/script&gt;
&lt;script src=&quot;bootstrap/js/bootstrap.min.js&quot;&gt;&lt;/script&gt;
&lt;/body&gt;
&lt;/html&gt;
</pre>
```

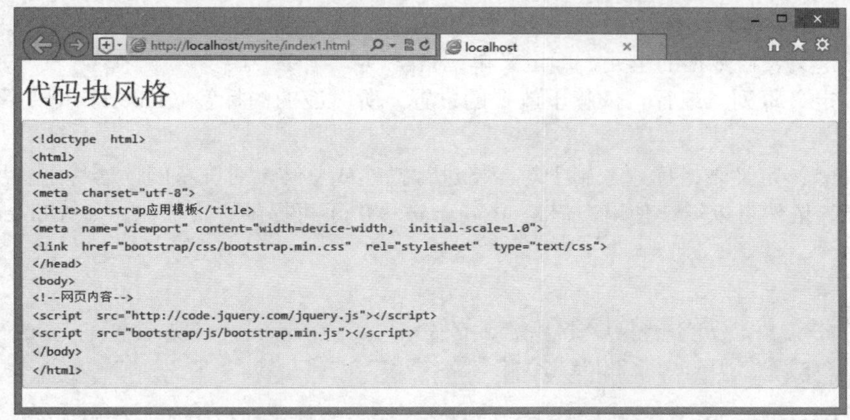

图 4.17　<pre>标签样式效果

提示：

使用<pre>标识多行代码时，为了能够正确展示，务必将代码中的任何尖括号进行转义。在<pre>标签里，Tab 键会被算进去，所以要保持代码尽可能地靠左侧

【示例 3】　使用 pre-scrollable 样式类，可以把该区域设置成最大高度为 350px，并带有一个 Y 轴滚动条。例如，在上面示例代码中，为<pre>标签引用样式类（<pre class="pre-scrollable">），则在浏览器中预览效果如图 4.18 所示。

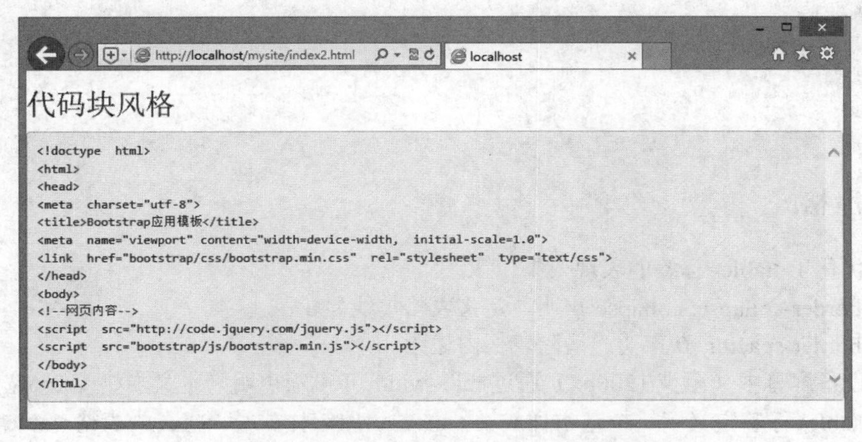

图 4.18　<pre>标签 pre-scrollable 样式类效果

4.2 表　　格

Bootstrap 3.0 优化了表格在数据呈现上的风格，并添加了很多表格专用样式类。

扫一扫，看视频

4.2.1 优化结构

Bootstrap 3.0 优化了表格结构标签，仅支持下面的表格标签及其样式优化设计：

- <table>：定义表格容器，构建表格数据的框架。
- <thead>：定义表头容器。
- <tbody>：定义表格内容容器。
- <tr>：定义数据行结构。
- <td>：定义表格数据的单元，即定义单元格。
- <th>：定义每列（或行，依赖于放置的位置）所对应的的标签（label），即定义列标题或者行标题。
- <caption>：定义表格标题，用于对表格进行描述或总结，对屏幕阅读器特别有用。

其他表格标签依然可以继续使用，但是 Bootstrap 3.0 不再提供样式优化，如<tfooter>、<colgroup>和<col>标签。

注意：

由于表格被广泛使用，为了避免破坏其他插件中的表格样式，Bootstrap 3.0 规定：为任意<table>标签添加.table类样式，才可为其赋予 Bootstrap 3.0 表格优化效果。

【示例】 Bootstrap 3.0 支持的表格标签在表格结构中的顺序和位置如下代码所示：

```
<table class="table">
    <caption>...</caption>
    <thead>
        <tr>
            <th>...</th>
        </tr>
    </thead>
    <tbody>
        <tr>
            <td>...</td>
        </tr>
    </tbody>
</table>
```

扫一扫，看视频

4.2.2 默认风格

Bootstrap 优化了<table>标签的表现效果：

- 通过 border-collapse: collapse;声明，定义表格单线显示。
- 通过 border-spacing: 0;声明，清除表格内边距。
- 在大设备屏幕中（至少 1200px）通过 max-width: 100%;声明，定义表格 100%宽度显示。

同时，为<table>标签定义了一个基本样式类 table，引用该样式类，将会为表格<table>标签增加基本样式：很少的内补（padding）空间、灰色的细水平分隔线。

```
.table {
```

```
  width: 100%;
  margin-bottom: 20px;
}
```

【示例】　直接为表格引用 table 样式类，则表格呈现效果如图 4.19 所示。

```
<h2>被支持的浏览器</h2>
<table class="table">
    <tr><td></td><th>Chrome</th><th>Firefox</th><th>Internet explorer</th><th>Opera
</th><th>Safari </th> </tr>
    <tr><th scope="row">Android</th><td>支持</td> <td>支持</td><td>N/A</td><td>不支
持</td><td>N/A</td></tr>
    <tr><th scope="row">iOS</th><td>支持</td><td>N/A</td><td>N/A</td> <td>不支持
</td><td>支持</td></tr>
    <tr><th scope="row">Mac os x</th> <td>支持</td><td>支持</td><td>N/A</td><td>支
持</td><td>支持</td> </tr>
    <tr><th scope="row">windows</th><td>支持</td> <td>支持</td> <td>支持</td><td>支
持</td> <td>不支持</td> </tr>
</table>
```

http://localhost/mysite/index.html　localhost

被支持的浏览器

	Chrome	Firefox	Internet explorer	Opera	Safari
Android	支持	支持	N/A	不支持	N/A
iOS	支持	N/A	N/A	不支持	支持
Mac os x	支持	支持	N/A	支持	支持
windows	支持	支持	支持	支持	不支持

图 4.19　<table>标签风格

扫一扫，看视频

4.2.3　个性风格

除了基本的 table 样式类外，Bootstrap 3.0 还补充了多种表格风格样式类，下面进行简单说明。

1. 斑马纹风格

Bootstrap 3.0 定义了 table-striped 类样式，设计斑马纹样式，即实现表格数据行隔行换色效果。

```
.table-striped > tbody > tr:nth-child(odd) > td,
.table-striped > tbody > tr:nth-child(odd) > th {
  background-color: #f9f9f9;
}
```

注意：

在<tbody>内，通过 CSS 的:nth-child 选择器为表格中的行添加奇数行并加背景色样式，由于 IE 8 及其以下版本浏览器不支持:nth-child 选择器，因此，在应用时要考虑兼容性处理方法。

【示例 1】　针对上面的表格结构，为<table>标签引用 table-striped 类样式（<table class="table table-striped">），表格显示效果如图 4.20 所示。

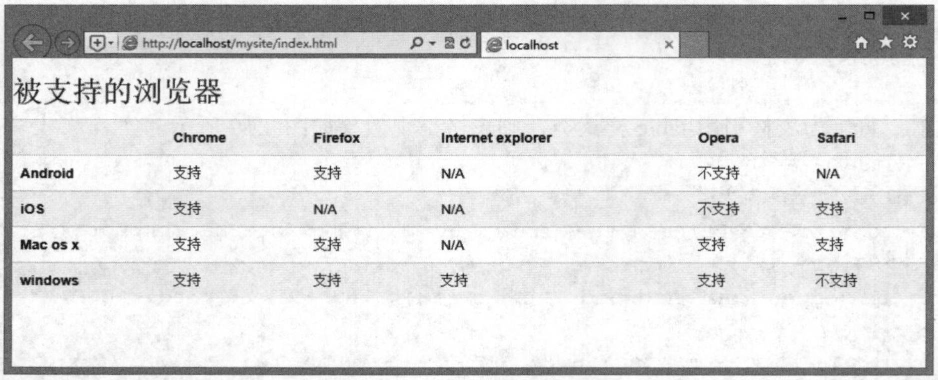

被支持的浏览器

	Chrome	Firefox	Internet explorer	Opera	Safari
Android	支持	支持	N/A	不支持	N/A
iOS	支持	N/A	N/A	不支持	支持
Mac os x	支持	支持	N/A	支持	支持
windows	支持	支持	支持	支持	不支持

图 4.20　表格的斑马纹风格

2. 边框风格

Bootstrap 通过 table-bordered 类设计边框表格样式，该样式类的代码如下：

```
.table-bordered {
  border: 1px solid #dddddd;
}
```

【示例 2】 针对上面的表格结构，为<table>标签引用 table-bordered 类样式（<table class="table table-striped table-bordered">），表格显示效果如图 4.21 所示。 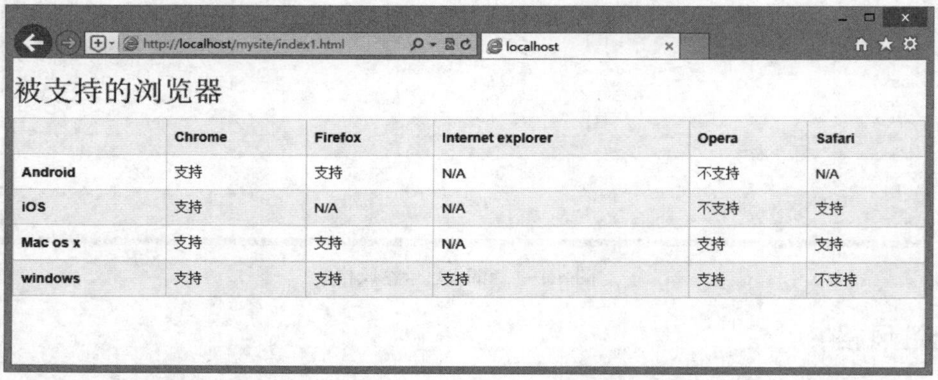

被支持的浏览器

	Chrome	Firefox	Internet explorer	Opera	Safari
Android	支持	支持	N/A	不支持	N/A
iOS	支持	N/A	N/A	不支持	支持
Mac os x	支持	支持	N/A	支持	支持
windows	支持	支持	支持	支持	不支持

图 4.21　表格边框风格

3. 鼠标指针悬停风格

Bootstrap 3.0 通过 table-hover 类设计为<tbody>标签中的每一行赋予鼠标指针悬停样式，该样式类的代码如下：

```
.table-hover > tbody > tr:hover > td,
.table-hover > tbody > tr:hover > th {
  background-color: #f5f5f5;
}
```

【示例 3】 针对上面的表格结构，为<table>标签引用 table-hover 类样式（<table class="table table-striped table-bordered table-hover">），表格显示效果如图 4.22 所示。鼠标指针经过数据行时，该行背景色显示效果与斑马纹背景效果相同。

被支持的浏览器

	Chrome	Firefox	Internet explorer	Opera	Safari
Android	支持	支持	N/A	不支持	N/A
iOS	支持	N/A	N/A	不支持	支持
Mac os x	支持	支持	N/A	支持	支持
windows	支持	支持	支持	支持	不支持

图 4.22　表格的鼠标指针悬停风格

4. 紧凑单元格风格

Bootstrap 3.0 通过 table-condensed 类设计为<table>标签中的每个单元格的内补（padding）减半，从而设计紧凑型表格样式。该样式类的代码如下：

```
.table-condensed > thead > tr > th,
.table-condensed > tbody > tr > th,
.table-condensed > tfoot > tr > th,
.table-condensed > thead > tr > td,
.table-condensed > tbody > tr > td,
.table-condensed > tfoot > tr > td {
  padding: 5px;
}
```

【示例 4】　针对上面的表格结构，为<table>标签引用 table-hover 类样式（<table class="table table-striped table-bordered table-hover table-condensed">），表格显示效果如图 4.23 所示。此时表格显得非常紧凑，显示大容量数据时，建议引用 table-hover 类样式。

被支持的浏览器

	Chrome	Firefox	Internet explorer	Opera	Safari
Android	支持	支持	N/A	不支持	N/A
iOS	支持	N/A	N/A	不支持	支持
Mac os x	支持	支持	N/A	支持	支持
windows	支持	支持	支持	支持	不支持

图 4.23　设计紧凑型表格风格

4.2.4　表格行风格

扫一扫，看视频

Bootstrap 3.0 为表格行增加了多个情景类样式，通过选择不同的情景类为表格添加特殊背景颜色。表格行情景类说明如下：

- .active：鼠标悬停在行或单元格上时所设置的颜色。
- .success：标识成功或积极的动作。

- .warning：标识警告或需要用户注意。
- .danger：标识危险或潜在的带来负面影响的动作。

【示例】 分别为每行引用不同的情景类样式，显示效果如图 4.24 所示。

```
<h2>表格情景类样式</h2>
<table class="table table-bordered table-hover">
    <tr> <th>样式类</th><th>说明</th></tr>
    <tr class="active"><td>.active</td><td>鼠标指针悬停在行或单元格上时所设置的颜色。
</td> </tr>
    <tr class="success"><td>.success</td><td>标识成功或积极的动作。</td></tr>
    <tr class="warning"><td>.warning</td><td>标识警告或需要用户注意。</td></tr>
    <tr class="danger"><td>.danger</td><td>标识危险或潜在的带来负面影响的动作。
</td></tr>
</table>
```

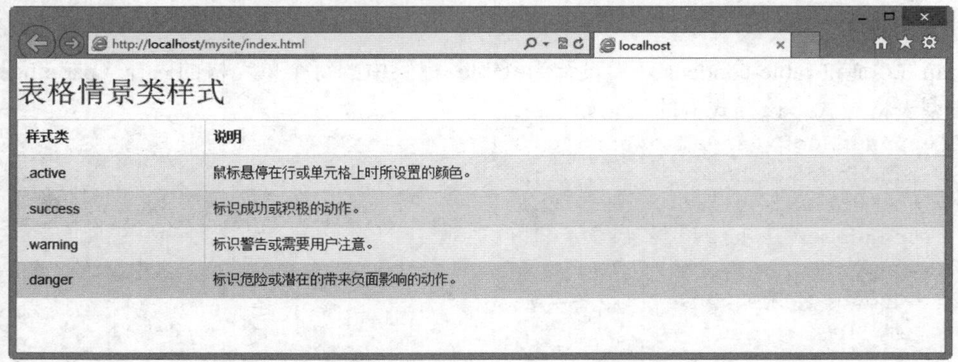

图 4.24 引用情景类的表格风格效果

提示：

如果同时为表格引用情景类样式和鼠标指针悬停类样式之后，Bootstrap 3.0 重新定义了一套情景类鼠标指针悬停样式，该套类样式坚持在情景类样式基础上适当加深背景色效果。

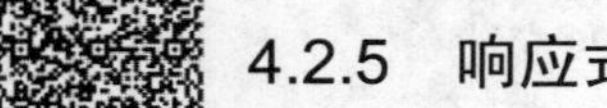

扫一扫，看视频

4.2.5 响应式表格

Bootstrap 3.0 支持响应式表格，响应式表格在小屏幕设备上（小于 768px）水平滚动，当屏幕大于 768px 宽度时水平滚动条消失。

【示例】 要设计响应式表格，只需要将任何.table 包裹在.table-responsive 中即可。例如，在上节示例中包裹一层<div class="table-responsive">，则在浏览器中预览的效果如图 4.25 所示。

```
<div class="table-responsive">
    <table class="table table-bordered table-hover">
        <tr> <th>样式类</th><th>说明</th></tr>
        <tr class="active"><td>.active</td><td>鼠标指针悬停在行或单元格上时所设置的颜色。
</td> </tr>
        <tr class="success"><td>.success</td><td>标识成功或积极的动作。</td></tr>
        <tr class="warning"><td>.warning</td><td>标识警告或需要用户注意。</td></tr>
        <tr class="danger"><td>.danger</td><td>标识危险或潜在的带来负面影响的动作。
</td></tr>
    </table>
</div>
```

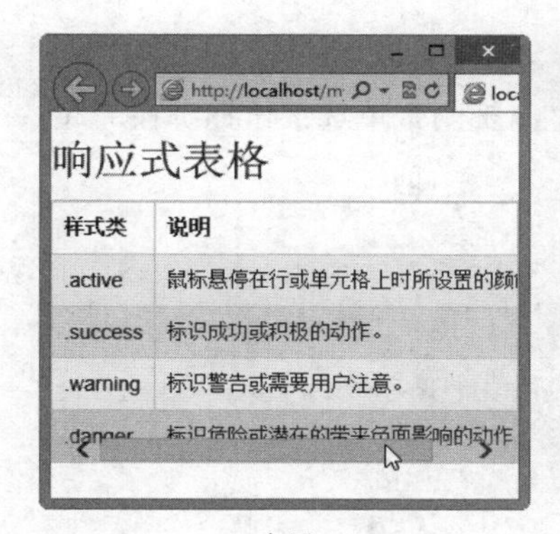

窄屏

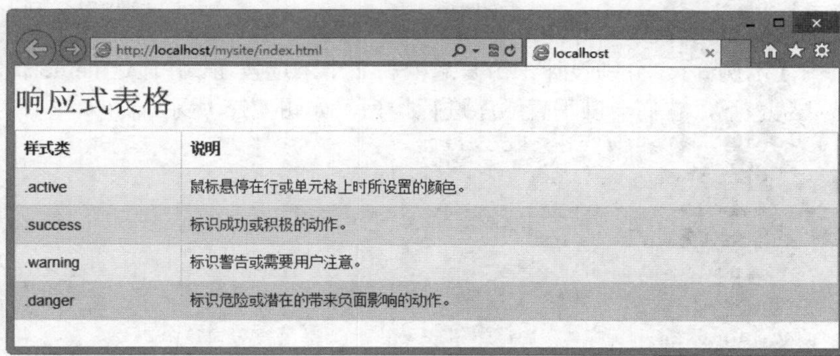

宽屏

图 4.25　响应式表格设计效果

4.3　表　　单

表单包括表单域、输入框、下拉框、单选按钮、复选框和按钮等控件，每个表单控件在交互中所起到的作用也是各不相同。了解不同表单控件在浏览器中所具备的特殊性，以及 Bootstrap 对其控制的能力，就能更清晰地明白如何恰当地选用表单对象并进行美化。

4.3.1　可支持表单控件

Bootstrap 支持所有的标准表单控件，同时对不同表单标签进行优化和扩展。下面进行简单的说明。

1. 输入框（Input）

Bootstrap 支持大部分常用输入型表单控件，包括所有 HTML5 支持的控件，如 text、password、datetime、datetime-local、date、 month、time、week、number、email、url、search、tel 和 color。使用这些表单控件时，必须指明 type 属性值。

【示例 1】　定义一个文本输入框的代码如下：

```
<input type="text" placeholder="文本框默认值">
```

2. 文本区域（Textarea）

对于多行文本框，则使用文本区域（Textarea），该表单控件支持多行文本。可根据需要设置 rows 属性，来定义多行文本框显示的行数。

【示例 2】　定义了一个 3 行文本区域的代码如下：

```
<textarea rows="3"></textarea>
```

3. 单选按钮和复选框

单选按钮（<input type="radio">）是一个圆形的选择框。当选中单选按钮时，圆形按钮的中心会出现一个圆点。多个单选按钮可以合并为一个单选按钮组，单选按钮组中的 name 值必须相同，如 name="RadioGroup1"，即单选按钮组同一时刻也只能选择一个。单选按钮组的作用是“多选一”，一般包括有默认值，否则不符合逻辑。使用 checked 属性可以定义选中的按钮。

复选框（<input type="checkbox">）可以同时选择多个，每个复选框都是一个独立的对象，且必须有一个唯一的名称（name）。它的外观是一个矩形框，当选中某项时，矩形框中会出现小对号。

与单选按钮（radio）一样，使用 checked 属性表示选中状态。与 readonly 属性类似，checked 属性也是一个布尔型属性。

【示例3】 分别设计1个复选框和2个单选按钮，并通过name属性，把两个单选按钮捆绑在一起，默认状态下，它们会以垂直顺序进行排列，如图4.26所示。

```
<label class="checkbox">
  <input type="checkbox" value="">复选框
</label>
<label class="radio">
  <input type="radio" name="optionsRadios" id="optionsRadios1" value="option1"
checked>男
</label>
<label class="radio">
  <input type="radio" name="optionsRadios" id="optionsRadios2" value="option2">女
</label>
```

图4.26 默认单选按钮和复选框样式

【示例4】 通过将.checkbox-inline 或.radio-inline 应用到一系列的checkbox或radio控件上，可以使这些控件排列在一行。例如，针对示例3，在代码中为<label>标签引入 inline 类样式，则显示效果如图4.27所示。

```
<label class="checkbox_inline">
  <input type="checkbox" value="">复选框
</label>
<label class="radio_inline">
  <input type="radio" name="optionsRadios" id="optionsRadios1" value="option1"
checked>男
</label>
<label class="radio_inline">
  <input type="radio" name="optionsRadios" id="optionsRadios2" value="option2">女
</label>
```

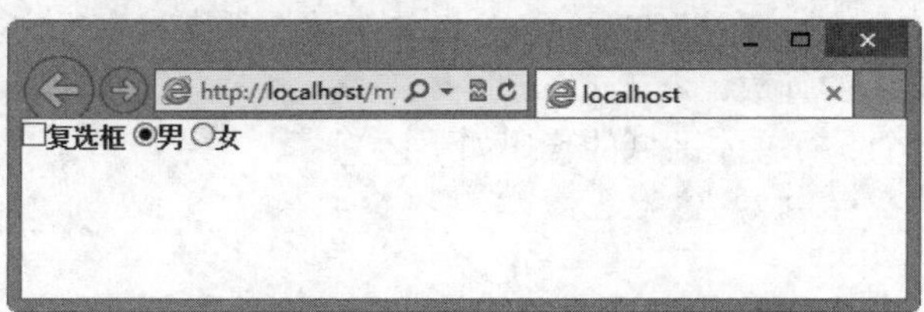

图4.27 水平显示复选框和单选按钮样式

4. 下拉框

<select>标签与<option>标签配合使用，可以用来设计下拉菜单或者列表框，<select>标签可以包含任意数量的<option>标签或<optgroup>标签。<optgroup>标签负责对<option>标签进行分组，即多个<option>标签放到一个<optgroup>标签内。

注意：

<optgroup>标签中的内容不能被选择，它的值也不会提交给服务器。<optgroup>标签用于在一个层叠式选择菜单中为选项分类，label 属性是必须的，在可视化浏览器中，它的值将会是一个不可选的伪标题。

提示：

<select>标签同时定义菜单和列表。两者的区别如下：

- 菜单是节省空间的方式，正常状态下只能看到一个选项，单击下拉按钮打开菜单后才能看到全部的选项，即默认设置是菜单形式。
- 列表显示一定数量的选项。如果超出了这个数量，出现滚动条，浏览者可以通过拖动滚动条来查看并选择各个选项。

【示例 5】　“您来自哪个城市”针对省份的不同进而更快地选择城市，通过<optgroup>标签将数据进行分组，可以更快地找到所要选择的选项，使用 selected 属性默认设置选中“青岛”。如果没有定义该属性，则“您来自哪个城市”的值将为第 1 个选项，即“潍坊”，如图 4.28 所示。

```
<h2>您来自哪个城市：</h2>
<select name="选择城市">
    <optgroup label="山东省">
        <option value="潍坊">潍坊</option>
        <option value="青岛" selected="selected">青岛</option>
    </optgroup>
    <optgroup label="山西省">
        <option value="太原">太原</option>
        <option value="榆次">榆次</option>
    </optgroup>
</select>
```

<select>标签中，通过设置 size 属性定义下拉菜单中显示的项目数目，<optgroup>标签的项目计算在其中。它的作用与输入域是不同的，在输入域中代表的是默认值。在<select>中设置 size="3"，则下拉菜单将不止显示一个“潍坊”值，而是显示“山东省”“潍坊”及“青岛”三个值。

通过设置 multiple 属性定义下拉菜单可以多选。例如，设置 multiple="multiple"，则按住 Shift 键，在下拉菜单中单击可以同时选择多个项目值，如可以同时选中“潍坊”和“青岛”两个值。

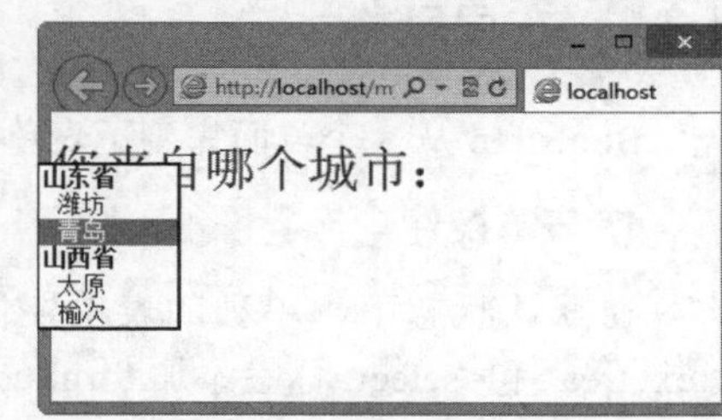

图 4.28　默认下拉列表框样式

4.3.2　默认风格

扫一扫，看视频

Bootstrap 根据表单设计流行趋势，优化了表单对象的默认风格。

【示例】　利用表单结构设计一个简单的登录表单结构，不用引入任何样式类，也不用修改表单的结构，则 Bootstrap 风格的表单样式如图 4.29 右图所示。

```
<h3>用户登录</h3>
<form method="post" action="">
    <label for="userName">用户名：</label>
    <input type="text" id="userName" />
    <label for="userPsw">密　码：</label>
    <input type="password" id="userPsw" />
    <label for="validate">验证码：</label>
    <input type="text" id="validate" />
    <img src="images/getcode.jpg" alt="验证码：3731" />
```

```
    <label for="keepLogin">
    <input type="checkbox" id="keepLogin" />
    记住我的登录信息</label>
    <button type="submit" class="btn_login">登 陆</button>
    <a href="#" class="reg">用户注册</a>
</form>
```

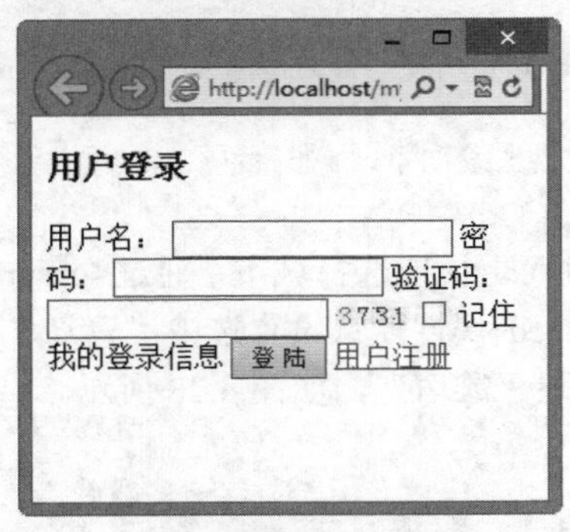

浏览器默认表单样式

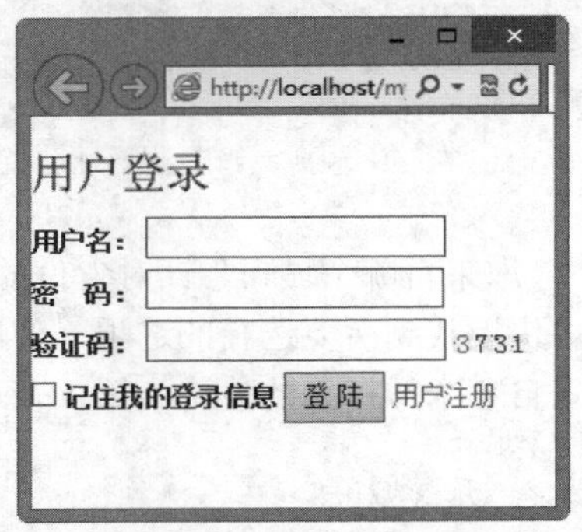

Bootstrap 3.0 风格的表单样式

图 4.29　经过优化的表单样式前后对比效果

提示：

为了避免对其他插件的表单样式产生影响，Bootstrap 3.0 放弃了 Bootstrap 2.0 的默认样式：统一所有表单控件垂直分布，设计标签<label>左侧对齐并在控件之上，添加手形光标样式；设置文本框圆角、灰边、激活时蓝色晕边，通过 padding 和 margin 属性设置表单控件的内补白和边距。

扫一扫，看视频

4.3.3　布局风格

Bootstrap 从 3 个方面完善了表单的布局特性，说明如下。

1. 表单控件

在默认状态下，单独的表单控件会被 Bootstrap 3.0 自动赋予一些全局样式。如果为<input>、<textarea>和<select>标签添加.form-control 类样式，则将被默认设置为 width:100%。将 label 和这些控件包裹在.form-group 中可以获得最好的排列。

【示例 1】　在上节示例的基础上，为每个表单对象添加.form-control 类样式，定义为表单控件，同时使用<div class="form-group">标签包裹表单对象及其附属的<label>标签，预览效果如图 4.30 所示。

```
<h3>用户登录</h3>
<form method="post" action="">
    <div class="form-group">
        <label for="userName">用户名：</label>
        <input type="text" id="userName" class="form-control" />
    </div>
    <div class="form-group">
        <label for="userPsw">密　码：</label>
        <input type="password" id="userPsw" class="form-control" />
    </div>
    <div class="form-group">
        <label for="validate">验证码：</label>
        <input type="text" id="validate" class="form-control" />
        <img src="images/getcode.jpg" alt="验证码：3731" /> </div>
```

```
    <div class="form-group">
        <label for="keepLogin">
            <input type="checkbox" id="keepLogin"  />
            记住我的登录信息</label>
    </div>
    <div class="form-group">
        <button type="submit" class="btn_login">登 录</button>
        <a href="#" class="reg">用户注册</a> </div>
</form>
```

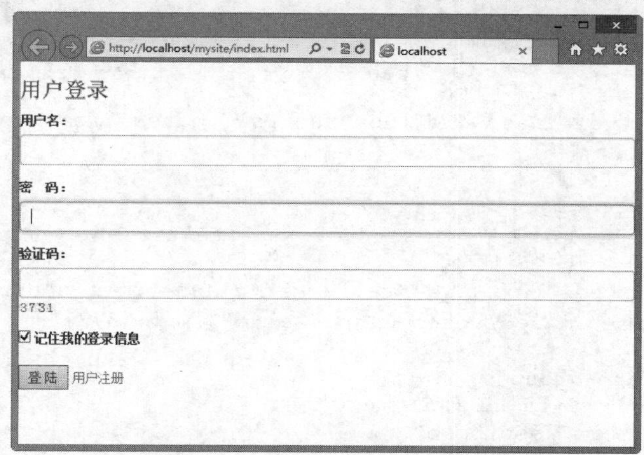

图 4.30　表单控件默认样式

在 Bootstrap 3.0 中，input、select 和 textarea 默认被设置为 100%宽度。为了使用内联表单，用户需要专门为使用到的表单控件设置宽度。

如果没有为每个输入控件设置<label>标签，屏幕阅读器将无法正确识读。对于这些内联表单，可以通过为<label>标签设置.sr-only 类样式将其隐藏。

2. 行内布局

通过为<form>标签引入 form-inline 类，可以设计整个表格结构以行内显示。该规则只适用于浏览器窗口至少在 768px 宽度时，窗口宽度太小会使表单折叠。

【示例 2】　在上一节的表格结构中，为<form>标签设置 class="form-inline"，则所有表单控件都将在行内显示，如图 4.31 所示，结果是一个压缩型排列的表单，其中<label>文本左侧对齐、控件 display 为 inline-block 类型。

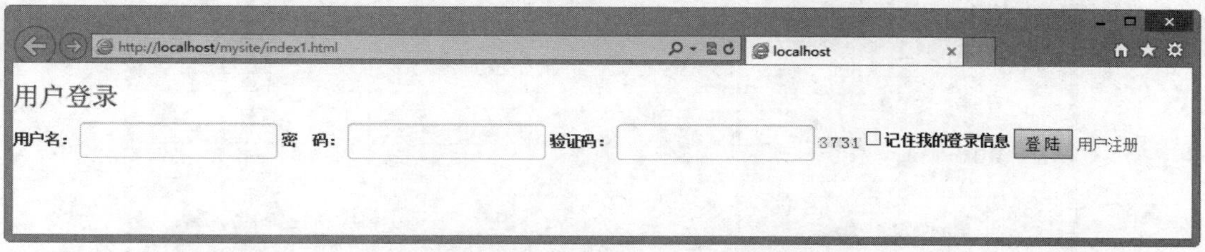

图 4.31　行内显示的表单控件

3. 水平布局

为表单添加.form-horizontal，并使用 Bootstrap 3.0 栅格列类，可以将<label>和控件组水平并排布局。这样将改变.form-group 的行为，使其表现为栅格系统中的行（row）效果，因此不再用.row 类。

【示例 3】 针对上面表单案例，重构后的表单结构代码如下，在浏览器中预览表单水平布局效果如图 4.32 所示。

```
<h3>用户登录</h3>
<form method="post" action="" class="form-horizontal">
    <div class="form-group">
        <label for="userName" class="col-sm-2 text-right">用户名：</label>
        <div class="col-sm-10">
            <input type="text" id="userName" class="form-control col-sm-8" />
        </div>
    </div>
    <div class="form-group">
        <label for="userPsw" class="col-sm-2 text-right">密  码：</label>
        <div class="col-sm-10">
            <input type="password" id="userPsw" class="form-control" />
        </div>
    </div>
    <div class="form-group">
        <label for="validate" class="col-sm-2 text-right">验证码：</label>
        <div class="col-sm-10">
            <input type="text" id="validate" class="form-control col-sm-8" />
            <img src="images/getcode.jpg" alt="验证码：3731" /> </div>
    </div>
    <div class="form-group">
        <div class="col-sm-11 col-sm-offset-1">
            <label for="keepLogin">
                <input type="checkbox" id="keepLogin"  />
                记住我的登录信息</label>
        </div>
    </div>
    <div class="form-group">
        <div class="col-sm-11 col-sm-offset-1">
            <button type="submit" class="btn_login">登 录</button>
            <a href="#" class="reg">用户注册</a> </div>
    </div>
</form>
```

在上面代码中，我们可以把<form class="form-horizontal">视为栅格系统的外包含框（<div class="container">），把<div class="form-group">视为栅格系统的行（<div class="row">，然后在<div class="form-group">中添加多列布局。在多列布局中也要遵循 Bootstrap 3.0 栅格系统的基本规则。

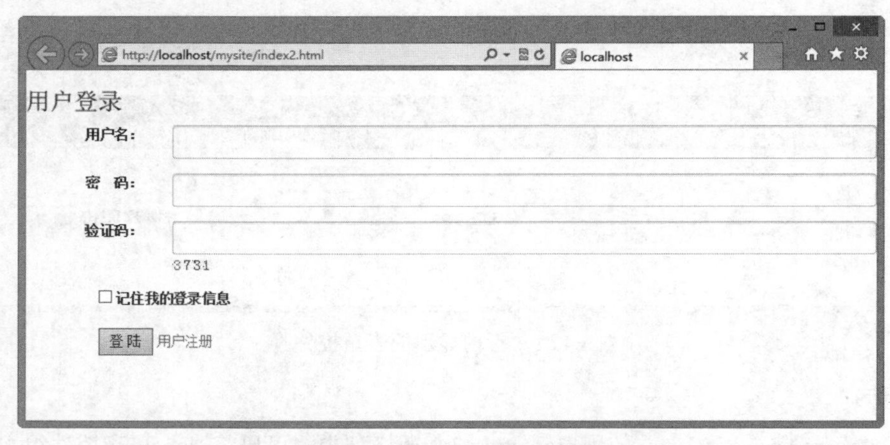

图 4.32 水平布局的表单控件

扫一扫，看视频

4.3.4　外观风格

Bootstrap 通过各种样式类，为用户提供了更多定制表单样式的途径和方法。

1. 定制大小

Bootstrap 提供了两种定制表单控件大小的途径：相对高度和网格宽度。

（1）相对高度

相对高度是一组与关键字相关联的类，代码如下：

```
.input-sm {
 height: 30px;
 padding: 5px 10px;
 font-size: 12px;
 line-height: 1.5;
 border-radius: 3px;
}
.input-lg {
 height: 46px;
 padding: 10px 16px;
 font-size: 18px;
 line-height: 1.33;
 border-radius: 6px;
}
```

【示例1】　.input-lg 和.input-sm 将创建大一些或小一些的表单控件以匹配按钮尺寸。例如，分别在文本框中引用这些样式类，可直观比较它们的大小，如图 4.33 所示。

```
<label><input class="input-sm form-control" type="text" placeholder=".input-sm">
</label>
<label><input class="form-control" type="text" placeholder="正常大小"></label>
<label><input class="input-lg  form-control" type="text" placeholder=".input-lg">
</label>
```

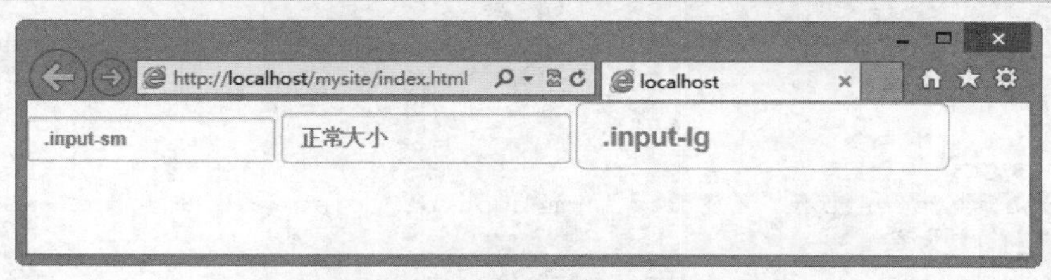

图 4.33　设计表单控件相对大小

（2）网格宽度

使用栅格系统中的列包裹 input 或其任何父元素，都可很容易地为其设置宽度。

【示例2】　在栅格系统中，分别在不同列宽中插入表单控件，演示效果如图 4.34 所示。

```
<div class="row">
    <div class="col-xs-2">
        <input type="text" class="form-control" placeholder=".col-xs-2">
    </div>
    <div class="col-xs-4">
        <input type="text" class="form-control" placeholder=".col-xs-4">
    </div>
    <div class="col-xs-6">
        <input type="text" class="form-control" placeholder=".col-xs-6">
```

```
    </div>
</div>
```

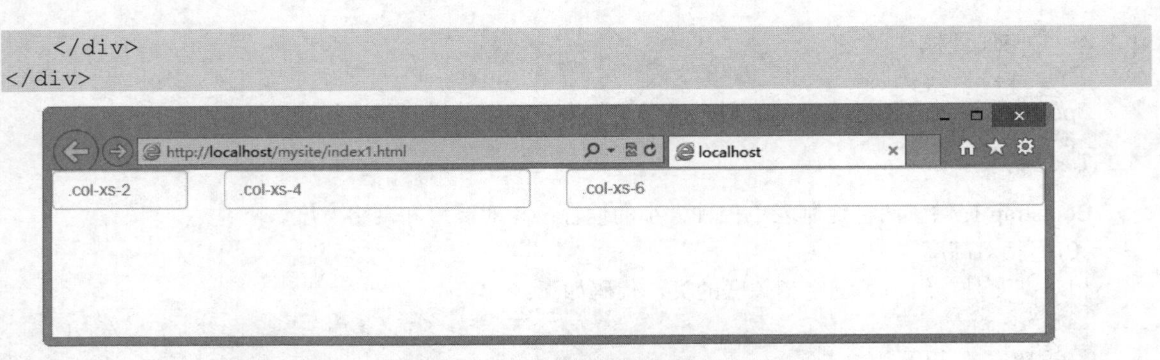

图 4.34　设计表单控件栅格大小

2. 定制不可编辑样式控件

通过设置 disabled 属性，可以设计不可编辑的表单控件，防止用户输入，并能改变一点外观，使其更直观。

【示例 3】　输入下面的代码，则预览效果如图 4.35 所示。

```
<label><input class="form-control" type="text" placeholder="不可用..." disabled>
</label>
```

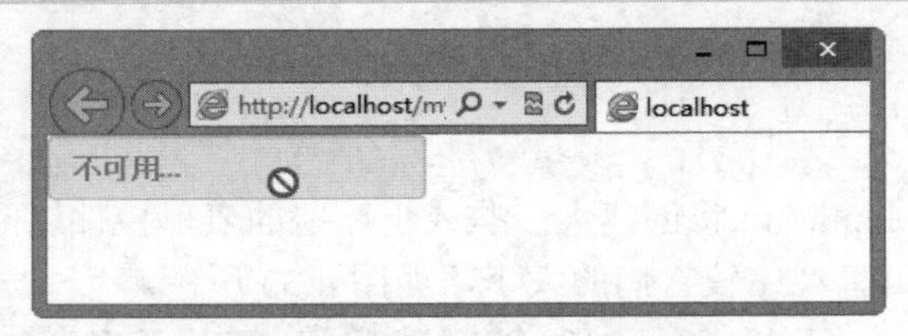

图 4.35　设计不可编辑表单控件 1

当为<fieldset>设置 disabled 属性时，可以禁用<fieldset>中包含的所有控件。

【示例 4】　通过<fieldset disabled>可以快速禁用 3 个文本框，预览效果如图 4.36 所示。

```
<fieldset disabled  class="row">
    <div class="col-xs-2">
        <input type="text" class="form-control" placeholder=".col-xs-2">
    </div>
    <div class="col-xs-4">
        <input type="text" class="form-control" placeholder=".col-xs-4">
    </div>
    <div class="col-xs-6">
        <input type="text" class="form-control" placeholder=".col-xs-6">
    </div>
</fieldset>
```

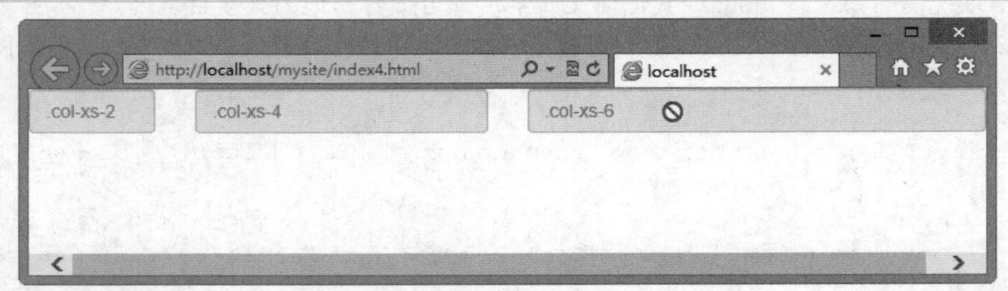

图 4.36　设计不可编辑表单控件 2

<a>标签的链接功能不受影响，这个 class 只改变<a class="btn btn-default">按钮的外观，并不能禁用其功能。建议通过 JavaScript 代码禁用链接功能。

提示：

IE 9 及以下浏览器中的<fieldset>并不支持 disabled 属性。因此，建议在这些浏览器上通过 JavaScript 代码来禁用 fieldset。

3. 定制帮助文本

【示例 5】　为提示文本框引入 help-block 类样式，可用于表单控件的块级帮助文本，效果如图 4.37 所示，自己独占一行或多行的块级帮助文本。

```
<input type="text" class="form-control"><span class="help-block">块解释文本</span>
```

图 4.37　设计块状显示的帮助文本

4. 定制静态控件

在水平布局的表单中，如果需要将一行纯文本放置于<label>的同一行，为<p>元素添加.form-control-static 即可。

【示例 6】　为用户的电子邮箱名称设置静态控件效果，这样就不需要用户重复输入，预览效果如图 4.38 所示。

```
<form class="form-horizontal" role="form">
    <div class="form-group">
        <label class="col-sm-2 control-label">电子邮箱</label>
        <div class="col-sm-10">
            <p class="form-control-static">email@example.com</p>
        </div>
    </div>
    <div class="form-group">
        <label for="inputPassword" class="col-sm-2 control-label">用户密码</label>
        <div class="col-sm-10">
            <input type="password" class="form-control" id="inputPassword" placeholder=
"Password">
        </div>
    </div>
</form>
```

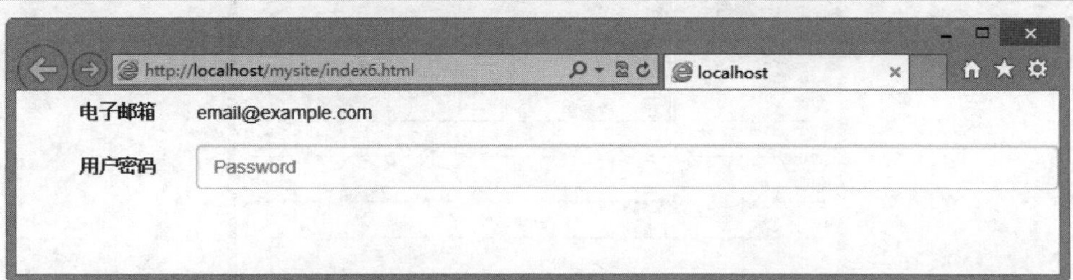

图 4.38　设计静态控件

4.3.5　状态风格

表单控件存在多种状态：读写、焦点、禁止、有效、验证等，针对不同的状态，提供不同的样式类，以方便用户辨析。

当表单控件获取焦点后，默认会呈现 outline 样式，而 Bootstrap 3.0 优化了这种样式，默认清除 outline 样式，增加了 box-shadow 样式，如图 4.39 所示。

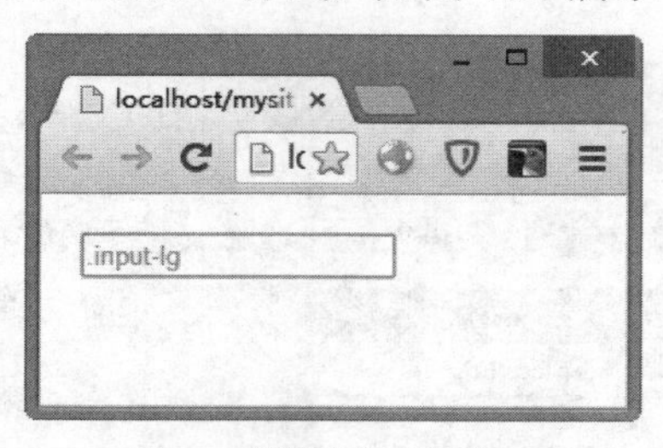

Chrome 浏览器焦点风格

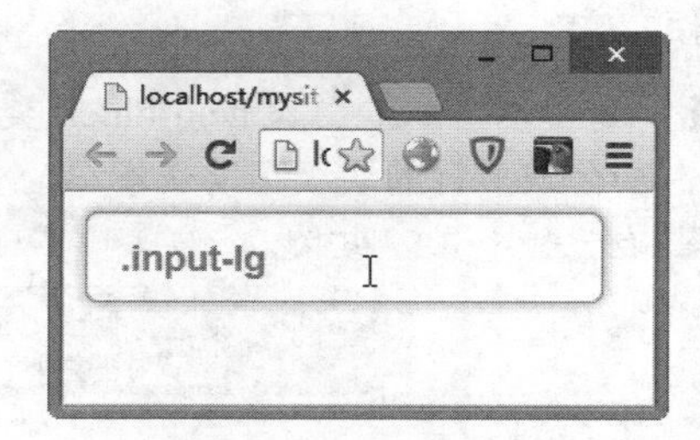

Bootstrap 3.0 焦点风格

图 4.39　获取焦点时样式的比较

注意：

不同的浏览器对于表单控件的焦点样式有各自不同的解析，呈现效果会有所不同。

Bootstrap 增设了验证状态类样式，主要包括 error（错误）、warning（警告）和 success（成功）信息的样式。使用时，添加.has-warning、.has-error 或.has-success 到这些控件的父元素即可。任何包含在此元素之内的.control-label、.form-control 和.help-block 都将接收这些校验状态的样式。

【示例】　在使用时，用户只需要为控件组包含框添加验证状态类样式即可，应用模式如下所示：

```
<div class="form-group has-success">
    <label class="control-label" for="inputSuccess">成功</label>
    <input type="text" class="form-control" id="inputSuccess">
</div>
<div class="form-group has-warning">
    <label class="control-label" for="inputWarning">警告</label>
    <input type="text" class="form-control" id="inputWarning">
</div>
<div class="form-group has-error">
    <label class="control-label" for="inputError">错误</label>
    <input type="text" class="form-control" id="inputError">
</div>
```

分别设置 3 个表单组结构，并引入不同的验证状态样式类，比较效果如图 4.40 所示。

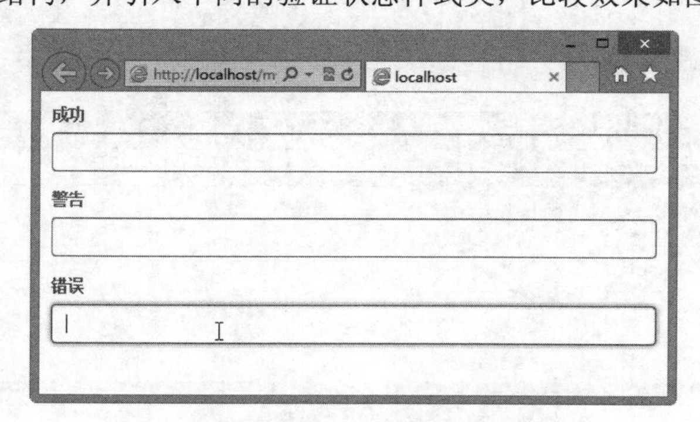

图 4.40　验证状态效果比较

4.4　按　　钮

在页面中添加立体感、水晶感、富有动态化的按钮效果会让网页看起来更加富有吸引力。借助 CSS3 增强的圆角、渐变、透明等表现属性，可以打造出更具专业级别的按钮效果。

扫一扫，看视频

4.4.1　默认风格

Bootstrap 专门定制了 btn 样式类，应用该类可以设计按钮效果。Bootstrap 3.0 采用扁平化设计，把 Bootstrap 2.0 版本的 btn 样式进行分离，默认样式为纯色圆角效果，而其他特效放置于主题样式表中，如文本阴影（text-shadow）、渐变背景色（background-image）、边框半透明（border:）、元素阴影（box-shadow）等。

图 4.41　设计按钮效果 1

【示例 1】　为<button>标签绑定 btn 类样式，效果如图 4.41 所示。

```
<button type="button" class="btn">默认按钮效果</button>
```

任何引用 btn 样式类的页面元素都会显示按钮样式。不过，通常应用于<a>和<button>标签，一方面它们会拥有更好的表现力，另一方面为<a>和<button>标签设计按钮效果，也符合 HTML 结构的语义化要求。

【示例 2】　下面分别为页面中的<a>、<button>、<input type="button">、<input type=" submit">标签引入 btn 类样式，则页面显示效果是一样的，如图 4.42 所示。

```
<a class="btn" href="">超级链接（a）</a>
<button class="btn">按钮标签（button）</button>
<input class="btn" type="button" value="按钮标签（input）">
<input class="btn" type="submit" value="提交按钮（input）">
```

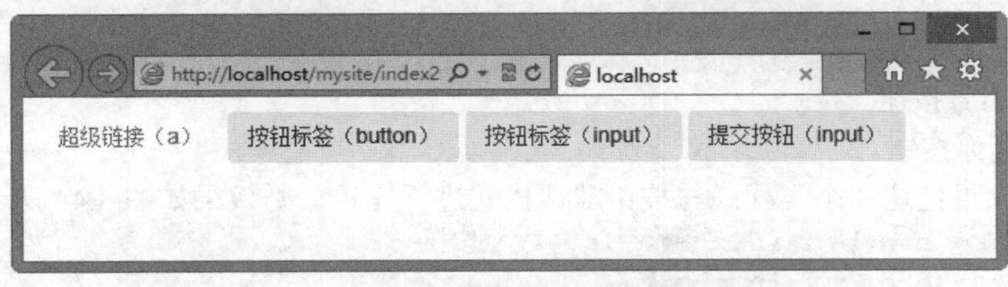

图 4.42　设计按钮效果 2

提示：

根据使用环境，尝试选用合适的标签，以确保渲染的效果在各个浏览器中的保存基本一致。如果正使用 input，那么设计按钮效果就应该使用 <input type="submit">，而不是<a>，然后它们的表现是一致的。

扫一扫，看视频

4.4.2　定制风格

Bootstrap 提供了多种按钮风格，以方便用户自由选用。首先，它为 btn 附加了一组情景样式类，方便在不同环境中改变按钮的色彩。

- btn-default：默认，通过简洁的视觉效果，提示浏览者当前对象是按钮。
- btn-primary：主要，通过醒目的视觉变化（亮蓝色），提示浏览者当前按钮在一系列的按钮中为主要操作。

- btn-info：信息，通过舒适的色彩设计（浅蓝色），调节按钮默认的灰色视觉效果，可以用来替换默认按钮样式。
- btn-success：成功，通过积极的亮绿色，表示成功或积极的动作。
- btn-warning：警告，通过通用黄色，提醒应该谨慎采取这个动作。
- btn-danger：危险，通过通用红色，提醒当前操作可能会存在危险。
- btn-link：链接，把按钮转换为链接样式，简化按钮，使它看起来像一个链接。

【示例 1】 在下面代码中分别引用这些附加按钮样式，则显示效果如图 4.43 所示。

```
<button type="button" class="btn btn-default">默认</button>
<button type="button" class="btn btn-primary">主要</button>
<button type="button" class="btn btn-success">成功</button>
<button type="button" class="btn btn-info">信息</button>
<button type="button" class="btn btn-warning">警告</button>
<button type="button" class="btn btn-danger">危险</button>
<button type="button" class="btn btn-link">链接</button>
```

图 4.43　设计按钮多种风格

注意：

这些附加类样式必须与 btn 捆绑使用，否则按钮效果就会失真。

Bootstrap 还提供了 3 个定制相对大小的按钮样式类，使用它们可以酌情调整按钮的大小，简单说明如下：

- btn-lg：大号按钮。
- btn-sm：小号按钮。
- btn-xs：迷你按钮。

【示例 2】 如果把这 3 个类样式与按钮默认样式进行比较，则效果如图 4.44 所示。

```
<button class="btn btn-info btn-lg">大号按钮</button>
<button class="btn btn-info">默认大小</button>
<button class="btn btn-info btn-sm">小号按钮</button>
<button class="btn btn-info btn-xs">迷你按钮</button>
```

图 4.44　按钮大小比较

Bootstrap 定义 btn-block 样式类，用来把按钮转换为块级元素，此时按钮会填充整个包含框。

【示例 3】 下面代码会把按钮放大，填充一行，这样更适合用户快速操作，如图 4.45 所示。

```
<button class="btn btn-info btn-lg btn-block">登录微博</button>
```

图 4.45　设计按钮块显示

4.4.3　状态风格

扫一扫，看视频

1. 禁用状态

当按钮被禁用时，颜色将会变淡，降低到 65%，同时按钮的交互样式被禁用，当光标移到按钮上时，按钮样式不再发生变化。这种不可用状态通过 disabled 类样式实现。

【示例 1】　下面分别为默认按钮和其他风格按钮应用 disabled 类样式，则显示效果如图 4.46 所示。

```
<a href="#" class="btn btn-lg btn-primary disabled">大号链接</a>
<a href="#" class="btn disabled">默认链接</a>
```

图 4.46　按钮禁用状态

注意：

disabled 类只能禁用 CSS 交互样式，但无法禁用按钮的默认行为，如果要禁用默认行为，还需要 JavaScript 脚本进行控制。

HTML 表单控件包含一个 disabled 属性，使用该属性可以禁用按钮行为。Bootstrap 因此为包含该属性的控件统一了不可用样式，使其效果与 disabled 类样式保持一致。

【示例 2】　下面两种用法，都可以实现相同的不可用状态，如图 4.47 所示。

```
<button type="button" class="btn btn-lg" disabled="disabled">属性禁用</button>
<button type="button" class="btn btn-lg disabled">类样式禁用</button>
```

图 4.47　按钮禁用样式比较

【示例 3】　disabled 类无法禁用按钮的默认交互行为，所以建议用户在使用时，同时引用这两种用法，代码如下：

```
<button type="button" class="btn btn-lg disabled" disabled="disabled">按钮禁用
</button>
```

2. 激活状态

图 4.48　按钮激活样式

当按钮处于活动状态时，其表现为被按压下：底色更深，边框颜色更深，内置阴影。对于<button>元素可以通过:active 实现，对于<a>元素可以通过.active 实现，也可以联合使用.active <button>并通过编程的方式使其处于活动状态。

【示例 4】　对于按钮元素来说，由于:active 是伪状态，因此无需添加，但是在需要表现出同样的外观时可以添加.active，演示效果如图 4.48 所示。

```
<button type="button" class="btn btn-primary btn-lg active">主要</button>
<button type="button" class="btn btn-default btn-lg active">默认</button>
```

【示例 5】　对于链接元素来说，可以为<a>添加.active 类样式，演示效果如图 4.49 所示。

```
<a href="#" class="btn btn-primary btn-lg active" role="button">主要链接</a>
<a href="#" class="btn btn-default btn-lg active" role="button">默认链接</a>
```

图 4.49　链接激活样式

扫一扫，看视频

4.5　图　　片

Bootstrap 对图片的风格改进很少，主要是提供了圆角和描边样式。当图片定义超链接时，会呈现默认的边框样式，Bootstrap 关闭了这种边框样式。

同时，还为图像定义 3 个特殊风格的类样式，分别用来设计圆角图片、圆形图片和镶边图片 3 种特效风格。简单说明如下：

- img-rounded：设计圆角图片。
- img-circle：设计圆形图片。
- img-thumbnail：设计镶边图片。

【示例】　分别为同一幅图片应用上述 3 种类样式，演示效果如图 4.50 所示。

```
<div class="row">
    <div class="text-center col-sm-3"> <img class="img-responsive" src="images/
bg1.jpg">
        <h3>正常效果</h3>
    </div>
    <div class="text-center col-sm-3"> <img src="images/bg1.jpg" class="img-rounded
img-responsive" title="圆角图片">
        <h3>圆角效果</h3>
    </div>
    <div class="text-center col-sm-3"> <img src="images/bg1.jpg" class="img-circle
img-responsive" title="圆形图片">
        <h3>圆形效果</h3>
    </div>
```

```
    <div class="text-center col-sm-3"> <img src="images/bg1.jpg" class="img-thumbnail
img-responsive" title="镶边图片">
        <h3>镶边效果</h3>
    </div>
</div>
```

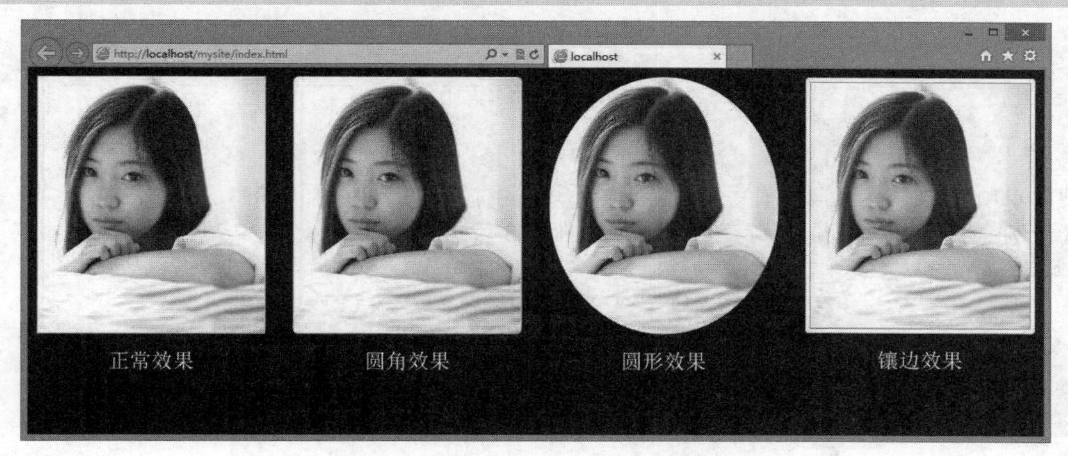

图 4.50　设计图片的 4 种风格效果

提示：

Bootstrap 统一了页面中所有图片的液态显示效果，当页面或者栏目宽度发生变化时，图片的大小也会随之改变。例如，针对上面示例的效果，逐步改变窗口的大小，会发现图片的大小也随之进行调整，如图 4.51 所示。

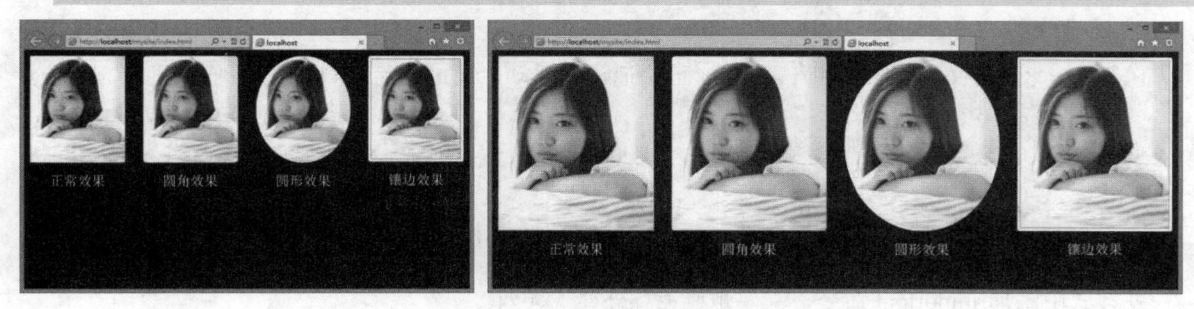

图 4.51　图片的液态变化效果

4.6　工　具　类

Bootstrap 3.0 把常用的样式进行规划，设计了很多常用工具类，以方便在网页中快速调用，下面进行简单说明。

4.6.1　小工具类

1. 关闭按钮

close 类样式可以定义关闭按钮，用来关闭模式对话框和警告框。

【示例 1】　设计如下代码，则模拟关闭按钮效果如图 4.52 所示。

```
<button type="button" class="close" aria-hidden="true">&times;</button>
```

图 4.52　模拟关闭按钮效果

2. 向下箭头

使用 caret 类样式定义向下箭头，该箭头经常用在下拉菜单或折叠面板中。

【示例 2】　输入下面的代码，可以设计如图 4.53 所示的效果。

```
<span class="caret"></span>
```

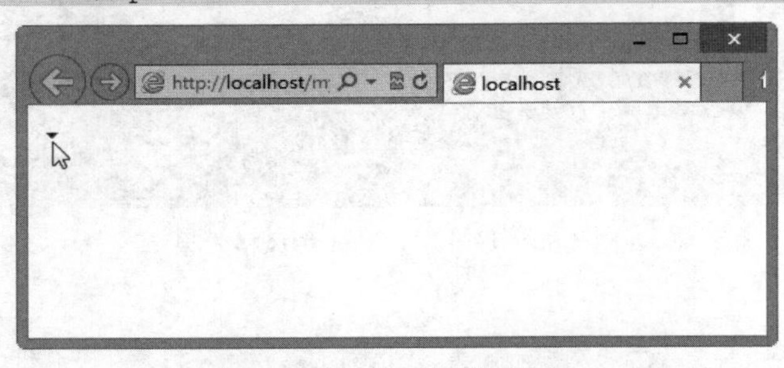

图 4.53　设计下拉控制按钮

3. 左右浮动

Bootstrap 3.0 定义. pull-left 和. pull-right 可快速设置浮动，通过这两个 class 让页面元素左右浮动。

```
.pull-left {
  float: left !important;
}
.pull-right {
  float: right !important;
}
```

在样式中添加!important 命令，主要是避免意外样式失效。

提示：

上述两个工具类不要用于导航条中，如果是用于对齐导航条上的组件，应该使用.navbar-left 或 .navbar-right。

4. 内容区域居中

要实现栏目居中显示，可以使用.center-block 工具类，它能够将页面元素设置为 display: block，并通过设置 margin 使其居中。

```
.center-block {
  display: block;
  margin-left: auto;
  margin-right: auto;
}
```

5. 清除浮动

使用.clearfix 工具类可以清除任意页面元素的浮动。

6. 显隐处理

通过.show 和.hidden 可以强制显示或隐藏任一页面元素，而使用.invisible 可以设计页面元素不可见显示。具体样式代码如下：

```
.show {
 display: block !important;
}
.hidden {
 display: none !important;
 visibility: hidden !important;
}
.invisible {
 visibility: hidden;
}
```

在上面的样式类中使用了!important 以避免冲突，原因和浮动工具类类似。这两个 class 只能用于块级元素，也可以作为 mixin 使用。

提示：

.hide 仍然可以用，但是它不能对屏幕阅读器起作用，从 v3.0.1 版本开始已经被标记为不建议使用。请使用.hidden 或.sr-only。

7. 针对屏幕阅读器的内容

使用.sr-only 可以针对除了屏幕阅读器之外的所有设备隐藏一个元素。对于可访问性最佳实践也很有用。

【示例 3】　下面的代码仅在屏幕显示器中可见。

```
<a class="sr-only" href="#content">跳转到主要内容区域</a>
```

8. 替换图片

使用.text-hide 的 class 可以将页面元素所包含的文本内容替换为背景图。

【示例 4】　下面的代码可将页面元素所包含的文本内容替换为背景图。

```
<h1 class="text-hide">替换图片</h1>
```

4.6.2　响应式工具

扫一扫，看视频

Bootstrap 3.0 定义了一套响应式工具，通过使用这些工具 class，可以根据屏幕和不同的媒体查询显示或隐藏页面内容，加速针对移动设备的开发。可用的 class 说明如表 4.1 所示。

图 4.1　响应式工具类

	超小屏幕　手机（<768px）	小屏幕　平板（≥768px）	中等屏幕　桌面（≥992px）	大屏幕　桌面（≥1200px）
.visible-xs	可见	隐藏	隐藏	隐藏
.visible-sm	隐藏	可见	隐藏	隐藏
.visible-md	隐藏	隐藏	可见	隐藏
.visible-lg	隐藏	隐藏	隐藏	可见
.hidden-xs	隐藏	可见	可见	可见
.hidden-sm	可见	隐藏	可见	可见
.hidden-md	可见	可见	隐藏	可见
.hidden-lg	可见	可见	可见	隐藏

通过单独或联合使用以上响应式工具类，可以针对不同屏幕尺寸隐藏或显示页面内容。

提示：

响应式工具目前只针对块级元素，不支持行内元素（inline）和表格元素。尝试使用这些 class 并避免创建同一个网站的不同版本，从而能够完善不同设备上的显示效果。

与常规的响应式 class 一样，使用下面的 class 可以针对打印机隐藏或显示某些内容，如表 4.2 所示。

图 4.2　响应式打印类

class	浏 览 器	打 印 机
.visible-print	隐藏	可见
.hidden-print	可见	隐藏

【示例】　设计一个栅格系统，设计 1 行 4 列布局，在每列中插入两个<span>标签，为它们引用不同的响应式类型，以便设计在不同设备下显示不同的内容，效果如图 4.54 所示。

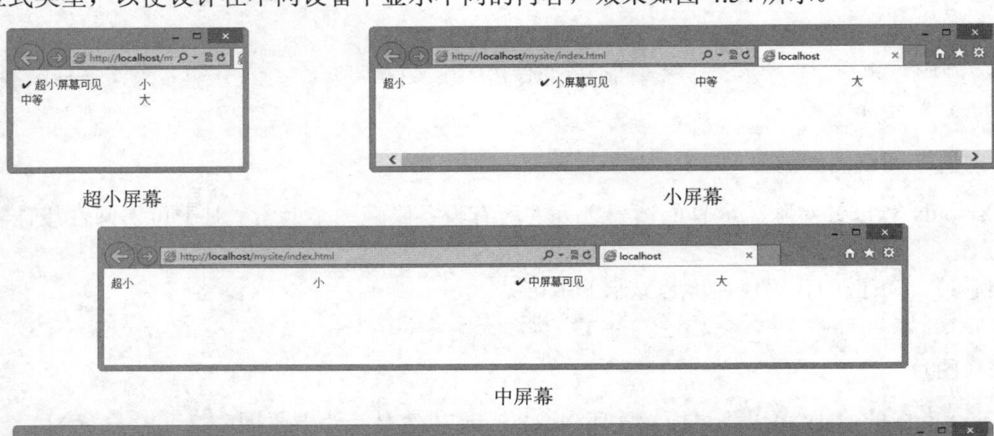

超小屏幕　　小屏幕

中屏幕

大屏幕

图 4.54　响应式内容显示

```
<!doctype html>
<html>
<head>
<meta charset="utf-8">
<title></title>
<meta name="viewport" content="width=device-width, initial-scale=1.0">
<link href="bootstrap/css/bootstrap.css" rel="stylesheet">
<style type="text/css">
body { padding: 10px; }
</style>
</head>
<body>
<div class="row">
    <div class="col-xs-6 col-sm-3"> <span class="hidden-xs">超小</span> <span
```

```
class="visible-xs">&#10004; 超小屏幕可见</span> </div>
    <div  class="col-xs-6  col-sm-3">  <span  class="hidden-sm"> 小 </span>  <span
class="visible-sm">&#10004; 小屏幕可见</span> </div>
    <div class="clearfix visible-xs"></div>
    <div  class="col-xs-6  col-sm-3">  <span  class="hidden-md"> 中等 </span>  <span
class="visible-md">&#10004; 中屏幕可见</span> </div>
    <div  class="col-xs-6  col-sm-3">  <span  class="hidden-lg"> 大 </span>  <span
class="visible-lg">&#10004; 大屏幕可见</span> </div>
</div>
</body>
</html>
```

第 5 章　CSS 组件（上）

Bootstrap 内建了大量优雅的、可重用的组件，包括字体图标、按钮（button）、导航（navigation）、标签（labels）、徽章（badges）、排版（typography）、缩略图（thumbnails）、提醒（alert）、进度条（progress bar）、杂项（miscellaneous）等。本章将重点介绍下拉菜单、按钮和导航条组件的基本结构和使用，下一章再详细介绍其他组件。

【学习重点】

- 下拉菜单的使用。
- 按钮组的使用。
- 导航和导航条的使用。

扫一扫，看视频

5.1　正确使用 CSS 组件

在系统介绍 Bootstrap 组件之前，本节先通过一个完整示例，介绍如何快速掌握 Bootstrap 组件的正确使用方法。

【操作步骤】

第 1 步，新建 HTML5 文档。Bootstrap 使用的某些 HTML 元素和 CSS 属性需要的文档类型为 HTML5 doctype，因此设计如下文档类型，确保 CSS 组件都能够正确使用：

```
<!doctype html>
<html>
</html>
```

第 2 步，在页面头部区域<head>标签内引入下面的框架文件：

```
<script type="text/javascript" src="bootstrap/js/jquery.js"></script>
<script type="text/javascript" src="bootstrap/js/bootstrap.js"></script>
<link rel="stylesheet" type="text/css" href="bootstrap/css/bootstrap.css">
```

- bootstrap.css：Bootstrap 样式库，这是必不可少的。
- jquery.js：引入 jQuery，Bootstrap 插件是 jQuery 插件，依赖于 jQuery 技术库。
- bootstrap.js：Bootstrap 下拉菜单插件。

第 3 步，在<body>标签内设计下拉菜单 HTML 结构。

```
<div class="dropdown">
   <a href="#" class="btn btn-lg btn-success">激活按钮 <i class="caret"></i></a>
   <ul class="dropdown-menu">
      <li><a href="#">菜单项 1</a></li>
      <li><a href="#">菜单项 2</a></li>
      <li><a href="#">菜单项 3</a></li>
   </ul>
</div>
```

上面代码创建了一个下拉菜单，其中包括一个激活元件<a>标签，以及 N 个下拉菜单列表项。在下拉包含框中，引入 dropdown 类，定义当前框为下拉菜单框。然后在下拉列表框中引入 dropdown-menu 类，定义下拉菜单条面板。

第 4 步，上面的代码只是定义了下拉菜单的样式，要想使其真正成为下拉菜单，还必须激活下拉菜单。激活方式有两种方法：定义 data 属性，或者使用 JavaScript 脚本直接调用。

第 5 步，使用 data 属性触发。只需要在激活元件上设置 data-toggle="dropdown"即可，代码如下：

```
<div class="dropdown">
    <a href="#" class="btn btn-lg btn-success" data-toggle="dropdown">激活按钮 <i
class="caret"></i></a>
    <ul class="dropdown-menu">
        <li><a href="#">菜单项 1</a></li>
        <li><a href="#">菜单项 2</a></li>
        <li><a href="#">菜单项 3</a></li>
    </ul>
</div>
```

第 6 步，保存文档，在浏览器中预览，可以看到仅显示按钮，单击按钮即可显示下拉菜单，如图 5.1 所示。

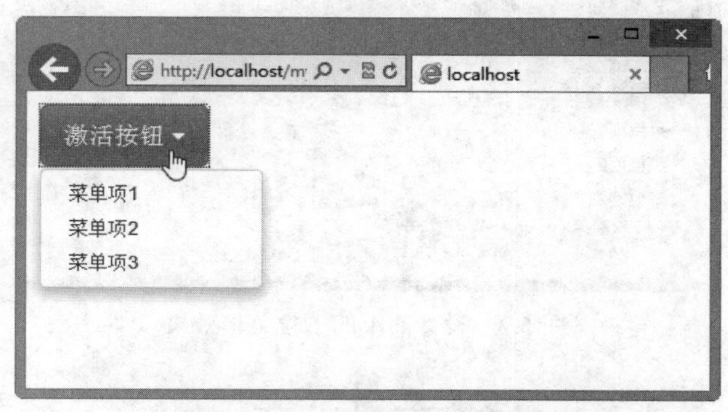

图 5.1　设计简单的下拉菜单效果

第 7 步，还可以调用 JavaScript 脚本，通过 JavaScript 代码触发下拉菜单。为<a>定义一个 ID，以方便 JavaScript 抓取激活元素对象，也可以设置其他属性，如 class 属性。然后为该控制元件绑定 dropdown()构造函数。完整代码如下：

```
<!doctype html>
<html>
<head>
<meta charset="utf-8">
<title></title>
<meta name="viewport" content="width=device-width, initial-scale=1.0">
<link href="bootstrap/css/bootstrap.css" rel="stylesheet" type="text/css">
<link href="bootstrap/css/bootstrap-theme.css" rel="stylesheet" type="text/css">
<script src="bootstrap/jquery-1.9.1.js"></script>
<script src="bootstrap/js/bootstrap.js"></script>
<style type="text/css">
body { padding: 10px; }
</style>
</head>
<body>
<div class="dropdown">
    <a href="#" class="btn btn-lg btn-success" id="dropdown">激活按钮 <i class=
"caret"></i></a>
    <ul class="dropdown-menu">
        <li><a href="#">菜单项 1</a></li>
        <li><a href="#">菜单项 2</a></li>
        <li><a href="#">菜单项 3</a></li>
```

```
    </ul>
</div>
<script type="text/javascript">
 $(function(){
    $('#dropdown').dropdown();
})
</script>
</body>
</html>
```

第 8 步，通过 JavaScript 激活的下拉菜单，不能在显示和隐藏之间进行切换。单击按钮后，显示下拉菜单，再次单击时，不会隐藏下拉菜单，只有执行选择或者在其他区域单击之后，下拉菜单才能隐藏，执行效果如图 5.2 所示。

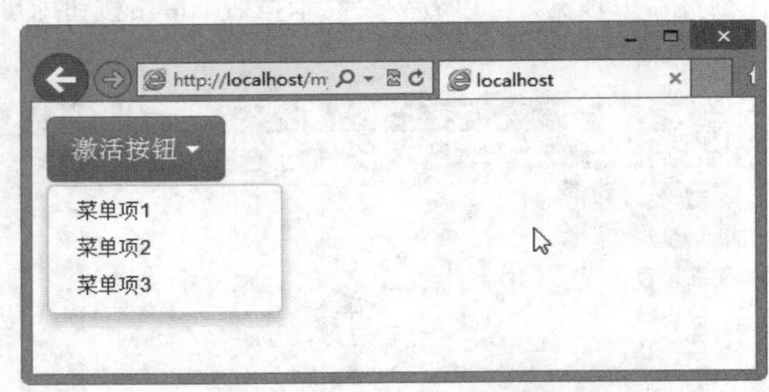

图 5.2　设计简单的下拉菜单效果

5.2 下 拉 菜 单

下拉菜单是网页中最常见到的组件形式之一，设计新颖、美观的下拉菜单，不仅节省页面排版空间、使网页布局简洁有序，而且会为网页增色。Bootstrap 定义了一套完整的下拉菜单组件，配合其他元素可以设计形式多样的导航菜单效果。

扫一扫，看视频

5.2.1　定义下拉菜单

Bootstrap 3.0 为下拉菜单设计了一套严谨的结构，规定下拉菜单组件必须包含在 dropdown 类容器中，该容器包含下拉菜单的触发器（触发元素）和下拉菜单，下拉菜单必须包含在 dropdown-menu 容器中。

基本结构如下：

```
<div class="dropdown">
    <a href="#" >激活元素</a>
    <ul class="dropdown-menu">
    </ul>
</div>
```

【示例 1】　如果下拉菜单组件不包含在 dropdown 类容器中，可以使用声明为 position:relative;的页面元素。

```
<div style="position:relative;">
    <button>激活元素</button>
    <div class="dropdown-menu">
    </div>
</div>
```

默认情况下，下拉菜单是隐藏显示的。如果想查看下拉菜单效果，则必须在页面头部区域导入 3 个必须的文件，缺一不可：

```
<script type="text/javascript" src="bootstrap/js/jquery.js"></script>
<script type="text/javascript" src="bootstrap/js/bootstrap.js"></script>
<link rel="stylesheet" type="text/css" href="bootstrap/css/bootstrap.css">
```

然后，在触发元素中定义 data-toggle="dropdown"属性，激活下拉菜单的交互行为，以方便查看下拉菜单效果。

```
<div style="position:relative;">
    <button data-toggle="dropdown">激活元素</button>
    <div class="dropdown-menu">
    </div>
</div>
```

在下拉菜单容器（dropdown-menu）中可以包含任何元素和内容。但是，作为下拉菜单标准结构，一般建议使用列表结构，并为每个列表项定义超链接。

【示例 2】　下拉菜单的标准结构如下：

```
<div class="dropdown">
    <a href="#" data-toggle="dropdown" >激活元素</a>
    <ul class="dropdown-menu">
        <li><a href="#">菜单项 1</a></li>
        <li><a href="#">菜单项 2</a></li>
        <li><a href="#">菜单项 3</a></li>
    </ul>
</div>
```

Bootstrap 为这套标准的下拉菜单结构打造了一套标准的样式效果，让下拉菜单看起来大气、精致，如图 5.3 所示。整个下拉菜单带有阴影，包含圆角，列表项目缩进显示，字体大气，项目间隔紧凑。

图 5.3　Bootstrap 设计的下拉菜单标准样式

5.2.2　设置下拉菜单

Bootstrap 3.0 为下拉菜单组件设置了一些可选项，以方便用户进行控制，简单说明如下。

1. 右对齐菜单

默认状态下，下拉菜单是左对齐显示的，在 dropdown-menu 容器中添加 pull-right 类，即可设计右对齐下拉菜单，如果设置 pull-left 类，可实现左对齐效果。

【示例 1】　下列代码在浏览器中的预览效果如图 5.4 所示。

```
<div class="dropdown">
    <a href="#" data-toggle="dropdown" >激活元素</a>
    <ul class="dropdown-menu pull-right">
        <li><a href="#">菜单项 1</a></li>
        <li><a href="#">菜单项 2</a></li>
        <li><a href="#">菜单项 3</a></li>
    </ul>
</div>
```

图 5.4　设计右对齐下拉菜单

2. 禁用列表项

为下拉菜单中的<li>标签添加 disabled 类，可以禁用菜单项中的链接。

【示例 2】　在下拉菜单中为第二菜单项添加 class="disabled"，则在浏览器中的预览效果如图 5.5 所示。

```
<div class="dropdown">
    <a href="#" data-toggle="dropdown" >激活元素</a>
    <ul class="dropdown-menu">
        <li><a href="#">菜单项 1</a></li>
        <li class="disabled"><a href="#">菜单项 2</a></li>
        <li><a href="#">菜单项 3</a></li>
    </ul>
</div>
```

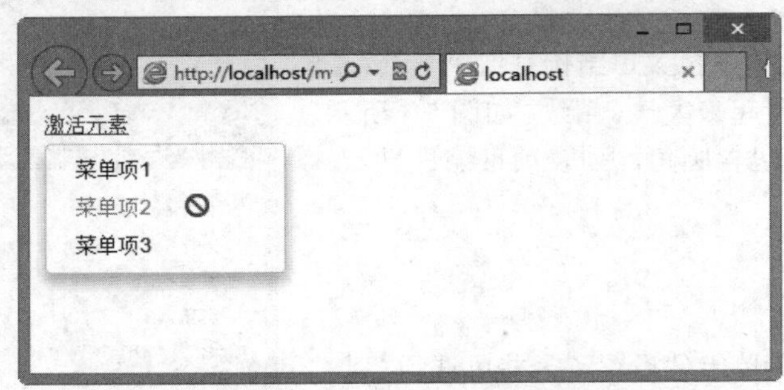

图 5.5　设计禁用菜单项

3. 设计菜单分隔线

通过添加包含 divider 类的标签，可以在下拉菜单中插入一条分隔线。

【示例 3】　在示例 2 中，为第二与第三个菜单项插入一条分隔线（<li class="divider">），则显示效果如图 5.6 所示。

```
<div class="dropdown">
    <a href="#" data-toggle="dropdown" >激活元素</a>
    <ul class="dropdown-menu">
        <li><a href="#">菜单项 1</a></li>
        <li><a href="#">菜单项 2</a></li>
        <li class="divider"></li>
        <li><a href="#">菜单项 3</a></li>
    </ul>
</div>
```

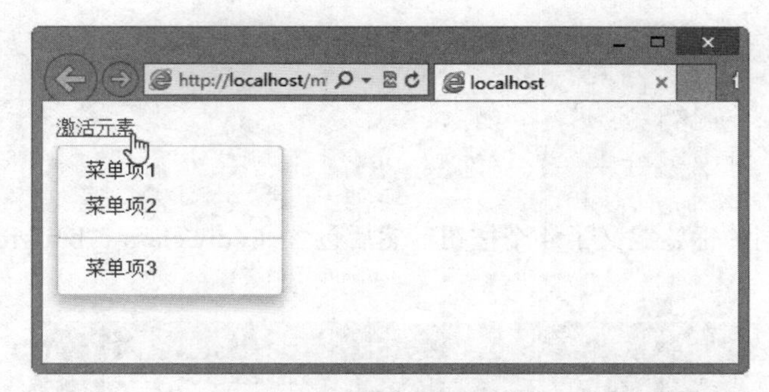

图 5.6　设计菜单项分隔线

4. 设计下拉菜单标题

在任何下拉菜单中均可通过添加标题来标明一组动作。

【示例 4】　在二级下拉菜单中通过. dropdown-header 定义两个分组标题，则显示效果如图 5.7 所示。

```
<div class="dropdown">
    <a href="#" data-toggle="dropdown" >激活元素</a>
    <ul class="dropdown-menu">
        <li class="dropdown-header">标题 1</li>
        <li><a href="#">菜单项 1</a></li>
        <li class="divider"></li>
        <li class="dropdown-header">标题 2</li>
        <li><a href="#">菜单项 2</a></li>
    </ul>
</div>
```

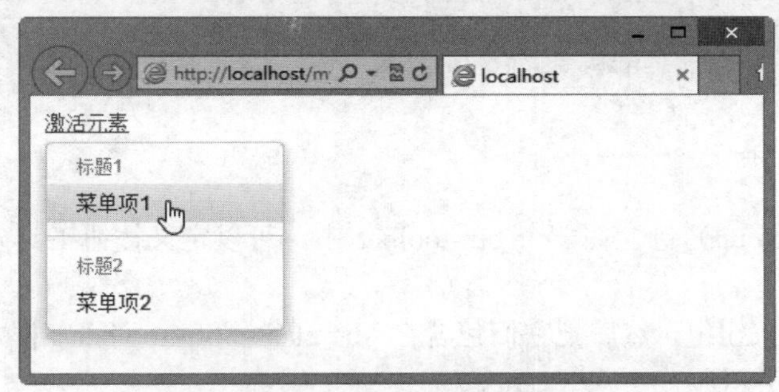

图 5.7　设计下拉菜单的分组标题

5.3　按　钮　组

通过对按钮分组管理，可以设计各种快捷操作风格；与下拉菜单等组件组合使用，能设计各种精致的按钮导航样式，从而获得类似于工具条的功能。Bootstrap 组件中的按钮可以组合成多种样式，如按钮组（button group）和按钮式下拉菜单（button down menu）。

扫一扫，看视频

5.3.1　定义按钮组

使用 btn-group 类和一系列的<a>或<button>标签，可以生成一个按钮组或者按钮工具条。

【示例】　把带有 btn 类的多个标签包含在 btn-group 中。

```
<div class=" btn-group">
```

```
    <p class="btn btn-default">按钮 1(p)</p>
    <li class="btn btn-info">按钮 2(li)</li>
    <a class="btn btn-info">按钮 3(a)</a>
    <span class="btn btn-info">按钮 4(span)</span>
</div>
```

上面的代码使用不同的标签定义了 4 个按钮，然后包含在<div class=" btn-group">标签中，预览效果如图 5.8 所示。

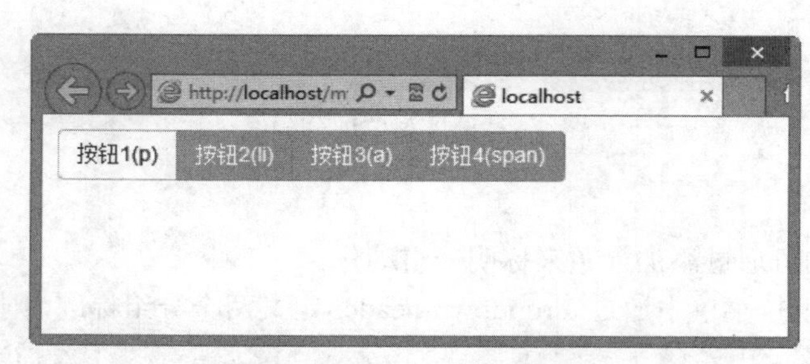

图 5.8　设计向左弹出下拉菜单

提示：

在设计按钮组时不需要导入 jquery.js 等脚本文件，因为在默认状态下，按钮不需要执行交互行为。但是必须导入 bootstrap.css 样式表。

```
<link rel="stylesheet" type="text/css" href="bootstrap/css/bootstrap.css">
```

注意：

- 在单一的按钮组中不要混合使用<a>和<button>标签，仅使用其中一个。
- 同一按钮组最好使用单色。
- 使用图标时要确保正确的引用位置。

扫一扫，看视频

5.3.2　定义按钮导航条

将多个按钮组（btn-group）包含在一个 btn-toolbar 中，可以定义按钮工具条，以此设计一个更复杂的按钮组件。

【示例】　设计三组按钮组，然后把它们包含在<div class="btn-toolbar">框中，即可设计一个分页导航条，演示效果如图 5.9 所示。

```
<div class="btn-toolbar text-center">
   <div class=" btn-group">
      <i class="btn btn-default"><i class="glyphicon glyphicon-fast-backward">
</i></i>
      <i class="btn btn-default"><i class="glyphicon glyphicon-backward"></i></i>
   </div>
   <div class=" btn-group">
      <i class="btn btn-default">1</i>
      <i class="btn btn-default">2</i>
      <i class="btn btn-default">...</i>
      <i class="btn btn-default">3</i>
      <i class="btn btn-default">4</i>
   </div>
   <div class=" btn-group">
      <i class="btn btn-default"><i class="glyphicon glyphicon-forward"></i></i>
      <i class="btn btn-default"><i class="glyphicon glyphicon-fast-forward">
```

```
</i></i>
    </div>
</div>
```

图 5.9　设计按钮导航条

注意：

按钮必须包含在 btn-group 中，然后才能放入 btn-toolbar 中，只有这样才能正确渲染整个按钮导航条。

5.3.3　设计按钮布局和样式

扫一扫，看视频

1. 垂直布局

通过添加 btn-group-vertical 样式类，可以设计垂直分布的按钮组。

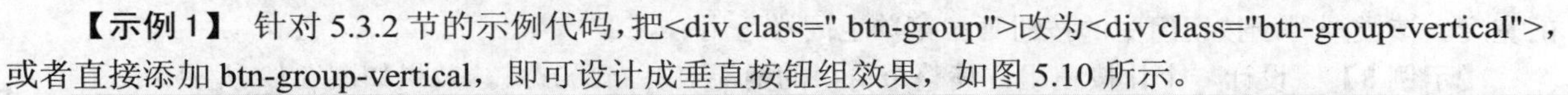

【示例 1】　针对 5.3.2 节的示例代码，把<div class=" btn-group">改为<div class="btn-group-vertical">，或者直接添加 btn-group-vertical，即可设计成垂直按钮组效果，如图 5.10 所示。

```
<div class=" btn-group-vertical">
    <p class="btn btn-default">按钮 1(p)</p>
    <li class="btn btn-info">按钮 2(li)</li>
    <a class="btn btn-info">按钮 3(a)</a>
    <span class="btn btn-info">按钮 4(span)</span>
</div>
```

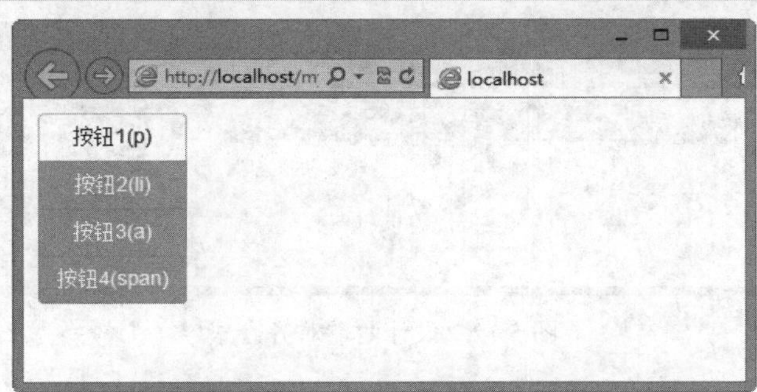

图 5.10　设计垂直分布的导航按钮

2. 嵌套按钮组

如果想要把下拉菜单混合到一系列按钮中，就把.btn-group 放入另一个.btn-group 中。

【示例 2】　设计两层嵌套结构的按钮组，效果如图 5.11 所示。

```
<div class="btn-group">
    <button type="button" class="btn btn-default">1</button>
    <button type="button" class="btn btn-default">2</button>
    <div class="btn-group">
        <button type="button" class="btn btn-default dropdown-toggle" data-toggle=
"dropdown"> 嵌套按钮组 <span class="caret"></span> </button>
```

```
        <ul class="dropdown-menu">
            <li><a href="#">3</a></li>
            <li><a href="#">4</a></li>
        </ul>
    </div>
</div>
```

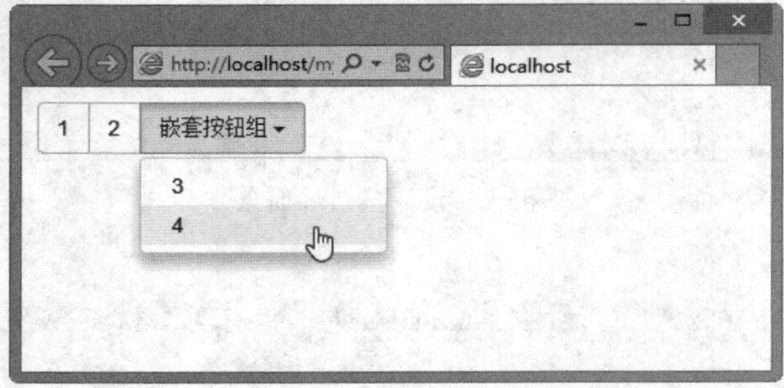

图 5.11　设计嵌套按钮组

3. 两端对齐

通过 btn-group-justified 可以设计按钮组两端对齐排列，让一组按钮拉长为相同的尺寸，适应父元素的宽度。该类型对于按钮组中的按钮下拉菜单也同样适用。

【示例 3】　设计一个让按钮组占满整个窗口的两端对齐布局方式，效果如图 5.12 所示。

```
<div class=" btn-group btn-group-justified">
    <p class="btn btn-default">按钮 1(p)</p>
    <li class="btn btn-info">按钮 2(li)</li>
    <a class="btn btn-info">按钮 3(a)</a>
    <span class="btn btn-info">按钮 4(span)</span>
</div>
```

图 5.12　设计两端对齐方式

提示：

<button>元素不能应用这些样式并将其所包含的内容两端对齐。

4. 控制按钮组大小

给 btn-group 添加 btn-group-lg、btn-group-sm、btn-group-xs 可以设计整个按钮组大小，而不是给组中每个按钮都应用大小类。

【示例 4】　复制 4 组按钮组，分别为按钮组包含框应用不同的大小类，效果如图 5.13 所示。

```
<div class=" btn-group btn-group-justified btn-group-lg">
    <p class="btn btn-default">按钮 1(p)</p>
    <li class="btn btn-info">按钮 2(li)</li>
    <a class="btn btn-info">按钮 3(a)</a>
```

```
    <span class="btn btn-info">按钮 4(span)</span>
</div><br>
<div class=" btn-group btn-group-justified btn-group">
    <p class="btn btn-default">按钮 1(p)</p>
    <li class="btn btn-info">按钮 2(li)</li>
    <a class="btn btn-info">按钮 3(a)</a>
    <span class="btn btn-info">按钮 4(span)</span>
</div><br>
<div class=" btn-group btn-group-justified btn-group-sm">
    <p class="btn btn-default">按钮 1(p)</p>
    <li class="btn btn-info">按钮 2(li)</li>
    <a class="btn btn-info">按钮 3(a)</a>
    <span class="btn btn-info">按钮 4(span)</span>
</div><br>
<div class=" btn-group btn-group-justified btn-group-xs">
    <p class="btn btn-default">按钮 1(p)</p>
    <li class="btn btn-info">按钮 2(li)</li>
    <a class="btn btn-info">按钮 3(a)</a>
    <span class="btn btn-info">按钮 4(span)</span>
</div>
```

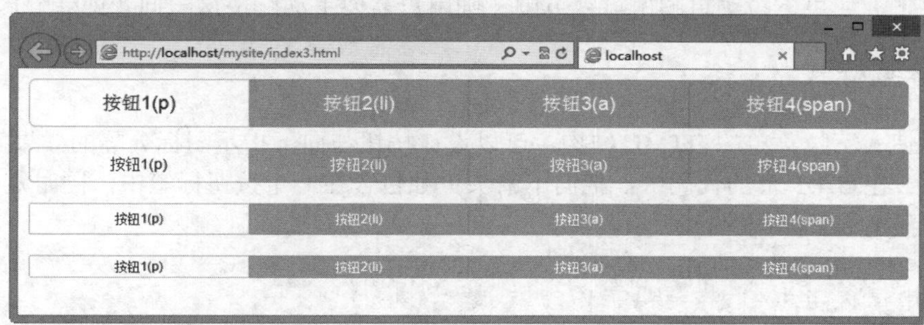

图 5.13　设计按钮组大小

5.4　按钮式下拉菜单

Bootstrap 支持把按钮和下拉菜单捆绑在一起，形成按钮式下拉菜单。此时，将按钮包含在 btn-group 框中，并为其添加适当的菜单标签，即可让此按钮触发下拉菜单。

扫一扫，看视频

5.4.1　定义按钮式下拉菜单

【示例】　在下面的代码中，为第一个按钮绑定下拉菜单，通过 data-toggle="dropdown"触发下拉菜单交互呈现，此时在浏览器中的预览效果如图 5.14 所示。

```
<div class="btn-group">
    <a class="btn btn-default" href="#" data-toggle="dropdown">按钮式下拉菜单 <i
class="caret"></i> </a>
    <ul class="dropdown-menu">
        <li><a href="#">菜单项 1</a></li>
        <li><a href="#">菜单项 2</a></li>
        <li><a href="#">菜单项 3</a></li>
    </ul>
```

```
    <a class="btn btn-default" href="#">按钮</a>
</div>
```

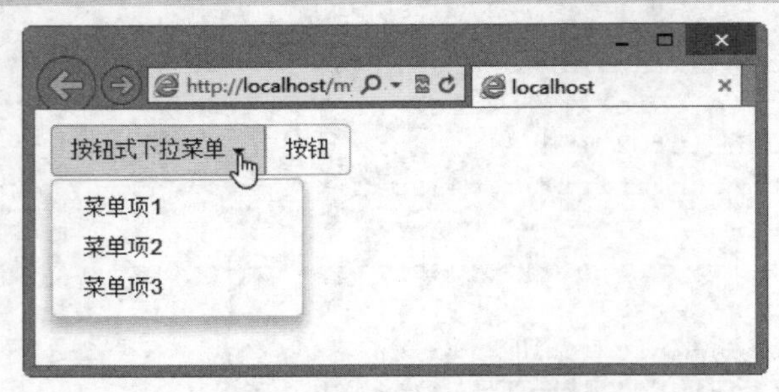

图 5.14　设计按钮式下拉菜单

注意：

在设计按钮式下拉菜单时，应引入 JavaScript 文件。

```
<script type="text/javascript" src="bootstrap/js/jquery.js"></script>
<script type="text/javascript" src="bootstrap/js/bootstrap.js"></script>
```

按钮式下拉菜单需要和 Bootstrap 下拉菜单插件（bootstrap-dropdown.js）配合使用。

在某些情况下，如果下拉菜单超出可视范围，则用户需要手动解决这一问题或者修改 JavaScript。

5.4.2　设计分隔样式

通过调整按钮式下拉菜单的 HTML 结构，可以设计按钮与向下指示图标分隔的效果。

【示例 1】　在 5.4.1 节的代码中，把向下箭头单独包含在一个按钮标签中，同时定义 data-toggle="dropdown"，则预览效果如图 5.15 所示。

```
<div class="btn-group">
    <a class="btn btn-default" href="#">按钮式下拉菜单 </a>
    <a class="btn btn-default" href="#" data-toggle="dropdown"><i class="caret">
</i></a>
    <ul class="dropdown-menu">
        <li><a href="#">菜单项 1</a></li>
        <li><a href="#">菜单项 2</a></li>
        <li><a href="#">菜单项 3</a></li>
    </ul>
    <a class="btn btn-default" href="#">按钮</a>
</div>
```

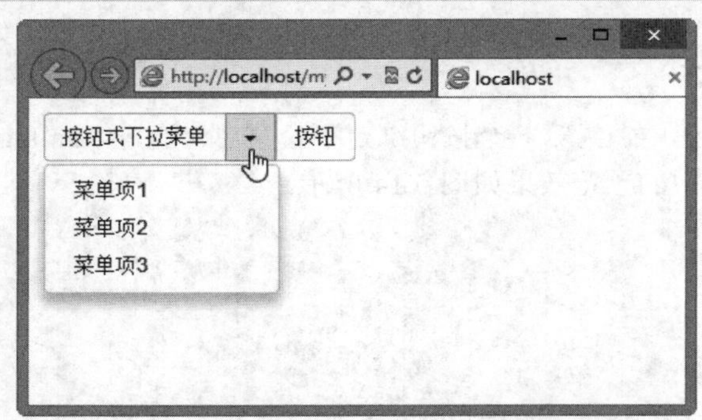

图 5.15　设计按钮与向下指示图标分隔效果

【示例 2】　按钮式下拉菜单可以兼容所有尺寸的按钮，当使用 btn-lg、btn-sm、btn-xs 分别设计按钮大小时，下拉菜单能够自动调整显示的位置，以便紧贴按钮底部显示，如图 5.16 所示。

```
<div class="btn-group">
    <a class="btn btn-default" href="#">按钮式下拉菜单 </a>
    <a class="btn btn-default btn-lg" href="#" data-toggle="dropdown"><i class=
"caret"></i></a>
    <ul class="dropdown-menu">
        <li><a href="#">菜单项 1</a></li>
        <li><a href="#">菜单项 2</a></li>
        <li><a href="#">菜单项 3</a></li>
    </ul>
    <a class="btn btn-default" href="#">按钮</a>
</div>
```

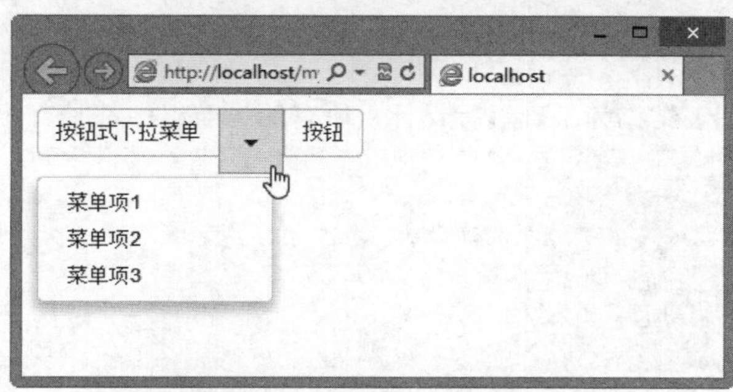

图 5.16　设计按钮下拉菜单能兼容所有尺寸

5.4.3　设计向上弹出式菜单

扫一扫，看视频

只需为按钮式下拉菜单包含框添加 dropup 类即可实现向上弹出式菜单，也就是说为 dropdown-menu 的直接父节点添加 dropup 类。当向上弹出下拉菜单时，caret 将会自动翻转，菜单的位置也会变为由下到上，而不是由上到下。

【示例】　针对 5.4.2 节的示例代码，在<div class="btn-group">按钮组包含框中添加 dropup，则可得到如图 5.17 所示的向上弹出式菜单效果。

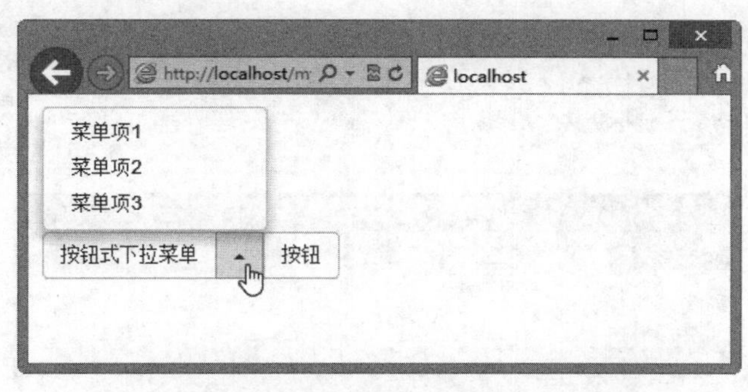

图 5.17　设计向上弹出式菜单

```
<div class="btn-group dropup">
    <a class="btn btn-default" href="#">按钮式下拉菜单 </a>
    <a class="btn btn-default" href="#" data-toggle="dropdown"><i class="caret">
</i></a>
    <ul class="dropdown-menu">
```

```
        <li><a href="#">菜单项 1</a></li>
        <li><a href="#">菜单项 2</a></li>
        <li><a href="#">菜单项 3</a></li>
    </ul>
    <a class="btn btn-default" href="#">按钮</a>
</div>
```

5.5 导　航

导航组件包括标签页、pills、导航列表标签，使用 nav 类可以定义基础的导航效果，使用 nav-stacked 类可以定义堆叠式导航版式。本节将详细介绍如何定义几种导航结构和样式。

扫一扫，看视频

5.5.1 定义导航组件

Bootstrap 导航组件以列表结构为基础进行设计，所有的导航组件都具有相同的结构，并共用一个样式类 nav。基本结构代码如下：

```
<ul class="nav">
    <li class="active"><a href="#">首页</a></li>
    <li><a href="#">导航标题 1</a></li>
    <li><a href="#">导航标题 2</a></li>
</ul>
```

提示：

HTML 提供 3 种列表结构：无序列表（ul）、有序列表（ol）和自定义列表（dl）。无序列表和有序列表可以通用，而自定义列表包含了一个项目标题选项。Bootstrap 支持使用无序列表和有序列表定义导航结构，但是对于自定义列表暂时没有提供支持。

1. 设计标签页

为导航结构添加 nav-tabs 样式类，即可设计标签页（Tab 选项卡）。

【示例 1】　在上面的列表结构中，为<ul class="nav">添加 nav-tabs 样式类，则结构呈现效果如图 5.18 所示。

```
<ul class="nav nav-tabs">
    <li class="active"><a href="#">首页</a></li>
    <li><a href="#">导航标题 1</a></li>
    <li><a href="#">导航标题 2</a></li>
</ul>
```

图 5.18　设计标签页效果

2. 设计 pills 胶囊导航

为导航结构添加 nav-pills 样式类，即可设计 pills（胶囊式导航）。

【示例 2】　在上面的列表结构中，为<ul class="nav">添加 nav-pills 样式类，则结构呈现效果如图 5.19 所示。

```
<ul class="nav nav-pills">
    <li class="active"><a href="#">首页</a></li>
    <li><a href="#">导航标题 1</a></li>
    <li><a href="#">导航标题 2</a></li>
</ul>
```

图 5.19　设计 pills 胶囊导航效果

5.5.2　设置导航选项

扫一扫，看视频

Bootstrap 提供多个设置选项，方便对导航进行控制，用户也可通过手工方式修改 CSS 样式代码，实现更高级别的导航效果改造。

1. 设计导航对齐方式

在导航结构中，可以使用 pull-left 和 pull-right 工具类来对齐导航链接。

【示例 1】　在下面的标签页导航中，通过添加 pull-right 类，让整个导航在页面或者包含框右侧显示，效果如图 5.20 所示。

```
<ul class="nav nav-tabs pull-right">
    <li class="active"><a href="#">首页</a></li>
    <li><a href="#">微客</a></li>
    <li><a href="#">微博</a></li>
</ul>
```

图 5.20　设计右对齐标签页效果

同样，使用 pull-left 可以让导航结构向左对齐，不过该结构默认为左对齐，所以可以不用该类样式。

2. 设计两端对齐

在大于 768px 的屏幕上，通过.nav-justified 可以设计标签页或胶囊式标签呈现出同等宽度。在小屏幕上，导航链接呈现堆叠样式。

【示例 2】 在下面的标签页导航中，通过添加 nav-justified 类，让整个导航在页面或者包含框两端对齐显示，效果如图 5.21 所示。

```
<ul class="nav nav-tabs nav-justified">
    <li class="active"><a href="#">首页</a></li>
    <li><a href="#">微客</a></li>
    <li><a href="#">微博</a></li>
</ul>
```

图 5.21 设计标签页两端对齐效果

3. 设计禁用项

disabled 也是一个通用工具类，定义不可用状态的样式效果，但 Bootstrap 针对不同的组件可进行个性化重写。

【示例 3】 针对导航结构来说，不可用选项效果是以浅灰色字体进行表示的，同时当鼠标指针经过或者激活时，样式不会发生变化。其样式代码如下：

```
.nav > li.disabled > a {
  color: #999999;
}
.nav > li.disabled > a:hover,
.nav > li.disabled > a:focus {
  color: #999999;
  text-decoration: none;
  background-color: transparent;
  cursor: not-allowed;
}
```

【示例 4】 在下面的结构中，为标签页中第二个选项添加 disabled 类样式，设计该项为不可用状态，则效果如图 5.22 所示。

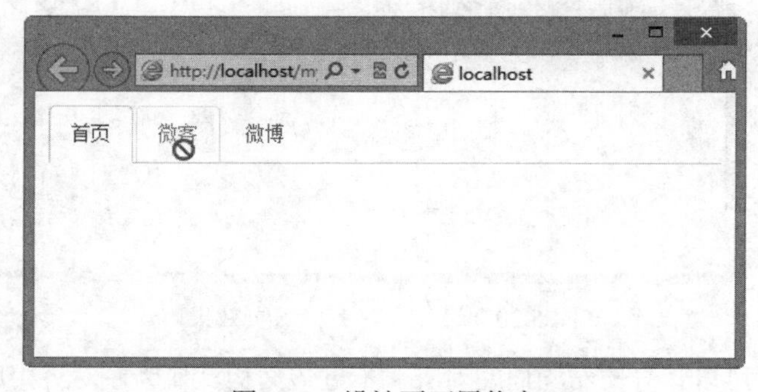

图 5.22 设计不可用状态

```
<ul class="nav nav-tabs">
    <li class="active"><a href="#">首页</a></li>
    <li class="disabled"><a href="#">微客</a></li>
    <li><a href="#">微博</a></li>
</ul>
```

注意：

当为导航组件添加 disabled 类时，均可设置超链接变灰，并失去鼠标指针悬停效果。但是 disabled 只是一个样式类，不能控制行为，链接仍然是可以点击的，除非将超链接的 href 属性去除，或者通过 JavaScript 脚本阻止用户点击链接。

4. 设计堆叠效果

导航组件在默认状态下是水平显示的，如果添加一个 nav-stacked 类即可让组件以堆叠式进行排列，即恢复列表结构的默认垂直方式显示。nav-stacked 样式类实际上就是清除列表项的浮动显示。

```
.nav-stacked > li {
    float: none;
}
```

【示例 5】　为标签页结构添加 nav-stacked 类样式，则显示效果如图 5.23 所示。

```
<ul class="nav nav-tabs nav-stacked">
    <li class="active"><a href="#">首页</a></li>
    <li><a href="#">微客</a></li>
    <li><a href="#">微博</a></li>
</ul>
```

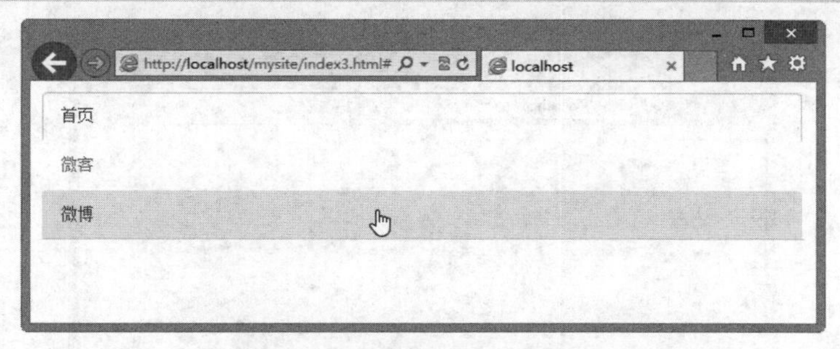

图 5.23　设计堆叠式标签页效果

同样，针对 pills 导航结构添加 nav-stacked 类样式（<ul class="nav nav-pills nav-stacked">），则显示效果如图 5.24 所示。

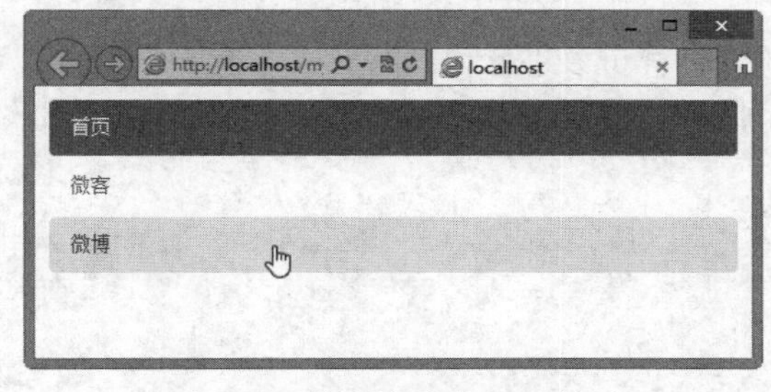

图 5.24　设计堆叠式 pills 效果

5.5.3　绑定导航和下拉菜单

扫一扫，看视频

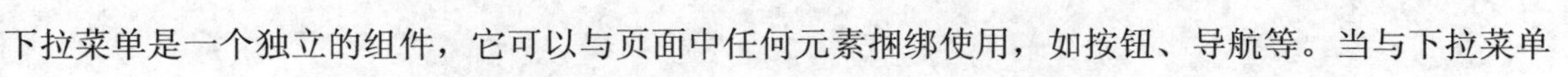

下拉菜单是一个独立的组件，它可以与页面中任何元素捆绑使用，如按钮、导航等。当与下拉菜单

捆绑时，借助下拉菜单的 JavaScript 插件可设计一个导航菜单。

在操作之前，应先导入下拉菜单 JavaScript 插件，同时导入 jQuery 库文件。

```
<script type="text/javascript" src="bootstrap/js/jquery.js"></script>
<script type="text/javascript" src="bootstrap/js/bootstrap.js"></script>
```

1. 设计标签页下拉菜单

在标签页选项中，包含一个下拉菜单结构，然后为标签项添加 dropdown 类，为下拉菜单结构添加 dropdown-menu。最后，在标签项的超链接中绑定激活属性 data-toggle="dropdown"，整个效果即设计完毕。

【示例 1】 针对 5.5.2 节示例中的标签结构，为第三个标签项添加一个下拉菜单，并添加一个向下箭头进行标识（<b class="caret"></b>），效果如图 5.25 所示。

```
<ul class="nav nav-tabs">
    <li class="active"><a href="#">首页</a></li>
    <li><a href="#">微客</a></li>
    <li class="dropdown"><a data-toggle="dropdown" href="#">微博<b class="caret">
</b></a>
        <ul class="dropdown-menu">
            <li><a href="#">登录</a></li>
            <li><a href="#">注册</a></li>
            <li><a href="#">退出</a></li>
        </ul>
    </li>
</ul>
```

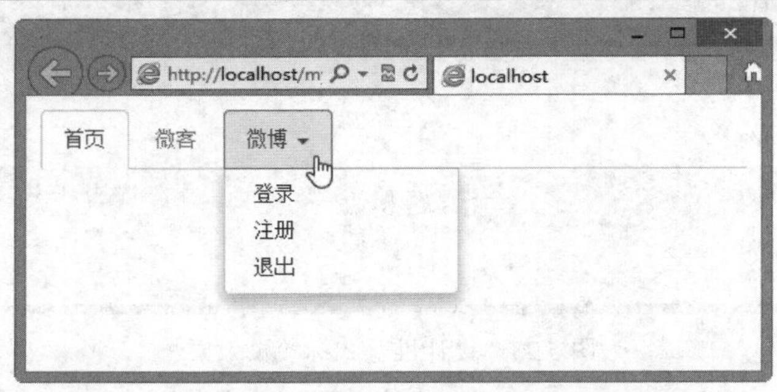

图 5.25　设计标签页下拉菜单效果

2. 设计 pills 下拉菜单

同样，针对 pills 导航结构，同样可以进行相同的操作，设计一个 pills 下拉菜单。

【示例 2】 把示例 1 稍加修改，把标签页换成 pills 导航，则效果如图 5.26 所示。

```
<ul class="nav nav-pills">
    <li class="active"><a href="#">首页</a></li>
    <li><a href="#">微客</a></li>
    <li class="dropdown"><a data-toggle="dropdown" href="#">微博  <b class="caret">
</b></a>
        <ul class="dropdown-menu">
            <li><a href="#">登录</a></li>
            <li><a href="#">注册</a></li>
            <li><a href="#">退出</a></li>
        </ul>
    </li>
</ul>
```

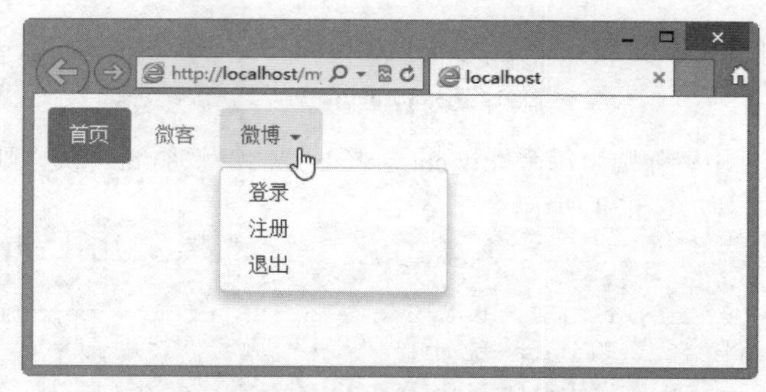

图 5.26　设计 pills 下拉菜单效果

5.5.4　激活标签页

扫一扫，看视频

【示例 1】　激活标签页就是让标签页每个 Tab 项能自由切换，并能控制 Tab 项目对应内容框的显示和隐藏。

【操作步骤】

第 1 步，需要 jQuery 插件的支持，并导入 bootstrap-tab.js 文件。

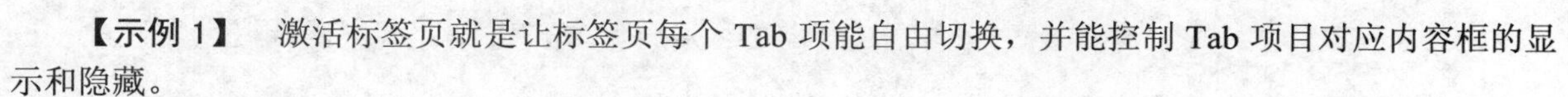

```
<script type="text/javascript" src="bootstrap/js/jquery.js"></script>
<script type="text/javascript" src="bootstrap/js/bootstrap.js"></script>
```

第 2 步，在标签页结构基础上，添加内容包含框，通过 tab-content 定义包含框为标签页的内容显示框。在内容包含框中插入与标签页结构对应的多个子内容框，并使用 tab-pane 进行定义。

第 3 步，为每个内容框定义 id 值，并在标签列表项中为每个超链接绑定锚链接。

第 4 步，为每个标签项超链接定义 data-toggle="tab"属性，激活标签页的交互行为。完整的代码结构如下：

```
<div>
    <ul class="nav nav-tabs">
        <li class="active"><a href="#tab1" data-toggle="tab">首页</a></li>
        <li><a href="#tab2" data-toggle="tab">微客</a></li>
        <li><a href="#tab3" data-toggle="tab">微博</a></li>
    </ul>
    <div class="tab-content">
        <div class="tab-pane active" id="tab1">首页内容框</div>
        <div class="tab-pane" id="tab2">微客内容框</div>
        <div class="tab-pane" id="tab3">微博内容框</div>
    </div>
</div>
```

第 5 步，此时在浏览器中预览，则显示效果如图 5.27 所示。

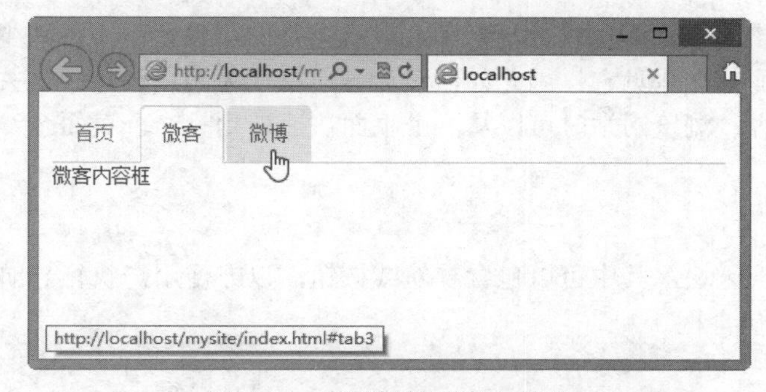

图 5.27　激活标签页交互效果

提示：

设计标签页淡入效果，只需要为每个标签页选项 tab-pane 添加 fade 类即可。

【示例 2】 在示例 1 中，分别为每个<div class="tab-pane">添加 fade 类，则可以看到切换 Tab 选项时，会有一个淡入的效果，如图 5.28 所示。

```
<div class="tabbable">
    <ul class="nav nav-tabs">
        <li class="active"><a href="#tab1" data-toggle="tab">首页</a></li>
        <li><a href="#tab2" data-toggle="tab">微客</a></li>
        <li><a href="#tab3" data-toggle="tab">微博</a></li>
    </ul>
    <div class="tab-content">
        <div class="tab-pane active" id="tab1"><img src="images/1.jpg"></div>
        <div class="tab-pane fade" id="tab2"><img src="images/2.jpg"></div>
        <div class="tab-pane fade" id="tab3"><img src="images/3.jpg"></div>
    </div>
</div>
```

图 5.28　设计淡入交互效果

5.6　导　航　条

对导航组件进行适当包装，即可设计导航条，导航条是网页设计中不可缺少的部分，它是整个网站的控制中枢，在每个页面都会看见它，因此如何设计导航就成为网页设计中很关键的一步。利用它可以方便地访问到所需的内容，浏览网站时可以从一个页面快速转到另一个页面。

扫一扫，看视频

5.6.1　定义导航条

导航条是一个长条形区块，其中可以包含导航或按钮，以方便用户执行导航操作。Bootstrap 3.0 使用 navbar 类定义导航条包含框。

```
<div class="navbar">
</div>
```

此时的导航条是一个空白区域。

【示例 1】　通过 navbar-default 类样式可以设计导航条的背景样式。在导航条中包含导航结构，即可设计更实用的导航条效果，如图 5.29 所示。

```
<div class="navbar navbar-default">
    <ul class="nav nav-pills">
        <li class="active"><a href="#">首页</a></li>
        <li><a href="#">导航标题 1</a></li>
        <li><a href="#">导航标题 2</a></li>
    </ul>
</div>
```

图 5.29　设计导航条效果

在默认情况下，导航条是静态的（static），不是定位显示（fixed、absolute）。

一个完整的导航条建议包含一个项目（或网站）名称和导航项。项目名称使用 navbar-brand 类样式进行设计，一般位于导航条的左侧。

【示例 2】　通过<a class="navbar-brand">为导航条添加一个网站标识名称，效果如图 5.30 所示。

```
<div class="navbar navbar-default">
    <a class="navbar-brand" href="#">网站名称</a>
    <ul class="nav nav-pills">
        <li class="active"><a href="#">首页</a></li>
        <li><a href="#">导航标题 1</a></li>
        <li><a href="#">导航标题 2</a></li>
    </ul>
</div>
```

图 5.30　设计导航条标题效果

复杂的导航条包含多种对象类型，同时可以设计响应式布局要素。

【示例 3】　设计一个导航条，包括链接、下拉菜单、网站标题和折叠按钮，效果如图 5.31 所示。

```
<nav class="navbar navbar-default" role="navigation">
    <div class="navbar-header">
        <button type="button" class="navbar-toggle" data-toggle="collapse" data-
target="#menu">
            <span class="sr-only">展开导航</span>
```

```
            <span class="icon-bar"></span>
            <span class="icon-bar"></span>
            <span class="icon-bar"></span>
        </button>
        <a class="navbar-brand" href="#">网站标题</a>
    </div>
    <div class="collapse navbar-collapse" id="menu">
        <ul class="nav navbar-nav">
            <li class="active"><a href="#">首页</a></li>
            <li><a href="#">导航标题 1</a></li>
            <li><a href="#">导航标题 2</a></li>
            <li class="dropdown"> <a href="#" class="dropdown-toggle" data-toggle=
"dropdown">下拉菜单 <b class="caret"></b></a>
                <ul class="dropdown-menu">
                    <li><a href="#">下拉菜单 1</a></li>
                    <li class="divider"></li>
                    <li><a href="#">下拉菜单 2</a></li>
                    <li class="divider"></li>
                </ul>
            </li>
        </ul>
    </div>
</nav>
```

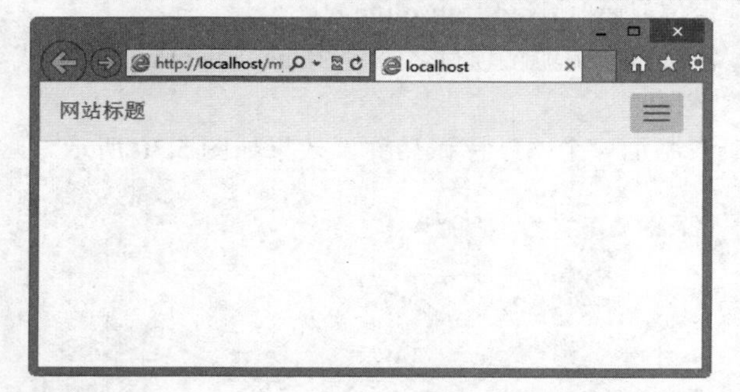

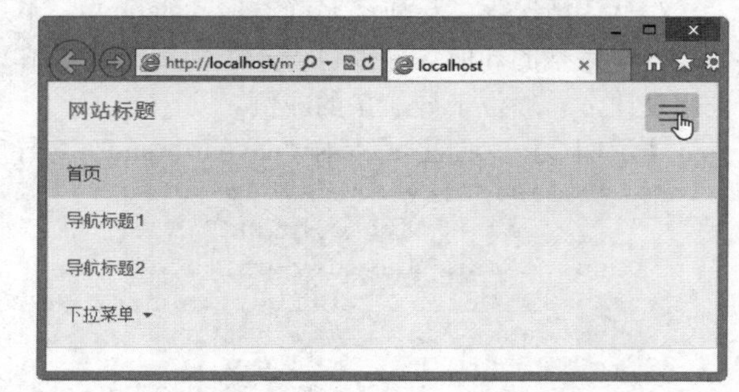

在窄屏下显示效果

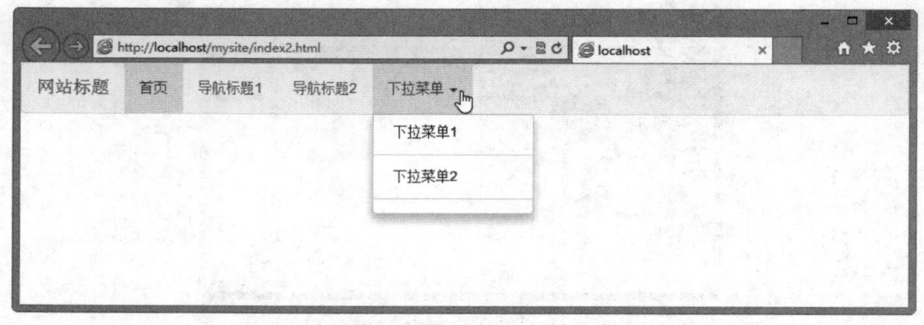

在宽屏中显示效果

图 5.31　设计复杂的导航条效果

提示：

这个响应式导航栏需要 Bootstrap 的 collapse 插件。为了增强导航条的可访问性，应给每个导航条加上 role="navigation"。

5.6.2　绑定对象

Bootstrap 导航条被视为一个容器，可以包含导航组件，也可以包含表单或者下拉菜单。

1. 包裹表单

如果希望在导航条中放置一个表单，需要为表单框添加 navbar-form 类样式，同时设置对齐方式（如 navbar-left 或 navbar-right）。

【示例 1】　设计一个提交表单，并把它放置于导航条中，为<form>表单框添加 navbar-form，并通过 pull-left 让表单左对齐，效果如图 5.32 所示。

```
<div class="navbar navbar-default">
    <form class="navbar-form navbar-left" role="search">
        <div class="form-group">
            <input type="text" class="form-control" placeholder="关键字">
        </div>
        <button type="submit" class="btn btn-default">提交</button>
    </form>
</div>
```

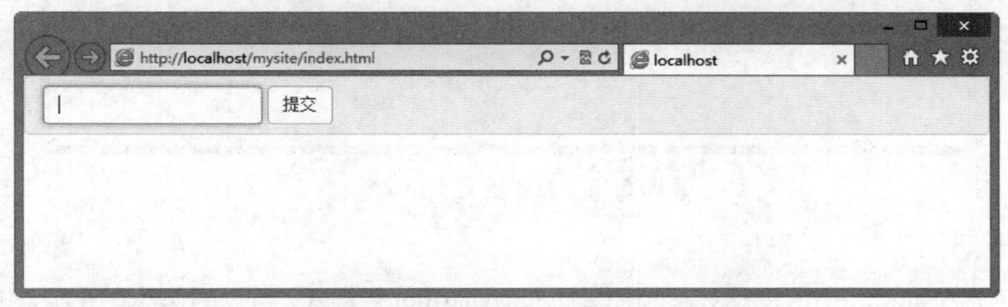

图 5.32　设计表单导航效果

如果使用 navbar-right（<form class="navbar-form navbar-right">），则可以让表单显示在导航条的右侧，如图 5.33 所示。

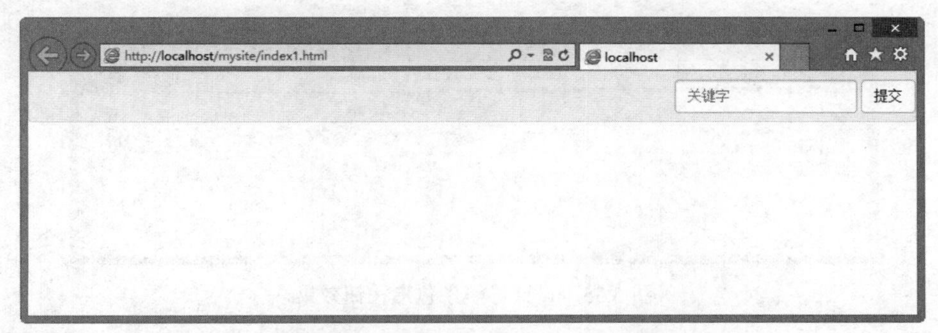

图 5.33　设计表单导航右对齐效果

2. 包裹下拉菜单

【示例 2】　在操作之前，应该先导入下拉菜单 JavaScript 插件，同时导入 jQuery 库文件。

```
<script type="text/javascript" src="bootstrap/js/jquery.js"></script>
<script type="text/javascript" src="bootstrap/js/bootstrap-dropdown.js"></script>
```

然后在导航条包含框中添加下拉菜单结构，设计一个简单的导航条下拉菜单。在下拉菜单外框中添加 navbar-nav，以确保下拉菜单和导航条很好地融合，效果如图 5.34 所示。

```
<div class="navbar navbar-default">
    <ul class="nav navbar-nav">
        <li class="dropdown"><a data-toggle="dropdown" href="#">微博 <b class=
"caret"></b></a>
            <ul class="dropdown-menu">
                <li><a href="#">登录</a></li>
                <li><a href="#">注册</a></li>
                <li><a href="#">退出</a></li>
            </ul>
        </li>
    </ul>
</div>
```

图 5.34 设计包裹下拉菜单

3. 包裹按钮

对于不包含在<form>中的按钮对象，应该加上.navbar-btn 类样式，可以确保其在导航条中垂直居中。

【示例 3】 为导航条包裹一个简单的按钮，效果如图 5.35 所示。

```
<div class="navbar navbar-default">
    <button type="button" class="btn btn-default navbar-btn">按钮</button>
</div>
```

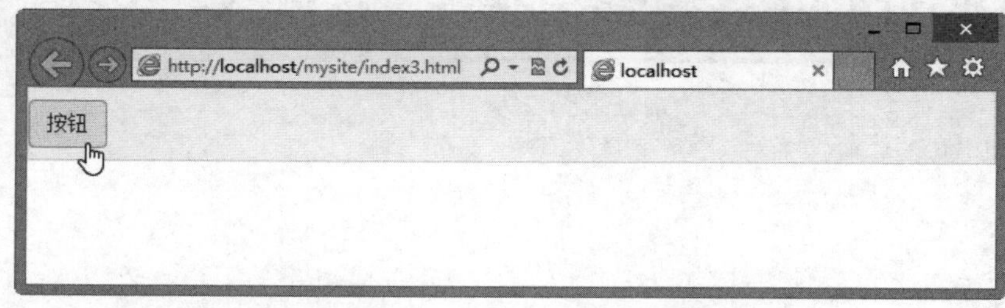

图 5.35 设计导航条包裹按钮效果

4. 包裹文本

当在导航条中放置文本时，应把文本包裹在.navbar-text 中，以便设置正确的行距和颜色，普通文本通常使用<p>标签。

【示例 4】 为导航条包裹一段文本，效果如图 5.36 所示。

```
<div class="navbar navbar-default">
    <p class="navbar-text">普通段落文本</p>
</div>
```

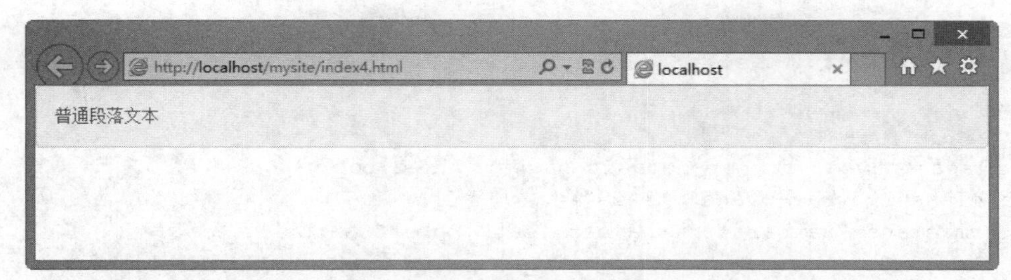

图 5.36　设计导航条包裹文本效果

5. 包裹链接

当在导航条中放置链接时，应把链接包裹在.navbar-link 中，以便设置正确的默认颜色和反色。

【示例 5】　为导航条包裹一条链接，效果如图 5.37 所示。

```
<div class="navbar navbar-default">
    <p class="navbar-text">普通段落文本 <a href="#" class="navbar-link">链接</a></p>
</div>
```

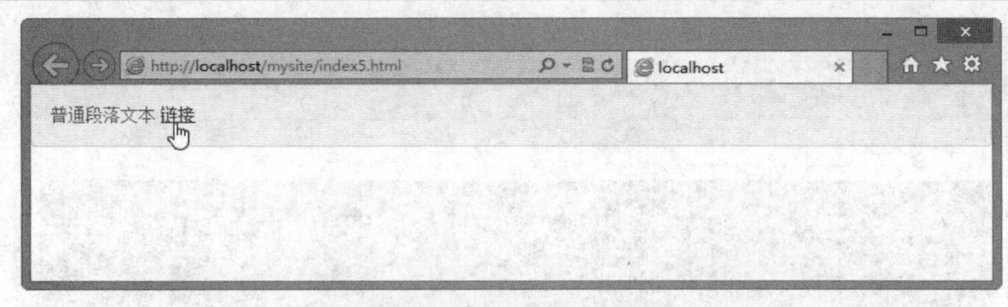

图 5.37　设计导航条链接效果

5.6.3　设计导航条

扫一扫，看视频

导航条可以在页面中进行固定布局，如固定显示在浏览器窗口的顶部或者底部，也可改变导航条的样式风格，或者设计响应式导航条。

1. 置顶导航条

为导航条外包含框添加.navbar-fixed-top 类，让导航条置顶显示。

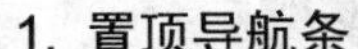

注意：

为了确保导航条不覆盖其他页面内容，建议给<body>增加大于或等于 50px 的 padding-top（顶部补白）。一定要在 Bootstrap 3.0 核心 CSS（即 bootstrap.css）文件之后添加该样式。

【示例 1】　为页面插入一个置顶导航条，并定义 body 顶部补白为 50 像素，页面浏览效果如图 5.38 所示。

```
<!doctype html>
<html>
<head>
<meta charset="utf-8">
<meta name="viewport" content="width=device-width, initial-scale=1.0">
<link href="bootstrap/css/bootstrap.css" rel="stylesheet"  type="text/css">
<link href="bootstrap/css/bootstrap-theme.css.no" rel="stylesheet"  type="text/css">
<script src="bootstrap/jquery-1.9.1.js"></script>
<script src="bootstrap/js/bootstrap.js"></script>
<style type="text/css">
```

```
body { padding-top: 50px; }
</style>
</head>
<body>
<div class="navbar navbar-default navbar-fixed-top">
    <a class="navbar-brand" href="#">置顶导航条</a>
    <form class="navbar-form navbar-left" role="search">
        <div class="form-group">
            <input type="text" class="form-control" placeholder="关键字">
        </div>
        <button type="submit" class="btn btn-default">搜索</button>
    </form>
</div>
</div>
<div style="height:2000px; border:solid 1px red; margin:6px;"><img src="images/
5.jpg" class="img-responsive" /></div>
</body>
</html>
```

图 5.38　设计置顶导航条效果

提示：

通过添加.navbar-static-top 类即可创建一个静止的导航条，它会随着页面向下滚动而消失。与.navbar-fixed-*类不同的是，用户不用给 body 添加 padding。

```
<nav class="navbar navbar-default navbar-static-top" role="navigation">
</nav>
```

2. 置底导航条

【示例 2】 如果为导航条外包含框添加.navbar-fixed-bottom 类样式，可以让导航条置底显示。此时，也应该为<body>标签定义底部补白为 50 像素，以避免导航条遮盖住网页正文内容，效果如图 5.39 所示。

```
<!doctype html>
<html>
```

```
<head>
<meta charset="utf-8">
<meta name="viewport" content="width=device-width, initial-scale=1.0">
<link href="bootstrap/css/bootstrap.css" rel="stylesheet" type="text/css">
<link href="bootstrap/css/bootstrap-theme.css.no" rel="stylesheet" type="text/css">
<script src="bootstrap/jquery-1.9.1.js"></script>
<script src="bootstrap/js/bootstrap.js"></script>
<style type="text/css">
body { padding-bottom: 50px; }
</style>
</head>
<body>
<div class="navbar navbar-default navbar-fixed-bottom">
   <a class="navbar-brand" href="#">置顶导航条</a>
   <form class="navbar-form navbar-left" role="search">
      <div class="form-group">
         <input type="text" class="form-control" placeholder="关键字">
      </div>
      <button type="submit" class="btn btn-default">搜索</button>
   </form>
</div>
</div>
<div style="height:2000px; border:solid 1px red; margin:6px;"><img src="images/
5.jpg" class="img-responsive" /></div>
</body>
</html>
```

图 5.39　设计置底导航条效果

3. 设计导航条反色效果

通过为导航条外包含框添加.navbar-inverse 类样式，可以设计反色效果的导航条。

【示例 3】　在示例 1 搜索文本框的导航条外框中添加.navbar-inverse 类样式，预览效果如图 5.40 所示。

```
<div class="navbar navbar-default navbar-inverse navbar-fixed-top">
   <a class="navbar-brand" href="#">置顶导航条</a>
   <form class="navbar-form navbar-left" role="search">
      <div class="form-group">
         <input type="text" class="form-control" placeholder="关键字">
```

```
        </div>
        <button type="submit" class="btn btn-default">搜索</button>
    </form>
</div>
```

图 5.40　设计反色效果导航条

4. 设计响应式导航条

响应式导航条能根据窗口宽度自动调整导航条的显示状态。

通过为需要自动响应的导航框添加.nav-collapse 和.collapse 类样式，然后添加一个按钮，定义 btn-navbar 类样式，并为该按钮设置 data-toggle="collapse" 属性，激活响应式交互，同时使用 data-target=".navbar-responsive-collapse"属性绑定与导航框之间的响应联系。

【示例 4】　在本示例中，首先导入响应式交互空间插件 bootstrap-collapse.js。在页面结构中，沿用 5.6.2 节的示例部分，并添加其他导航选项。在浏览器中预览，然后不断调整浏览器窗口的宽度，显示效果如图 5.41 所示。

```
<!doctype html>
<html>
<head>
<meta charset="utf-8">
<meta name="viewport" content="width=device-width, initial-scale=1.0">
<link href="bootstrap/css/bootstrap.css" rel="stylesheet" type="text/css">
<link href="bootstrap/css/bootstrap-theme.css.no" rel="stylesheet" type="text/css">
<script src="bootstrap/jquery-1.9.1.js"></script>
<script src="bootstrap/js/bootstrap.js"></script>
<style type="text/css"></style>
</head>
<body>
<div class="navbar navbar-default navbar-static-top">
    <button type="button" class="navbar-toggle" data-toggle="collapse" data-target=
"#a">
        <span class="icon-bar"></span>
        <span class="icon-bar"></span>
        <span class="icon-bar"></span>
    </button>
    <ul class="nav navbar-nav collapse navbar-collapse" id="a">
        <li class="active"><a href="#">首页</a></li>
        <li><a href="#">微博</a></li>
```

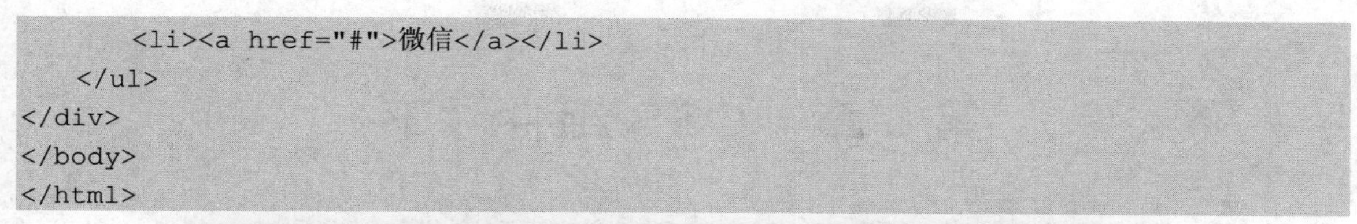

```
        <li><a href="#">微信</a></li>
    </ul>
</div>
</body>
</html>
```

宽屏显示下的效果

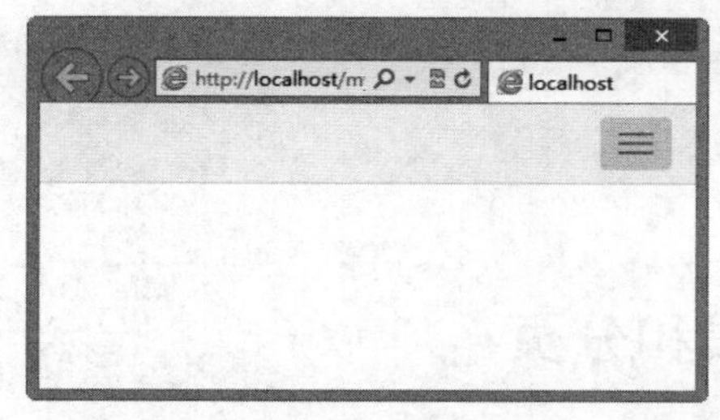

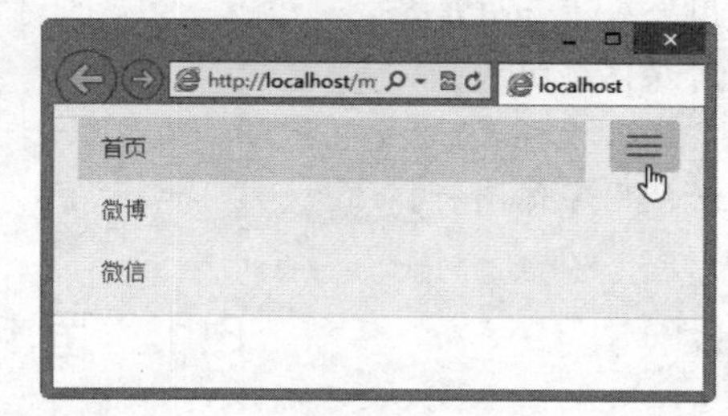

窄屏显示下的效果

图 5.41　设计响应式导航条效果

第 6 章　CSS 组件（下）

Bootstrap 把 HTML、CSS 和 JavaScript 代码有机组合，设计出很多简洁、灵活的流行组件，使用它能够轻松搭建出清爽、宜人的界面，以及实现良好的交互效果。本章将重点介绍如何使用一些小的 CSS 组件，如标签、分页、缩略图、警告框、进度条、输入框、字体图标等。

【学习重点】

- 使用面包屑和分页组件。
- 使用标签、徽章、缩微图。
- 使用警告框和进度条。
- 使用媒体、版式。
- 定义输入框样式。
- 灵活使用字体图标。

6.1　面包屑和分页

面包屑组件类似于树杈分支导航，从网站首页逐级导航到详细页。分页组件类似于标签页，可以快速在多页之间来回切换。当在多个页面之间切换时，使用面包屑和分页组件比较方便。

扫一扫，看视频

6.1.1　定义面包屑

面包屑揭示了网站中用户的所在位置。作为用户寻找路径的一种辅助手段，面包屑能方便定位和导航，可以减少用户返回上一级页面所需的操作次数。

使用 breadcrumb 类样式，可以把列表结构设计成为面包屑导航样式。

【示例】　直接为<ul>标签添加 breadcrumb 类，即可设计面包屑组件效果，如图 6.1 所示。

```
<ul class="breadcrumb">
    <li><a href="#">首页</a></li>
    <li><a href="#">新闻频道</a></li>
    <li><a href="#">国内新闻</a></li>
    <li class="active">新闻详细页</li>
</ul>
```

图 6.1　设计面包屑组件效果

拓展：

面包屑是作为辅助导航方式，它能让用户知道当前所处的位置，并能方便地回到原先的地点。很多著名的互联网公司在建站之初就采用了面包屑导航作为网站产品线的“标准配置”，现在被越来越多的行业网站所认可及采用。

其设计形式有三种：

（1）基于用户所在的层级位置。

基于位置的面包屑用于告知用户在当前网站中所在的结构层级，常用在具有多级导航中。

（2）基于产品的属性。

这种类型的面包屑常出现在具有大量类别产品和服务的网站中，如电子商务、购物网等，如图 6.2 所示。

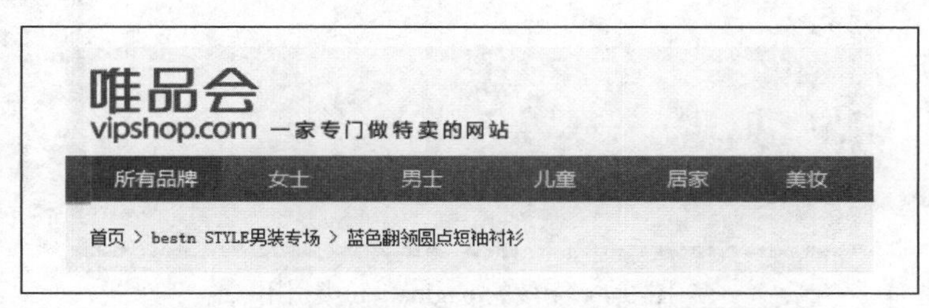

图 6.2　根据产品属性设计的面包屑导航效果

（3）基于用户的足迹。

显示用户浏览的轨迹，面包屑之间没有明显的层级关系，只是展示用户从哪个级别过来的。这种面包屑在一级导航方案不明确的网站适合，其他情况不建议采用。

当用户从别处链接到网页，或者从搜索引擎查找到网页时，面包屑的存在能帮助用户快速了解当前的层级位置，并引导用户查看网站的其余部分，减少了看完直接跳走的用户数量。

6.1.2　定义分页组件

扫一扫，看视频

Bootstrap 3.0 提供两种风格的分页组件：一种是多页面导航，用于多个页码的跳转，它具有极简主义风格的分页提示，能够很好应用在结果搜索页面；另一种则是翻页，是轻量级组件，可以快速翻动上下页，适用于个人博客或者杂志。

使用 pagination 类可以设计标准的分页组件样式。

【示例】　在下面代码中使用<div class="pagination">标签作为分页组件的包含框，包含列表结构框，演示效果如图 6.3 所示。

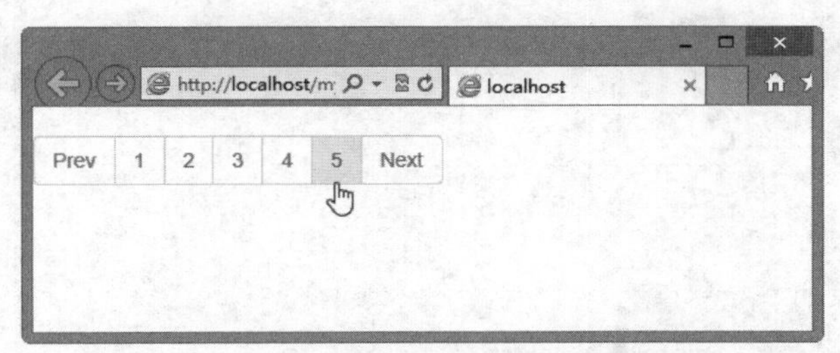

图 6.3　设计标准分页组件效果

```
<ul  class="pagination">
   <li><a href="#">Prev</a></li>
   <li><a href="#">1</a></li>
   <li><a href="#">2</a></li>
   <li><a href="#">3</a></li>
   <li><a href="#">4</a></li>
```

```
    <li><a href="#">5</a></li>
    <li><a href="#">Next</a></li>
</ul>
```

注意：

pagination 类只能应用于列表包含框上。如果把 pagination 类添加到外层包含框上是无效的，此时的效果如图 6.4 所示。

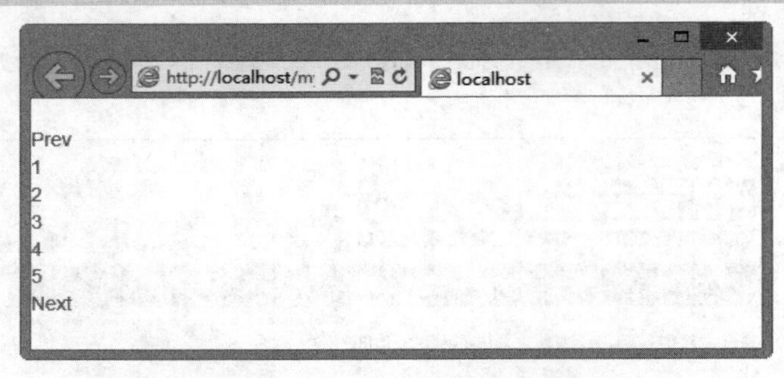

图 6.4　无效的 pagination 类引用

标准分组组件样式是一种简单的分页方式，适合 APP 和搜索结果的展示。分页中的每一块都非常大，不易弄错，而且很容易扩展，并具有非常大的点击区域。

扫一扫，看视频

6.1.3　设置分页选项

分页组件提供了多个配置选项，以便根据页面布局效果对分组样式进行调整，主要包括分页按钮大小、分页组件对齐方式、激活或禁用按钮等。

1. 设置大小

分页组件按钮是可以调整大小的，Bootstrap 提供了两套尺寸供用户选择：

（1）pagination-lg：大号分页按钮样式。

（2）pagination-sm：小号分页按钮样式。

【示例 1】　下面分别使用这两个类样式设置不同的分页组件效果，对比效果如图 6.5 所示。

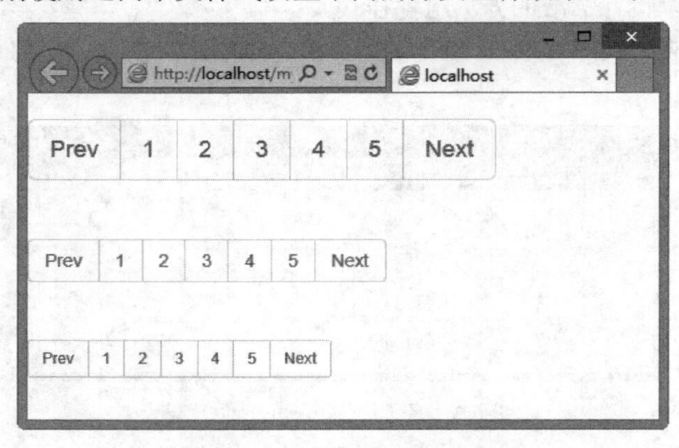

图 6.5　分页按钮效果对比

```
<ul class="pagination pagination-lg">
…
</ul>
<ul class="pagination">
```

```
…
</ul>
<ul class="pagination pagination-sm">
…
</ul>
```

2. 设置激活和禁用

在分页组件中，可以根据不同情况定制链接，如使用 disabled 类样式标明链接不可点击，而使用 active 标明当前页。

【示例 2】 针对上面的分页代码，分别为第 2 项引入 disabled 类样式，为第 4 项引入 active 类演示，演示效果如图 6.6 所示。

```
<ul  class="pagination pagination-lg">
   <li><a href="#">Prev</a></li>
   <li class="disabled"><a href="#">1</a></li>
   <li><a href="#">2</a></li>
   <li class="active"><a href="#">3</a></li>
   <li><a href="#">4</a></li>
   <li><a href="#">5</a></li>
   <li><a href="#">Next</a></li>
</ul>
```

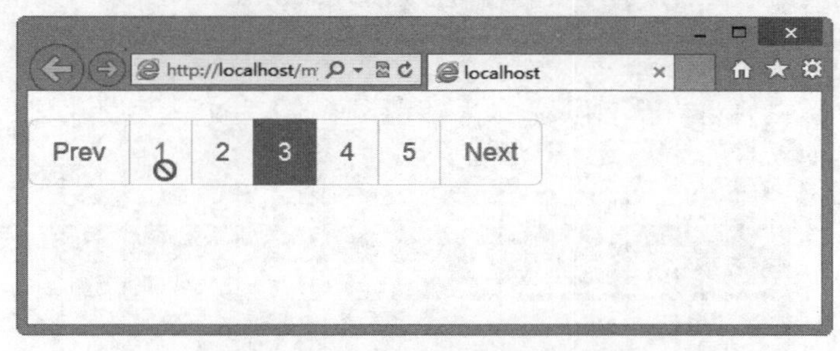

图 6.6　设计分页按钮禁用和激活状态

6.1.4　定义翻页组件

扫一扫，看视频

翻页组件是另一类分页组件样式，它用更少的标签和样式来创建简单的“前一页”和“后一页”。这种分页方式非常适用于简单的网站，如博客或者杂志网站。

使用 pager 类样式可以设计翻页组件，该组件仅有两个列表项。

【示例 1】 使用下面代码可以快速设计一个翻页效果，如图 6.7 所示。

```
<ul class="pager">
   <li><a href="#">上一页</a></li>
   <li><a href="#">下一页</a></li>
</ul>
```

图 6.7　设计翻页效果

翻页组件默认是居中对齐的，当然也可以把两个按钮分别置于两侧。具体方法是分别为两个选项引入 previous 和 next 类样式。

【示例 2】 输入下面的代码，演示效果如图 6.8 所示。

```
<ul class="pager">
    <li class="previous"><a href="#">上一页</a></li>
    <li class="next"><a href="#">下一页</a></li>
</ul>
```

图 6.8 设计翻页按钮两端对齐效果

可以把链接向两端对齐作为替代，在链接中引用 previous 和 next 类样式即可，翻页组件也支持 disabled 类样式，用以禁止按钮使用。

【示例 3】 当翻页第一页和最后一页时，可以通过 disabled 类样式禁用按钮，效果如图 6.9 所示。这个禁用仅是样式效果的变化，如果真正禁用，还必须配合 JavaScript 脚本使用。

```
<ul class="pager">
    <li class="previous disabled"><a href="#">上一页</a></li>
    <li class="next"><a href="#">下一页</a></li>
</ul>
```

图 6.9 禁用翻页按钮效果

扫一扫，看视频

6.2 标签和徽章

标签是一个好用的页面小要素，Bootstrap 具有多种颜色标签，表达不同的页面信息。只需要简单使用 label 类样式即可。徽章是细小而简单的组件，用于指示或者计算某种类别的要素，在 E-mail 客户端很常见。

与按钮的 btn 一样，Bootstrap 为标签和徽章设计了两套样式风格。标签样式通过 label 类样式实现，而徽章通过 badge 类样式实现。

提示：

两套风格的基本外观相同，都是通过同一个样式实现：以行内块状显示，字体比较小，字体加粗显示，文本适当添加一点阴影效果，字体颜色为白色，背景色为灰色。

两套风格也存在差异，标签呈现圆角矩形外观，而徽章呈现椭圆形外观。

【示例 1】　在<span>标签中，分别引入标签和徽章样式，对比效果如图 6.10 所示。

```
<span class="label label-default">标签样式</span>
<span class="badge">徽章样式</span>
```

图 6.10　标签和徽章样式比较

在标签样式中，Bootstrap 提供了一套可选样式方案，说明如下：

- label-default：默认，通过灰色的视觉变化进行提示。
- label-primary：重要，通过醒目的视觉变化（深蓝色），提示浏览者注意阅读。
- label-info：信息，通过舒适的色彩设计（浅蓝色），调节默认的灰色视觉效果，可以用来替换默认按钮样式。
- label-success：成功，通过积极的亮绿色，表示成功或积极的动作。
- label-warning：警告，通过通用黄色，提醒应该谨慎操作。
- label- danger：危险，通过红色，提醒危险操作信息。

【示例 2】　在下面的代码中分别引用附加标签样式，显示效果如图 6.11 所示。

```
<span class="label label-default">Default</span>
<span class="label label-primary">Primary</span>
<span class="label label-success">Success</span>
<span class="label label-info">Info</span>
<span class="label label-warning">Warning</span>
<span class="label label-danger">Danger</span>
```

图 6.11　设计标签多种风格

【示例 3】　在胶囊式导航和列表式导航中，徽章有内置的样式，效果如图 6.12 所示。

```
<ul class="nav nav-pills nav-stacked">
    <li class="active">
        <a href="#"><span class="badge pull-right">12</span>链接</a>
    </li>
</ul>
```

图 6.12　在导航中的徽章样式

注意：

当标签和徽章元素内不包含任何文本时，Bootstrap 会隐藏显示这些标签和徽章元素，以实现标签和徽章的折叠。

6.3 缩 略 图

缩略图多应用于图片、视频的搜索结果等页面，还可以链接到其他页面。它还具有很好的可定制性，可以将文章片段、按钮等标签融入缩略图，可同时混合与匹配不同大小的缩略图。

扫一扫，看视频

6.3.1 认识图像占位符

Bootstrap 支持图像占位符功能，在 1.0 版本中使用 placehold（http://placehold.it/ ）工具进行设计，类似于如下代码，效果如图 6.13 所示。

```
<img src="http://placehold.it/150x350">
<img src="http://placehold.it/250x150">
```

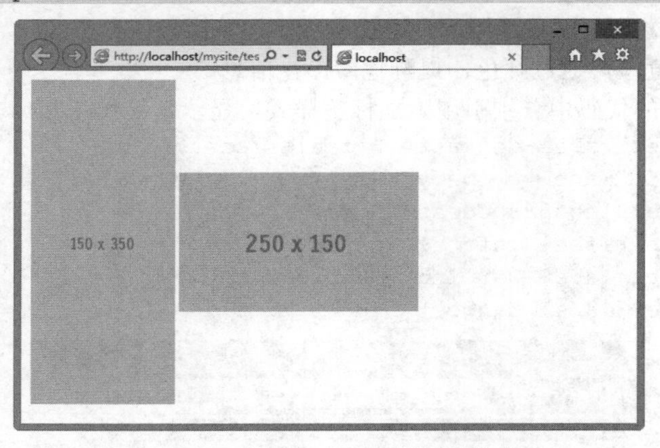

图 6.13 使用 placehold 设计占位符

当 Bootstrap 2.2.2 版本发布之后，针对视网膜屏幕的资源，Bootstrap 将 placehold.it 更换为 holder.js（http://imsky.github.io/holder/）。holder.js 也是一个针对客户端和视网膜屏幕的图像占位符工具，下载地址为 https://github.com/imsky/holder。

Holder 可以直接在客户端渲染图片的占位，支持在线和离线，提供一个链式 API 对图像占位进行样式处理。

【示例】 在下面的代码中，先导入 holder.js 工具脚本文件，然后在图像中添加 data-src 自定义属性，设置 holder.js 的 URL 值，同时可设置图像的占位大小，效果如图 6.14 所示。

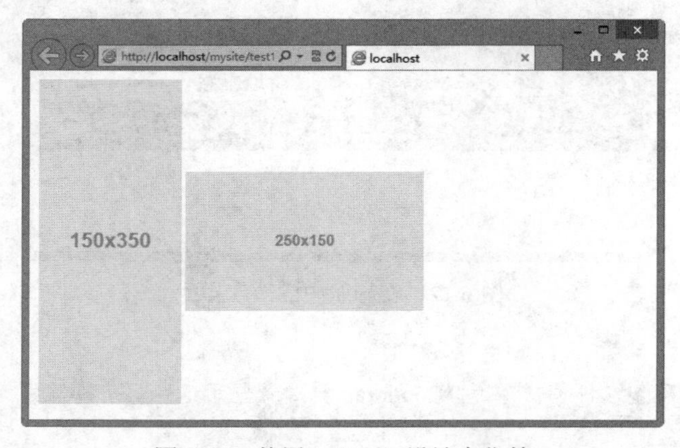

图 6.14 使用 holder.js 设计占位符

```
<script language="javascript" type="text/javascript" src="js/holder.js"></script>
<img src="images/1.jpg" data-src="holder.js/150x350" alt="">
<img src="images/2.jpg" data-src="holder.js/250x150" alt="">
```

6.3.2 定义缩略图

扫一扫，看视频

组成缩略图的标签：使用<ul>标签包裹任意数量的<li>。它同样很灵活，只需添加少量标记即可包裹需要展示的任何内容。

首先，需要在<ul>标签中引入 thumbnails 类样式，指定当前列表框为缩略图集，然后在<a>标签中引入 thumbnail 类即可，设置当前超链接包含图像为缩略图效果。

【示例 1】 在下面的代码中，使用 thumbnails 为列表结构设计 4 个缩略图集合，效果如图 6.15 所示。

```
<ul class="thumbnails">
    <li class="col-xs-1">
        <a href="#" class="thumbnail"><img src="images/1.jpg"></a>
    </li>
    <li class="col-xs-2">
        <a href="#" class="thumbnail"><img src="images/2.jpg"></a>
    </li>
    <li class="col-xs-3">
        <a href="#" class="thumbnail"><img src="images/3.jpg"></a>
    </li>
    <li class="col-xs-4">
        <a href="#" class="thumbnail"><img src="images/4.jpg"></a>
    </li>
</ul>
```

图 6.15 缩略图集合效果

在设计缩略图大小时，建议使用栅格中的列尺寸。

【示例 2】 在示例 1 中缩略图组件使用现有的栅格系统中的类 span1 或 span3 等，用以控制缩略图的尺寸。

针对示例 1，还可以使用图像占位符替换图像，以设计缩微图占位标识，演示效果如图 6.16 所示。

```
<ul class="thumbnails">
    <li class="col-xs-1">
        <a href="#" class="thumbnail"><img src="images/1.jpg" data-src="holder.js/
260x180"></a>
    </li>
    <li class="col-xs-2">
```

```
        <a href="#" class="thumbnail"><img src="images/2.jpg" data-src="holder.js/
260x180"></a>
    </li>
    <li class="col-xs-3">
        <a href="#" class="thumbnail"><img src="images/3.jpg" data-src="holder.js/
260x180"></a>
    </li>
    <li class="col-xs-4">
        <a href="#" class="thumbnail"><img src="images/4.jpg" data-src="holder.js/
260x180"></a>
    </li>
</ul>
```

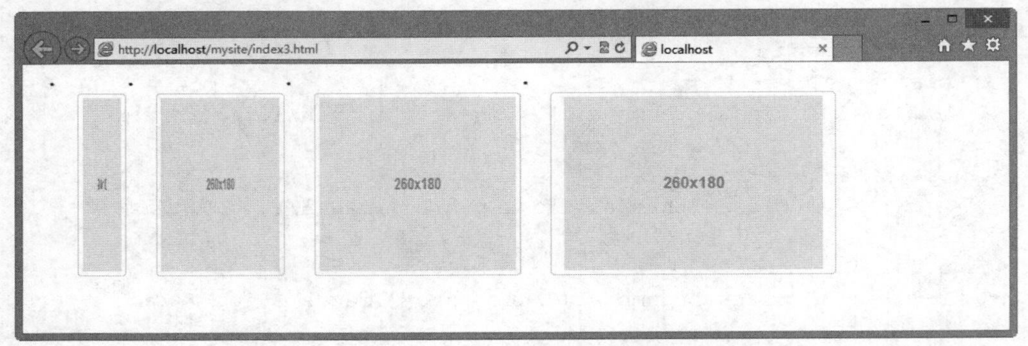

图 6.16　设计缩略图占位符效果

如果在缩略图中自定义 HTML 内容，标签的变化不大。为了放进块级内容，可以把<a>替换成<div>。

【示例 3】　在下面的代码中模拟演示了商品导购中的缩略图应用，效果如图 6.17 所示。

```
<ul class="thumbnails">
    <li class="col-xs-4">
        <div class="thumbnail">
            <a href="#" class="thumbnail"><img src="images/11.jpg"></a>
            <h3>卡帕 Kappa 女鞋专场</h3>
            <p><span class="label label-info">剩余</span>4 天 12 时 30 分 19 秒</p>
            <span class="btn btn-success" >品牌介绍</span>
        </div>
    </li>
    <li class="col-xs-4">
        <div class="thumbnail">
            <a href="#" class="thumbnail"><img src="images/12.jpg"></a>
            <h3>韩都衣舍 HSTYLE 女上装专场</h3>
            <p><span class="label label-info">剩余</span>4 天 12 时 28 分 48 秒</p>
            <span class="btn btn-success" >品牌介绍</span>
        </div>
    </li>
    <li class="col-xs-4">
        <div class="thumbnail">
            <a href="#"  class="thumbnail"><img src="images/13.jpg"></a>
            <h3>HAZZYS 男装专场 </h3>
            <p><span class="label label-info">剩余</span>4 天 12 时 28 分 48 秒</p>
            <span class="btn btn-success" >品牌介绍</span>
```

```
        </div>
    </li>
</ul>
```

图 6.17　设计缩略图页面应用效果

6.4　警　告　框

警告框为用户提供少数可用且灵活的反馈消息，如果要启用警告框关闭功能，需要使用 jQuery 警告框插件。

6.4.1　定义警告框

使用 alert 类可以设计警告框组件，效果类似于 IE 浏览器的警告框。

【示例 1】　在下面的代码中为<div>标签引入 alert 类，并在警告框包含框中包含一个关闭按钮和一条提示信息，效果如图 6.18 所示。

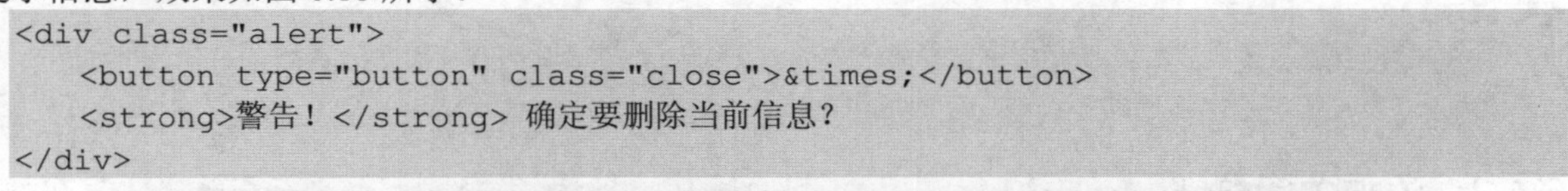

```
<div class="alert">
    <button type="button" class="close">&times;</button>
    <strong>警告！</strong> 确定要删除当前信息？
</div>
```

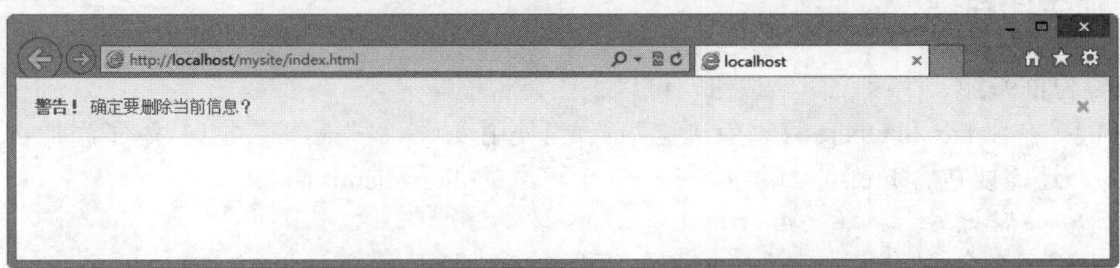

图 6.18　设计默认样式的警告框效果

通过添加其他类，可以改变警告框的语义，简单说明如下：

- alert-warning：警告，浅红色背景，提示错误性信息。
- alert-danger：危险，浅红色背景，提示危险性操作。
- alert-success：成功，浅绿色背景，提示成功性操作，或者正确信息。
- alert-info：信息，浅蓝色背景，提示一般性信息。

【示例 2】　在下面的代码中，分别引用警告框组件不同类型的提示类，演示效果如图 6.19 所示。

```
<div class="alert alert-danger">
   <button type="button" class="close" data-dismiss="alert">&times;</button>
   <strong>危险</strong>
</div>
<div class="alert alert-warning">
   <button type="button" class="close" data-dismiss="alert">&times;</button>
   <strong>警告</strong>
</div>
<div class="alert alert-success">
   <button type="button" class="close" data-dismiss="alert">&times;</button>
   <strong>成功</strong>
</div>
<div class="alert alert-info">
   <button type="button" class="close" data-dismiss="alert">&times;</button>
   <strong>信息</strong>
</div>
```

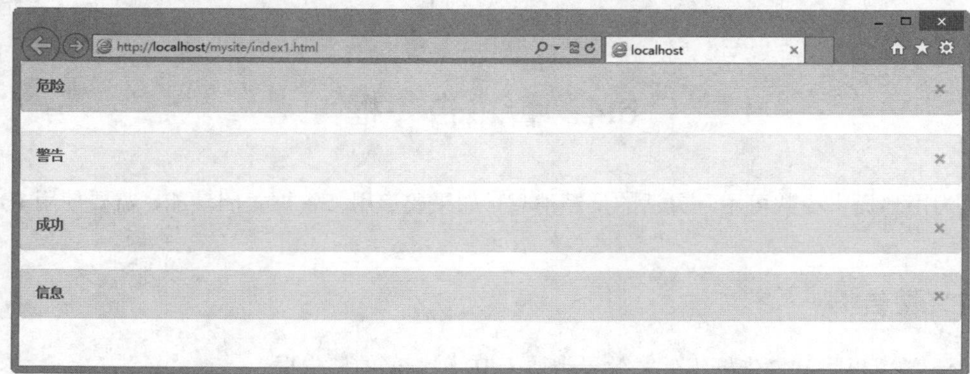

图 6.19　设计不同类型的警告框效果

提示：

警告框没有默认类，只有基类和修饰类。默认的灰色警告框并没有多少意义，所以要使用一种内容类，从成功、信息、警告或危险中任选其一。

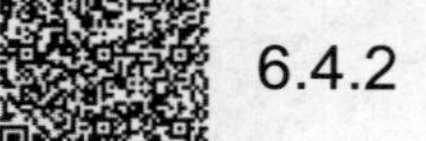

扫一扫，看视频

6.4.2　添加关闭按钮

通过为警告框添加一个“关闭”按钮，可以关闭警告框。

【示例 1】 在 Safari 和 Opera 移动版浏览器上，当使用<a>标签关闭警告框时，除了添加 data-dismiss="alert"属性外，还需要包含 href="#"属性，或用一个可选的.alert-dismissable。

```
<div class="alert alert-warning alert-dismissable ">
   <a href="#" class="close" data-dismiss="alert">&times;</a>
   <strong>警告！</strong> 确定要删除当前信息？
</div>
```

【示例 2】 使用带有 data 属性的<button>标签。当使用 <button>时，必须包含 type="button"属性，否则将无法执行提交动作。

```
<div class="alert alert-warning alert-dismissable ">
   <button type="button" class="close" data-dismiss="alert">&times;</button>
   <strong>警告！</strong> 确定要删除当前信息？
</div>
```

【示例 3】 如果希望通过 JavaScript 代码快速关闭警告框，可以使用 Bootstrap 定义的警告框 jQuery 插件，然后与 jQuery 框架一起引入到页面中即可。完整示例代码如下：

```
<!doctype html>
<html>
<head>
<meta charset="utf-8">
<link rel="stylesheet" type="text/css" href="bootstrap/css/bootstrap.css">
<script type="text/javascript" src="bootstrap/js/jquery-1.9.1.js"></script>
<script type="text/javascript" src="bootstrap/js/bootstrap.js"></script>
</head>
<body>
<div class="alert alert-warning alert-dismissable ">
   <button type="button" class="close" data-dismiss="alert">&times;</button>
   <strong>警告！</strong> 确定要删除当前信息？
</div>
</body>
</html>
```

6.4.3 添加链接

扫一扫，看视频

如果在警告框中添加链接，则应该附加.alert-link 工具类，可以快速提供在任何警告框中相符的颜色。

【示例】 添加链接的代码如下，演示效果如图 6.20 所示。

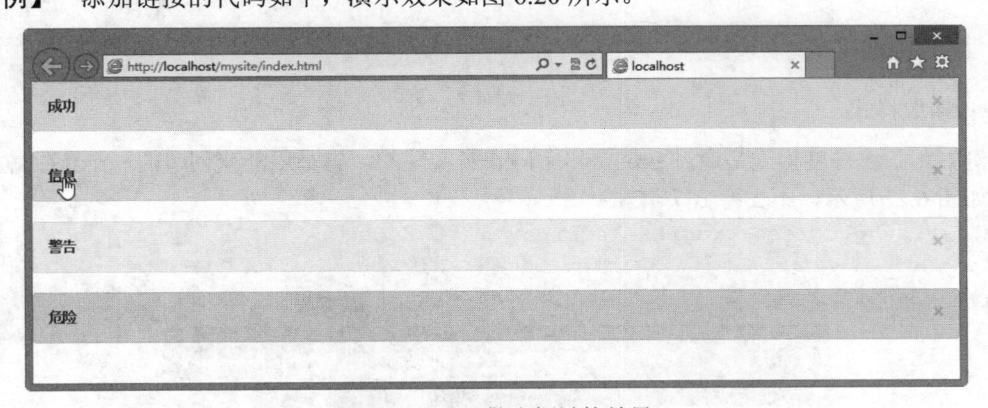

图 6.20 设计警告框链接效果

```
<div class="alert alert-success alert-dismissable">
   <a href="#" class="close" data-dismiss="alert">&times;</a>
   <a href="#" class="alert-link">成功</a>
</div>
<div class="alert alert-info alert-dismissable">
   <a href="#" class="close" data-dismiss="alert">&times;</a>
   <a href="#" class="alert-link">信息</a>
</div>
<div class="alert alert-warning alert-dismissable">
   <a href="#" class="close" data-dismiss="alert">&times;</a>
   <a href="#" class="alert-link">警告</a>
</div>
<div class="alert alert-danger alert-dismissable">
   <a href="#" class="close" data-dismiss="alert">&times;</a>
   <a href="#" class="alert-link">危险</a>
</div>
```

6.5 进 度 条

Bootstrap 提供多种漂亮、简单、多色的进度条。其中条纹和动画效果的进度条不支持早期版本 IE 浏览器，因为它使用了 CSS3 的渐变（Gradients）、透明度（Transitions）、动画效果（animations）来实现它们的效果。IE7~IE9 和旧版的 Firefox 都不支持这些特性，所以在实现进度条时请注意浏览器支持程度，Opera 12 也不支持 animation 属性。

扫一扫，看视频

6.5.1 定义进度条

进度条一般由嵌套的两层结构标签构成，外层标签引入 progress 类，用来设计进度槽；内层标签引入 bar 类，用来设计进度条。基本结构如下：

```
<div class="progress">
   <div class="progress-bar" style="width:50%;"></div>
</div>
```

进度条默认样式是带有垂直渐变的进度条，进度槽显示为灰色，如图 6.21 所示。

图 6.21 默认进度条样式效果

1. 设计条纹样式

【示例】 条纹进度样式是通过 progress-striped 类实现的，它是用渐变创建的一个条纹效果的进度条，效果如图 6.22 所示，不支持 IE7~IE8。

```
<div class="progress progress-striped">
   <div class="bar" style="width:60%;"></div>
</div>
```

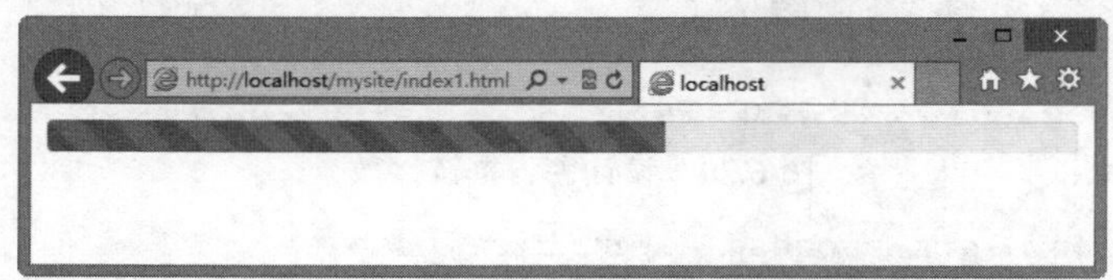

图 6.22 斑马条纹进度条样式效果

2. 设计动态条纹样式

如果为 progress-striped 添加 active 类样式，即可创建一个从右向左变化的条纹样式，效果如图 6.23 所示。IE 全系列都不支持此效果。

图 6.23 动态进度条样式效果

6.5.2 设置个性进度条

与警告框一样，进度条也允许通过添加其他类改变进度条的背景效果，简单说明如下：

- progress-bar-info：浅蓝色背景。
- progress-bar-success：浅绿色背景。
- progress-bar-warning：浅黄色背景。
- progress-bar-danger：浅红色背景。

【示例 1】 在下面的代码中，分别引用进度条组件的不同类型的提示类，演示效果如图 6.24 所示。

```
<div class="progress">
   <div class="progress-bar progress-bar-info" style="width:40%;"></div>
</div>
<div class="progress">
   <div class="progress-bar progress-bar-success" style="width:50%;"></div>
</div>
<div class="progress">
   <div class="progress-bar progress-bar-warning" style="width:60%;"></div>
</div>
<div class="progress" >
   <div class="progress-bar progress-bar-danger" style="width:70%;"></div>
</div>
```

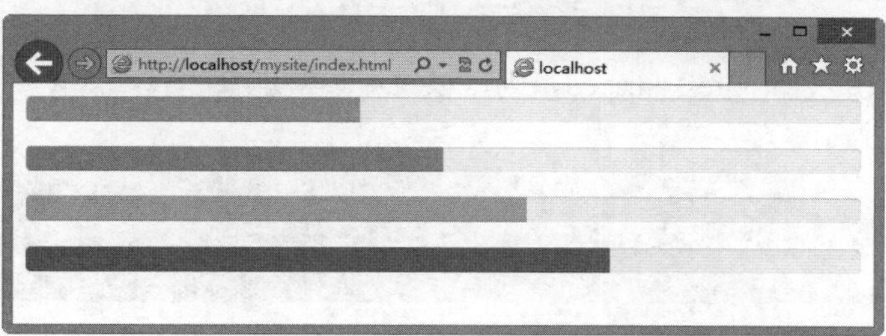

图 6.24 设计不同背景效果的进度条

【示例 2】 如果为示例 1 中的彩色进度条引入 progress-striped 类样式，可以设计彩色条纹效果，如图 6.25 所示。

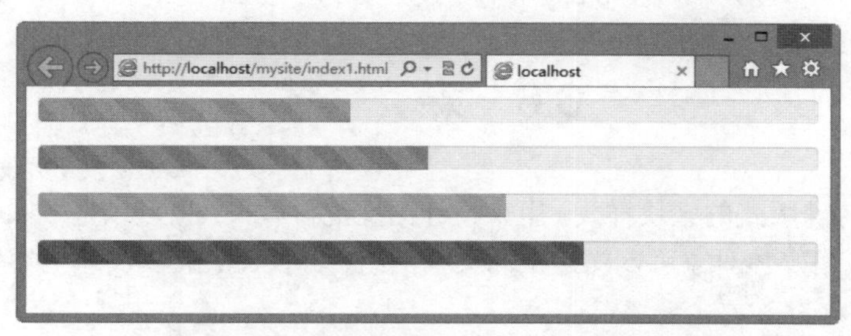

图 6.25 设计不同背景效果的条纹进度条

```
<div class="progress progress-info progress-striped">
   <div class="bar" style="width:40%;"></div>
</div>
<div class="progress progress-success progress-striped">
   <div class="bar" style="width:50%;"></div>
</div>
<div class="progress progress-warning progress-striped">
```

```
    <div class="bar" style="width:60%;"></div>
</div>
<div class="progress progress-danger progress-striped" >
    <div class="bar" style="width:70%;"></div>
</div>
```

【示例 3】 也可以把多个进度条放置于同一个进度槽中，设计一种堆叠样式，此时可以分别为每个进度条设计不同的背景样式，演示效果如图 6.26 所示。

```
<div class="progress">
    <div class="bar bar-info" style="width:10%;"></div>
    <div class="bar bar-success" style="width:20%;"></div>
    <div class="bar bar-warning" style="width:30%;"></div>
    <div class="bar bar-danger" style="width:40%;"></div>
</div>
```

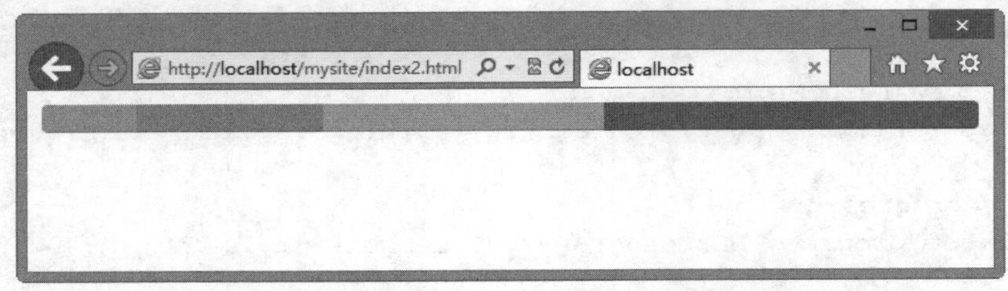

图 6.26 设计进度条堆叠效果

如果为进度条外框引入 progress-striped，则可以设计条纹堆叠样式（<div class="progress progress-striped">），如图 6.27 所示。

图 6.27 设计进度条条纹堆叠效果

6.6 媒　　体

媒体对象是一类特殊版式的区块样式，用来设计图文混排效果，也可以是多媒体与文本的混排效果。作为抽象的结构样式，用媒体对象可以构建不同类型的组件，设计具有在文本内容的左或右对齐的图片。

扫一扫，看视频

6.6.1 媒体版式

默认情况下，媒体对象组件的默认样式是在内容区域的左侧或右侧浮动一个媒体对象，如图片、视频、音频、Flash 动画等。

构件媒体对象组件需要 3 个类样式，具体说明如下：

- media：创建媒体对象组件包含框。
- media-object：定义媒体对象，如图片、视频、音频、Flash 动画。
- media-body：定义媒体对象的正文区域。在该区域可以使用 media-heading 定义媒体对象组件的正文标题。

【示例】　设计一个科技新闻报道，其中媒体对象是新闻焦点图，具体代码如下，演示效果如图 6.28 所示。

```
<div class="media"> <a class="pull-left" href="#"> <img class="media-object"
src="images/ie.jpg"> </a>
   <div class="media-body">
      <h2 class="media-heading">激荡 20 年：IE 浏览器的辉煌与落寞</h2>
      <div class="media">
         <p>2016 年 1 月 12 日对于 IE 来说，是一个伤感的日子。微软公司宣布于这一天停止对 IE
8/9/10 三个版本的技术支持，
         用户将不会再收到任何来自微软官方的 IE 安全更新；
         作为替代方案，微软建议用户升级到 IE 11 或者改用 Microsoft Edge 浏览器。</p>
      </div>
   </div>
</div>
```

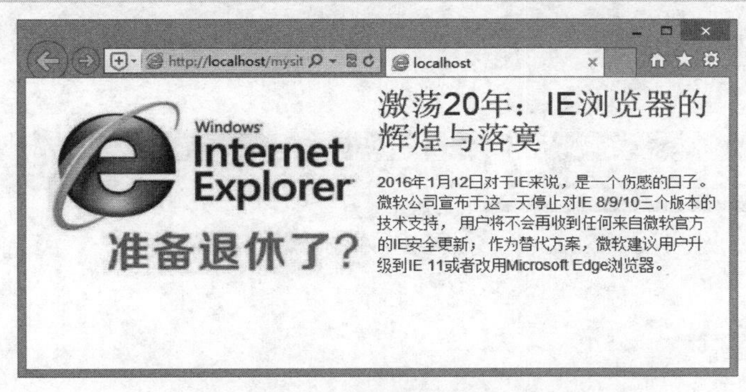

图 6.28　设计媒体对象组件效果

6.6.2　媒体列表

扫一扫，看视频

Bootstrap 为媒体对象提供了列表结构，通过引入 media-list 类样式，可以设计媒体对象列表效果。在媒体对象列表结构中，每个列表项目都是一个独立的媒体对象组件，此时用户可以套用 6.6.1 节示例的结构。媒体对象列表在评论或文章列表页面中应用比较广泛，也比较实用。

【示例】　在下面的代码中，演示了如何使用媒体对象定义列表信息，该示例是列表页典型样式，效果如图 6.29 所示。6.6.1 节的示例是媒体对象的详细页。

```
<ul class="media-list">
   <li class="media"> <a class="pull-left" href="#"> <img class="media-object"
src="images/11.jpg"> </a>
      <div class="media-body">
         <h4 class="media-heading">入门级模板</h4>
         <div class="media">
            <p>只有基本的东西：引入了预编译版的 CSS 和 JavaScript 文件，页面只包含了一个
container 元素。</p>
            <p>实例精选</p>
         </div>
      </div>
   </li>
   <li class="media"> <a class="pull-left" href="#"> <img class="media-object"
src="images/22.jpg"> </a>
```

```
        <div class="media-body">
            <h4 class="media-heading">Bootstrap 主题</h4>
            <div class="media">
                <p>加载可选的 Bootstrap 主题，获得增强的视觉体验。</p>
                <p>实例精选</p>
            </div>
        </div>
    </li>
    <li class="media"> <a class="pull-left" href="#"> <img class="media-object"
src="images/33.jpg"> </a>
        <div class="media-body">
            <h4 class="media-heading">栅格</h4>
            <div class="media">
                <p>多个关于栅格布局方面的实例，涉及层级（tier）、嵌套（nesting）等。</p>
                <p>实例精选</p>
            </div>
        </div>
    </li>
</ul>
```

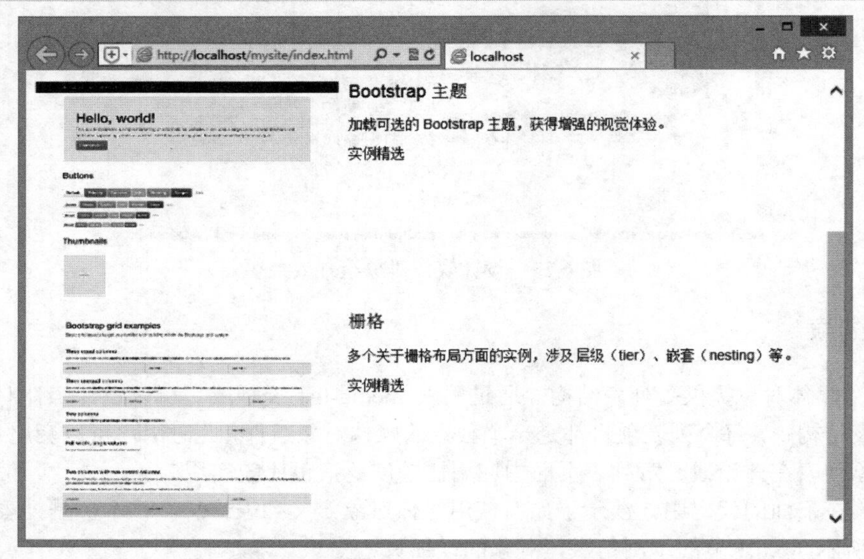

图 6.29　设计媒体对象列表效果

6.7　版　　式

本节主要介绍多个排版组件，它们在网页布局中起着重要作用，能帮助用户快速完成页面设计。

扫一扫，看视频

6.7.1　大屏幕区块

大屏幕区块是一个轻量、灵活的用于展示网站重点内容的组件，适合应用于营销类或内容类网站。

【示例 1】　使用 jumbotron 类设计大屏幕区块，效果如图 6.30 所示。

```
<div class="jumbotron">
</div>
```

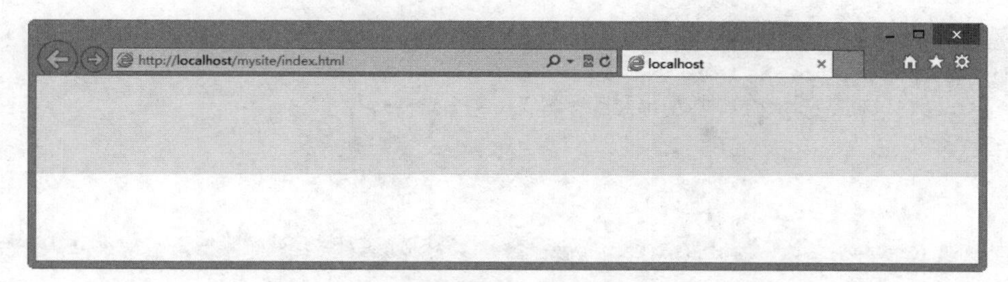

图 6.30　设计大屏幕区块

【示例 2】　在大屏幕区块可以添加标题、说明性文本、导航按钮等，效果如图 6.31 所示。

```
<div class="jumbotron">
    <h1>大屏幕标题</h1>
    <p>说明性文字</p>
    <p><a class="btn btn-primary btn-large">更多</a></p>
</div>
```

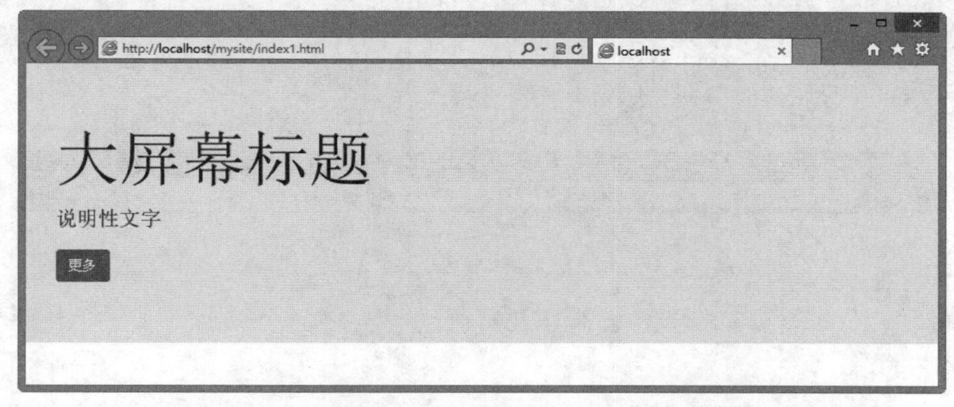

图 6.31　设计大屏幕区块效果

提示：

大屏幕是一个轻量、灵活的可选组件，扩展整个视角，展示站点上的关键内容，一般不要包含在.container 类中，这样才能让大屏幕显示为屏幕宽度。

扫一扫，看视频

6.7.2　页面标题

page-header 可以设计网页标题，它相当于一个标题框，可以给<h1>标签套上一个包含框，这样就可以为其增加间隔并从页面中分离出来，也可以在<h1>标签中增加<small>标签。

【示例】　简单设计一个页面标题样式，演示效果如图 6.32 所示。

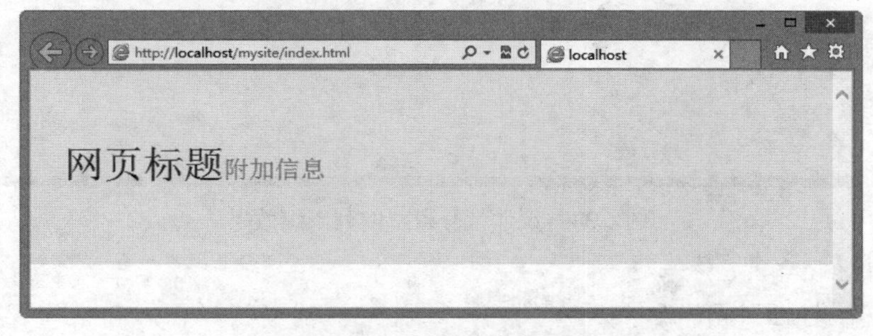

图 6.32　设计网页标题效果

```
<div class="jumbotron">
    <div class="page-header">
        <h1>网页标题<small>附加信息</small></h1>
    </div>
</div>
```

提示：

网页标题效果仅是一个范例，在实际应用中应该酌情添加额外的样式，以便设计出需要的统一的页面效果。

扫一扫，看视频

6.7.3 列表组

列表组是灵活又强大的组件，不仅仅用于显示简单的列表元素，还用于复杂的定制内容。

【示例 1】 最简单的列表只是无顺序列表，然后为<ul>标签添加 list-group 类样式，效果如图 6.33 所示。

```
<ul class="list-group">
    <li class="list-group-item">项目 1</li>
    <li class="list-group-item">项目 2</li>
    <li class="list-group-item">项目 3</li>
    <li class="list-group-item">项目 4</li>
</ul>
```

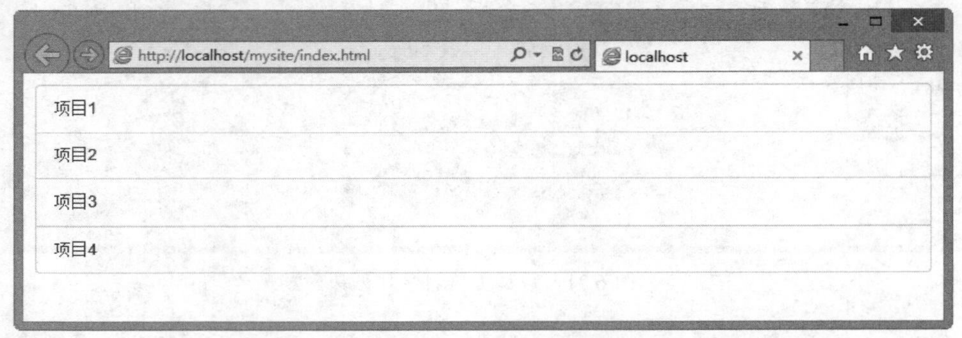

图 6.33 设计基本列表组效果

【示例 2】 给列表组加入徽章，它会自动地放在右面。一般是在列表项目中包含<span class="badge">标签即可，效果如图 6.34 所示。

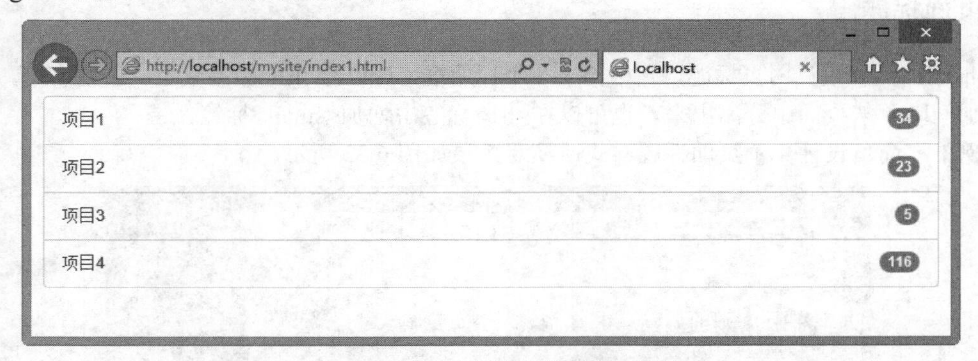

图 6.34 设计带有徽章的列表组效果

```
<ul class="list-group">
    <li class="list-group-item">项目 1 <span class="badge">34</span></li>
    <li class="list-group-item">项目 2 <span class="badge">23</span></li>
```

```
    <li class="list-group-item">项目 3 <span class="badge">5</span></li>
    <li class="list-group-item">项目 4 <span class="badge">116</span> </li>
</ul>
```

【示例 3】　列表组支持非列表结构，因此用户可以使用<a>标签代替<li>标签，使用<div>标签代替<ul>标签。

```
<div class="list-group">
  <a href="#" class="list-group-item active">项目 1</a>
  <a href="#" class="list-group-item">项目 2</a>
  <a href="#" class="list-group-item">项目 3</a>
  <a href="#" class="list-group-item">项目 3</a>
</div>
```

在列表组内可以添加任何内容。

【示例 4】　在下面代码中为每个列表项目添加项目标题（list-group-item-heading）和正文（list-group-item-text），演示效果如图 6.35 所示。

```
<div class="list-group"> <a href="#" class="list-group-item active">
        <h4 class="list-group-item-heading">列表项标题 1</h4>
        <p class="list-group-item-text">列表项正文 1</p>
    </a>
    <a href="#" class="list-group-item">
        <h4 class="list-group-item-heading">列表项标题 2</h4>
        <p class="list-group-item-text">列表项正文 2</p>
    </a>
    <a href="#" class="list-group-item">
        <h4 class="list-group-item-heading">列表项标题 3</h4>
        <p class="list-group-item-text">列表项正文 3</p>
    </a>
</div>
```

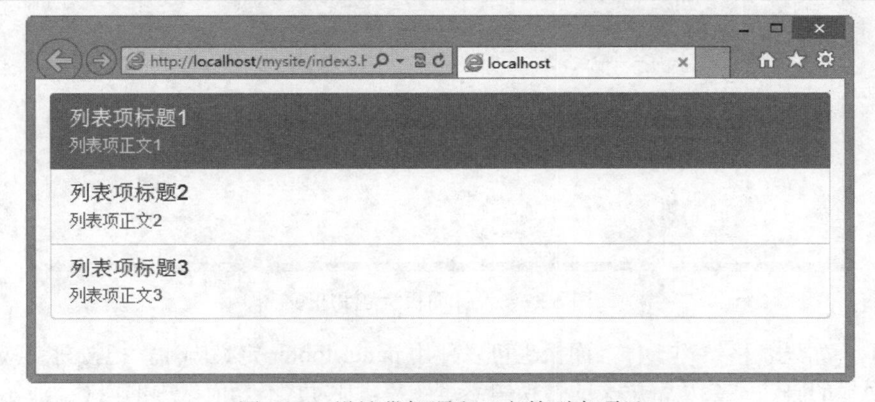

图 6.35　设计带标题和正文的列表项目

6.7.4　面板

扫一扫，看视频

面板是一种特殊样式的版式容器，常用来设计折叠项目以及其他标准栏目。默认使用.panel 设计面板，它提供基本的边界和内部，来包含内容。

【示例 1】　下面的代码设计了一个简单的面板容器，外层<div class="panel panel-default">指定面板框，内层<div class="panel-body">指定面板正文框，演示效果如图 6.36 所示。

```
<div class="panel panel-default">
    <div class="panel-body"> 面板内容 </div>
</div>
```

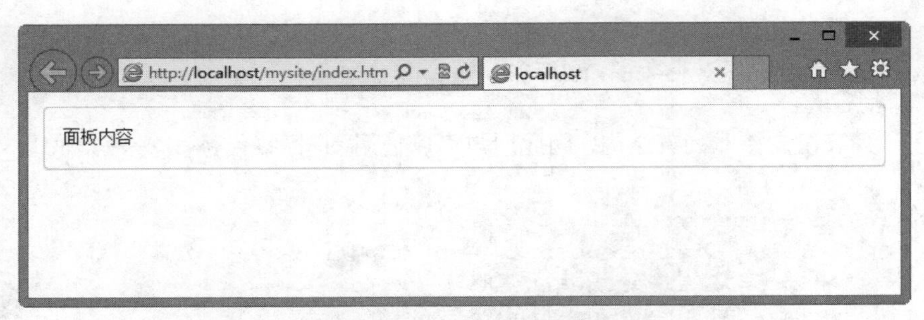

图 6.36　设计最简单的面板样式

【示例 2】　在面板组件中，可以使用.panel-heading 简单加入一个标题容器。也可以用<h1>~<h6>和.panel-title 类定义预定义样式的标题，演示效果如图 6.37 所示。

```
<div class="panel panel-default">
    <div class="panel-heading">面板标题</div>
    <div class="panel-body">面板正文</div>
</div>
<div class="panel panel-default">
    <div class="panel-heading">
        <h3 class="panel-title">面板预定义标题</h3>
    </div>
    <div class="panel-body">面板正文 </div>
</div>
```

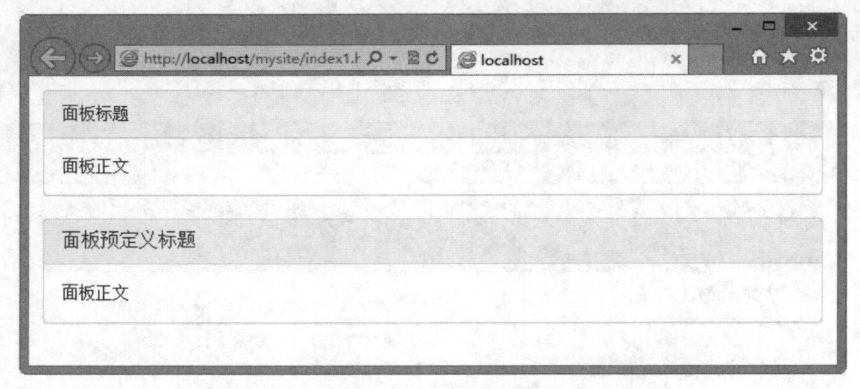

图 6.37　设计面板标题和正文

【示例 3】　如果表格结构一样，面板也可以使用.panel-footer 定义脚注，把按钮或次要的文本放入脚注中。注意面板的脚注不会从带意义的替换中继承颜色，因为它不是前景中的内容。演示效果如图 6.38 所示。

```
<div class="panel panel-default">
    <div class="panel-heading">面板标题</div>
    <div class="panel-body">面板正文</div>
    <div class="panel-footer">面板脚注<a class="btn btn-default" href="#">按钮
</a></div>
</div>
```

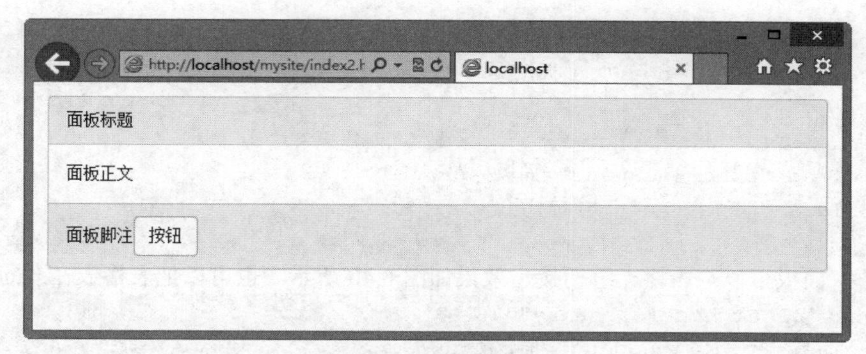

图 6.38　设计面板脚注

【示例 4】　与其他 Bootstrap 3.0。组件一样，面板也支持样式类，给特定的面板设计特定的样式，效果如图 6.39 所示。

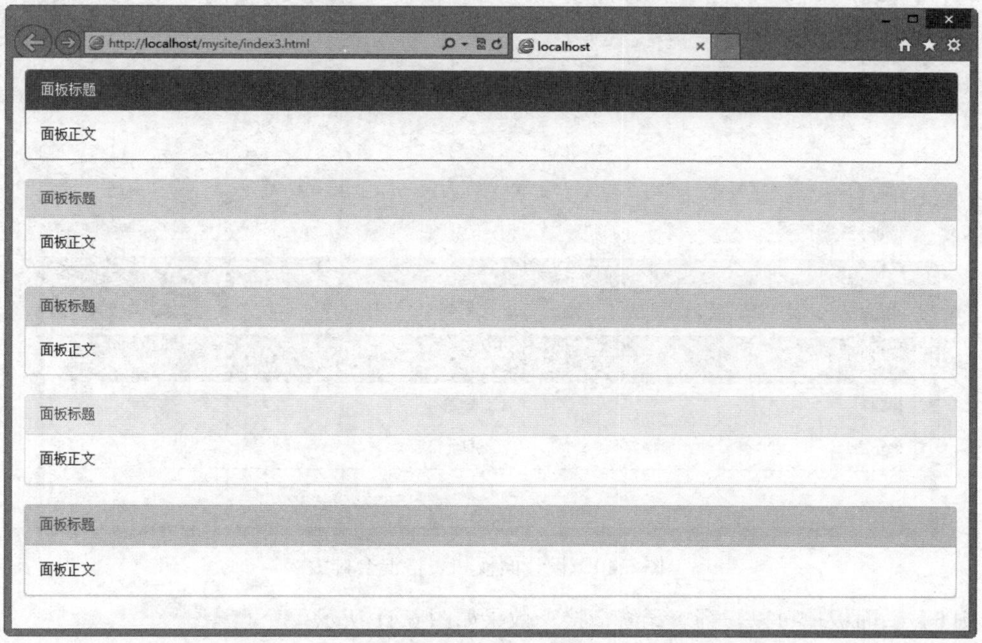

图 6.39　设计面板样式

```
<div class="panel panel-primary">
    <div class="panel-heading">面板标题</div>
    <div class="panel-body">面板正文</div>
</div>
<div class="panel panel-success">
    <div class="panel-heading">面板标题</div>
    <div class="panel-body">面板正文</div>
</div>
<div class="panel panel-info">
    <div class="panel-heading">面板标题</div>
    <div class="panel-body">面板正文</div>
</div>
<div class="panel panel-warning">
```

```
    <div class="panel-heading">面板标题</div>
    <div class="panel-body">面板正文</div>
</div>
<div class="panel panel-danger">
    <div class="panel-heading">面板标题</div>
    <div class="panel-body">面板正文</div>
</div>
```

【示例 5】 面板可以与表格无缝衔接，效果如图 6.40 所示。也可以把表格放在.panel-body 中。

```
<div class="panel panel-primary">
    <div class="panel-heading">面板标题</div>
    <table width="100%" class="table">
        <tr>
            <th>标题 1</th>
            <th>标题 2</th>
        </tr>
        <tr>
            <td>单元格 1</td>
            <td>单元格 2</td>
        </tr>
    </table>
</div>
```

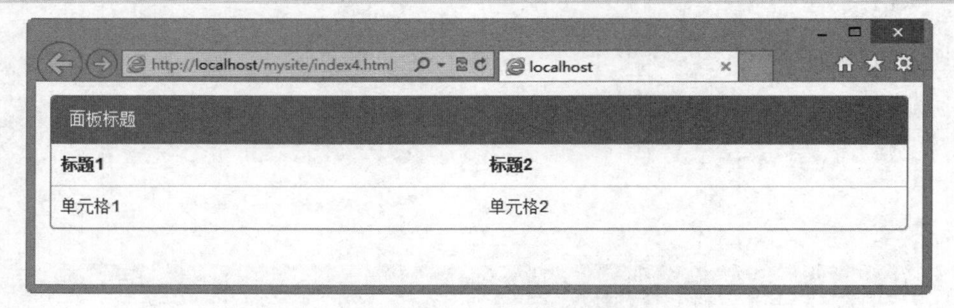

图 6.40 设计面板和表格混合排版

【示例 6】 面板也可以与列表无缝衔接，效果如图 6.41 所示。

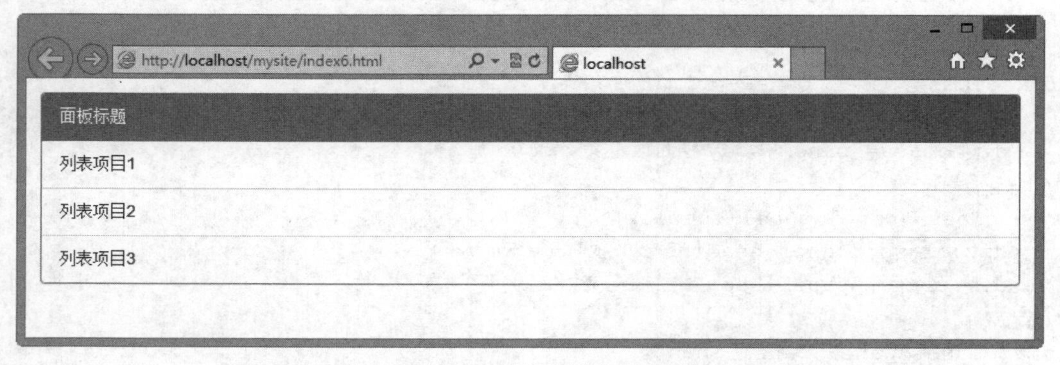

图 6.41 设计面板和列表混合排版

```
<div class="panel panel-primary">
    <div class="panel-heading">面板标题</div>
    <ul class="list-group">
```

```
        <li class="list-group-item">列表项目 1</li>
        <li class="list-group-item">列表项目 2</li>
        <li class="list-group-item">列表项目 3</li>
    </ul>
</div>
```

6.7.5 Well

扫一扫，看视频

Well 可以设计一个内嵌容器，能够很好地包含指定对象或者页面内容。

【示例 1】 把一幅图像包含在 Well 容器中，效果如图 6.42 所示。

```
<div class="well"><img src="images/4.jpg" style="width:200px;"> </div>
```

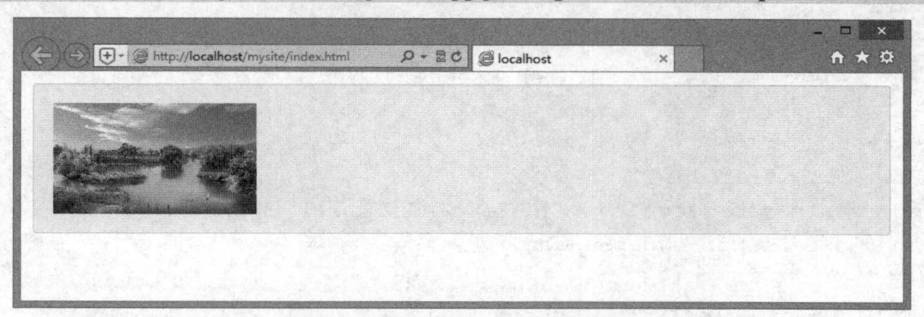

图 6.42 设计 Well 容器

【示例 2】 通过在 Well 中添加 well-large 或者 well-small 可以调整 Well 容器的补白空间大小和圆角大小，对比效果如图 6.43 所示。

```
<div class="well"><img src="images/4.jpg" style="width:200px;"><span class="btn
btn-lg btn-success pull-right">标准模式</span></div>
<div  class="well  well-sm"><img  src="images/4.jpg"  style="width:200px;"><span
class="btn btn-lg btn-success pull-right">well-small 模式</span></div>
<div  class="well  well-lg"><img  src="images/4.jpg"  style="width:200px;"><span
class="btn btn-lg btn-success pull-right">well-large 模式</span></div>
```

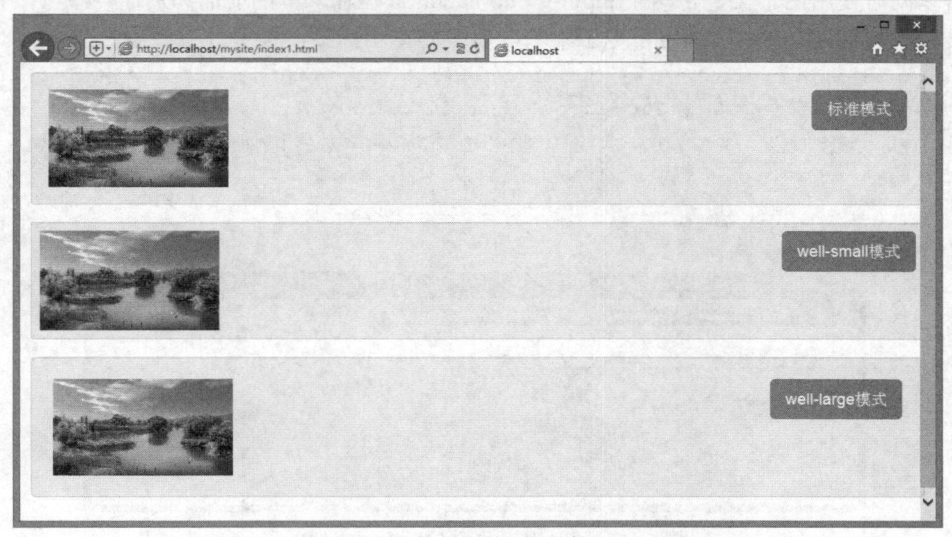

图 6.43 设计 Well 容器大小

6.8 输 入 框

Bootstrap 支持现有的表单控件，同时也定义了一些有用的输入框表单组件。

6.8.1 修饰文本框

通过input-group-addon类和input进行组合设计，可以在任何文本输入框之前或之后添加文本或按钮。

【示例1】 在下面的代码中，分别为文本框绑定 E-mail 前缀和补加两位小数位后缀，演示效果如图 6.44 所示。

```
<div class="input-group">
    <span class="input-group-addon">E-mail</span>
    <input class="form-control" id="prependedInput" type="text" placeholder="xxx@
xx.xx">
</div><br>
<div class="input-group">
    <input class="form-control" id="appendedInput" type="text">
    <span class="input-group-addon">.00</span>
</div>
```

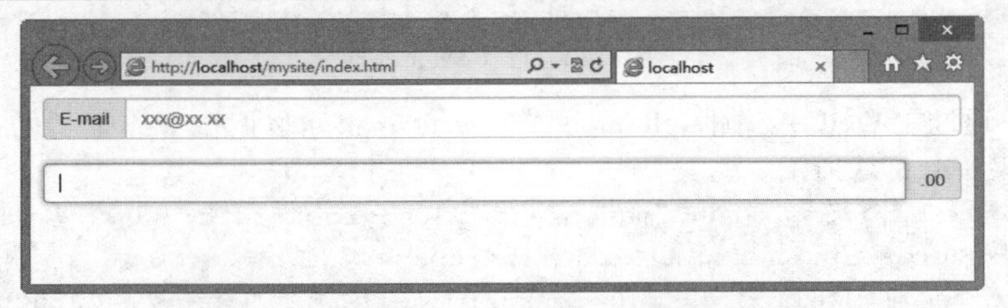

图 6.44 分别绑定前缀和后缀文本框效果

该组件不支持 select 控件。同时，在使用该组件时，建议使用外包含框<div class="input-group">标明组件。也可以同时使用两个类，将两个 input-group-addon 放在输入框的前面和后面。

【示例2】 下面的文本框绑定了电子邮箱的后缀和提示标签，预览效果如图 6.45 所示。

```
<div class="input-group">
    <span class="input-group-addon">E-mail</span>
    <input class="form-control" id="prependedInput" type="text" placeholder="xxx@
xx.xx">
    <span class="input-group-addon">.00</span>
</div>
```

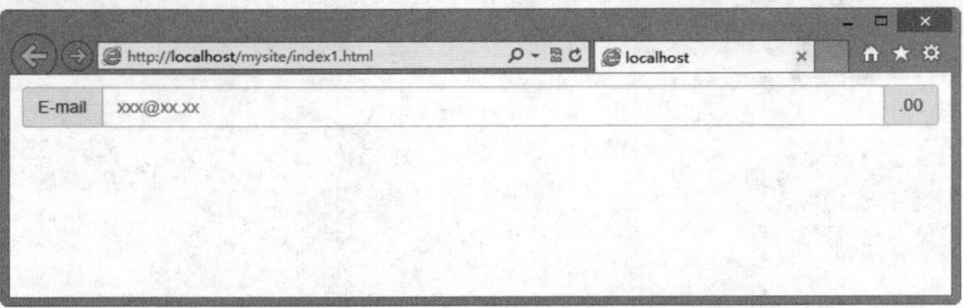

图 6.45 同时绑定前缀和后缀文本框效果

6.8.2　设计尺寸

给.input-group 添加.input-group-lg 或. input-group-sm 可以定制输入框组件的尺寸，其中的内容也会自动调整尺寸。

【示例】　输入下面的代码，演示效果如图 6.46 所示。

```
<div class="input-group input-group-lg">
    <span class="input-group-addon">E-mail</span>
    <input class="form-control" id="prependedInput" type="text" placeholder="xxx@
xx.xx">
    <span class="input-group-addon">.00</span>
</div><br>
<div class="input-group input-group-lg">
    <span class="input-group-addon">E-mail</span>
    <input class="form-control" id="prependedInput" type="text" placeholder="xxx@
xx.xx">
    <span class="input-group-addon">.00</span>
</div><br>
<div class="input-group input-group-sm">
    <span class="input-group-addon">E-mail</span>
    <input class="form-control" id="prependedInput" type="text" placeholder="xxx@
xx.xx">
    <span class="input-group-addon">.00</span>
</div>
```

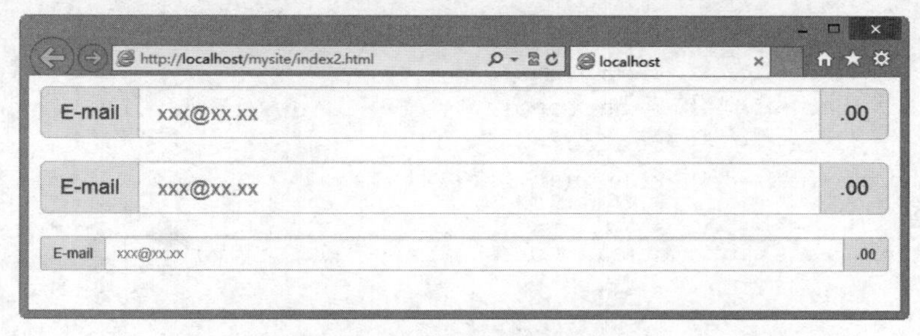

图 6.46　设计输入框的大小尺寸

6.8.3　按钮文本框

使用 input-group-btn 类可以把表单按钮与输入文本框捆绑在一起定制按钮文本框组件，按钮可以放在文本框的前面或者后面。

【示例】　在下面的代码中，分别为文本框绑定三个按钮，置于其前后，使用 btn 类样式定制按钮风格，使用<div class="input-group">包含框把它们捆绑在一起，预览效果如图 6.47 所示。

```
<div class="input-group input-group-lg">
    <span class="input-group-btn">
        <button class="btn btn-default" type="button">E-mail</button>
    </span>
    <input class="form-control" id="prependedInput" type="text" placeholder="xxx@
xx.xx">
    <span class="input-group-btn">
        <button class="btn btn-default" type="button">.00</button>
    </span>
</div>
```

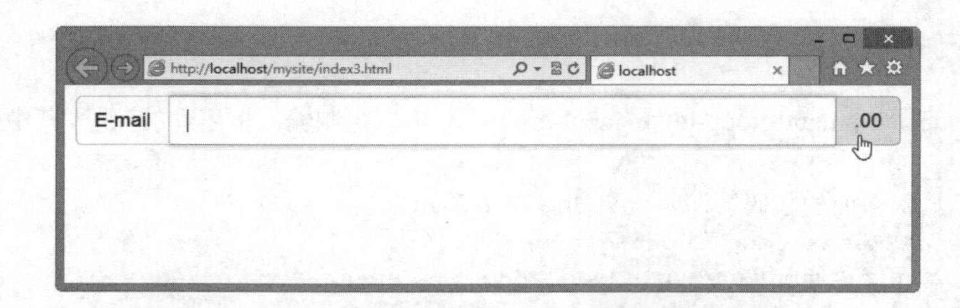

图 6.47　绑定的按钮文本框组件效果

6.8.4　按钮式下拉菜单

扫一扫，看视频

通过 input-group-btn 类可以定义按钮组，使用 dropdown-menu 类可以定义下拉菜单样式，如果把它们结合在一起，就可以定制按钮式下拉菜单。

【示例】　在下面的代码中为文本框绑定前缀按钮和后缀按钮，后缀按钮通过<div class="input-group-btn">包含框进行捆绑，在其中添加了一个下拉列表框<ul class="dropdown-menu">，演示效果如图 6.48 所示。

```
<div class="input-group input-group-lg">
    <span class="input-group-addon">Email</span>
    <input type="text" class="form-control" />
    <span class="input-group-btn">
        <button class="btn btn-default" type="button"  data-toggle="dropdown">@163.
com</button>
        <ul class="dropdown-menu">
            <li><a href="#">@126.com</a></li>
            <li><a href="#">@sohu.com</a></li>
            <li><a href="#">@qq.com</a></li>
            <li><a href="#">@263.net</a></li>
        </ul>
        <button class="btn btn-default" type="button">登录</button>
    </span>
</div>
```

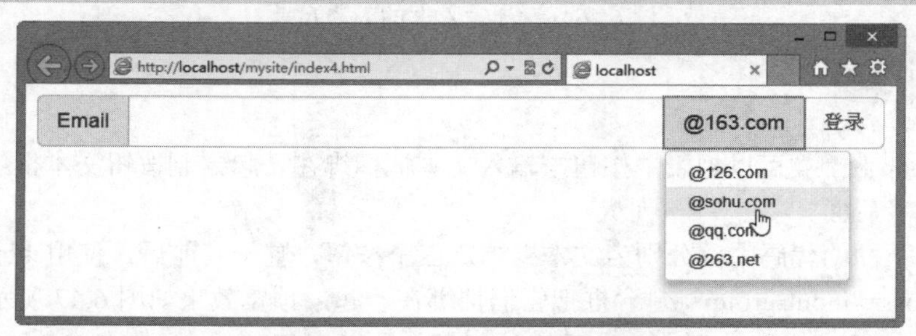

图 6.48　按钮下拉菜单样式

提示：

在设计按钮下拉菜单样式时，应该在页面中导入 bootstrap.js 文件，以实现下拉菜单的显隐交互行为。通过为<button>按钮设置 data-toggle 属性值为 dropdown，以激活按钮的下拉响应事件。

```
<script src="bootstrap/js/jquery.js" type="text/javascript"></script>
<script src="bootstrap/js/bootstrap.js" type="text/javascript"></script>
```

6.8.5 定义分段按钮下拉菜单

通过添加辅助标签，可以设计分段式按钮下拉菜单样式。

【示例】 在 6.8.4 节的示例代码中，通过添加一个空按钮，然后在其中插入一个按钮图标（<span class="caret">），此时预览效果如图 6.49 所示。

```
<div class="input-group input-group-lg">
    <span class="input-group-addon">Email</span>
    <input type="text" class="form-control" />
    <span class="input-group-btn">
        <button class="btn btn-default" type="button">@163.com</button>
        <button type="button" class="btn btn-default dropdown-toggle" data-toggle=
"dropdown" tabindex="-1">
            <span class="caret"></span>
            <span class="sr-only">Toggle Dropdown</span>
        </button>
        <ul class="dropdown-menu">
            <li><a href="#">@126.com</a></li>
            <li><a href="#">@sohu.com</a></li>
            <li><a href="#">@qq.com</a></li>
            <li><a href="#">@263.net</a></li>
        </ul>
        <button class="btn btn-default" type="button">登录</button>
    </span>
</div>
```

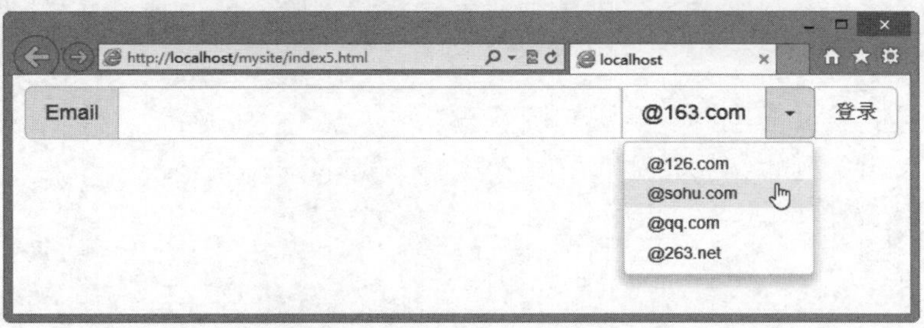

图 6.49 设计分段式下拉菜单

6.9 字体图标

Bootstrap 3.0 弃用了 Bootstrap 2.0 中的背景图像图标，使用@font-face 版本的 Glyphicons 图标，代替目前的 PNG 图标。可用图标包括 200 个来自 Glyphicon Halflings（http://glyphicons.com/）的字体图标，详细说明可以参阅 http://getbootstrap.com/components/。

出于性能的考虑，所有图标都需要基类（glyphicon）和单独的图标类（glyphicon-*）。

【示例 1】 设计一个搜索图标，效果如图 6.50 所示。

图 6.50 设计 Glyphicons 图标

```
<span class="glyphicon glyphicon-search"></span>
```

注意：

Glyphicons 图标类不能和其他元素联合使用，因为这些图标被设计为独立的元素，只能独立使用。

【示例 2】 下面把 Glyphicons 图标与其他组件混合使用设计图标按钮效果，如图 6.51 所示。

```
<button type="button" class="btn btn-default btn-lg">
    <span class="glyphicon glyphicon-search"></span>
</button>
```

图 6.51 设计 Glyphicons 图标和其他组件混合使用的图标按钮

第 7 章　JavaScript 插件（上）

CSS 组件仅是静态对象，如果要让这些组件动起来，还需要配合使用 JavaScript 插件。Bootstrap 自带了很多 JavaScript 插件，这些插件为 Bootstrap 组件赋予了生命，因此用户在学习使用组件的同时，还必须同时学习 Bootstrap 插件的使用。

【学习重点】

- 了解 Bootstrap 插件的基本用法。
- 能够使用模态框、下拉菜单。
- 正确使用滚动监听。
- 可以使用标签页、工具提示。

7.1　插件概述

Bootstrap 插件建立在 jQuery 框架基础上，完全遵循 jQuery 使用规范，因此 Bootstrap 插件实际上也是标准的 jQuery 插件。

7.1.1　插件分类

Bootstrap 插件内置 11 种插件，这些插件在 Web 应用开发中应用频率比较高，下面列出 Bootstrap 插件支持的文件以及各种插件对应的 js 文件：

- 过渡效果：bootstrap-transition.js。
- 模态框：bootstrap-modal.js。
- 下拉菜单：bootstrap-dropdown.js。
- 滚动监听：bootstrap-scrollspy.js。
- 标签页：bootstrap-tab.js。
- 工具提示：bootstrap-tooltip.js。
- 弹出框：bootstrap-popover.js。
- 警告框：bootstrap-alert.js。
- 按钮：bootstrap-button.js。
- 折叠：bootstrap-collapse.js。
- 轮播：bootstrap-carousel.js。
- Affix（附加导航）：bootstrap-affix.js。

7.1.2　安装插件

扫一扫，看视频

Bootstrap 插件可以单个引入，方法是使用 Bootstrap 提供的单个*.js 文件；也可以一次性全部引入所有插件，方法是引入 bootstrap.js 或者 bootstrap.min.js。例如：

```
<script type="text/javascript" src="bootstrap/js/bootstrap.js"></script>
```

注意：

bootstrap.js 和 bootstrap.min.js 都包含了所有插件。区别在于：bootstrap.js 文件代码没有压缩，bootstrap.min.js 文件代码被压缩，不要将两份文件全部引入。

部分 Bootstrap 插件和 CSS 组件依赖于其他插件。如果单个引入每个插件的，请确保在文档中检查插件之间的依赖关系。

提示：

所有插件都依赖 jQuery，因此必须在所有插件之前引入 jQuery 库文件。例如：

```
<script type="text/javascript" src="bootstrap/js/jquery.js"></script>
<script type="text/javascript" src="bootstrap/js/bootstrap-modal.js"></script>
```

扫一扫，看视频

7.1.3 调用插件

Bootstrap 提供了两种调用插件的方法，具体说明如下。

1. Data 属性调用

在页面中目标元素上定义 data 属性，可以启用插件，不用编写 JavaScript 脚本。建议用户首选这种方式。

【示例 1】 为控制对象定义 data-toggle 属性，设置属性值为"dropdown"，即可激活下拉菜单插件。

```
<a href="#" class="btn" data-toggle="dropdown">按钮 </a>
```

data-toggle 是 Bootstrap 激活特定插件的专用属性，它的值为对应插件的字符串名称。

提示：

大部分 Bootstrap 插件还需要 data-target 属性配合使用，它也是一个 Bootstrap 属性，用来指定控制对象，该属性值为一个 jQuery 选择符。

【示例 2】 在调用模态框时，除了定义 data-toggle="modal"激活模态框插件，还应该使用 data-target="#myModal"属性绑定模态框，告诉 Bootstrap 插件应该显示哪个页面元素，"#myModal"属性值匹配页面中模态框包含框<div id="myModal">。

```
<button data-toggle="modal" data-target="#myModal" class="btn">打开模态框</button>
<div id="myModal" class="modal hide fade">模态框</div>
```

提示：

不同的插件可能还会支持其他 data 属性，具体请参阅相关章节的说明。

注意：

在某些特殊情况下，可能需要禁用 Bootstrap 的 data 属性，一般可通过解除绑定在 body 上被命名为'data-api'的事件即可实现。代码如下：

```
$('body').off('.data-api')
```

还可以解除特定插件的事件绑定，需要将插件名和 data-api 链接在一起作为参数使用。代码如下：

```
$('body').off('.alert.data-api')
```

2. JavaScript 调用

Bootstrap 插件也支持 JavaScript 调用。所有插件都可以单独或链式调用，与 jQuery 用法相同。

【示例 3】 针对上面的 data 调用示例，使用脚本调用的方法如下：

```
//显示下拉菜单
$(".btn").dropdown();
```

```
//显示模态框
$(".btn").click(function(){
    $("#myModal").modal();
})
```

当调用方法没有传递任何参数时，Bootstrap 将使用默认参数初始化此插件。

【示例 4】　Bootstrap 插件定义的所有方法都可以接受一个可选的参数对象。下面的用法可以在打开模态框时取消遮罩层和快捷键控制：

```
$(".btn").click(function(){
    $("#myModal").modal({
        backdrop:false,
        keyboard:false
    });
})
```

【示例 5】　Bootstrap 插件方法也可以接收特定意义的字符串。下面的代码将隐藏显示的模态框：

```
$("#myModal").modal('hide')
```

提示：

Bootstrap 插件允许使用 Constructor 属性访问插件构造函数：

```
$.fn.modal.Constructor
```

Bootstrap 插件也允许使用 data()方法访问插件实例：

```
$('[rel= modal]').data('modal')
```

7.1.4　共享插件

扫一扫，看视频

在开发过程中，可能需要将 Bootstrap 插件与其他 UI 框架共在一个页面使用。在这种情况下，命名空间冲突随时可能发生。如果不幸发生了这种情况，可以通过调用插件的.noConflict 方法恢复原始值。

【示例】　在同一个页面中导入了多个框架，如果都定义了 button()方法，这样就会发生冲突。此时，可以使用下面的方法恢复 Bootstrap 的按钮插件：

```
var bootstrapButton = $.fn.button.noConflict()          //返回 $.fn.button 原来值
$.fn.bootstrapBtn = bootstrapButton
```

7.1.5　事件

扫一扫，看视频

Bootstrap 为大部分插件自定义事件。这些事件包括两种动词形式：不定式和过去式。

- 不定式形式的动词：如 show，表示其在事件开始时被触发。
- 过去式动词：如 shown，表示其在动作直接完毕之后被触发。

【示例】　所有以不定式形式的动词命名的事件都提供了 preventDefault 功能，这样就可以在动作开始执行前停止事情。代码如下：

```
$('#myModal').on('show.bs.modal', function (e) {
    if (!data) return e.preventDefault()              //停止事件响应
})
```

提示：

Bootstrap 不提供对第三方 JavaScript 工具库的支持，如 Prototype 或 jQuery UI。

7.1.6　过渡效果

Bootstrap 支持简单的过渡效果，需要在使用插件过程中同时导入 bootstrap-transition.js 文件，如果导入 bootstrap.js 文件，就不再需要导入 bootstrap-transition.js 文件了，因为 bootstrap.js 文件已经包含了过渡效果。

bootstrap-transition.js 文件为 Bootstrap 其他 JavaScript 插件提供一个通用的特性检测。由于 CSS3 的限制，它提供的特效也很有限，最常用的是 fade。

Bootstrap 过渡效果主要应用于下面插件的示例中：

- 具有幻灯片或淡入效果的模态框。
- 具有淡出效果的标签页。
- 具有淡出效果的警告框。
- 具有幻灯片效果的轮播。

7.2 模 态 框

Bootstrap 模态框提供了简洁、灵活的调用形式和样式，并提供精简的功能和友好的默认行为，以方便页面与浏览者进行互动。

扫一扫，看视频

7.2.1 定义模态框

Bootstrap 模态框需要 bootstrap-modal.js 支持，在设计之前应导入下面两个脚本文件：

```
<script type="text/javascript" src="bootstrap/js/jquery.js"></script>
<script type="text/javascript" src="bootstrap/js/bootstrap-modal.js"></script>
```

也可以直接导入 Bootstrap 脚本文件（bootstrap.js）：

```
<script type="text/javascript" src="bootstrap/js/jquery.js"></script>
<script type="text/javascript" src="bootstrap/js/bootstrap.js"></script>
```

另外，需要加载 Bootstrap 样式表文件，它是 Bootstrap 框架的基础。

```
<link rel="stylesheet" type="text/css" href="bootstrap/css/bootstrap.css">
```

完成页面框架初始化操作之后，就可以在页面中设计模态框文档结构，并为页面特定对象绑定触发行为，即可以打开模态框。

【示例 1】 下面是一个完整的示例，演示如何绑定并激活模态框，代码如下：

```
<!doctype html>
<html>
<head>
<meta charset="utf-8">
<meta name="viewport" content="width=device-width, initial-scale=1.0">
<!--引入 Bootstrap 样式表文件-->
<link href="bootstrap/css/bootstrap.css" rel="stylesheet" type="text/css">
<!--引入 jQuery 框架文件-->
<script src="bootstrap/jquery-1.9.1.js"></script>
<!--引入 Bootstrap 脚本文件-->
<script src="bootstrap/js/bootstrap.js"></script>
</head>
<body>
<a href="#myModal" class="btn btn-default" data-toggle="modal">弹出模态框</a>
<div id="myModal" class="modal">
    <div class="modal-dialog">
        <div class="modal-content">
            <h1>模态框</h1>
```

```
            <p>这是弹出的模态框</p>
        </div>
    </div>
</div>
</body>
</html>
```

打开模态框的行为通过<a>标签来实现，其中 href 属性通过锚记与模态框（<div id="myModal" >标签）建立绑定关系，然后通过自定义属性 data-toggle 激活模态框显示行为，data-toggle 属性值指定了要打开模态框的组件。

在浏览器中预览该文档，然后单击“弹出模态框”按钮，将会看到如图 7.1 所示的弹出模态框。在模态框外面单击，即可自动关闭模态框，恢复页面的初始状态。

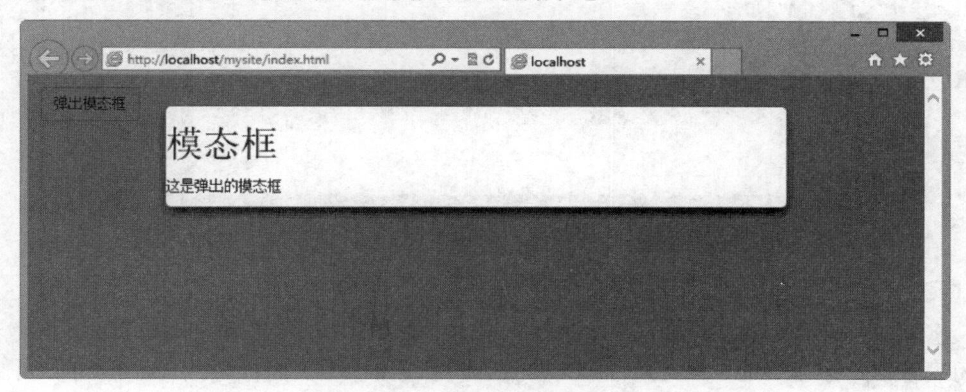

图 7.1　简单的弹出模态框

提示：

模态对话框有固定的结构，外层使用 modal 类样式定义弹出模态框的外框，内部嵌套两层结构，分别为<div class="modal-dialog">和<div class="modal-content">。<div class="modal-dialog">负责定义模态对话框层，而<div class="modal-content">定义模态对话框显示样式。

```
<div class="modal" id="myModal">
    <div class="modal-dialog">
        <div class="modal-content">
            模态对话框包含显示内容
        </div>
    </div>
</div>
```

【示例 2】　在模态对话框内容区可以使用 modal-header、modal-body 和 modal-footer 三个类定义弹出模态框的标题区、主体区和脚注区。针对示例 1 的代码，为模态框增加结构设计，效果如图 7.2 所示。

```
<a href="#myModal" class="btn btn-default" data-toggle="modal">弹出模态框</a>
<div id="myModal" class="modal">
    <div class="modal-dialog">
        <div class="modal-content">
            <div class="modal-header">
                <button class="close" data-dismiss="modal">×</button>
                <h3>标题</h3>
            </div>
            <div class="modal-body">
                <p>正文</p>
```

```
            </div>
            <div class="modal-footer">
                <button class="btn btn-info" data-dismiss="modal">关闭</button>
            </div>
        </div>
    </div>
</div>
```

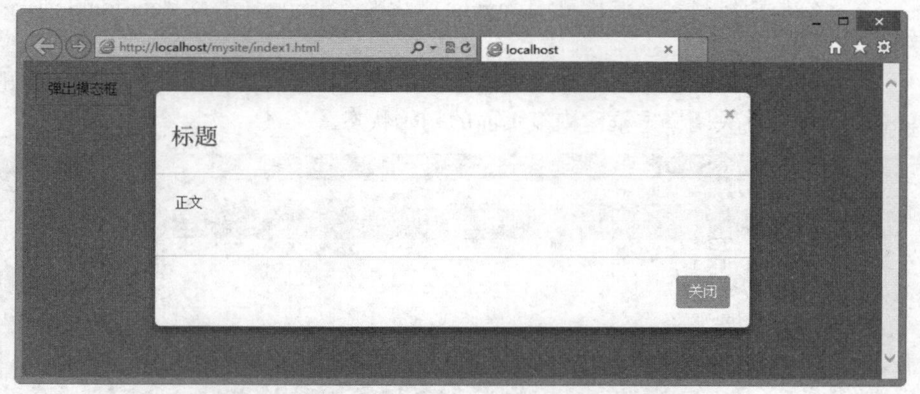

图 7.2　设计标准的弹出模态框样式

标准模态框中包含两个关闭按钮：一个是模态框右上角的关闭图标，另一个是页脚区域的关闭按钮。这两个关闭模态框的标签通过自定义属性 data-dismiss 触发模态框关闭行为，data-dismiss 属性值指定了要关闭的模态框组件。

注意：

模态框不支持重叠，如果希望同时支持多个模态框，需要手写额外的代码来实现。

【示例 3】　为了增强模态框的可访问性，应该在<div class="modal">中添加 role="dialog"，添加 aria-labelledby="myModalLabel"属性指向模态框标题，添加 aria-hidden="true"告诉辅助性工具略过模态框的 DOM 元素。另外，还应该为模态框添加描述性信息，为.modal 添加 aria-describedby 属性用以指向描述信息。一个完整的模态对话框结构如下所示：

```
<button data-toggle="modal" data-backdrop="false" data-keyboard="false" data-target=
"#myModal" class="btn btn-info btn-lg">弹出模态框</button>
<div id="myModal" class="modal fade" tabindex="-1" role="dialog" aria-labelledby=
"myModalLabel" aria-hidden="true">
    <div class="modal-dialog">
        <div class="modal-content">
            <div class="modal-header">
                <button class="close" data-dismiss="modal">×</button>
                <h3 id="myModalLabel">标题</h3>
            </div>
            <div class="modal-body">
                <p>正文</p>
            </div>
            <div class="modal-footer">
                <button class="btn btn-info" data-dismiss="modal">关闭</button>
            </div>
```

```
        </div>
    </div>
</div>
```

7.2.2 调用模态框

调用模态框的方法有两种，简单介绍如下。

1. Data 属性调用

在上一节示例中，我们看到了使用 data 属性调用模态框的一般方法。通过 data 属性，无需编写 JavaScript 脚本，即可创建一个模态框。

定义激活元素时，必须注意两点：

- 使用 data-toggle 属性定义激活插件的类型，对于模态框插件来说，即设置为 data-toggle="modal"。
- 设置具体打开的目标对象。

【示例 1】 当激活元素为按钮或者其他元素时，可以设置自定义属性 data-target 为模态框包含框的 ID 值，以绑定目标对象，以指向某个将要被启动的模态框。演示代码如下：

```
<button data-toggle="modal" data-target="#myModal" class="btn">打开模态框</button>
```

【示例 2】 当激活元素为超链接元素时，可以直接在 href 属性上设置模态框包含框的 ID 值，以锚点的形式绑定目标对象，以指向某个将要被启动的模态框。演示代码如下：

```
<a href="#myModal" data-toggle="modal" class="btn">打开模态框</a>
```

2. JavaScript 调用

JavaScript 调用比较简单，直接使用 modal()函数即可，其用法与 jQuery 插件用法保持高度一致性。

提示：

如果需要设计复杂的模态框，则建议使用 JavaScript 脚本调用。

【示例 3】 针对上一节的示例，为超链接<a>标签绑定 click 事件，当单击该按钮时，为模态框调用 modal()构造函数。

```
<script type="text/javascript">
$(function(){
    $(".btn").click(function(){
        $("#myModal").modal();                    //调用模态对话框
    })
})
</script>
<body>
<a href="#" class="btn btn-info btn-lg">弹出模态框</a>
<div id="myModal" class="modal">
    <div class="modal-dialog">
        <div class="modal-content">
            <h1>模态框</h1>
            <p>这是弹出的模态框</p>
        </div>
    </div>
</div>
</body>
```

modal()构造函数可以传递一个配置对象，该对象包含的配置属性说明如表 7.1 所示。

表 7.1 modal()配置参数

名 称	类 型	默 认 值	描 述
backdrop	boolean	true	是否显示背景遮罩层，同时设置单击模态框其他区域是否关闭模态框 默认值为 true，表示显示遮罩层。当单击遮罩层时，会自动隐藏模态框和遮罩层
keyboard	boolean	true	是否允许 Esc 键关闭模态框，默认值为 true，表示允许使用键盘上的 Esc 键关闭模态框，当按 Esc 键时，快速关闭模态框
show	boolean	true	在初始状态是否显示模态框，默认值为 true，表示显示模态框
remote	path	false	设置一个远程 URL，Bootstrap 将利用 jQuery 加载该链接页面，并把响应的数据添加到模态框的 modal-body 包含框中。也可以使用下面的方式加载远程数据： <a data-toggle="modal" href="remote.html" data-target="#modal">click me</a>

注意：

如果使用 Ddata 属性调用模态框时，上面的选项也可以通过 data 属性传递给组件。对于 data 属性，将选项名称附着于 data-字符串之后，类似于 data-backdrop=""。

【示例 4】 下面的代码可以打开模态框，但不显示遮罩层，同时取消了 Esc 键关闭模态框的操作，显示效果如图 7.3 所示。

```
<script type="text/javascript">
$(function(){
    $(".btn").click(function(){
        $("#myModal").modal({
            backdrop:false,              //关闭背景遮罩层
            keyboard:false               //取消 Esc 键关闭模态框
        });
    })
})
</script>
```

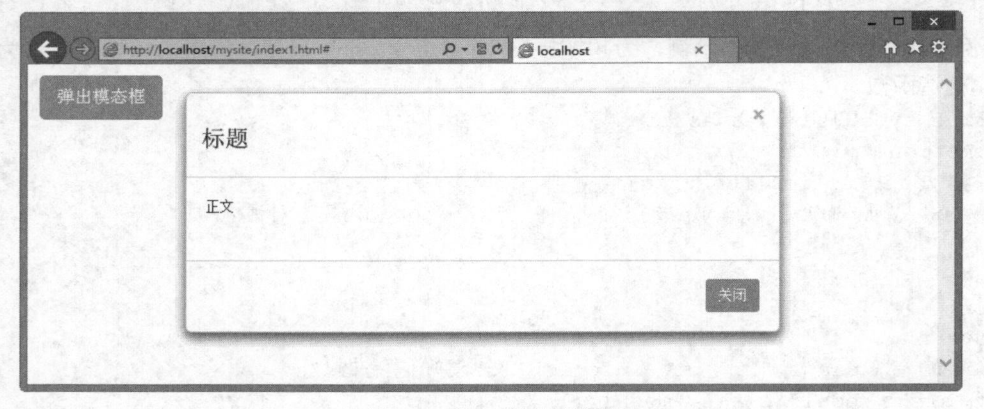

图 7.3 关闭遮罩层效果

【示例 5】 针对上面 JavaScript 代码调用和参数传递的方式，在 HTML 文档中可以通过 Data 属性实现相同的调用效果。

```
<button data-toggle="modal" data-backdrop="false" data-keyboard="false" data-target=
"#myModal" class="btn btn-info btn-lg">弹出模态框</button>
```

扫一扫，看视频

7.2.3 控制模态框

modal()构造函数也可以接收特定字符串参数，以方便手动控制模态框显示或者隐藏。简单说明如下：

- modal('toggle')：手动打开或隐藏一个模态框。
- modal('show')：手动打开一个模态框。
- modal('hide')：手动隐藏一个模态框。

【示例】 在页面初始化时，隐藏模态框的遮罩层，并显示模态框，然后在按钮单击事件中调用 modal()构造函数，传递参数值为 toggle，则当单击时，可以显示或者隐藏模态框，如图 7.4 所示。

```
<script type="text/javascript">
$(function(){
    $("#myModal").modal({
        backdrop:false,
        show:true
    });
    $(".btn").click(function(){
        $("#myModal").modal("toggle");
    })
})
</script>

<a href="#" class="btn btn-info btn-lg">弹出模态框</a>
<div id="myModal" class="modal">
    <div class="modal-dialog">
        <div class="modal-content">
            <div class="modal-header">
                <button class="close" data-dismiss="modal">×</button>
                <h3>标题</h3>
            </div>
            <div class="modal-body">
                <p>正文</p>
            </div>
            <div class="modal-footer">
                <button class="btn btn-info" data-dismiss="modal">关闭</button>
            </div>
        </div>
    </div>
</div>
```

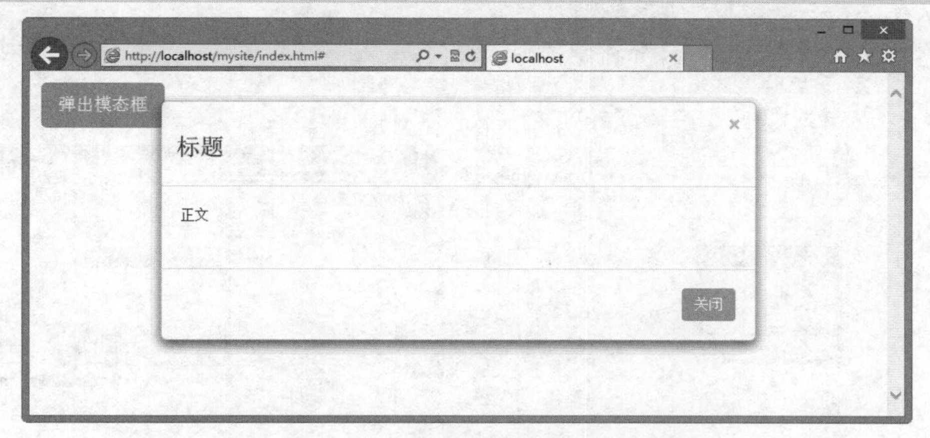

图 7.4　手动控制模态框显示或隐藏

扫一扫，看视频

7.2.4 添加用户行为

Bootstrap 3.0 为模态框插件定义了 4 个事件，以响应特定操作阶段的用户行为，说明如表 7.2 所示。

表 7.2 Modal 事件

事　件	描　述
show.bs.modal	当调用显示模态框的方法时会触发该事件
shown.bs.modal	当模态框显示完毕后触发该事件
hide.bs.modal	当调用隐藏模态框的方法时会触发该事件
hidden.bs.modal	当模态框隐藏完毕后触发该事件

【示例】 在下面的代码中，为当前模态框绑定 4 个监听事件，分别是 show、shown、hide 和 hidden，然后初始化模态框为显示状态，并隐藏遮罩层，为按钮调用 modal("toggle")方法，当模态框初始化显示以及单击按钮隐藏模态框的过程中，可以看到 4 个事件的执行顺序和发生结点，如图 7.5 所示。

```
<script type="text/javascript">
$(function(){
    $("#myModal").on("show.bs.modal",function(){
        alert("模态框开始打开");
    })
    $("#myModal").on("shown.bs.modal",function(){
        alert("模态框已经打开");
    })
    $("#myModal").on("hide.bs.modal",function(){
        alert("模态框开始关闭");
    })
    $("#myModal").on("hidden.bs.modal",function(){
        alert("模态框已经关闭");
    })
    $("#myModal").modal({
        backdrop:false,
        show:true
    });
    $(".btn").click(function(){
        $("#myModal").modal("toggle");
    })
})
</script>
```

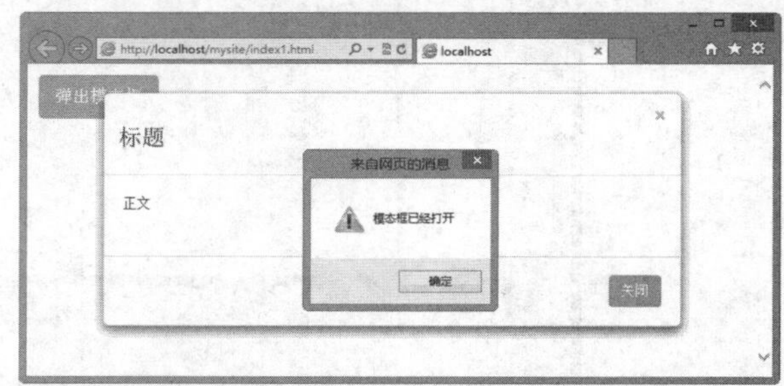

图 7.5 通过事件监听模态框的显示和隐藏过程

7.3 下拉菜单

Bootstrap 通过 bootstrap-dropdown.js 支持下拉菜单交互，在使用之前应该导入 jquery.js 和 bootstrap-dropdown.js 文件：

```
<script type="text/javascript" src="bootstrap/js/jquery.js"></script>
<script type="text/javascript" src="bootstrap/js/bootstrap-dropdown.js"></script>
```

或者直接导入 jquery.js 和 bootstrap.js 文件：

```
<script type="text/javascript" src="bootstrap/js/jquery.js"></script>
<script type="text/javascript" src="bootstrap/js/bootstrap.js"></script>
```

扫一扫，看视频

7.3.1 调用下拉菜单

下拉菜单插件可以为所有对象添加下拉菜单，包括导航条、标签页、胶囊式按钮等。调用下拉菜单的方法有两种，简单介绍如下。

1. Ddata 属性调用

在超链接或按钮上添加 data-toggle="dropdown"属性，即可激活下拉菜单交互行为。

【示例 1】 为 dropdown 中的按钮<a>标签添加 data-toggle="dropdown"属性，可激活下拉菜单，如图 7.6 所示。

```
<div class="dropdown">
    <a href="#" class="btn btn-info" data-toggle="dropdown">下拉菜单 <i class=
"caret"></i></a>
    <ul class="dropdown-menu">
        <li><a href="#">菜单项 1</a></li>
        <li><a href="#">菜单项 2</a></li>
        <li><a href="#">菜单项 3</a></li>
    </ul>
</div>
```

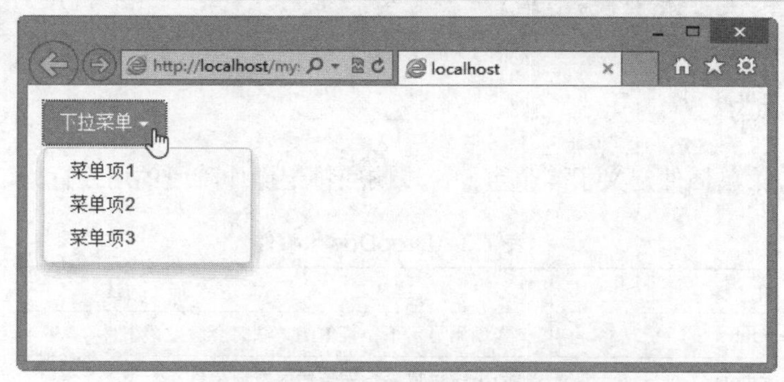

图 7.6 通过 data 属性激活下拉菜单

注意：

为了保证<a>超链接标签的 URL 符合规范，建议使用 data-target 属性代替 href="#"，而 href 属性用来执行链接操作。代码如下：

```
<div class="dropdown">
    <a href="/" class="btn btn-info" data-toggle="dropdown" data-target="#">下拉菜
单 <i class="caret"></i></a>
```

```
    <ul class="dropdown-menu">
        <li><a href="#">菜单项 1</a></li>
        <li><a href="#">菜单项 2</a></li>
        <li><a href="#">菜单项 3</a></li>
    </ul>
</div>
```

2. JavaScript 调用

通过 dropdown()构造函数可直接调用下拉菜单。

【示例 2】 针对示例 1，为激活按钮绑定 dropdown()方法，代码如下：

```
<script type="text/javascript">
$(function(){
    $(".btn").dropdown();
})
</script>
<div class="dropdown">
    <a href="/" class="btn btn-info" >下拉菜单 <i class="caret"></i></a>
    <ul class="dropdown-menu">
        <li><a href="#">菜单项 1</a></li>
        <li><a href="#">菜单项 2</a></li>
        <li><a href="#">菜单项 3</a></li>
    </ul>
</div>
```

当调用 dropdown()方法后，单击按钮会弹出下拉菜单，但再次单击不再收起下拉菜单，需要使用脚本进行关闭。

【示例 3】 当下拉菜单隐藏时，调用 dropdown('toggle')方法可以显示下拉菜单，反之，如果下拉菜单显示时，调用 dropdown('toggle')方法可以隐藏下拉菜单。代码如下：

```
$(function(){
    $(".btn").dropdown('toggle')
})
```

扫一扫，看视频

7.3.2 添加用户行为

Bootstrap 为下拉菜单插件定义了 4 个事件，以响应特定操作阶段的用户行为，说明如表 7.3 所示。

表 7.3 DropDown 事件

事　件	描　述
show.bs.dropdown	当调用显示下拉菜单的方法时会触发该事件
shown.bs.dropdown	当下拉菜单显示完毕后触发该事件
hide.bs.dropdown	当调用隐藏下拉菜单的方法时会触发该事件
hidden.bs.dropdown	当下拉菜单隐藏完毕后触发该事件

【示例】 为当前下拉菜单绑定 4 个监听事件，分别是 show、shown、hide 和 hidden，然后激活下拉菜单交互行为，这样当下拉菜单在交互过程中，可以看到 4 个事件的执行顺序和发生节点，如图 7.7 所示。

```
<script type="text/javascript">
$(function(){
```

```
    $("#dropdown").on("show.bs.dropdown",function(){
        $(this).children('[data-toggle="dropdown"]').html('显示下拉菜单  <i class=
"caret"></i>');
    })
    $("#dropdown").on("shown.bs.dropdown",function(){
        $(this).children('[data-toggle="dropdown"]').html('下拉菜单显示完毕  <i
class="caret"></i>');
    })
    $("#dropdown").on("hide.bs.dropdown",function(){
        $(this).children('[data-toggle="dropdown"]').html('隐藏下拉菜单  <i class=
"caret"></i>');
    })
    $("#dropdown").on("hidden.bs.dropdown",function(){
        $(this).children('[data-toggle="dropdown"]').html('下拉菜单隐藏完毕  <i class=
"caret"></i>');
    })
})
</script>
<div class="dropdown" id="dropdown">
    <a href="#" class="btn btn-info" data-toggle="dropdown">下拉菜单 <i class=
"caret"></i></a>
    <ul class="dropdown-menu">
        <li><a href="#">菜单项 1</a></li>
        <li><a href="#">菜单项 2</a></li>
        <li><a href="#">菜单项 3</a></li>
    </ul>
</div>
```

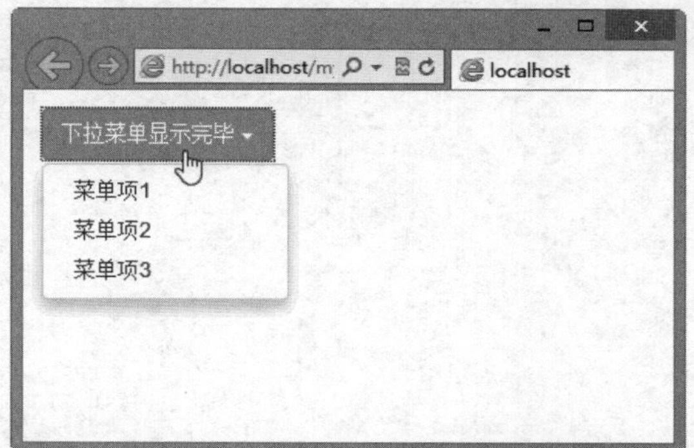

图 7.7　通过事件监听下拉菜单的显示和隐藏过程

7.4　滚动监听

滚动监听是 Bootstrap 提供的很实用的 JavaScript 插件，被广泛应用到 Web 开发中。当用户滚动滚动条时，页面能够自动监听，并动态调整导航条中当前项目，以正确显示页面内容所在的位置。

扫一扫，看视频

7.4.1　定义滚动监听

Bootstrap 3.0 的 ScrollSpy（滚动监听）插件能够根据滚动的位置，自动更新导航条中相应的导航项。

【示例 1】 通过完整步骤演示如何实现滚动监听的操作。

【操作步骤】

第 1 步，使用滚动监听插件之前，应在页面中导入 jquery.js 和 bootstrap-scrollspy.js 文件。

```
<script type="text/javascript" src="bootstrap/js/jquery.js"></script>
<script type="text/javascript" src="bootstrap/js/bootstrap-scrollspy.js"></script>
```

第 2 步，设计导航条，在导航条中包含一个下拉菜单。分别为导航条列表项和下拉菜单项设计锚点链接，锚记分别为"#1"、"#2"、"#3"、"#4"、"#5"。同时为导航条外框定义一个 ID 值（id="menu"），以方便滚动监听控制。

```
<div id="menu" class="navbar navbar-default navbar-fixed-top">
      <ul class="nav navbar-nav">
          <li><a href="#1">列表 1</a></li>
          <li><a href="#2">列表 2</a></li>
          <li class="dropdown"> <a href="#" data-toggle="dropdown">下拉列表 <b
class="caret"></b></a>
              <ul class="dropdown-menu">
                  <li><a href="#3">列表 3</a></li>
                  <li><a href="#4">列表 4</a></li>
                  <li class="divider"></li>
                  <li><a href="#5">列表 5</a></li>
              </ul>
          </li>
      </ul>
</div>
```

第 3 步，设计监听对象。这里设计一个包含框，其中存放多个子内容框。在内容框中，为每个标题设置锚点位置，即为每个<h3>标签定义 ID 值，对应值分别为 1、2、3、4、5。

```
<div class=" scrollspy">
    <h3 id="1">列表 1</h3>
    <p><img src="images/1.jpg"></p>
    <h3 id="2">列表 2</h3>
    <p><img src="images/2.jpg"></p>
    <h3 id="3">列表 3</h3>
    <p><img src="images/3.jpg"></p>
    <h3 id="4">列表 4</h3>
    <p><img src="images/4.jpg"></p>
    <h3 id="5">列表 5</h3>
    <p><img src="images/5.jpg"></p>
</div>
```

第 4 步，为监听对象(<div class=" scrollspy">)定义类样式，设计该包含框为固定大小，并显示滚动条。

```
.scrollspy {
    width: 520px;
    height: 300px;
    overflow: scroll;
}
.scrollspy-example img { width: 500px; }
```

第 5 步，为监听对象设置被监听的 Data 属性：data-spy="scroll"，指定监听的导航条：data-target="#menu"，定义监听过程中滚动条偏移位置：data-spy="scroll" data-offset="30"。

```
<div data-spy="scroll" data-target="#menu" data-offset="30" class="scrollspy">
    <h3 id="1">列表 1</h3>
    <p><img src="images/1.jpg"></p>
```

```
    <h3 id="2">列表 2</h3>
    <p><img src="images/2.jpg"></p>
    <h3 id="3">列表 3</h3>
    <p><img src="images/3.jpg"></p>
    <h3 id="4">列表 4</h3>
    <p><img src="images/4.jpg"></p>
    <h3 id="5">列表 5</h3>
    <p><img src="images/5.jpg"></p>
</div>
```

第 6 步，在浏览器中预览，则可以看到当滚动<div class=" scrollspy">的滚动条时，导航条会实时监听并更新当前被激活的菜单项，效果如图 7.8 所示。

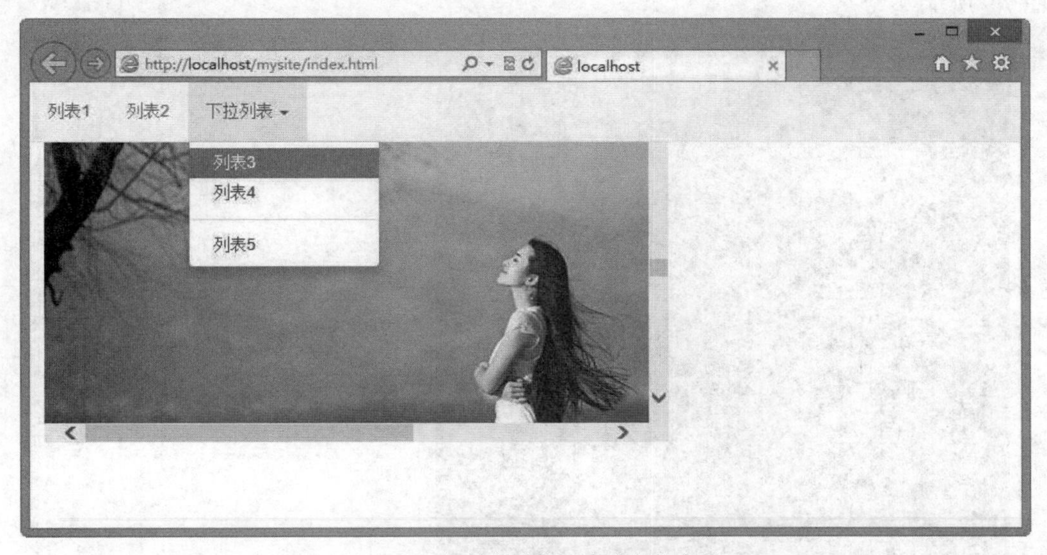

图 7.8　导航条自动监听滚动条的变化

【示例 2】　通过滚动监听插件，也可以为页面绑定监听行为，实现对页面滚动的监听响应。

【操作步骤】

第 1 步，针对示例 1，为<body>标签建立监听行为：

```
<body data-spy="scroll" data-target="#navbar" data-offset="0">
```

第 2 步，清理掉原来页面中的<div class="scrollspy">包含框及其样式。同时清理掉导航条结构，重新设计导航结构，定义导航外包含框的 ID 值为 navbar。

```
<div id="navbar">
    <ul class="nav nav-pills nav-stacked">
        <li><a href="#1">列表 1</a></li>
        <li><a href="#2">列表 2</a></li>
        <li class="dropdown"> <a href="#" data-toggle="dropdown">下拉列表 <b class=
"caret"></b> </a>
            <ul class="dropdown-menu">
                <li><a href="#3">列表 3</a></li>
                <li><a href="#4">列表 4</a></li>
                <li><a href="#5">列表 5</a></li>
            </ul>
        </li>
    </ul>
</div>
```

第 3 步，在样式表中定义导航包含框，让其固定在浏览器窗口右上角位置，并定义宽度和背景色，样式代码如下：

```
#navbar {
    top: 50px;
    right: 10px;
    position: fixed;
    width: 200px;
    background-color: #FFF;
}
```

第 4 步，最后在浏览器中预览，滚动页面会发现导航列表会自动进行监听，并显示活动的菜单项，效果如图 7.9 所示。

图 7.9　导航列表自动监听页面滚动

扫一扫，看视频

7.4.2　调用滚动监听

Bootstrap 3.0 支持 HTML 和 JavaScript 两种方法调用滚动监听插件。简单说明如下：

（1）通过 data 属性调用滚动监听

在页面中为被监听的元素定义 data-spy="scroll"属性，即可激活 Bootstrap 滚动监听插件，如果要监听浏览器窗口的内容滚动，则可以为<body>标签添加 data-spy="scroll"属性。

```
<body data-spy="scroll">
```

然后，使用 data-target="目标对象"定义监听的导航结构。

【示例 1】　当为 body 元素定义 data-target="#navbar"时，则 ID 值为 navbar 的导航框就拥有监听页面滚动的行为。

```
<body data-spy="scroll" data-target="#navbar" >
```

（2）通过 JavaScript 调用滚动监听

直接为被监听的对象绑定 scrollspy()方法即可。

【示例 2】　针对 7.4.1 节的示例 2，可以使用 JavaScript 来快速为<body>标签绑定滚动监听行为。

```
<script type="text/javascript">
$(function(){
```

```
    $("body").scrollspy();
})
</script>
```

注意：

在设计滚动监听时，必须为导航条中的链接指定相应的目标 ID。例如，<a href="#1">列表 1</a>必须与页面中类似<h3 id="1">列表 1</h3>标签相呼应，即要为导航条设计好页内锚点。

scrollspy()构造函数能够接收一个参数对象，在其中可以设置滚动偏移的值，当该属性为正值时，则滚动条向上偏移，为负值时将向下偏移。

【示例 3】 如果使用下面的代码调用页面的滚动监听行为：

```
<script type="text/javascript">
$(function(){
    $("body").scrollspy({
        offset:200
    });
})
</script>
```

在浏览器中预览，会发现在滚动条还没有滚出第一个标题内容区时，导航焦点已经切换到第二个列表项了，如图 7.10 所示，这是因为代码中调整了滚动监听的偏移位置，出现错位现象。

图 7.10　导航列表自动监听页面滚动

对于 Bootstrap 的插件来说，所有参数都可以通过 data 属性或 JavaScript 传递。对于 data 属性，将参数名附着到 data-后面。例如，针对上面的 offset 配置参数，可以在 HTML 中通过 data-offset=""进行相同的配置。offset 能够调整滚动定位的偏移位置，取值为数字，单位为像素，默认值为 10 像素。

7.4.3　添加用户行为

滚动监听插件定义了一个事件：activate.bs.scrollspy。该事件在当一个新的导航项目被激活时触发。

【示例 1】　下面示例建立在上面示例基础上，利用 activate 事件跟踪当前菜单项，判断如果当前项目为下拉菜单的包含框，即下拉菜单的父元素（<li class="dropdown">），则展开下拉菜单，否则收起下拉菜单。主要控制脚本如下，演示效果如图 7.11 所示。

```
<script type="text/javascript">
$(function(){
    $("body").scrollspy({
        offset:0
    });
    $("body").on("activate.bs.scrollspy",function(e){
        if(e.target && $(e.target).hasClass("dropdown")){
            $(e.target).children("ul.dropdown-menu").css("display","block");
        }
        else{
            $(e.target).parent().find("ul.dropdown-menu").css("display","none");
        }
    });
})
</script>
```

图 7.11　自动展开下拉菜单效果

【示例 2】　滚动监听插件还定义了一个方法：scrollspy('refresh')，当滚动监听所作用的 DOM 有增删页面元素的操作时，需要调用下面的 refresh 方法：

```
$('[data-spy="scroll"]').each(function () {
    var $spy = $(this).scrollspy('refresh')
});
```

7.5　标　签　页

标签页插件需要 bootstrap-tab.js 文件支持，因此在使用该插件之前，应导入 jquery.js 和 bootstrap-tab.js 文件。在使用标签页插件之前，建议先熟悉标签页组件的基本结构和用法。

7.5.1 定义标签页

扫一扫，看视频

使用标签页插件比较简单，首先在页面头部位置导入插件所需要的脚本文件和样式表文件：

```
<script type="text/javascript" src="bootstrap/js/jquery.js"></script>
<script type="text/javascript" src="bootstrap/js/bootstrap.js"></script>
<link rel="stylesheet" type="text/css" href="bootstrap/css/bootstrap.css">
```

然后，设计标签页组件结构，在设计 HTML 结构时，应该注意两个问题：

- 导航区内每个超链接的链接定义为锚点链接，锚点值指向对应的标签内容框的 ID 值。
- 导航内容区域，需要使用 tab-content 类定义外包含框，使用 tab-pane 类定义每个 Tab 内容框。

最后，在导航区域内为每个超链接定义 data-toggle="tab"，激活标签页插件。对于下拉菜单选项，也可以通过该属性激活它们对应的行为。

【示例】 演示了如何定义标签页，完整结构代码如下：

```
<div class="tabbable">
    <ul class="nav nav-tabs">
        <li class="active"><a href="#tab1" data-toggle="tab">图片 1</a></li>
        <li><a href="#tab2" data-toggle="tab">图片 2</a></li>
        <li><a href="#tab3" data-toggle="tab">图片 3</a></li>
        <li class="dropdown"><a href="#" class="dropdown-toggle" data-toggle= "dropdown">
更多选择 <b class="caret"></b></a>
            <ul class="dropdown-menu">
                <li><a href="#tab4" data-toggle="tab">图片 4</a></li>
                <li><a href="#tab5" data-toggle="tab">图片 5</a></li>
            </ul>
        </li>
    </ul>
    <div class="tab-content">
        <div class="tab-pane active" id="tab1"><img src="images/5.jpg"></div>
        <div class="tab-pane fade" id="tab2"><img src="images/6.jpg"></div>
        <div class="tab-pane fade" id="tab3"><img src="images/7.jpg"></div>
        <div class="tab-pane fade" id="tab4"><img src="images/8.jpg"></div>
        <div class="tab-pane fade" id="tab5"><img src="images/9.jpg"></div>
    </div>
</div>
```

保存页面，在浏览器中的预览效果如图 7.12 所示。

图 7.12　标签页演示效果

扫一扫，看视频

7.5.2 调用标签页

调用标签页插件的方法也有两种：

- 通过 data 属性来激活，此时不需要编写任何 JavaScript 脚本，只需要在导航标签或者导航超链接中添加 data-toggle="tab"或者 data-toggle="pill"属性即可。同时，确保为导航包含框添加 nav 和 nav-tabs 类样式。
- 通过 JavaScript 脚本直接调用，调用方法是在每个超链接的单击事件中调用 tab('show')方法显示对应的标签内容框。

【示例 1】 针对 7.5.1 的示例代码，清理掉每个超链接的 data-toggle="tab"，然后编写如下脚本：

```
<script type="text/javascript">
$(function(){
    $(".nav-tabs a").click(function(e){
        e.preventDefault();
        $(this).tab('show');
    });
})
</script>
<div class="tabbable">
    <ul class="nav nav-tabs">
        <li class="active"><a href="#tab1">图片 1</a></li>
        <li><a href="#tab2">图片 2</a></li>
        <li><a href="#tab3">图片 3</a></li>
        <li class="dropdown"><a href="#" class="dropdown-toggle" data-toggle= "dropdown">
更多选择 <b class="caret"></b></a>
            <ul class="dropdown-menu">
                <li><a href="#tab4">图片 4</a></li>
                <li><a href="#tab5">图片 5</a></li>
            </ul>
        </li>
    </ul>
    <div class="tab-content">
        <!--内容省略-->
    </div>
</div>
```

其中 e.preventDefault();阻止超链接的默认行为，$(this).tab('show');显示当前标签页对应的内容框内容。

【示例 2】 根据示例 1 的实现方法，用户还可以设计单独控制按钮，专门显示特定 Tab 项的内容框。

```
$('.nav-tabs a[href="#profile"]').tab('show');      // 显示 ID 名为 profile 的项目
$('.nav-tabs a:first').tab('show');                 // 显示第一个 Tab 选项
$('.nav-tabs a:last').tab('show');                  // 显示最后一个 Tab 选项
$('.nav-tabs li:eq(2) a').tab('show');              // 显示第 3 个 Tab 选项
```

扫一扫，看视频

7.5.3 添加用户行为

标签页插件包含两个事件，简单说明如下：

- show.bs.tab：当一个标签选项被显示前将触发。通过 event.target 和 event.relatedTarget 可以获取当前触发的 Tab 标签和前面一个被激活的 Tab 标签。

- shown.bs.tab：当一个标签选项被显示之后触发。通过 event.target 和 event.relatedTarget 可以获取当前触发的 Tab 标签和前面一个被激活的 Tab 标签。

【示例】　针对 7.5.2 节的示例，分别为当前标签页绑定 show 和 shown 事件，并实时跟踪当前选项的 Tab 地址信息和前一个 Tab 选项的地址信息，然后把这些信息显示在页面中，效果如图 7.13 所示。

```
<script type="text/javascript">
$(function(){
    $(".nav-tabs a").click(function(e){
        e.preventDefault();
        $(this).tab('show');
    });
    $(".nav-tabs a").on("show.bs.tab",function(e){
        $("div#info").html("前一个 Tab 选项目标：" + e.relatedTarget);
    });
    $(".nav-tabs a").on("show.bs.tab",function(e){
        $("div#info1").html("当前 Tab 选项目标：" + e.target);
    });
})
</script>

<div class="tabbable">
    <ul class="nav nav-tabs">
    </ul>
    <div class="tab-content">
    </div>
</div>
<div id="info"></div>
<div id="info1"></div>
```

图 7.13　动态跟踪标签页选项的切换过程

注意：

为每个.tab-pane 添加.fade 可以让标签页具有淡入特效，这时第一个标签页所对应的的内容区必须也添加.in 使初始内容同时具有淡入效果。代码如下：

```
    <div class="tab-content">
```

```
        <div class="tab-pane active fade in" id="tab1"><img src="images/1.png">
</div>
        <div class="tab-pane fade" id="tab2"><img src="images/2.png"></div>
        <div class="tab-pane fade" id="tab3"><img src="images/3.png"></div>
        <div class="tab-pane fade" id="tab4"><img src="images/4.png"></div>
        <div class="tab-pane fade" id="tab5"><img src="images/5.png"></div>
    </div>
```

7.6 工具提示

工具提示插件需要 bootstrap-tooltip.js 文件支持，因此在使用该插件之前，应该导入 jquery.js 和 bootstrap-tooltip.js 文件。该插件不依赖图片，使用 CSS3 实现动画效果，并使用 data 属性存储标题。

扫一扫，看视频

7.6.1 定义工具提示

使用工具提示插件比较简单，首先在页面导入插件脚本和样式支持文件：

```
<script type="text/javascript" src="bootstrap/js/jquery.js"></script>
<script type="text/javascript" src="bootstrap/js/bootstrap-tooltip.js"></script>
<link rel="stylesheet" type="text/css" href="bootstrap/css/bootstrap.css">
```

然后，在页面中设计一个超链接，定义 title 属性，设置工具提示文本信息，代码如下：

```
<a href="http://www.baidu.com/" title="百度一下，你就知道"><img src="images/
logo.gif"></a>
```

出于性能原因的考虑，Bootstrap 没有支持工具提示插件通过 data 属性激活，因此用户必须手动通过 JavaScript 脚本方式调用。调用的方法是通过 tooltip()构造函数来实现，代码如下：

```
<script type="text/javascript">
$(function(){
    $('a').mouseover(function() {
        $(this).tooltip('show');
    })
});
</script>
```

在浏览器中预览，则显示效果如图 7.14 所示。

图 7.14　工具提示演示效果

通过 data-placement=""属性可以设置提示信息的显示位置，取值包括 top、right、bottom、left。

【示例】　分别使用 data-placement 属性定义工具提示信息显示的位置在顶部、右侧、底部和左侧，显示效果如图 7.15 所示。

```
<script type="text/javascript">
$(function(){
```

```
    $('a').mouseover(function() {
        $(this).tooltip('show');
    })
});
</script>
<style type="text/css">
body { padding: 20px 100px; }
a{margin:12px;}
</style>
<a  href="http://www.baidu.com/"  class="btn  btn-info  btn-block  btn-lg"  data-placement="top" title="百度一下，你就知道">百度</a>
<a  href="http://www.baidu.com/"  class="btn  btn-info  btn-block  btn-lg"  data-placement="right" title="百度一下，你就知道">百度</a>
<a  href="http://www.baidu.com/"  class="btn  btn-info  btn-block  btn-lg"  data-placement="bottom" title="百度一下，你就知道">百度</a>
<a  href="http://www.baidu.com/"  class="btn  btn-info  btn-block  btn-lg"  data-placement="left" title="百度一下，你就知道">百度</a>
```

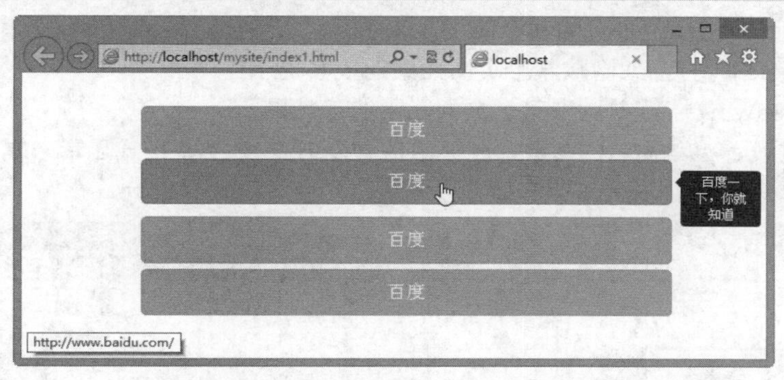

图 7.15　设置工具提示显示位置

注意：

当为文本框输入组添加工具提示功能时，建议设置 container 包含框，以避免不必要的副作用。

扫一扫，看视频

7.6.2　调用工具提示

在使用工具提示插件时，可以通过 JavaScript 触发，核心代码如下：

```
$('#example').tooltip(options)
```

其中$('#example')表示匹配的页面元素，options 是一个参数对象，可以配置工具提示的相关设置属性，说明如表 7.4 所示。

表 7.4　Tooltip 配置参数 options 属性

名　称	类　型	默 认 值	描　述
animation	boolean	true	是否应用 CSS 淡入淡出过渡特效显示工具提示
html	boolean	false	是否插入 HTML 字符串，如果设置 false，则使用 jQuery 的 text()方法插入文本，就不用担心 XSS 攻击
placement	string | function	'top'	设置提示的位置，包括 top | bottom | left | right
selector	string	false	设置一个选择器字符串，则具体提示针对选择器匹配的目标进行显示
title	string | function	''	如果 title 属性不存在，则需要显示的提示文本

（续）

名　称	类　型	默 认 值	描　述
trigger	string	'hover focus'	设置工具提示的触发方式，包括单击（click）、鼠标经过（hover）、获取焦点（focus）或者手动（manual），可以指定多种方式，多种方式之间通过空格进行分隔
delay	number | object	0	延迟显示和隐藏工具提示，不适用于手动触发类型。如果提供一个数值，则表示隐藏或者显示的延迟时间，如果是一个对象结构，可以这样进行设置{ show: 500, hide: 100 }，它分别表示显示和隐藏的延迟时间
container	string | false	false	是否追加一个特定的元素容器提示：body

可以通过 data 属性或 JavaScript 传递参数。对于 data 属性，将参数名附着到 data-后面即可，如 data-animation=""。也可以针对单个工具提示指定单独的 data 属性。

```
<a href="#" data-toggle="tooltip" title="first tooltip">hover over me</a>
```

工具提示插件拥有多个实用方法，说明如下：

- .tooltip('show')：弹出某个页面元素的工具提示。
- .tooltip('hide')：隐藏某个页面元素的工具提示。
- .tooltip('toggle')：打开或隐藏某个页面元素的工具提示。
- .tooltip('destroy')：隐藏并销毁某个页面元素的工具提示。

【示例】　通过设置工具提示的参数，让提示信息以 HTML 文本格式显示一幅图片，同时延迟一秒钟显示，并推迟半秒钟隐藏，效果如图 7.16 所示。

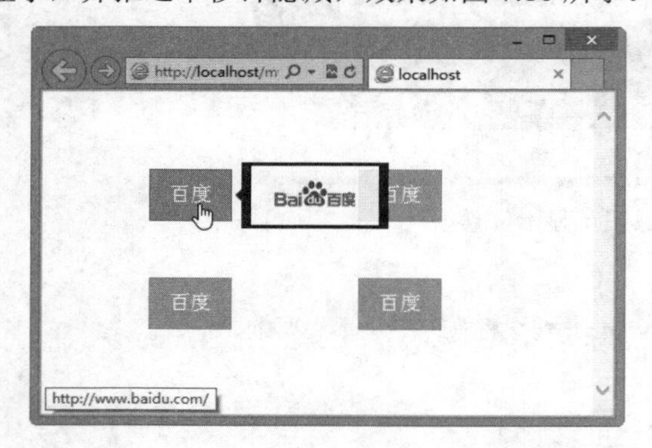

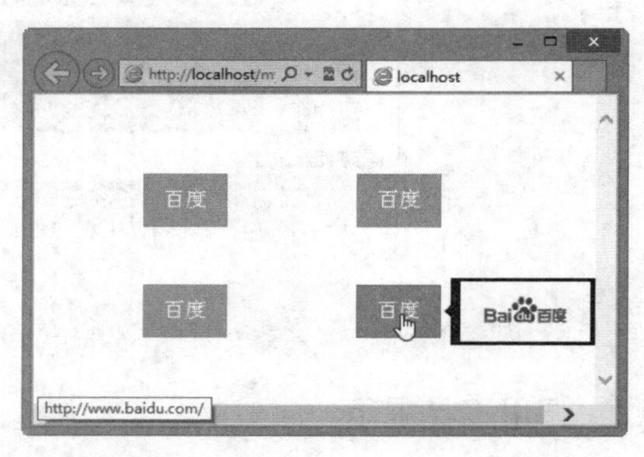

图 7.16　自定义工具提示显示信息

```
<style type="text/css">
body { padding: 20px 40px; }
a{margin:50px;}
</style>
<script type="text/javascript">
$(function(){
    $('a').tooltip({
        html:true,
        title:"<img src='images/logo.gif' />",
        placement:"right",
        delay: { show: 1000, hide: 500 }
    })
});
</script>
<a href="http://www.baidu.com/" class="btn btn-info btn-lg">百度</a>
<a href="http://www.baidu.com/" class="btn btn-info btn-lg" title="百度一下，你就知
```

```
道">百度</a>
<a href="http://www.baidu.com/" class="btn btn-info btn-lg" title="http://www.
baidu.com/">百度</a>
<a href="http://www.baidu.com/" class="btn btn-info btn-lg" title="<img src=
'images/logo.gif' />">百度</a>
```

7.6.3　添加用户行为

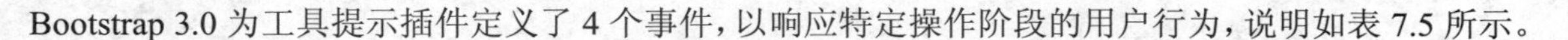
Bootstrap 3.0 为工具提示插件定义了 4 个事件，以响应特定操作阶段的用户行为，说明如表 7.5 所示。

表 7.5　Tooltip 事件

事　件	描　述
show.bs.tooltip	当 show 方法被调用之后，此事件将被立即触发
shown.bs.tooltip	当工具提示展示到用户面前之后（同时 CSS 过渡效果执行完之后），此事件被触发
hide.bs.tooltip	当 hide 方法被调用之后，此事件被触发
hidden.bs.tooltip	当工具提示被隐藏之后（同时 CSS 过渡效果执行完之后），此事件被触发

【示例】　为当前页面中超链接标签绑定 4 个监听事件，分别是 show、shown、hide 和 hidden，然后激活工具提示交互行为，这样当工具提示在交互过程中，可以看到 4 个事件的执行顺序和按钮背景样式在不断地发生变化，如图 7.17 所示。

```
<script type="text/javascript">
$(function(){
    $('a').tooltip({
        placement:"bottom"
    })
    $("a").on("show.bs.tooltip",function(){
        $(this).removeClass("btn-info").addClass("btn-primary");
    })
    $("a").on("shown.bs.tooltip",function(){
        $(this).removeClass("btn-primary").addClass("btn-success");
    })
    $("a").on("hide.bs.tooltip",function(){
        $(this).removeClass("btn-success").addClass("btn-warning");
    })
    $("a").on("hidden.bs.tooltip",function(){
        $(this).removeClass("btn-warning").addClass("btn-info");;
    })
});
</script>
<a href="http://www.baidu.com/" class="btn btn-info btn-block btn-lg" title="百度
一下，你就知道">百度</a>
```

图 7.17　通过事件监听工具提示的显示和隐藏过程

第 8 章　JavaScript 插件（下）

Bootstrap 定义了丰富的 JavaScript 插件，本章接着上一章内容继续介绍其他插件使用。

【学习重点】

- 使用弹出框、警告框。
- 使用按钮。
- 能够设计折叠版式。
- 能够设计轮播模块。
- 正确使用 Affix（附加导航）插件。

8.1　弹　出　框

弹出框依赖工具提示插件，因此需要先加载工具提示插件。另外，弹出框插件需要 bootstrap-popover.js 文件支持，因此应先导入 jquery.js 和 bootstrap-popover.js 文件。

扫一扫，看视频

8.1.1　定义弹出框

使用弹出框插件比较简单，首先在页面头部位置导入插件所需要的脚本文件和样式表文件：

```
<script type="text/javascript" src="bootstrap/js/jquery.js"></script>
<script type="text/javascript" src="bootstrap/js/bootstrap-popover.js"></script>
<link rel="stylesheet" type="text/css" href="bootstrap/css/bootstrap.css">
```

然后，在页面中设计一个超链接，定义 title 属性，设置弹出框标题信息，定义 data-content 属性，设置弹出框的正文内容，代码如下：

```
<a href="#" class="btn btn-lg btn-success" title="弹出框标题" data-content="这里将显示弹出框的正文内容">单击查看效果</a>
```

出于性能原因的考虑，Bootstrap 默认没有支持弹出框插件直接通过 data 属性激活，因此必须手动调用。调用的方法是通过 popover()方法实现，代码如下：

```
$(function(){
    $('a').popover();
});
```

【示例 1】　定义弹出框的完整页面代码如下，在浏览器中预览的显示效果如图 8.1 所示。

```
<!doctype html>
<html>
<head>
<meta charset="utf-8">
<meta name="viewport" content="width=device-width, initial-scale=1.0">
<link href="bootstrap/css/bootstrap.css" rel="stylesheet" type="text/css">
<link href="bootstrap/css/bootstrap-theme.css.no" rel="stylesheet" type="text/css">
<script src="bootstrap/jquery-1.9.1.js"></script>
<script src="bootstrap/js/bootstrap.js"></script>
<style type="text/css">
body { padding: 40px 80px; }
</style>
```

```
<script type="text/javascript">
$(function(){
    $('a').popover();
});
</script>
</head>
<body>
<a href="#" class="btn btn-lg btn-success"  title="弹出框标题" data-content="这里将显示弹出框的正文内容">单击查看效果</a>
</body>
</html>
```

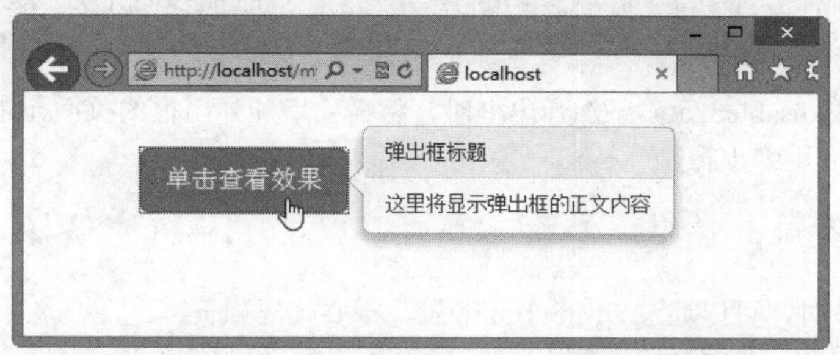

图 8.1　弹出框演示效果

与工具提示默认显示位置不同，弹出框默认显示位置在目标对象的右侧。通过 data-placement=""属性可以设置提示信息的显示位置，取值包括 top、right、bottom、left。

【示例 2】　在下面代码中分别使用 data-placement 属性定义工具提示信息显示的位置在顶部、右侧、底部和左侧，则显示效果如图 8.2 所示。

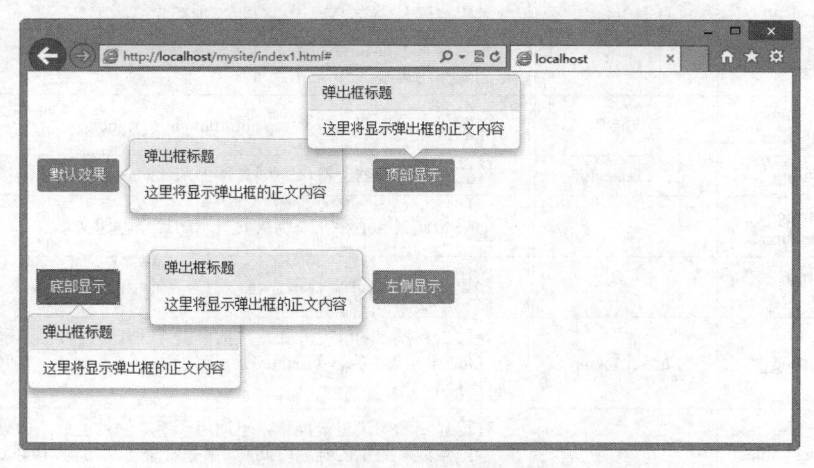

图 8.2　设置弹出框显示位置

```
<style type="text/css">
body { padding: 10px 10px; }
a { margin-right: 250px; margin-top: 80px; }
</style>
<script type="text/javascript">
$(function(){
    $('a').popover();
});
```

```
</script>
<a href="#" class="btn btn-large btn-success"  title="弹出框标题" data-content="这里将显示弹出框的正文内容">默认效果</a>
<a href="#" class="btn btn-large btn-success" data-placement="top"  title="弹出框标题" data-content="这里将显示弹出框的正文内容">顶部显示</a>
<a href="#" class="btn btn-large btn-success" data-placement="bottom" title="弹出框标题" data-content="这里将显示弹出框的正文内容">底部显示</a>
<a href="#" class="btn btn-large btn-success" data-placement="left" title="弹出框标题" data-content="这里将显示弹出框的正文内容">左侧显示</a>
```

注意：

当提示框与.btn-group 或 .input-group 联合使用时，需要指定 container: 'body'选项以避免不需要的副作用。例如，当弹出框显示之后，与其合作的页面元素可能变得更宽或是去圆角。

为了给 disabled 或.disabled 元素添加弹出框时，将需要增加弹出框的页面元素包裹在一个<div>中，然后对这个<div>元素应用弹出框。

扫一扫，看视频

8.1.2 调用弹出框

在使用弹出框插件时，可以通过 JavaScript 触发，核心代码如下：

```
$('#example').popover(options)
```

其中$('#example')表示匹配的页面元素，options 是一个参数对象，可以配置弹出框的相关设置属性，说明如表 8.1 所示。

表 8.1 popover 配置参数 options 属性

名 称	类 型	默 认 值	描 述
animation	boolean	true	是否应用 CSS 淡入淡出过渡特效显示工具提示
html	boolean	false	是否插入 HTML 字符串，如果设置 false，则使用 jQuery 的 text()方法插入文本，就不用担心 XSS 攻击
placement	string | function	'top'	设置提示的位置，包括 top | bottom | left | right
selector	string	false	设置一个选择器字符串，则具体提示针对选择器匹配的目标进行显示
title	string | function	''	如果 title 属性不存在，则需要显示的提示标题文本
content	string | function	''	如果 data-content 属性不存在，则需要显示的提示正文文本
trigger	string	'hover focus'	设置工具提示的触发方式，包括单击（click）、鼠标经过（hover）、获取焦点（focus）或者手动（manual），可以指定多种方式，多种方式之间通过空格进行分隔
delay	number | object	0	延迟显示和隐藏工具提示，不适用于手动触发类型。如果提供一个数值，则表示隐藏或者显示的延迟时间，如果是一个对象结构，可以这样进行设置{ show: 500, hide: 100 }，它分别表示显示和隐藏的延迟时间
container	string | false	false	是否追加一个特定的元素容器提示：body

可以通过 data 属性或 JavaScript 传递参数。对于 data 属性，将参数名附着到 data-后面即可，如 data-animation=""。也可以针对单个弹出框指定单独的 data 属性。

弹出框插件拥有多个实用方法，说明如下：

- .popover('show')：显示某个页面元素的弹出框。
- .popover('hide')：隐藏某个页面元素的弹出框。
- .popover('toggle')：打开或隐藏某个页面元素的弹出框。

- .popover('destroy')：隐藏并销毁某个页面元素的弹出框。

【示例】 通过设置弹出框的参数，模拟工具提示效果，即当鼠标经过按钮时，弹出信息以 HTML 文本格式显示一幅图片，同时延迟一秒钟显示，并推迟半秒钟隐藏，效果如图 8.3 所示。

```
<script type="text/javascript">
$(function(){
    $('a').popover({
        html:true,                                      //支持 HTML 字符串
        title:"模拟工具提示功能",                         //显示标题
        content:"<img src='images/logo.gif' />",//显示内容
        placement:"bottom",                             //显示位置
        trigger:"hover",                                //鼠标经过时触发
        delay: { show: 1000, hide: 500 }                //显示、隐藏延迟时间
    })
});
</script>
<a class="btn btn-lg btn-block btn-success" href="http://www.baidu.com/">百度</a>
```

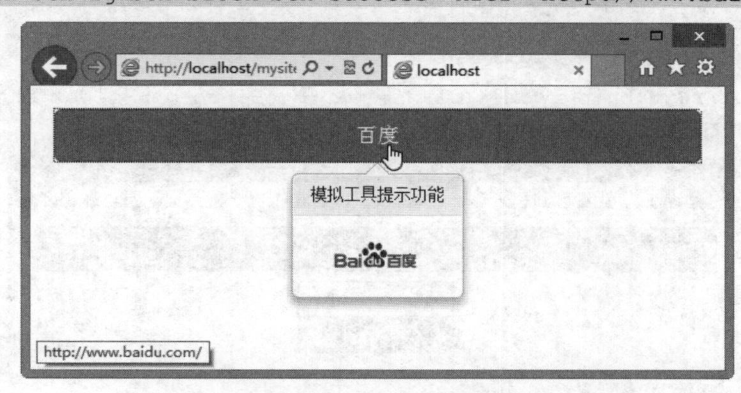

图 8.3 自定义弹出框显示信息

8.1.3 添加用户行为

扫一扫，看视频

Bootstrap 3.0 为弹出框插件定义了 4 个事件，以响应特定操作阶段的用户行为，说明如表 8.2 所示。

表 8.2 popover 事件

事件	描述
show.bs.popover	当 show 方法被调用之后，此事件将被立即触发
shown.bs.popover	当弹出框展示到用户面前之后（同时 CSS 过渡效果执行完之后），此事件被触发
hide.bs. popover	当 hide 方法被调用之后，此事件被触发
hidden.bs.popover	当弹出框被隐藏之后（同时 CSS 过渡效果执行完之后），此事件被触发

【示例】 为当前页面中超链接标签绑定 4 个监听事件，分别是 show、shown、hide 和 hidden，然后激活工具提示交互行为，当工具提示在交互过程中时，我们可以看到 4 个事件的执行顺序和按钮背景样式在不断的发生变化，同时自定义弹出框在显示后背景色从红色变成蓝色，显示效果如图 8.4 所示。

```
<script type="text/javascript">
$(function(){
    $('a').popover({
        placement:"bottom",
```

```
        trigger:"hover",
        content:"弹出框内容"
    })
    $("a").on("show.bs.popover",function(){
        $(this).removeClass("btn-info").addClass("btn-primary")
        .next(".popover").css("background-color","red");
    })
    $("a").on("shown.bs.popover",function(){
        $(this).removeClass("btn-primary").addClass("btn-success")
        .next(".popover").css("background-color","blue");
    })
    $("a").on("hide.bs.popover",function(){
        $(this).removeClass("btn-success").addClass("btn-warning");
    })
    $("a").on("hidden.bs.popover",function(){
        $(this).removeClass("btn-warning").addClass("btn-info");;
    })
});
</script>
<a href="http://www.baidu.com/" class="btn btn-info btn-block btn-lg" title="百度
一下，你就知道">百度</a>
```

图 8.4　通过事件监听弹出框的显示和隐藏过程

8.2　警　告　框

警告框插件需要 bootstrap-alert.js 文件支持，因此在使用该插件之前，应先导入 jquery.js 和 bootstrap-alert.js 文件。

```
<script type="text/javascript" src="bootstrap/js/jquery.js"></script>
<script type="text/javascript" src="bootstrap/js/bootstrap.js"></script>
<link rel="stylesheet" type="text/css" href="bootstrap/css/bootstrap.css">
```

扫一扫，看视频

8.2.1　定义警告框

设计一个警告框包含框，并添加一个关闭按钮，代码如下：

```
<div class="alert alert-info">
    <button type="button" class="close" data-dismiss="alert">&times;</button>
    <strong>警告框标题</strong> 说明文字。
</div>
```

只需为关闭按钮设置 data-dismiss="alert"即可自动为警告框赋予关闭功能。

```
<a class="close" data-dismiss="alert" href="#">&times;</a>
```

预览效果如图 8.5 所示。

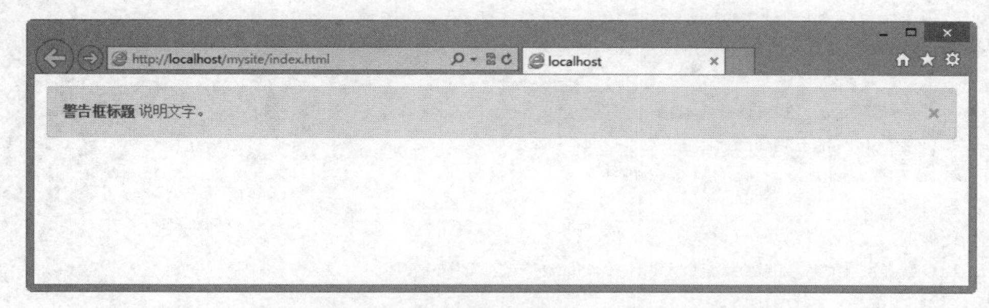

图 8.5　警告框插件效果 1

警告框插件也可以通过 JavaScript 关闭某个警告框：

```
$(".alert").alert("close");
```

alert()方法赋予所有警告框以关闭功能。如果希望警告框在关闭时带有动画效果，应为提示包含框添加.fade 和.in 类。

【示例】　针对上面的代码，可以使用 JavaScript 脚本来控制警告框关闭控制，演示效果如图 8.6 所示。

```
<script type="text/javascript">
$(function(){
    $(".close").click(function(){
        $(this).alert("close");
    })
});
</script>
<div class="alert alert-danger fade in">
    <button type="button" class="close">&times;</button>
    <strong>警告框标题</strong> 说明文字。
</div>
```

图 8.6　警告框插件效果 2

8.2.2　添加用户行为

警告框插件支持两个事件，说明如下：

- close.bs.alert：当 close 函数被调用之后，此事件被立即触发。
- closed.bs.alert：当警告框被关闭之后（同时 CSS 过渡效果执行完毕），此事件被触发。

【示例】　将警告框插件与模态框插件捆绑使用，当关闭警告框之前，将弹出一个模态框进行提示，演示效果如图 8.7 所示。

```
<script type="text/javascript">
```

```
$(function(){
    $(".close").click(function(){
        $(this).alert("close");
    })
    $(".alert").on("close.bs.alert",function(e){
        $("#myModal").modal();
    })
});
</script>
<div class="alert alert-success fade in">
    <button type="button" class="close">&times;</button>
    <strong>警告框标题</strong> 说明文字。
 </div>
 <div id="myModal" class="modal fade">
    <div class="modal-dialog">
        <div class="modal-content">
            <div class="modal-header">
                <h3>提示</h3>
            </div>
            <div class="modal-body">
                <p>确定要关闭警告框信息？</p>
            </div>
            <div class="modal-footer">
                <button class="btn btn-info" data-dismiss="modal">关闭</button>
            </div>
        </div>
    </div>
</div>
```

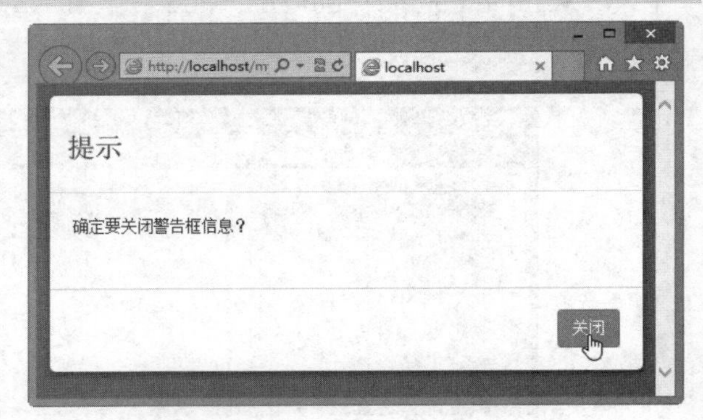

图 8.7　把警告框和弹出模态框插件捆绑应用

8.3　按　　钮

按钮插件需要 bootstrap-button.js 文件支持，在使用该插件之前，应先导入 jquery.js 和 bootstrap-button.js 文件。同时还应该导入插件所需要的样式表文件。

```
<script type="text/javascript" src="bootstrap/js/jquery.js"></script>
<script type="text/javascript" src="bootstrap/js/bootstrap.js"></script>
<link rel="stylesheet" type="text/css" href="bootstrap/css/bootstrap.css">
```

8.3.1 定义按钮

扫一扫，看视频

一般情况下，激活按钮交互行为的最简单方法是使用 Data 属性：

```
<button type="button" class="btn btn-primary" data-toggle="button">激活按钮</button>
```

通过 JavaScript 激活按钮的方法如下：

```
$('.btn').button()
```

另外，按钮插件定义了如下方法：

```
$().button('toggle')
```

该方法可以切换按钮状态，赋予按钮被激活时的状态和外观。也可以使用 data-toggle 属性让按钮具有自动切换状态的能力。

```
<button type="button" class="btn" data-toggle="button">.</button>
```

1. 模拟复选框组

复选框组是一组复选框，可以实现多选操作。使用按钮组模拟复选框组，能够设计更具个性的复选框样式。

【示例 1】 设计 3 个按钮组成一组，然后通过 data-toggle="buttons-checkbox"属性把它们定义为复选框组，单击的按钮将显示深色的背景，再次单击将会显示浅色背景效果，效果如图 8.8 所示。

```
<div class="btn-group" data-toggle="buttons-checkbox">
   <button type="button" class="btn btn-primary btn-lg">语文</button>
   <button type="button" class="btn btn-primary btn-lg">数学</button>
   <button type="button" class="btn btn-primary btn-lg">英语</button>
</div>
```

图 8.8 勾选的按钮将加深背景色显示

上述方法是 Bootstrap 2.0 默认的定义方法，Bootstrap 3.0 继续支持，但不建议使用。Bootstrap 3.0 默认采用通过向按钮组添加 data-toggle="buttons"属性的方法来定义。

【示例 2】 通过如下方式定义复选框组，插件结构就更富有语义性，即使用户关闭了 JavaScript 功能，页面也能够正确显示复选框组界面，演示效果如图 8.9 所示。

图 8.9 Bootstrap 3.0 默认定义的复选框组效果

```
<div class="btn-group" data-toggle="buttons">
   <label class="btn btn-primary btn-lg">
      <input type="checkbox">
```

```
        语文 </label>
    <label class="btn btn-primary btn-lg">
        <input type="checkbox">
        数学 </label>
    <label class="btn btn-primary btn-lg">
        <input type="checkbox">
        英语 </label>
</div>
```

2. 模拟单选按钮组

单选按钮组是一组单选按钮，可以实现单选操作。使用按钮组模拟单选按钮组，能够设计更具个性的单选按钮样式。

在 Bootstrap 2.0 中，通过 data-toggle="buttons-radio"属性定义单选按钮组。

【示例 3】 示例代码如下，这样可以在两个按钮之间进行切换，但不能同时选中或者不选中。

```
<div class="btn-group" data-toggle="buttons-radio">
    <button type="button" class="btn btn-primary">男</button>
    <button type="button" class="btn btn-primary">女</button>
</div>
```

升级到 Bootstrap 3.0 后，Bootstrap 把复选框组和单选按钮组用法进行统一，全部采用 data-toggle="buttons"属性的方法来定义。这样简化了组件使用，同时充分发挥 HTML 默认的复选框组和单选按钮组标签功能。

【示例 4】 下面的代码设计了一组性别单选按钮组，演示效果如图 8.10 所示。

```
<div class="btn-group" data-toggle="buttons">
    <label class="btn btn-primary btn-lg">
        <input type="radio" name="options" id="option1">
        男 </label>
    <label class="btn btn-primary btn-lg">
        <input type="radio" name="options" id="option2">
        女 </label>
</div>
```

图 8.10 设计的单选按钮组效果

扫一扫，看视频

8.3.2 设置状态

1. 加载状态

通过按钮可以设计状态提示，当单击按钮时，会显示 loading 状态信息。

【示例 1】 在下面的代码中设计一个按钮，当单击按钮时将调用 button("loading")方法，触发按钮的加载状态，效果如图 8.11 所示。

```
<script type="text/javascript">
```

```
$(function(){
    $(".btn").click(function(){
          $(this).button("loading");
    })
});
</script>
<button data-loading-text="正在加载..." class="btn btn-primary btn-block btn-lg">
加载</button>
```

图 8.11　加载状态效果

在上面的代码中，通过 data-loading-text 属性定义加载的信息文本，通过 button("loading")方法激活按钮的加载状态行为。

2. 重置和完成状态

在按钮处于加载状态或者其他行为状态中，可以使用 data-reset-text 和 data-complete-text 属性设置重置和完成提示信息，然后通过 button('reset')和 button('complete')方法来激活它们。

【示例 2】 为按钮设计 3 个状态：一个是加载状态（data-loading-text），一个是完成状态（data-complete-text），另一个是重置状态（data-reset-text），然后设计当单击按钮时触发加载状态，延迟 2 秒钟之后显示加载完成状态提示，再过 2 秒钟之后显示重置按钮状态，效果如图 8.12 所示。

```
<script type="text/javascript">
$(function(){
    $(".btn").click(function(){
        $(this).button("loading");
        setTimeout((function(_this){
            return function(){
                $(_this).button("complete");
            }
        })(this), 2000);
        setTimeout((function(_this){
            return function(){
                $(_this).button("reset");
            }
        })(this), 4000);
    })
});
</script>
<button class="btn btn-primary btn-block btn-lg"data-loading-text="正在加载..."
data-reset-text="重新加载" data-complete-text="完成加载">加载</button>
```

图 8.12　设计按钮在 4 种状态中切换

注意：

Bootstrap 提供了比较灵活的用法，对于按钮的状态设置，可以自定义 data 属性，并在调用传递自定义的 data 字符串时进行激活。

【示例 3】　针对示例 2，也可以按如下代码进行设计，重写 loading、complete 和 reset 状态的字符串表示，则演示效果依然相同，唯一的不同是 loading 属性拥有内置样式。

```
<script type="text/javascript">
$(function(){
    $(".btn").click(function(){
        $(this).button("a");
        setTimeout((function(_this){
            return function(){
                $(_this).button("b");
            }
        })(this), 2000);
        setTimeout((function(_this){
            return function(){
                $(_this).button("c");
            }
        })(this), 4000);
    })
});
</script>
<button class="btn btn-primary btn-block btn-lg" data-a-text="正在加载..." data-c-text="重新加载" data-b-text="完成加载">加载</button>
```

3. 状态切换

使用 data-toggle 属性可以激活按钮的行为状态，实现在激活和未激活之间进行状态切换。

【示例 4】　下面的代码可以激活按钮行为特性，单击时将会激活按钮，再次单击将会让按钮恢复为默认状态，如图 8.13 所示。

```
<button class="btn btn-primary btn-block btn-lg"  data-toggle="button" >按钮状态切换</button>
```

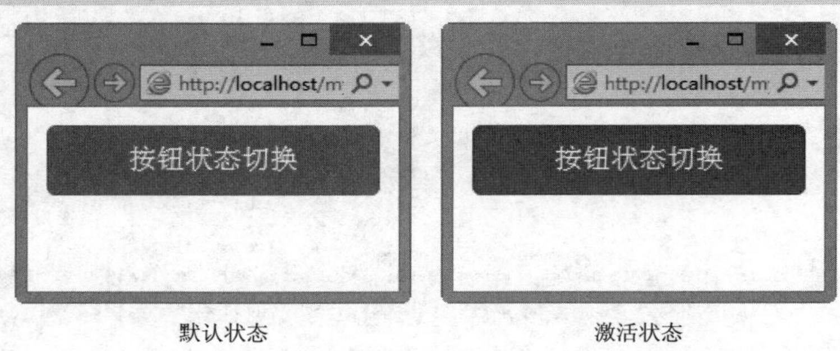

图 8.13　设计按钮激活行为

也可以使用 JavaScript 脚本来激活按钮的行为状态。

【示例 5】　针对示例 4，转换为 JavaScript 脚本形式激活的代码如下：

```
<script type="text/javascript">
$(function(){
    $(".btn").click(function(){
        $(this).button("toggle");
    })
});
</script>
<button class="btn btn-primary btn-block btn-lg">按钮状态切换</button>
```

8.4　折　　叠

折叠插件需要 bootstrap-collapse.js 文件支持，因此在使用该插件之前，应导入 jquery.js 和 bootstrap-collapse.js 文件。折叠和导航插件具有基本的样式，相互支持。

扫一扫，看视频

8.4.1　定义折叠

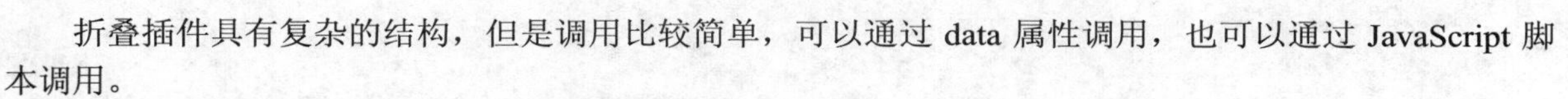

折叠插件具有复杂的结构，但是调用比较简单，可以通过 data 属性调用，也可以通过 JavaScript 脚本调用。

【示例 1】　通过一个案例介绍折叠插件的一般用法。

【操作步骤】

第 1 步，在使用折叠插件之前，应在页面头部位置导入插件所需要的脚本文件和样式表文件。

```
<script type="text/javascript" src="bootstrap/js/jquery.js"></script>
<script type="text/javascript" src="bootstrap/js/bootstrap-collapse.js"></script>
<link rel="stylesheet" type="text/css" href="bootstrap/css/bootstrap.css">
```

第 2 步，设计折叠包含框，定义 panel-group 类样式，设计 ID 值，该值将作为 data-parent 属性的引用，以确保当前折叠插件中只有一个选项能够打开。在折叠外包含框内设计 3 个子容器，引入 panel 类名，此时的折叠外壳效果如图 8.14 所示。

```
<div class="panel-group" id="accordion">
    <div class="panel panel-default"></div>
    <div class="panel panel-default"></div>
    <div class="panel panel-default"></div>
</div>
```

图 8.14　设计折叠外壳效果

第 3 步，设计折叠的选项面板。每个面板包含两部分：第一部分是标题部分（<div class="panel-heading ">），在该子框中可以添加导航标题；第二部分是内容主体部分（<div class=" panel-collapse">）。一个完整的折叠单元结构如下：

```
<div class="panel-group" id="accordion">
    <div class="panel panel-default">
        <div class="panel-heading">

        </div>
        <div class="panel-collapse collapse in">

        </div>
    </div>
</div>
```

第 4 步，为了能够把标题和内容框捆绑在一起，可以通过锚点链接的方法，把<div class="accordion-heading">和<div class="accordion-body collapse in">链接在一起，代码如下：

```
<div class="panel-group" id="accordion">
    <div class="panel panel-default">
        <div class="panel-heading">
            <h4 class="panel-title">
<a data-toggle="collapse" data-parent="#accordion" href="#collapseOne"></a>
</h4>
        </div>
        <div id="collapseOne" class="panel-collapse collapse in">
            <div class="panel-body">

</div>
        </div>
    </div>
</div>
```

第 5 步，激活折叠交互行为。为标题区块的超链接定义 data-toggle="collapse"激活折叠交互行为。同时，通过定义 data-parent="#accordion"属性，设置折叠的包含框，以便在该框内只能显示一个单元项目。

```
<a data-toggle="collapse" data-parent="#accordion" href="#collapseOne"></a>
```

下面是一个完整的折叠面板组示例的代码，预览效果如图 8.15 所示。

```
<!doctype html>
<html>
<head>
<meta charset="utf-8">
<meta name="viewport" content="width=device-width, initial-scale=1.0">
<link href="bootstrap/css/bootstrap.css" rel="stylesheet"  type="text/css">
<link href="bootstrap/css/bootstrap-theme.css.no" rel="stylesheet"  type="text/css">
<script src="bootstrap/jquery-1.9.1.js"></script>
<script src="bootstrap/js/bootstrap.js"></script>
</head>
<body>
<div class="panel-group" id="box">
    <div class="panel panel-default">
        <div class="panel-heading"><a class="accordion-toggle" data-toggle="collapse"
data-parent="#box" href="#1">游戏</a> </div>
        <div id="1" class="panel-collapse collapse in">
            <div class="panel-body"><img src="images/1.png"></div>
        </div>
    </div>
    <div class="panel panel-default">
```

```
        <div class="panel-heading"><a class="accordion-toggle" data-toggle="collapse"
data-parent="#box" href="#2">探索</a> </div>
        <div id="2" class="panel-collapse collapse">
            <div class="panel-body"><img src="images/2.png"></div>
        </div>
    </div>
    <div class="panel panel-default">
        <div class="panel-heading"><a class="accordion-toggle" data-toggle="collapse"
data-parent="#box" href="#3">健康</a> </div>
        <div id="3" class="panel-collapse collapse">
            <div class="panel-body"><img src="images/3.png"></div>
        </div>
    </div>
</div>
</body>
</html>
```

图 8.15　设计折叠演示效果

在上面的代码中，可以看到如下形式的类引用，简单说明如下：

- .collapse：隐藏内容。
- .collapse.in：显示内容。
- .collapsing：在折叠动画过程中应用的样式类。

提示：

Bootstrap 的折叠只能以垂直形式出现，利用 data-toggle="collapse"属性可以设计折叠面板。

【示例 2】　在下面的代码中，为按钮定义了 data-toggle="collapse"属性，同时使用 data-target="#box"属性把当前按钮与一个面板捆绑在一起，当单击按钮时，能够自动隐藏或者显示面板，演示效果如图 8.16 所示。

```
<a class="btn btn-primary" data-toggle="collapse" data-target="#box">折叠面板</a>
<div id="box" class="in">
    <div ><img src="images/1.png"></div>
</div>
```

图 8.16　设计折叠面板效果

扫一扫，看视频

8.4.2　调用折叠

调用折叠插件的方法有两种。

1. 通过 Data 属性

为控制标签添加 data-toggle="collapse"属性，同时设置 data-target 属性，绑定控制标签要控制的包含框即可。如果使用超链接，则不用 data-target 属性，直接在 href 属性中定义目标锚点即可。

对于折叠插件来说，由于折叠插件结构复杂，因此还应该使用 data-parent 属性设置折叠的外包含框，以方便 Bootstrap 监控整个折叠组件的内部交互行为，确保在某个时间内只能显示一个子项目。

2. JavaScript 调用

除了 data 属性调用外，还可以使用 JavaScript 脚本形式进行调用，调用方法如下：

```
$(".collapse").collapse()
```

collapse()方法可以包含一个配置对象，该对象包含两个配置参数：

- parent：设置折叠包含框，类型为选择器，默认值为 false。如果指定的父元素下包含多个折叠项目，则在同一时刻只能显示一个项目，效果类似于传统的折叠行为。
- toggle：是否切换可折叠元素调用，布尔值，默认值为 true。

【示例】　针对 8.4.1 节的示例重新优化了 HTML 结构设计，清理掉所有的 data 自定义属性以及锚点绑定，仅保留折叠组件的类样式，HTML 结构代码如下：

```
<div class="panel-group" id="box">
    <div class="panel panel-default">
        <div class="panel-heading"><a class="accordion-toggle" href="#">游戏</a>
</div>
        <div class="panel-collapse collapse in">
            <div class="panel-body"><img src="images/1.png"></div>
        </div>
    </div>
    <div class="panel panel-default">
        <div class="panel-heading"><a class="accordion-toggle" href="#">探索</a>
</div>
        <div class="panel-collapse collapse">
            <div class="panel-body"><img src="images/2.png"></div>
        </div>
```

```
    </div>
    <div class="panel panel-default">
        <div class="panel-heading"><a class="accordion-toggle" href="#">健康</a>
</div>
        <div class="panel-collapse collapse">
            <div class="panel-body"><img src="images/3.png"></div>
        </div>
    </div>
</div>
```

然后，在自带 JavaScript 脚本中输入下面代码，即可实现折叠的交互行为和动态效果，如图 8.17 所示。

```
<script type="text/javascript">
$(function(){
    $(".panel-collapse").collapse({
        parent:"#box",
        toggle:true
    });
    $(".accordion-toggle").click(function(){
        $(this).parent().next().collapse("toggle");
    })
});
</script>
```

图 8.17　JavaScript 脚本控制折叠效果

在上面脚本中，首先，为所有的<div class="panel-collapse">调用.collapse()，并通过配置参数设置折叠外包含框的 ID 值，同时设置 toggle 为 true，打开折叠交互切换效果。最后，为每个超链接<a>标签定义一个 click 事件，调用 collapse("toggle")方法激活折叠插件行为。

提示：

Bootstrap 为折叠插件定义了 3 个特定方法，调用它们可以实现特定的行为效果：

- .collapse('toggle')：切换一个可折叠元素，显示或者隐藏该元素。
- .collapse('show')：显示一个可折叠元素。
- .collapse('hide')：隐藏一个可折叠元素。

扫一扫，看视频

8.4.3 添加用户行为

Bootstrap 3.0 为折叠插件提供了一组事件，通过这些事件，可以监听用户的动作和折叠组件的状态。简单说明如下：

- show.bs.collapse：在触发打开动作时立刻触发。
- shown.bs.collapse：在折叠组件完全打开后触发（过渡效果完成后）。
- hide.bs.collapse：在用户触发折叠动作时立刻触发。
- hidden.bs.collapse：在折叠组件完全折叠后触发（过渡效果完成后）。

注意，show 和 hide 是监听动作的，shown 和 hidden 是监听状态的。

【示例】 针对 8.4.1 节的示例结构，添加如下 JavaScript 脚本，为折叠元素绑定两个事件，当显示折叠元素时，把它的背景色改为绿色；当隐藏折叠元素时，则取消背景色。演示效果如图 8.18 所示。

```
<script type="text/javascript">
$(function(){
    $(".panel-collapse").collapse({
        parent:"#box",
        toggle:true
    });
    $(".panel-collapse").on("show.bs.collapse",function(e){
        $(e.target).css("background-color","green");
    });
    $(".panel-collapse").on("hide.bs.collapse",function(e){
        $(e.target).css("background-color","transparent");
    });
    $(".accordion-toggle").click(function(){
        $(this).parent().next().collapse("toggle");
    })
});
</script>
<div class="panel-group" id="box">
    <div class="panel panel-default">
        <div class="panel-heading"><a class="accordion-toggle" href="#">游戏</a>
</div>
        <div class="panel-collapse collapse in">
            <div class="panel-body"><img src="images/1.png"></div>
        </div>
    </div>
    <div class="panel panel-default">
        <div class="panel-heading"><a class="accordion-toggle" href="#">探索</a>
</div>
        <div class="panel-collapse collapse">
            <div class="panel-body"><img src="images/2.png"></div>
        </div>
    </div>
    <div class="panel panel-default">
        <div class="panel-heading"><a class="accordion-toggle" href="#">健康</a>
</div>
        <div class="panel-collapse collapse">
            <div class="panel-body"><img src="images/3.png"></div>
        </div>
    </div>
</div>
```

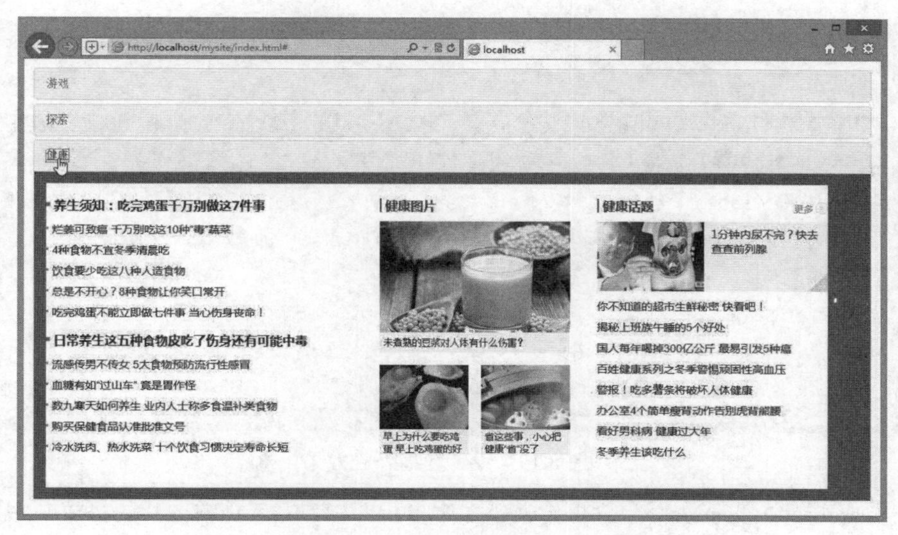

图 8.18　为折叠插件绑定事件

8.5　轮　播

轮播是灯箱广告的一种样式，也是图片展示的一种方式。轮播插件需要 bootstrap-carousel.js 文件支持，因此在使用该插件之前，应该导入 jquery.js 和 bootstrap-carousel.js 文件。

扫一扫，看视频

8.5.1　定义轮播

轮播插件的结构也比较复杂，与折叠插件一样需要多层嵌套，并应用多个样式类才行。

【示例 1】　轮播插件的一般用法。

【操作步骤】

第 1 步，在使用轮播插件之前，应在页面头部位置导入插件所需要的脚本文件和样式表文件。

```
<script type="text/javascript" src="bootstrap/js/jquery.js"></script>
<script type="text/javascript" src="bootstrap/js/bootstrap-carousel.js"></script>
<link rel="stylesheet" type="text/css" href="bootstrap/css/bootstrap.css">
```

第 2 步，设计轮播包含框，定义 carousel 类样式，设计 ID 值，该值将作为 data-parent 属性的引用，以确保当前轮播插件中各种控制图标和按钮进行定位。在轮播外包含框内设计两个子容器，用来设计轮播标识图标框和轮播信息框，此时的折叠外壳效果如图 8.19 所示。

```
<div id="box" class="carousel slide" data-ride="carousel">
    <!-- 标识-->
    <ol class="carousel-indicators">
        <li data-target="#box" data-slide-to="0" class="active"></li>
        <li data-target="#box" data-slide-to="1"></li>
        <li data-target="#box" data-slide-to="2"></li>
    </ol>
    <!-- 幻灯片 -->
    <div class="carousel-inner">
    </div>
    <!-- 控制按钮 -->
    <a class="left carousel-control" href="#box" data-slide="prev">
        <span class="glyphicon glyphicon-chevron-left">
    </a>
    <a class="right carousel-control" href="#box" data-slide="next">
```

```
        <span class="glyphicon glyphicon-chevron-right">
    </a>
</div>
```

图 8.19　设计轮播外壳效果

<ol class="carousel-indicators">包含框定义了 3 个指示图标，显示当前图片的播放顺序，在这个列表结构中，使用 data-target="#box"指定目标包含容器为<div id="box">，使用 data-slide-to="0"定义播放顺序的下标。

<div class="carousel-inner">包含框准备放置要轮播的图片和说明文字，具体说明请参考下一步。在<div id="box">轮播框最后面插入两个控制按钮：使用 carousel-control 定义按钮样式，left 和 right 定义按钮靠齐位置；使用 data-slide 定义按钮控制的行为方式，data-slide="prev"表示向左滑动，data-slide="next"表示向右滑动。

第 3 步，设计轮播的选项面板。每个轮播项目都包含在<div class="item">子框中，每个项目包含两部分：第一部分是图片；第二部分是图片描述部分（<div class="carousel-caption">）。一个完整的轮播项目结构如下：

```
<div class="item">
    <img src="images/1.jpg" alt="">
    <div class="carousel-caption">
        <h4>标题</h4>
        <p>描述文本</p>
    </div>
</div>
```

完成轮播整个结构的设计。

【示例 2】　下面是一个完整的页面代码，演示如何设计一个轮播插件，预览效果如图 8.20 所示。可以通过轮播外框的 CSS 样式控制轮播的显示空间。

```
<!doctype html>
<html>
<head>
<meta charset="utf-8">
<title></title>
<meta name="viewport" content="width=device-width, initial-scale=1.0">
<link href="bootstrap/css/bootstrap.css" rel="stylesheet"  type="text/css">
<link href="bootstrap/css/bootstrap-theme.css.no" rel="stylesheet"  type="text/css">
<script src="bootstrap/jquery-1.9.1.js"></script>
<script src="bootstrap/js/bootstrap.js"></script>
</head>
<body>
<div id="box" class="carousel slide" data-ride="carousel">
    <ol class="carousel-indicators">
        <li data-target="#box" data-slide-to="0" class="active"></li>
        <li data-target="#box" data-slide-to="1"></li>
```

```
      <li data-target="#box" data-slide-to="2"></li>
   </ol>
   <div class="carousel-inner">
      <div class="item active">
         <img src="images/1.jpg" alt="">
         <div class="carousel-caption">
            <h4>图片标题 1</h4>
            <p>描述文本 1</p>
         </div>
      </div>
      <div class="item">
         <img src="images/2.jpg" alt="">
         <div class="carousel-caption">
            <h4>图片标题 2</h4>
            <p>描述文本 2</p>
         </div>
      </div>
      <div class="item">
         <img src="images/3.jpg" alt="">
         <div class="carousel-caption">
            <h4>图片标题 3</h4>
            <p>描述文本 3</p>
         </div>
      </div>
   </div>
   <a class="left carousel-control" href="#box" data-slide="prev">
      <span class="glyphicon glyphicon-chevron-left">
   </a>
   <a class="right carousel-control" href="#box" data-slide="next">
      <span class="glyphicon glyphicon-chevron-right">
   </a>
</div>
</div>
</body>
</html>
```

图 8.20　设计轮播演示效果

默认状态下轮播会自动播放，如果要停止轮播自动播放，需要使用 JavaScript 脚本进行控制。

扫一扫，看视频

8.5.2 调用轮播

调用轮播插件的方法也有两种，简单说明如下。

1. 通过 data 属性

data 属性可以很容易地控制轮播的位置。其中使用 data-slide 属性可以改变当前帧，该属性取值包括 prev、next，prev 表示向后滚动，next 表示向前滚动。另外，使用 data-slide-to 属性可以传递某个帧的下标，如 data-slide-to="2"，这样就可以直接跳转到这个指定的帧（下标从 0 开始计算）。

【示例 1】 下面的代码完整演示了如何使用 data 属性调用轮播。

```
<div id="box" class="carousel slide">
   <ol class="carousel-indicators">
      <li data-target="#box" data-slide-to="0" class="active"></li>
      <li data-target="#box" data-slide-to="1"></li>
      <li data-target="#box" data-slide-to="2"></li>
   </ol>
   <div class="carousel-inner"> </div>
   <a class="left carousel-control" href="#box" data-slide="prev">
      <span class="glyphicon glyphicon-chevron-left">
   </a>
   <a class="right carousel-control" href="#box" data-slide="next">
      <span class="glyphicon glyphicon-chevron-right">
   </a>
</div>
```

2. 通过 JavaScript

脚本调用轮播其实很简单，只需要在脚本中调用 carousel()方法即可。

【示例 2】 继续以示例 1 为基础，介绍如何快速调用 JavaScript 脚本来启动轮播动画效果。

首先，先清理掉自定义的 data 属性，保留轮播组件的基本结构和类样式。

```
<div id="box" class="carousel slide">
   <!-- Indicators -->
   <ol class="carousel-indicators">
      <li data-target="#box" class="active"></li>
      <li data-target="#box"></li>
      <li data-target="#box"></li>
   </ol>
   <!-- Wrapper for slides -->
   <div class="carousel-inner">
      <div class="item active"></div>
      <div class="item"></div>
      <div class="item"></div>
   </div>
   <a class="left carousel-control" href="#">
      <span class="glyphicon glyphicon-chevron-left">
   </a>
   <a class="right carousel-control" href="#">
      <span class="glyphicon glyphicon-chevron-right">
   </a>
</div>
```

然后，在脚本中调用 carousel()方法，并设置参数值为'cycle'，表示循环播放图片。

```
<script type="text/javascript">
$(function(){
    $('.carousel').carousel('cycle')
});
</script>
```

提示：

carousel()方法包含两个配置参数，简单说明如表 8.3 所示。

表 8.3 carousel()方法配置参数 options 属性

名　称	类　型	默 认 值	描　述
Interval	number	5000	在自动轮播过程中，展示每帧所停留的时间。如果是 false，轮播不会自动启动
pause	string	"hover"	当鼠标在轮播区域内时暂停循环，在区域外时则继续循环

上述参数可以通过 data 属性或 JavaScript 传递。对于 data 属性，将参数名称附着到 data-之后，如 data-interval=""。

【示例 3】 在下面的脚本中，定义轮播速度为 1 秒钟，然后以快速方式播放图片。

```
<script type="text/javascript">
$(function(){
    $('.carousel').carousel({
        interval:1000
    })
    $('.carousel').carousel('cycle')
});
</script>
```

实际上，当我们配置 carousel()方法的配置参数之后，轮播插件就能自动播放动画，所以也可不用再次调用$('.carousel').carousel('cycle')方法。

.carousel()方法还包含多种特殊调用，简单说明如下：

- .carousel('cycle')：从左向右循环播放。
- .carousel('pause')：停止循环播放。
- .carousel(number)：循环到指定帧，下标从 0 开始，类似数组。
- .carousel('prev')：返回到上一帧。
- .carousel('next')：下一帧。

【示例 4】 在示例 3 中通过脚本调用轮播动画播放，但是两侧的两个导航按钮还无法正确工作，下面通过 carousel('prev')和 carousel('next')方法让它们实现交互，代码如下：

```
<script type="text/javascript">
$(function(){
    $('.carousel').carousel({
        interval:1000
    });
    $("#box a.left").click(function(){
        $('.carousel').carousel("prev");
    })
    $("#box a.right").click(function(){
        $('.carousel').carousel("next");
    })
});
</script>
```

扫一扫，看视频

8.5.3 添加用户行为

Bootstrap 3.0 在轮播插件中定义了两个事件，简单说明如下：

- slide.bs.carousel：当 slide 实例方法被调用时，该事件会被立即触发。
- slid.bs.carousel：当切换完一帧后触发。

【示例】 以 8.5.2 节的示例为例，设计当图片滑动过程时让轮播组件外框显示高亮边框线，滑过之后恢复默认效果，演示效果如图 8.21 所示。

```
<script type="text/javascript">
$(function(){
    $('.carousel').carousel({
        interval:3000
    });
    $('.carousel').on("slide.bs.carousel",function(e){
        e.target.style.border = "solid 2px red"
    });
    $('.carousel').on("slid.bs.carousel",function(e){
        e.target.style.border = "solid 2px white"
    });
    $("#box a.left").click(function(){
        $('.carousel').carousel("prev");
    })
    $("#box a.right").click(function(){
        $('.carousel').carousel("next");
    })
});
</script>
```

图 8.21 设计轮播演示事件触发效果

8.6 Affix

Affix 表示附加导航，该插件可以实现在窗口中固定或不固定显示一个对象。

当页面加载完毕时，附加导航插件会搜索页面上所有定义了 data-spy="affix"的元素，然后找其 data-offset-top 或 data-offset-bottom 属性，即离页面顶或者底部少于多少像素，就会放弃固定；当滚动条滚动页面超出这个偏移距离时，目标元素就会固定在窗口中指定位置不再滚动。

扫一扫，看视频

8.6.1 定义 Affix

Affix 插件需要 bootstrap-affix.js 文件支持，在使用该插件之前应导入 jquery.js 和 bootstrap-affix.js 文件。

【示例】 了解附加导航插件的简单用法。

【操作步骤】

第 1 步，在页面头部区域导入 Bootstrap 框文件，包括 JavaScript 脚本文件和 CSS 样式表文件。考虑到本示例不仅用到附加导航插件，还要使用滚动监听插件，因此建议直接导入 bootstrap.js 文件，而不是专项脚本文件。

```
<script type="text/javascript" src="bootstrap/js/jquery.js"></script>
<script type="text/javascript" src="bootstrap/js/ bootstrap.js"></script>
<link rel="stylesheet" type="text/css" href="bootstrap/css/bootstrap.css">
```

第 2 步，设计一个完整的页面结构，顶部是大屏幕（<div class="jumbotron">），用来显示网页标题信息。主体部分是一个栅格布局（<div class="row">），左侧是一个导航菜单（<div class="col-xs-1" id="menu">），右侧是主体信息栏（<div class="col-xs-11">），预览效果如图 8.22 所示。

```
<bodys>
<div class="jumbotron">
    <h1 class="">图片库</h1>
    <a class="btn btn-lg btn-success">更多</a>
</div>
<div class="row">
    <div class="col-xs-1" id="menu" >
        <ul class="nav nav-pills nav-stacked"  data-spy="affix" data-offset-top="280">
            <li><a href="#1"><i class="icon-chevron-right"></i> 图片 1</a></li>
            <li><a href="#2"><i class="icon-chevron-right"></i> 图片 2</a></li>
            <li><a href="#3"><i class="icon-chevron-right"></i> 图片 3</a></li>
            <li><a href="#4"><i class="icon-chevron-right"></i> 图片 4</a></li>
            <li><a href="#5"><i class="icon-chevron-right"></i> 图片 5</a></li>
            <li><a href="#6"><i class="icon-chevron-right"></i> 图片 6</a></li>
            <li><a href="#7"><i class="icon-chevron-right"></i> 图片 7</a></li>
            <li><a href="#8"><i class="icon-chevron-right"></i> 图片 8</a></li>
        </ul>
    </div>
    <div class="col-xs-11">
        <fieldset id="1">
            <legend>图片 1</legend>
            <div class="fieldset-content">
                <p><img src="images/1.jpg" class="img-responsive"></p>
            </div>
        </fieldset>
        <fieldset id="2">
            <legend>图片 2</legend>
```

```
            <div class="fieldset-content">
                <p> <img src="images/2.jpg" class="img-responsive"></p>
            </div>
        </fieldset>
        ......
    </div>
</div>
</body>
```

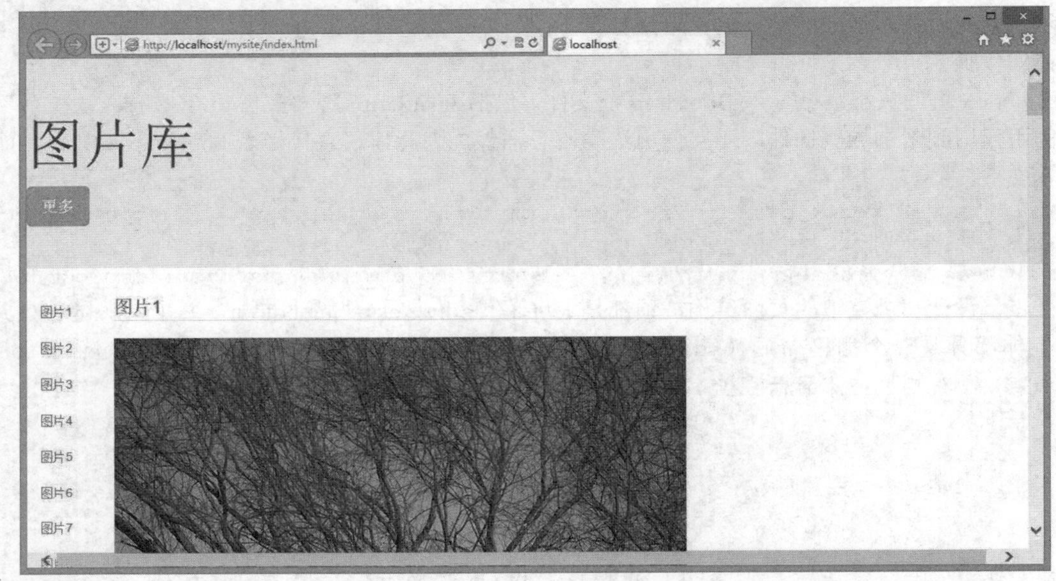

图 8.22　设计的页面效果

第 3 步，设计滚动监听。在<body>标签上定义 data-spy="scroll"属性，启动滚动监听插件，同时定义 data-target="#menu"属性，设置监听对象为附加导航列表框。

```
<body data-spy="scroll" data-target="#menu">
```

第 4 步，设计附加导航。附加导航是一种导航智能定位插件，它能够根据滚动条的位置，确实是否执行定位显示，还是随文档流自然流动显示。在导航列表框上（<ul class=" nav nav-pills nav-stacked ">）定义 data-spy="affix"，启动附加导航插件，同时设置 data-offset-top="280"属性，设置智能监控条件为距离顶部偏移位置为 280 像素，即当滚动条向下滚动，导航列表与顶部偏移距离开始大于 280 像素时，导航列表被固定在窗口左上角位置显示，否则允许随文档自由滚动。演示效果如图 8.23 所示。

```
<div class="row">
    <div class="col-xs-1" id="menu" >
        <ul class="nav nav-pills nav-stacked"  data-spy="affix" data-offset-top="280">
        </ul>
    </div>
</div>
```

第 5 步，在页面自定义样式表中定义附加导航距离顶部位置为 20 像素，作为固定位置显示的精确值。

```
<style type="text/css">
.nav-stacked {
    top:20px;
}
</style>
```

图 8.23　设计附加导航演示效果

扫一扫，看视频

8.6.2　调用 Affix

附加导航插件也支持两种调用方式。

1. 通过 data 属性

添加 data-spy="affix"到任意需要监听的页面元素上，就可以很容易地将其变为附加导航。然后使用 data-offset-top 偏移量来控制其位置。

```
<div data-spy="affix" data-offset-top="200"></div>
```

可以通过 data-offset-bottom 偏移量来控制其位置，此时将根据目标元素距离底部的偏移位置进行计算。

2. 通过 JavaScript

【示例】　针对上面的代码可以按如下方法进行调用。

```
<script type="text/javascript">
$(function(){
    $(".nav-list").affix({
        offset:{top:280}
    })
});
</script>
```

affix()方法包含一个配置参数 offset，用来确定智能定位的偏移位置，该属性值可以是数字、函数或者对象。当传递一个数值时，它将同时作用于 data-offset-top 和 data-offset-bottom 两个属性上，此时附加导航同时监听目标元素与页面顶部和底部的偏移距离。

通过对象形式赋值，格式类似于{top:280,bottom:120}。如果需要动态提供智能定位，可以使用函数作为值进行传递，在函数体内使用条件语句和循环语句，实现更复杂的智能监控。

第 9 章　Bootstrap 源码解析

通过前面几章的学习，用户已能熟练使用 Bootstrap，但是，如果期望更进一步地做高级开发，例如，把常用代码添加到 Bootstrap 中去，或者修改 CSS 组件样式，甚至开发 JavaScript 插件，就需要熟悉 Bootstrap 的源代码，把握其设计思路和内部结构。本章详细分解 Bootstrap 源码，了解其设计原理，为 Bootstrap 二次开发打好基础。

【学习重点】

- 了解 CSS 组件设计原则。
- 熟悉 Bootstrap 全局样式。
- 理解 Bootstrap 插件设计思路。
- 了解 Bootstrap 封装方法。

9.1　CSS 组件设计原则

Bootstrap 是一个 CSS 框架，它提供了一套易用、优雅、灵活、可扩展的样式库，内容包含了 Web 应用所需的组件，思路清晰，样式精美，值得用户学习和借鉴。基于 Bootstrap 设计的页面，界面清新、简洁，要素排版利落大方。

扫一扫，看视频

9.1.1　类型

Bootstrap 主要使用类（class）定义样式库，适当结合标签进行样式重设。在 bootstrap.css 文档中，会发现类样式与标签样式构成了全部样式，但是 Bootstrap 并没有大量重置标签默认样式，仅对个别浏览器解析存在差异的标签进行样式统一，同时对于一些标签缺陷样式进行修补，以实现标准化视觉设计要求。

大量使用类样式，尽量避免破坏标签默认样式，这是 Bootstrap 的设计准则。

【示例 1】　针对表格样式，Bootstrap 没有直接对 table 元素进行重置，而是通过.table 类对表格样式标准化，然后在.table 类下面又扩展多个子类。

```
.table {
    width: 100%;
    margin-bottom: 20px;
}
.table th,
.table td {}
.table th {}
.table thead th {}
.table tbody + tbody {}
.table .table {}
```

这种简单的 CSS 类扩展，增强了 Bootstrap 的灵活性，使其在网页中得到广泛应用，为 CSS 样式灵活应用提供了多种选择。

类样式的定义方法很简单，但是如何设计好一套实用的类库都很不容易。下面几点是 Bootstrap 在设计时遵循的基本原则：

1. 最小化设计原则

CSS 类样式应该最小化，这样才能够更灵活地组合使用。

【示例 2】 在设计栅格系统时，在单列类样式中仅指定宽度，通用类样式通过分类选择器集中定义，这样设计的样式就比较灵活。

```
/*通用样式 */
.col-xs-1, .col-sm-1, .col-md-1, .col-lg-1, .col-xs-2, .col-sm-2, .col-md-2,
.col-lg-2, .col-xs-3, .col-sm-3, .col-md-3, .col-lg-3, .col-xs-4, .col-sm-4,
.col-md-4, .col-lg-4, .col-xs-5, .col-sm-5, .col-md-5, .col-lg-5, .col-xs-6,
.col-sm-6, .col-md-6, .col-lg-6, .col-xs-7, .col-sm-7, .col-md-7, .col-lg-7,
.col-xs-8, .col-sm-8, .col-md-8, .col-lg-8, .col-xs-9, .col-sm-9, .col-md-9,
.col-lg-9, .col-xs-10, .col-sm-10, .col-md-10, .col-lg-10, .col-xs-11, .col-sm-11,
.col-md-11, .col-lg-11, .col-xs-12, .col-sm-12, .col-md-12, .col-lg-12 {
 position: relative;
 min-height: 1px;
 padding-left: 15px;
 padding-right: 15px;
}
/* 通用样式子类 */
.col-xs-1, .col-xs-2, .col-xs-3, .col-xs-4, .col-xs-5, .col-xs-6, .col-xs-7,
.col-xs-8, .col-xs-9, .col-xs-10, .col-xs-11, .col-xs-12 {
 float: left;
}
/*单列样式 */
.col-xs-12 {
 width: 100%;
}
/*单列样式 */
.col-xs-11 {
 width: 91.66666666666666%;
}
```

【示例 3】 在定义各类组件样式时，把主题样式单列出来（包括背景色、前景色和边框色），作为主题类独立使用。例如，.btn 设计按钮，而.btn-default 定义按钮的默认背景色样式。

```
/*按钮通用样式*/
.btn {
 display: inline-block;
 margin-bottom: 0;
 font-weight: normal;
 text-align: center;
 vertical-align: middle;
 cursor: pointer;
 background-image: none;
 border: 1px solid transparent;
 white-space: nowrap;
 padding: 6px 12px;
 font-size: 14px;
 line-height: 1.428571429;
 border-radius: 4px;
 -webkit-user-select: none;
 -moz-user-select: none;
 -ms-user-select: none;
```

```
  -o-user-select: none;
  user-select: none;
}
/*按钮默认主题样式*/
.btn-default {
  color: #333333;
  background-color: #ffffff;
  border-color: #cccccc;
}
```

通过这种方法，用户可以引用多个按钮子类样式，可以根据需要设计不同效果的按钮。

【示例 4】 如果设计默认样式的按钮，同时定义大号、块状显示，则需要使用如下方式进行设计。

```
<button class="btn btn-default btn-lg btn-block">Bootstrap 按钮样式</button>
```

注意：

类样式一般遵循最小化设计原则，但是如果没有被重复利用的价值，就不应该再坚持最小化定义。例如，下面是文本隐藏类样式。

```
.text-hide {
  font: 0/0 a;
  color: transparent;
  text-shadow: none;
  background-color: transparent;
  border: 0;
}
```

对于这个隐藏类，其中定义了 5 个属性，这些属性都是针对隐藏文本来设计的，此时就不能把它们拆分为 5 个小类，或者使用.hide 通用类代替文本隐藏类。因为这 5 个声明都是针对同一个类样式的效果进行定义的，拆分之后没有意义；同时这些被拆分的小类重用价值不高，没有必要为此定义多个小类。

2. 通用化设计原则

CSS 类效果应该体现通用化，即具备广泛的应用价值。

【示例 5】 下面的类样式在页面设计中经常会用到，因此可以把它们独立出来进行设计。

```
/*块居中*/
.center-block {
    display: block;
    margin-left: auto;
    margin-right: auto;
}
/*对齐类*/
.pull-right { float: right !important; }
.pull-left { float: left !important; }
/*显示/隐藏类*/
.hide { display: none !important; }
.show { display: block !important; }
.invisible { visibility: hidden; }
.text-hide {
    font: 0/0 a;
    color: transparent;
    text-shadow: none;
    background-color: transparent;
    border: 0;
```

```
}
.hidden {
    display: none !important;
    visibility: hidden !important;
}
/*固定类*/
.affix { position: fixed; }
```

3. 类名前缀一致性

由于 Bootstrap 类库中包含大量的样式类，因此在命名类时要有规律，这样才可以快速找到和利用。

【示例 6】 在有关按钮类样式的定义中，通过 btn 前缀，把所有与按钮相关的样式统一起来，这样不仅方便使用，也方便管理。

```
.btn{}
.btn-lg {}
.btn-sm {}
.btn-block {}
.btn-primary{}
.btn-warning{}
.btn-danger{}
.btn-success{}
.btn-info{}
```

9.1.2 模块

Bootstrap 样式库具有很强的模块化设计特性，把大量松散的样式码汇集在一起，避免 CSS 代码冗余。

提示：

Bootstrap 类样式主要通过 LESS 动态样式语言来设计，用户可以通过 LESS 源代码了解其体系结构和设计思路。

1. 布局类

Bootstrap 设计了一套栅格系统，提供了经典的视觉效果和标准的 Web 设计标准，因此这套栅格系统具有很高的参考价值。

【示例 1】 整个栅格系统包括布局框、布局行和布局列，与表格结构具有某种相似性。

```
/*栅格包含框*/
.container {
  margin-right: auto;
  margin-left: auto;
  padding-left: 15px;
  padding-right: 15px;
}
/*栅格行*/
.row {
  margin-left: -15px;
  margin-right: -15px;
}
/*栅格列*/
.col-xs-1, .col-sm-1, .col-md-1, .col-lg-1, .col-xs-2, .col-sm-2, .col-md-2,
.col-lg-2, .col-xs-3, .col-sm-3, .col-md-3, .col-lg-3, .col-xs-4, .col-sm-4,
.col-md-4, .col-lg-4, .col-xs-5, .col-sm-5, .col-md-5, .col-lg-5, .col-xs-6,
```

```
.col-sm-6, .col-md-6, .col-lg-6, .col-xs-7, .col-sm-7, .col-md-7, .col-lg-7,
.col-xs-8, .col-sm-8, .col-md-8, .col-lg-8, .col-xs-9, .col-sm-9, .col-md-9,
.col-lg-9, .col-xs-10, .col-sm-10, .col-md-10, .col-lg-10, .col-xs-11, .col-sm-11,
.col-md-11, .col-lg-11, .col-xs-12, .col-sm-12, .col-md-12, .col-lg-12 {
 position: relative;
 min-height: 1px;
 padding-left: 15px;
 padding-right: 15px;
}
```

然后，Bootstrap 在这 3 个基础样式上拓展了大量的关联类样式，在此不再一一罗列。

2. 功能类

Bootstrap 根据页面对象和功能分门别类地设计了多种样式，如按钮类、表格类、表单类、版式、文本代码、图片等。

【示例 2】 下面的代码简单地列出了按钮类、表格类的基本类样式。

```
/*按钮类通用样式*/
.btn {
 display: inline-block;
 margin-bottom: 0;
 font-weight: normal;
 text-align: center;
 vertical-align: middle;
 cursor: pointer;
 background-image: none;
 border: 1px solid transparent;
 white-space: nowrap;
 padding: 6px 12px;
 font-size: 14px;
 line-height: 1.428571429;
 border-radius: 4px;
 -webkit-user-select: none;
 -moz-user-select: none;
 -ms-user-select: none;
 -o-user-select: none;
 user-select: none;
}
/*表格类通用样式*/
.table {
   width: 100%;
   margin-bottom: 20px;
}
```

类似的功能类还有很多，读者可查看 bootstrap.css 源代码。

3. 基本类

基本类样式主要是针对 CSS 中的通用组件进行定义。

【示例 3】 下面的类样式都是导航相关的组件样式，这个基本组件在页面中经常出现，通过类样式的形式进行定制，能保证在一个页面中多次重复引用。

```
/*导航外框样式*/
.nav {
 margin-bottom: 20px;
```

```
  margin-left: 0;
  list-style: none;
}
/*导航项目样式*/
.nav > li > a {display: block;}
.nav > li > a:hover,
.nav > li > a:focus {
  text-decoration: none;
  background-color: #eeeeee;
}
/*导航辅助类样式*/
.nav > li > a > img { max-width: none;}
.nav > .pull-right { float: right;}
```

4. 工具类

关注 CSS 中一些特定样式进行类化。

【示例 4】　下面的样式是 Bootstrap 定义的浮动、显隐、可见性、定位等工具类。

```
.pull-right { float: right; }
.pull-left { float: left; }
.hide { display: none; }
.show { display: block; }
.invisible { visibility: hidden; }
.affix { position: fixed; }
```

9.1.3　扩展

扫一扫，看视频

CSS 属性分具有继承性，拥有继承性的属性包括如下几大类：

- 字体属性。
- 文本属性（大部分属性，个别属性不支持继承）。
- 表格属性（大部分属性，个别属性不支持继承）。
- 列表属性。
- 打印属性（部分属性支持继承）。
- 声音属性（部分属性支持继承）。
- 鼠标样式也具有继承性。

而对于盒模型、布局、定位、背景、轮廓和内容等类属性都不具备继承性。

【示例 1】　如果希望统一页面字体、字号、字体颜色、行高等基本样式时，建议在 html 和 body 元素中进行定义，然后通过继承性实现网页字体样式的统一。下面的代码是 Bootstrap 统一页面的基本样式。

```
html {
    font-size: 100%;
    -webkit-text-size-adjust: 100%;
        -ms-text-size-adjust: 100%;
}
body {
   margin: 0;
    font-family: "Helvetica Neue", Helvetica, Arial, sans-serif;
    font-size: 14px;
    line-height: 20px;
```

```
    color: #333333;
    background-color: #ffffff;
}
```

如果希望定制个性化组件样式，可以有两种方法：

- 为对象或组件单独定义样式。
- 扩展专用类。

【示例 2】 在超链接样式中，页面统一为深灰色、下划线效果。但是，在标签组件中通过重定义，让其文本呈现高亮显示的主要代码如下：

```
/*超链接默认样式*/
a {
    color: #0088cc;
    text-decoration: none;
}
/*在鼠标经过和获取焦点时的样式*/
a:hover,
a:focus {
    color: #005580;
    text-decoration: underline;
}
/*在标签组件中重设鼠标经过、获取焦点时的超链接样式*/
a.label:hover,
a.label:focus,
a.badge:hover,
a.badge:focus {
    color: #ffffff;
    text-decoration: none;
    cursor: pointer;
}
```

由于 CSS 继承性，所有超链接的字体显示同样的效果，但由于标签样式的不同，所设置的字体颜色显示效果截然不同。

扫一扫，看视频

9.1.4 设备优先

Bootstrap 3.0 遵循设备优先的原则进行设计，所有响应样式不再单独设计，全部通过如下设备类型响应，因此所有的样式代码都放在一个样式表中，不再区分模块类型。

```
@media print{ ... }
@media (min-width:768px){ ... }
@media (min-width: 992px) { ... }
@media (min-width: 1200px) { ... }
@media (max-width: 767px) { ... }
@media screen and (min-width: 768px) { ... }
@media (min-width: 768px) and (max-width: 991px) { ... }
@media (min-width: 992px) and (max-width: 1199px) { ... }
```

通用样式不再执行设备响应设计。Bootstrap 3.0 把响应设计融入到整个样式表中，同时把框架样式和主题样式分离出来，这方便用户进行扁平化设计，以适应移动设备的需要。

扫一扫，看视频

9.1.5 基于 HTML5

Bootstrap 采用了 HTML5+CSS3 的部分元素和属性，因此应用 Bootstrap 的网页文档类型应该为

HTML5 doctype。页面基本格式代码如下：

```
<!doctype html>
<html>
<head>
</head>
<body>
</body>
</html>
```

9.2　全局样式

Bootstrap 为屏幕、排版和链接设置了基本的全局样式。本节将简单进行说明，详细代码可以参阅 scaffolding.less 文件。

9.2.1　设计思路

Bootstrap 是轻量级的 CSS 基础代码库，没有一味地重置标签样式，而是尊重各浏览器的基本表现，减小开发难度。

鉴于目前 90%的 Reset（样式重置）都是归零的思想，而且在开发过程中经常发现样式归零存在潜在的问题，例如，在全局样式中将 strong 变成了一个普通标记，在用户可编辑内容区域的 strong 就不会反应出效果来。Bootstrap 只重置掉可能产生问题的样式，如 body、form 的默认 margin 等，保留和坚持部分浏览器的基础样式，解决部分潜在的问题，提升一些细节体验。具体说明如下：

- 移除 body 的 margin 声明。
- 设置 body 的背景颜色为白色，如 background-color: white;。
- 使用@font-family-base、@font-size-base 和@line-height-base 属性作为排版的基础。
- 通过@link-color 设置全局链接颜色，且当链接处于:hover 状态时(@link-hover-color)才会显示下划线样式。

Bootstrap 在设计时遵循下面 3 个设计原则：

- 统一的基础表现。
- 更小的开发难度。
- 更好的用户体验。

构建好的发布文件说明如下：

- css/bootstrap.css：基础样式表。
- css/ bootstrap.min.css：压缩后的基础样式表。
- css/bootstrap-theme.css：主题布局样式表。
- css/bootstrap-theme.min.css：压缩后的主题布局样式表。

在 Bootstrap 开发版压缩包中，所有样式根据功能分类存储在不同的动态样式表文件中，说明如下：

- less/alerts.less：警告框插件样式。
- less/ badges.less：徽章样式。
- less/ bootstrap.less：Bootstrap 动态样式表（对外接口）。
- less/ breadcrumbs.less：面包屑组件样式。
- less/ button-groups.less：按钮组样式。
- less/ buttons.less：按钮样式。

- less/ carousel.less：轮播插件样式。
- less/ close.less：关闭按钮样式。
- less/ code.less：代码预览格式。
- less/ component-animations.less：元件动画样式。
- less/ dropdowns.less：下拉菜单样式。
- less/ forms.less：表单样式。
- less/ glyphicons.less：字体图标样式。
- less/ grid.less：网格系统。
- less/ input-groups.less：输入框组样式。
- less/ jumbotron.less：大屏幕样式。
- less/ labels.lesss：面板样式。
- less/ list-group.less：列表组样式。
- less/ media.less：多媒体样式。
- less/ mixins.less：混合类样式（设计特定结构下的嵌套类样式）。
- less/ modals.less：模态对话框样式。
- less/ navbar.less：导航条样式。
- less/ navs.less：导航样式。
- less/ normalize.less：默认样式。
- less/ navs.less：导航样式。
- less/ pager.less：翻页组件样式。
- less/ pagination.less：分页组件样式。
- less/ popovers.less：弹出提示插件样式。
- less/ print.less：打印样式。
- less/ progress-bars.less：进度条组件样式。
- less/ responsive-utilities.less：动态响应公共样式。
- less/ scaffolding.less：脚手架样式（页面框架样式）。
- less/ tables.less：表格样式。
- less/ theme.less：主题样式。
- less/ thumbnails.less：缩微图组件样式。
- less/ tooltip.less：工具提示插件动态样式。
- less/ type.less：标签类型动态样式。
- less/ utilities.less：公用类样式。
- less/ variables.less：Bootstrap 动态样式变量表。
- less/ wells.less：Wells 组件效果。

提示：

有关 CSS 动态样式的详细讲解请参阅后面相关的章节内容。

扫一扫，看视频

9.2.2 样式重用

合理而严谨的 CSS 设计，将使 CSS 代码更易于维护和重用，从而提升执行效率。一般应先规划样式，并严格区分公共样式和页面对象化样式；然后才开始编码，编码的同时进行 Debug、Validate 和代码片断的总结，而不是在所有模板都完成后才进行调试和代码整理。

（1）Selector 命名规范

一般情况下，Bootstrap 选择器命名比较通用，如.btn、.input、.table 等，这些类名都遵循对象化和语义化，符合用户使用习惯。当类名发生冲突，或者适应不同环境样式时，应该限定类的上下文环境。

【示例 1】　针对.btn 类型，就定义了多个上下文环境，下面 3 个选择器分别适用于按钮、工具条、按钮组不同组件环境。

```
button.btn
.btn-toolbar > .btn + .btn
.btn-group > .btn
```

同时，Bootstrap 样式类通过连字符后缀对一级类型进行细化。

【示例 2】　针对.btn 类样式，可以细分出很多子类样式。这种命名方法有两个好处：一是相同的前缀更方便类型管理；另一个是方便快速检索和应用。

```
.btn-lg                          大型按钮
.btn-sm                          小型按钮
.btn-block                       按钮块
.btn-primary                     主要按钮
.btn-warning                     警告按钮
.btn-danger                      危险按钮
.btn-success                     成功按钮
.btn-info                        信息按钮
```

注意：

只有在非常明确、不会影响到其他组件工作，并且其他人不会写这种命名的情况下，才让它变成全局通用。

（2）编码规范

CSS 文件编码全部使用 utf-8，因此建议网页编码也应设置为 utf-8，确保编码一致性。

【示例 3】　在导入 CSS 文件时，应该明确定义 rel 和 type 声明，代码如下：

```
<link rel="stylesheet" type="text/css" href="bootstrap/css/bootstrap.css">
```

（3）Hack 规则

Bootstrap 不使用 IE 条件注释：<! - [if IE]> <![endif] - >。一般情况下，通过通用 Hack 来解决浏览器兼容问题。

【示例 4】　下面的代码显示了 Bootstrap 常用的兼容方法。

```
.all-IE{property:value\9;}
:root .IE-9{property:value\0/;}
.gte-IE-8{property:value\0;}
.lte-IE-7{*property:value;}
.IE-7{+property:value;}
.IE-6{_property:value;}
.not-IE{property//:value;}
@-moz-document url-prefix() { .firefox{property:value;} }
@media all and (-webkit-min-device-pixel-ratio:0) { .webkit{property:value;} }
@media all and (-webkit-min-device-pixel-ratio:10000),
not all and (-webkit-min-device-pixel-ratio:0) { .opera{property:value;} }
@media screen and (max-device-width: 480px) { .iphone-or-mobile-s-webkit{property:
value;} }
```

当然，在自定义 CSS 样式时，强烈建议使用更优雅的 Hack 方式。或者在书写上，做点小 trick。

【示例 5】　下面代码演示了如何为组件样式添加小技巧，进行优雅兼容低版本浏览器。

```
.selector .child{property:value;} /* for ie-6 */
.selector > .child{property:value;} /* except ie-6 */
```

（4）CSS3 书写规范

Bootstrap 遵循浏览器私有写法在前，标准写法在后。

【示例 6】　下面代码演示了如何按标准顺序书写标准样式和私有样式。

```
-webkit-box-sizing: border-box;
   -moz-box-sizing: border-box;
        box-sizing: border-box;
```

不强制书写顺序。但用户应该养成良好的习惯，让看代码的人更易理解。易读对于团队协作来说是非常重要的。下面是两个建议：

①框架为先，细节次之。

如写一个浮动容器的样式，应该先让这个容器的框架被渲染出来，先看到基本的网站框架。然后再去渲染容器里面的内容，最终呈现给用户。通常像 color、font、padding 之类的声明写在后面。

②有因才有果。

【示例 7】　想使用图片替换文字技术，通常要使用的 text-indent。如果使用<span>标签：<span class="thepic">这个文字将被图片替换</span>，应该是先将<span>变成块级元素（display:block），再将文字隐藏（indent）。

```
.thepic{
   display:block;
   text-indent:-9999em;
}
```

扫一扫，看视频

9.2.3 CSS 重设

主流浏览器，如 Firefox、Opera、Internet Explorer、Chrome、Safari 等，都是以自己的方式去理解 CSS 规范，这就会导致有的浏览器对 CSS 的解释与设计师的 CSS 定义初衷相冲突，这就是浏览器的兼容性问题。一般避免浏览器兼容性问题的方法是使用 CSS Reset，即 CSS 重设，也有人叫做 CSS 复位、默认 CSS、CSS 重置等。

CSS 重设的目的：先定义好一些 CSS 样式，让所有浏览器都按照同样的规则解释 CSS，这样就避免不同浏览器在解析同一个页面时会呈现不同的效果。

【示例 1】　最简化的 CSS Reset 样式如下：

```
* {
   padding: 0;
   margin: 0;
}
```

这是最普遍、最简单的 CSS 重设，将所有元素的 padding 和 margin 值都设为 0，可以避免一些浏览器在理解这两个属性默认值上的分歧。

【示例 2】　有时用户还会看到下面的 CSS Reset 样式：

```
* {
   padding: 0;
   margin: 0;
   border: 0;
}
```

这是在上一个重设的基础上添加了对 border 属性的重设，初始值为 0，的确能避免一些问题。

【示例 3】　有的页面甚至把盒模型常用属性都初始化为 0。

```
* {
   outline: 0;
   padding: 0;
```

```
  margin: 0;
  border: 0;
}
```

在前两个示例的基础上添加了 outline 属性的重设，防止一些冲突。

【示例 4】　甚至还有的网站编写如下的浓缩实用型 CSS Reset：

```
* {
  vertical-align: baseline;
  font-weight: inherit;
  font-family: inherit;
  font-style: inherit;
  font-size: 100%;
  outline: 0;
  padding: 0;
  margin: 0;
  border: 0;
}
```

该 CSS 重设方法出自 Perishable Press，这是它常用的方法。

Bootstrap 没有采用上述常规做法进行 CSS 样式重置，因为这种做法具有巨大的潜在破坏性，而是采用针对性重置和增强型修补。

所谓针对性重置，就是设置特定上下文环境，来重设样式。

【示例 5】　针对通用选择器的使用，Bootstrap 仅限制在打印媒体类型中使用。

```
@media print {
  * {
    text-shadow: none !important;
    color: #000 !important;
    background: transparent !important;
    box-shadow: none !important;
  }
}
```

【示例 6】　或者针对性特定对象或模块重置样式。

```
button,
input,
select,
textarea {
  margin: 0;
  font-size: 100%;
  vertical-align: middle;
}
```

【示例 7】　通过下面的方法，增强 HTML5 新标签的功能，让它们拥有块状显示的布局功能。

```
article, aside, details, figcaption, figure, footer, header, hgroup, nav, section {
  display: block;
}
```

提示：

有了这些 CSS 重设作为资料和参考，也许会对后期开发有所帮助，甚至提高效率。

9.3 JavaScript 插件

Bootstrap 插件都是独立的代码块，互不干扰，不过它们都遵循相同的设计思路和模式。下面结合按钮插件的源代码进行分析，bootstrap-button.js 是 Bootstrap 中最简单的插件，反映了 Bootstrap 插件设计的基本思路。

扫一扫，看视频

9.3.1 结构分析

bootstrap-button.js 基于 jQuery 的扩展，是为 HTML 原生的 button 按钮扩展一些简单的功能，只要向<button>标签添加额外的 data 属性，就能激活这些功能，如当单击按钮时显示 loading 文字以及模拟复选和单选等。

bootstrap-button.js 源码的主体结构如下，具体功能代码将被省略，请参阅 bootstrap-button.js 源文件。

```
!function ($) {
   "use strict"; // jshint ;_;
   /* BUTTON PUBLIC CLASS DEFINITION
    * ============================== */
   var Button = function (element, options) {/*some code*/}
   Button.prototype.setState = function (state) {/*some code*/}
   Button.prototype.toggle = function () {/*some code*/}
   /* BUTTON PLUGIN DEFINITION
    * ======================== */
    var old = $.fn.button
    $.fn.button = function (option) {return this.each(function () {/*some code*/})}
    $.fn.button.defaults = {loadingText: 'loading...'}
    $.fn.button.Constructor = Button
   /* BUTTON NO CONFLICT
    * ================== */
    $.fn.button.noConflict = function () {$.fn.button = old;return this;}
   /* BUTTON DATA-API
    * =============== */
    $(document).on('click.button.data-api', '[data-toggle^=button]', function (e)
{/*some code*/})
}(window.jQuery);
```

与 jQuery 插件一样，Bootstrap 定义一个匿名函数，并将 jQuery 作为函数参数传递进来执行。这样就可以在闭包中定义私有函数而不破坏全局的命名空间，而把 JavaScript 插件写在一个相对封闭的空间，并开放可以增加扩展的地方，将不能修改的地方定义成私有成员属性或方法，以遵循“开闭原则”。

```
!function($){
   //some code
}(window.jQuery)
```

其中，!function(){}()是匿名函数的一种写法，与(function(){})()的写法区别不大，类似的还有+function(){}()、-function(){}()、~function(){}()等，只是返回值不同而已。

匿名函数内的代码构成包括 4 部分：

- PUBLIC CLASS DEFINITION：公共类定义，定义了插件构造方法类及方法。
- PLUGIN DEFINITION：插件定义，上面只是定义了插件的类，这里才是实现插件的地方。
- PLUGIN NOCONFLICT：插件冲突解决。
- DATA API：Data 接口。

9.3.2　公共类定义

插件类通过下面的构造方法来实现：

```
var Button = function (element, options) {
    this.$element = $(element)
    this.options = $.extend({}, $.fn.button.defaults, options)
}
```

这种设计方法体现了 JavaScript 的 OOP 思想，定义一个类的构造方法，然后再定义类的方法（属性），这样新创建的对象（类的具体实现）就可以调用类的公共方法和访问类的公共属性。

在 Button 函数体内部定义的属性和方法可以看作是类的私有属性和方法，为 Button.prototype 对象定义的属性和方法都可以看作是类的公共属性和方法。这个类封装了插件对象初始化所需的方法和属性。

通过下面的方法可以定义一个 Button 类型的 btn 对象，这里的 this 就是 btn 对象本身。

```
var btn = new Button(element, options);
```

Button(element, options)方法接收两个参数：element 和 options。

- element：是与插件相关联的 DOM 元素，通过代码 this.$element=$(element)，将 element 封装成为一个 jQuery 对象$element，并由 this(btn)对象的$element 属性引用。
- options：是插件的一些设置选项（参数配置对象），这里简单说一下代码。

```
$.extend(target [, object1] [, objectN])
```

这个是 jQuery 工具函数，它的作用是将 object1，…，objectN 对象合并到 target 对象中，这是编写 jQuery 插件中经常用到的方法，通过代码：

```
this.options = $.extend({}, $.fn.button.defaults, options)
```

即可实现将用户自定义的 options 覆盖插件的默认 options: $.fn.button.defaults，合并到一个空对象{}中，并由 this(btn)对象的 options 属性引用。

通过构造方法，btn 的方法 setState、toggle 即可调用 btn 的$element 和 options 属性。

下面再来分析类的方法定义：

（1）setState 方法

```
Button.prototype.setState = function (state) {
    var d = 'disabled'
      , $el = this.$element
      , data = $el.data()
      , val = $el.is('input') ? 'val' : 'html'
    state = state + 'Text'
  data.resetText || $el.data('resetText', $el[val]())
  $el[val](data[state] || this.options[state])
  // push to event loop to allow forms to submit
  setTimeout(function () {
    state == 'loadingText' ?
      $el.addClass(d).attr(d, d) :
      $el.removeClass(d).removeAttr(d)
  }, 0)
}
```

setState(state)方法的作用是为$element 添加'loading...', loading...是$.fn.button.defaults 属性 loadingText 的默认设置。这里简单说几点：

```
val = $el.is('input') ? 'val' : 'html'
```

这个代码是为了兼容<button>Submit</button>和<input type="button" value="submit">的写法。

```
data.resetText || $el.data('resetText', $el[val]())
```

这个代码也是一个小技巧，||是逻辑或，意即||左边的表达式为 true 则不执行||右边的表达式，为 false 则执行||右边的表达式，等价于：

```
if(!data.resetText){
   $el.data('resetText', $el[val]());
}
```

（2）toggle 方法

```
Button.prototype.toggle = function () {
   var $parent = this.$element.closest('[data-toggle="buttons-radio"]')
   $parent && $parent.find('.active').removeClass('active')
   this.$element.toggleClass('active')
}
```

toggle()方法的作用是通过为 button 添加'active'的 class 来添加“已选中”的 CSS 样式。其中下面的代码：

```
$parent && $parent.find('.active').removeClass('active')
```

与前面逻辑或的例子相似，&&是逻辑与，意即&&左边的表达式为 false 则不执行&&右边的表达式，为 true 则执行&&右边的表达式，等价于：

```
if($parent){
   $parent.find('.active').removeClass('active');
}
```

定义了插件的类之后，只是完成了对插件的抽象，即使用属性和方法来描述这个插件，但是尚未完成插件的具体实现，所以还要通过定义 jQuery 级插件对象来实现。

扫一扫，看视频

9.3.3 插件定义

（1）插件的 jQuery 对象级定义

插件的 jQuery 对象级定义代码如下：

```
$.fn.button = function (option) {
   return this.each(function () {
      var $this = $(this)
      , data = $this.data('button')
      , options = typeof option == 'object' && option
      if (!data) $this.data('button', (data = new Button(this, options)))
      if (option == 'toggle') data.toggle()
      else if (option) data.setState(option)
   })
}
```

首先，$.fn.button=function(){}是在$.fn 对象（插件的命名空间）下添加了 button 属性，这样在使用时就可以通过$(selector).button()来调用插件。

为什么在$.fn 中添加方法，$(selector)就能直接调用该方法？

实际上在分析 jQuery 源码时，会发现这样的架构：

```
var jQuery = function( selector, context ) {
    // The jQuery object is actually just the init constructor 'enhanced'
    return new jQuery.fn.init( selector, context, rootjQuery );
},
//some code
jQuery.fn = jQuery.prototype = {/*some code*/}
jQuery.fn.init.prototype = jQuery.fn;
```

每次写$(selector)实际上就是调用了 jQuery(selector)函数一次（$是 jQuery 的别名），都会返回一个

jQuery.fn.init 类型的对象，每写一次$(selector)都会生成一个不同的 jQuery 对象。

jQuery 实例上是一个类（构造方法），jQuery.fn.init 也是一个类（构造方法），jQuery.fn 正是 jQuery.prototype，jQuery.fn.init.prototype 也正是 jQuery.fn，所以添加到 jQuery.fn 的方法相当于被添加到了 jQuery.fn.init 类下面，$(selector)实质上是一个 new 的 jQuery.fn.init 类型的对象，理所当然地也就可以调用 jQuery.fn.init.prototype 下的方法了，即是 jQuery.fn 下的方法。

看起来似乎很绕，感觉只需要一个 new 就可以实现的对象为什么绕了这么大个圈子？这主要是为了避免 jQuery 内部逻辑混乱，实现上下不同层级的作用域能够相互访问，并不会相互干扰。

下面的这段代码也需要注意：

```
return this.each(function () {
   var $this = $(this)
   //some code
})
```

通过 jQuery.each 方法遍历$(selector)的所有 DOM 元素，然后再通过$(this)将每个遍历到的 DOM 元素封装为单一的 jQuery 对象，其作用是：对于$(selector)得到的结果集，通过形如$(selector).attr('class')方法得到的是单个结果（第一个匹配的 DOM 元素的 class 属性），而不是一组结果，通过$(selector).attr('class'，'active')更会将全部的 class 设置为 active 类。所以需要将$(selector)的结果集逐一封装成$对象再去 get 或者 set 属性，这样才是严谨的做法。

```
if (!data) $this.data('button', (data = new Button(this, options)))
```

这里是真正用到 data = new Button(this, options);的地方，整个$.fn.button 做的最主要的事情就是将每个匹配的 DOM 元素的 data-button 属性引用 new Button(this, options)对象。其次，通过判断 option 来调用 toggle 方法还是调用 setState 方法。至此，整个插件才算是基本实现。

（2）插件的默认设置定义

```
$.fn.button.defaults = {
   loadingText: 'loading...'
}
```

将插件的默认设置设计为$.fn.button 的 defaults 属性，其优点就是给用户修改插件的一些默认设置提供了通道，用户只需设置$.fn.button.defaults = {/*some code*/}即改变了插件的默认配置。也就是说，插件对扩展是开放的。

（3）插件的构造器

```
$.fn.button.Constructor = Button
```

开放了插件的构造方法类作为$.fn.button 的 Constructor 属性，使得用户可以读取插件的构造方法类。

9.3.4 避免污染

扫一扫，看视频

解决的方法与 jQuery 相同，类似用法为$.noConflict，释放$.fn.button 的控制权，并重新为$.fn.button 声明一个名称，旨在解决插件名称和其他插件有冲突的情况。详细代码如下：

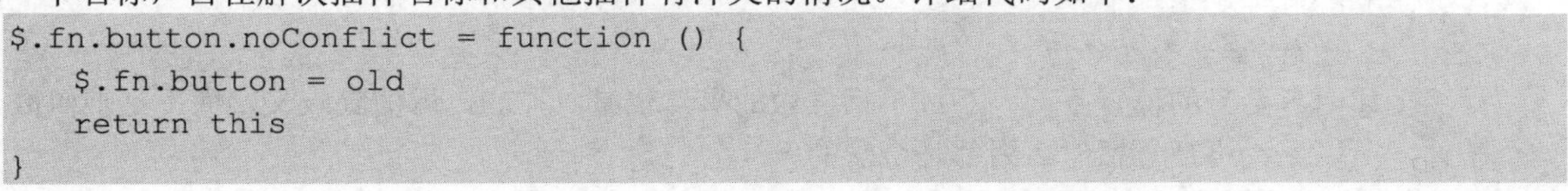

```
$.fn.button.noConflict = function () {
   $.fn.button = old
   return this
}
```

9.3.5 Data 接口

扫一扫，看视频

Bootstrap 的所有插件都提供了 Data 接口，通过这种方法可以通过 HTML 标签属性来激活插件的脚本行为，避免用户编写 JavaScript 代码。

在 Bootstrap 按钮插件中，我们可以看到，通过此方法向所有带有 data-toggle 的<button>标签绑定 click 事件，注意这里用了事件委托的写法：

```
<button data-toggle="button">Click Me</button>
```

在插件源码中，可以看到下面的代码：

```
$(document).on('click.button.data-api', '[data-toggle^=button]', function (e) {
    var $btn = $(e.target)
    if (!$btn.hasClass('btn')) $btn = $btn.closest('.btn')
    $btn.button('toggle')
})
```

上面的代码通过委托的方式为页面中所有定义了 data-toggle=button 的属性定义事件，这样就不用再写$(selector).button(options)来初始化插件，只要页面加载，插件就自动完成初始化。甚至 options 的某些属性都可以写在 data-属性中，但是$.fn.button.defaults 设置的默认属性可能会无效。

9.4 插件封装

Bootstrap 实际上是 jQuery 的一个特殊插件，在保留 jQuery 语法特色基础上，适当进行优化和扩展。

扫一扫，看视频

9.4.1 基本套式

Bootstrap 插件的封装形式与 jQuery 插件的封装结构基本相同，具体封装结构如下：

```
+function ($) {
    //code
}(window.jQuery)
```

当页面初始化之后，上面的代码将立即执行，并构建一个独立的作用域，这样可以有效保护内部私有变量，避免与外部发生冲突，同时也具有代码优化作用。

该封装形式中，$与 window.jQuery 引用了同一个地址，都指向 jQuery 构造器函数，但是$是在该匿名函数的活动对象内，而 window.jQuery 是在全局作用域中的静态对象。

与 jQuery 插件结构不同的是：Bootstrap 插件在匿名函数前面补加一个+运算符。那么在 function 之前加上感叹号（+）又有什么作用呢？

【示例 1】　执行下面的一行代码，运行后在控制台返回值为 true，因为这个匿名函数没有返回值，默认返回值是 undefined，求反的结果自然就是 true。

```
-function(){alert(1)}()        // true
```

为什么求反操作能够让一个匿名函数的调用变得合法？

在一般开发中，常用添加小括号来调用匿名函数：

```
(function(){alert(1)})()
```

或者：

```
(function(){alert(1)}())
```

虽然上述两者括号的位置不同，不过小括号做的事情也是一样的，即消除歧义，而不是把函数作为一个整体，所以无论小括号括怎么用都是合法的。

【示例 2】　无论是小括号，还是减号或加号，在这里的作用就是让一个函数块变成一个表达式。

```
function a(){alert(1)}
```

上面的一行代码是一个函数声明，如果在声明后直接加上括号调用，解析器自然不会理解而报错：

```
function a(){alert(1)}();              // SyntaxError: unexpected_token
```

因为这样的代码混淆了函数声明和函数调用，以这种方式声明的函数 f，就应该以 f();的形式调用。

小括号将一个函数声明转化成了一个表达式，解析器不再以函数声明的方式处理函数 f，而是作为一个函数表达式处理。

【示例 3】　任何消除函数声明和函数表达式间歧义的方法，都可以被解析器正确识别。

```
var i = function(){return 1}();            // undefined
1 && function(){return true}();            // true
1, function(){alert(1)}();                 // undefined
```

赋值、逻辑，甚至是逗号，各种操作符都可以告诉解析器这个不是函数声明，它是个函数表达式。

【示例 4】　下面的一元运算都是有效的。

```
!function(){alert(1)}() ;                  // true
+function(){alert(1)}() ;                  // NaN
-function(){alert(1)}() ;                  // NaN
~function(){alert(1)}();                   // -1
```

【示例 5】　甚至下面的这些关键字，都能很好地工作：

```
void function(){alert(1)}() ;              // undefined
new function(){alert(1)}() ;               // Object
delete function(){alert(1)}() ;            // true
```

9.4.2　严格模式

扫一扫，看视频

Bootstrap 插件全部启动 JavaScript 严格模式。在第一行代码中都会出现下面一句代码：

```
"use strict";
```

一直以来，JavaScript 松散灵活的语法饱受争议。在 ECMAScript 5.0 版本中开始引入 strict mode（严格模式），使 JavaScript 解释器可以采用严格的语法来解析代码，以帮助开发人员发现常见和不易发现的错误。Firefox 是最早支持 strict mode 的浏览器，IE6/7/8/9 均不支持严格模式，IE10 开始支持 strict mode，其他最新版本的主流浏览器都支持 strict mode。

1. strict mode 语法限制

下面主要介绍严格模式下，对 JavaScript 代码有什么特别限制：

（1）去除 with 关键词

【示例 1】　在严格模式中去除了 with 语句，使用严格模式的第一步：确保代码中没有使用 with。

```
//在严格模式中以下 JavaScript 代码会抛出错误
with (location) {
   alert(href);
}
```

（2）防止意外为未知变量赋值

【示例 2】　变量在赋值前必须先声明，为一个未声明的变量赋值，严格模式会异常抛出。

```
// 严格模式下会抛出异常
(function() {
   someUndeclaredVar = "foo";
}());
```

（3）函数中的 this 不再默认指向全局

【示例 3】　在严格模式中，函数中未被定义或为空的 this 不再默认指向全局对象。这会造成一些依赖函数中默认 this 行为的代码执行出错。

```
window.color = "red";
function sayColor() {
   alert(this.color);
}
```

```
//在 strict 模式中会报错，如果不在严格模式中则提示“red"
sayColor();
//在 strict 模式中会报错，如果不在严格模式中则提示“red"
sayColor.call(null);
```

【示例 4】 this 在被赋值之前会一直保持为 undefined，这意味着当一个构造函数在执行时，如果之前没有明确的 new 关键词，将会抛出异常。

```
function Person(name) {
    this.name = name;
}
//在严格模式中会报错
var me = Person("Nicholas");
```

在上面的代码中，Person 构造函数在运行时因为之前没有使用 new 调用，函数中的 this 会保留为 undefined，由于不能为 undefined 设置属性，上面的代码会抛出错误。在非严格模式环境中，没有被复制的 this 会默认指向 window 全局变量，运行的结果将是意外地为 window 全局变量设置 name 属性。

（4）防止重名

【示例 5】 当编写大量代码时，很容易出现重名现象，严格模式在这种情况下会抛出错误。

```
//重复的参量名，在严格模式下会报错
function doSomething(value1, value2, value1) {
    //code
}
//重复的对象属性名，在严格模式下会报错
var object = {
    foo: "bar",
    foo: "baz"
};
```

以上的示例代码在严格模式中都会被认为是语法错误，而在执行前都能得到提示。

（5）安全的 eval

【示例 6】 在严格模式中，对 eval 它进行了改进。在 eval()中执行的变量和函数声明不会直接在当前作用域中创建相应变量或函数。

```
(function() {
    eval("var x = 10;");
    //非严格模式中,提示 10
    //严格模式中则因 x 未被定义而抛出异常
    alert(x);
}());
```

【示例 7】 任何在 eval()执行过程中创建的变量或者函数保留在 eval()中。但能明确的从 eval()语句的返回值来获取 eval()中的执行结果。

```
(function() {
    var result = eval("var x = 10, y = 20; x + y");
    // 在 strict 或非 strict 模式中都能正确地运行余下的语句.(结果为 30)
    alert(result);
}());
```

（6）对只读属性修改时抛出异常

【示例 8】 严格模式禁止修改只读属性，如果出现这种情况，将提醒修改这个属性是不被允许的。

```
var person = {};
Object.defineProperty(person, "name" {
    writable: false,
    value: "Nicholas"
```

```
});
//在非严格模式时,浏览器没有响应，在严格模式则抛出异常.
person.name = "John";
```

在上面的示例中，name 属性被设为只读，非严格模式中执行对 name 属性的修改不会引发报错，但修改不会成功。严格模式则会明确地抛出异常。

（7）在代码中不能使用一些扩展的保留字

```
implements、interface、let、package、private、public、static、yield
```

不能声明或重写 eval 和 arguments 两个标识符。不能使用 delete 删除显式声明的标识符、名称或函数。

2. 启用 strict mode

开启 strict mode 很简单，只要在代码的开头加入下面一行代码，则其中运行的所有代码都必然是严格模式下的：

```
"use strict";
```

加入 strict mode 字符串序列的位置有如下几种情况，同时可以开启相应代码块中的严格模式：

- 在全局代码的开始处加入。
- 在 eval 代码开始处加入。
- 在函数声明代码开始处加入。
- 在 new Function()所传入的 body 参数块开始加入。

【示例 9】　虽然可以把这个指令作用到全局或某个函数中，仍建议不要在全局环境下启用严格模式。

```
//请不要这么使用
"use strict";
function doSomething() {
    //这部分代码会运行于严格模式
}
function doSomethingElse() {
    //这部分代码也会运行于严格模式
}
```

虽然上面的代码看起来没有问题。但当在页面中引入大量的外部脚本文件时，这样使用严格模式会让页面面临由于第三方代码没有遵循严格模式而引发的大量问题。

【示例 10】　最好把开启严格模式的指令作用于函数中。

```
function doSomething() {
    "use strict";
    //这个函数中的代码将会运行于严格模式
}
function doSomethingElse() {
    //这个函数中代码不会运行于严格模式
}
```

【示例 11】　如果希望严格模式在多个函数中开启，可以使用立即执行函数表达式。

```
(function() {
    "use strict";
    function doSomething() {
        //这个函数运行于严格模式
    }
    function doSomethingElse() {
        //这个函数同样运行于严格模式
```

```
    }
}());
```

Bootstrap 插件都采用这种方式启用严格模式，只在当前插件的代码作用域中执行严格模式，不会干扰页面其他代码模式。

扫一扫，看视频

9.4.3 this 指针

每当 JavaScript 函数被调用时，一个叫做 this 的关键字也随之被创建，它指向调用当前函数的对象。这个 this 仅在函数作用域中是可用的，在特殊情况下，使用 new 运算符创建实例，或者使用 call 或 apply 调用函数，会主动改变 this 所指向的对象。

下面简单介绍一下 this 的应用场景。

（1）调用函数

【示例 1】 直接调用函数时，不管调用位置如何（函数内或者函数外），this 都指向全局对象 window。

```
function foo(x) {
    this.x = x;
}
foo(2);
alert(x);     // 2，全局变量 x 的值
```

但在严格模式下，这种用法是不允许，返回值将是 undefined。

（2）调用方法

【示例 2】 当函数作为对象的方法被调用时，函数内的 this 指向当前调用对象。

```
var n = "true";
var p = {
    n : "false",
    m : function(){
        console.log(this.n);
    }
}
p.m();//"false"
```

在上面的代码中，this 指向 p 对象，即当前对象，而不是 window。

（3）构造函数

【示例 3】 在构造函数中，this 指向新创建的实例对象。

```
function F(x) {
    this.x = x;
}
var f = new F(2);
```

函数内部的 this 指向新创建的对象 f。

（4）内部函数

【示例 4】 在内部函数中，this 没有按预期绑定到外层函数对象上，而是绑定到了全局对象上。这是 JavaScript 语言的设计缺陷，因为没有人想让内部函数中的 this 指向全局对象。

```
var n = "true";
var p = {
    n : "false",
    m : function(){
        var say = function() {
            console.log(this.n);
```

```
        };
        say();
    }
}
p.m(); // "true"
```

【示例5】 一般处理方式是将this作为变量保存下来，默认约定为that或者self：

```
var n = "true";
var p = {
    n : "false",
    m: function(){
        var that = this;
        var say = function() {
            console.log(that.name);
        };
        say();
    }
}
p.m(); //"false"
```

（5）使用call和apply调用函数

call和apply都能够将被调用函数绑定到指定对象上。

【示例6】 针对示例5中的代码，可以通过下面方法实现把m()方法中的this绑定到p对象上。

```
p.m.call(p);
```

在Bootstrap插件中，包含两种不同对象的this应用。

【示例7】 针对按钮插件来说，在插件函数第2行代码中，这里的this指向jQuery对象，调用jQuery对象的each()方法时，传递给它的参数函数中也包含一个this关键字，这个关键字指向jQuery对象中每个DOM元素。

```
$.fn.button = function (option) {
    return this.each(function () {
        var $this = $(this)
        , data = $this.data('button')
        , options = typeof option == 'object' && option
        if (!data) $this.data('button', (data = new Button(this, options)))
        if (option == 'toggle') data.toggle()
        else if (option) data.setState(option)
    })
}
```

第 10 章　扩 展 组 件

Bootstrap 的使用越来越广泛，而且越来越多的用户为 Bootstrap 开发各种扩展和插件，以增强 Bootstrap 的功能。本章将介绍如何扩展 Bootstrap 的现有组件，熟悉现有组件的扩展步骤以后，就可以非常简单地扩展其他组件了。

【学习重点】

- 了解 CSS 组件扩展的几种方法。
- 能够扩展 Bootstrap 现有组件，为我所用。

10.1　组件扩展概述

Bootstrap 设计初衷之一就是实用。如果希望将默认按钮变成如图 10.1 所示右侧的漂亮按钮，只需要引用两个 class：btn 和 btn-primary。

如果网站设计了不同的风格，就需要用户自定义 Bootstrap 主题，以适应页面需求。用户可以微调 Bootstrap 样式，也可以设计全新的主题。

图 10.1　设计 Bootstrap 按钮

扫一扫，看视频

10.1.1　CSS 覆盖

自定义 Bootstrap 最直接的方法是使用 CSS 覆盖掉 Bootstrap 的默认样式。可以通过针对 Bootstrap 中使用的 class 编写自己的样式来实现。

【示例】　通过增加以下代码来设计更圆滑的按钮样式，效果如图 10.2 所示。

```
<!doctype html>
<html>
<head>
<meta charset="utf-8">
<meta name="viewport" content="width=device-width, initial-scale=1.0">
<link href="bootstrap/css/bootstrap.css" rel="stylesheet"  type="text/css">
<link href="bootstrap/css/bootstrap-theme.css" rel="stylesheet"  type="text/css">
<script src="bootstrap/jquery-1.9.1.js"></script>
<script src="bootstrap/js/bootstrap.js"></script>
<style type="text/css">
body { padding: 12px; }
/*自定义按钮样式*/
.btn {
  -webkit-border-radius: 20px;
  -moz-border-radius: 20px;
  border-radius: 20px;
}
</style>
</head>
<body>
<button>默认按钮样式</button>
<button class="btn btn-primary">Bootstrap 自定义按钮样式</button>
</body>
</html>
```

此示例重写了 Bootstrap 的.btn 类样式，增加了 border radius 自定义的 Bootstrap 按钮。为了能够成功覆盖，自定义样式必须在 Bootstrap 的声明之后增加。这种方法的优点是不会改变工作流程，也不会破坏 Bootstrap 源码结构。

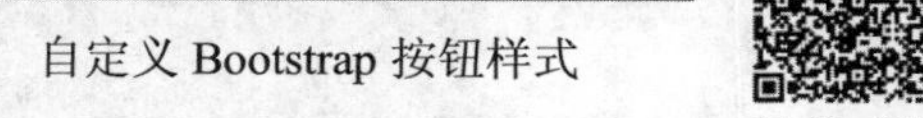

图 10.2　自定义 Bootstrap 按钮样式

扫一扫，看视频

10.1.2　在线定制

CSS 覆盖方式适合简单、局部的设计，最优替代方案应该是创建一个彻底的自定义构建。借助官方的生成器，用户可以将框架内使用的关键变量设置成自己需要的值，如@link-color、@text-color 和@link-hover-color。

【示例】 针对 10.1.2 节自定义的按钮圆角样式，可以在 http://getbootstrap.com/customize/页面进行定制，找到组件部分（Components），找到变量@border-radius-base，修改默认值为 20px，如图 10.3 所示。

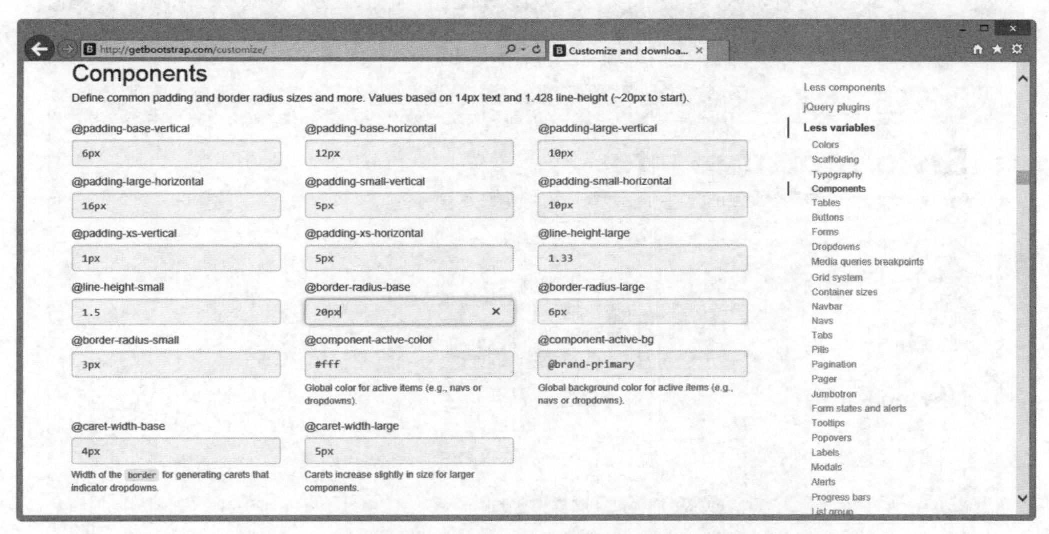

图 10.3　自定义 Bootstrap 变量

然后在生成器页面底部单击 Compile and Download 按钮即可下载最终的样式表。甚至还能对框架包含的组件进行挑选，这样能够减少文件的体积。

10.1.3　第三方生成器

网上还有一些第三方生成器，与官方版本不同，它们提供了调整变量时的动态预览效果，简单说明如下：

（1）Bootswatch（http://bootswatch.com/）

该网站是一款基于 Bootstrap 的汇集了多种风格的前端 UI 解决方案，如图 10.4 所示。

（2）StyleBootstrap（http://stylebootstrap.info/）

Bootstrap 有自己的自定义风格，但 StyleBootstrap 是一个更详细的 Bootstrap 风格，包含颜色拾取器，以及可单独为某个组件设置独立的样式，如图 10.5 所示。

（3）BootTheme（http://www.boottheme.com/）

该网站可以定制 Bootstrap 主题，添加了扔骰子特性来随机设置值，如图 10.6 所示。

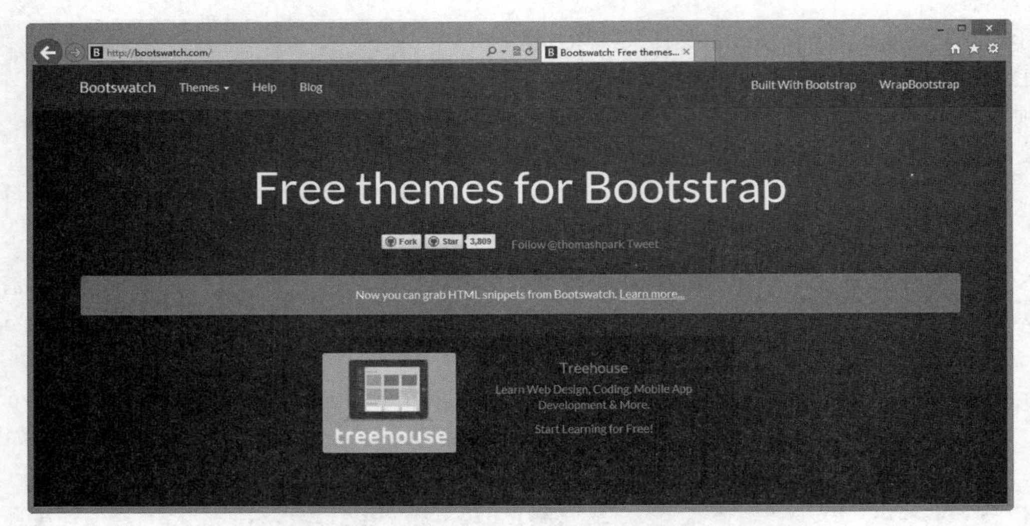

图 10.4　Bootswatch 网站

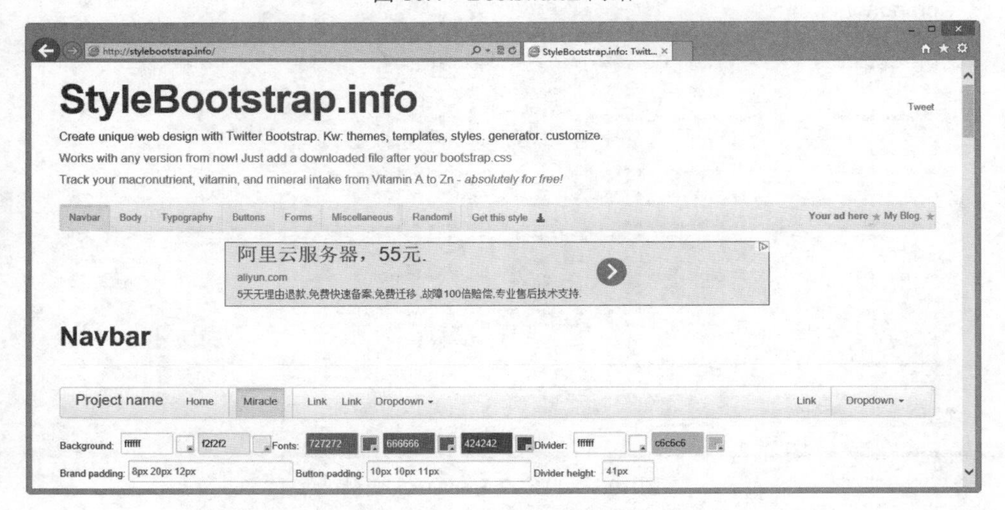

图 10.5　StyleBootstrap 网站

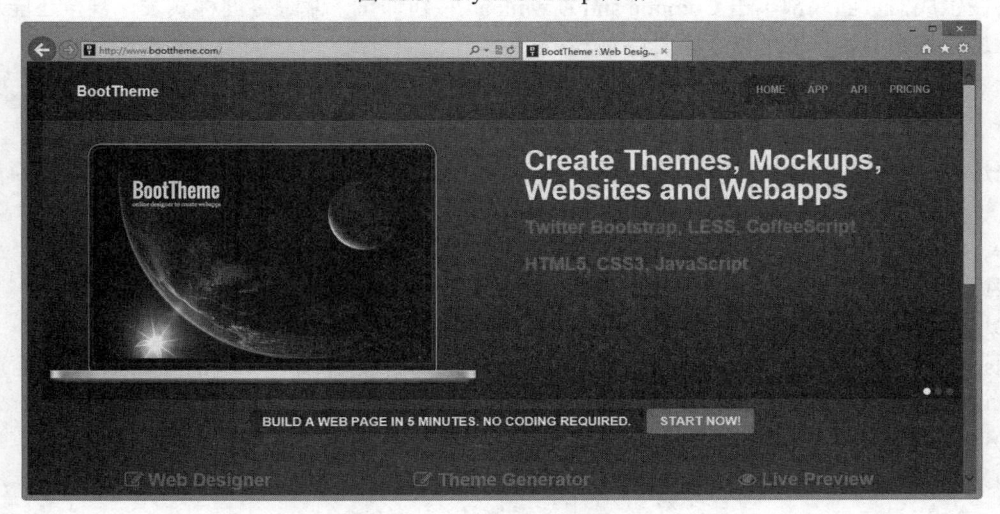

图 10.6　BootTheme 网站

（4）Lavish（http://www.lavishbootstrap.com/）

该网站能够根据用户提供的任何图片来生成一个主题，如图 10.7 所示。

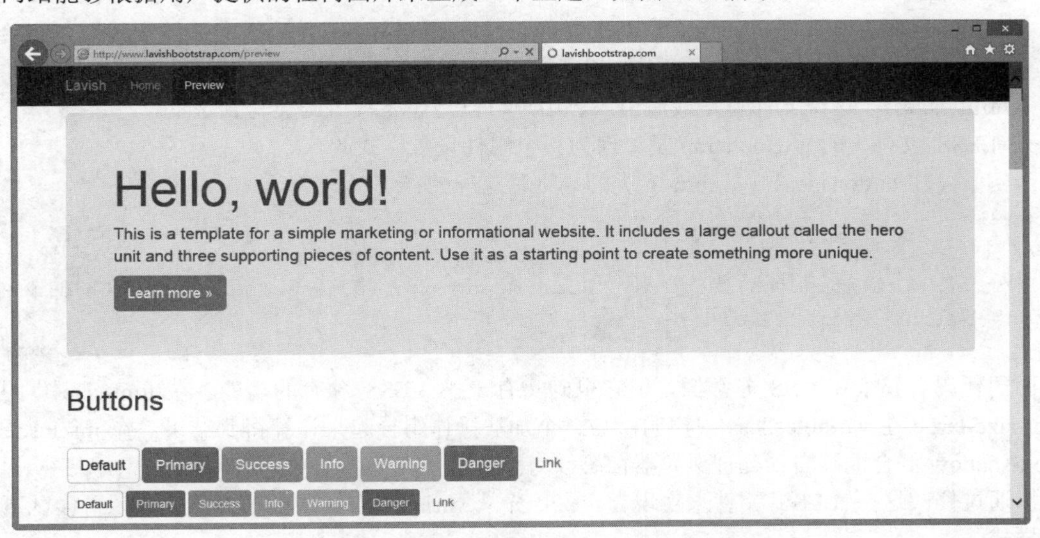

图 10.7　Lavish 网站

（5）PaintStrap（http://paintstrap.com/）

该网站能够根据已有的配色方案生成主题，如图 10.8 所示。

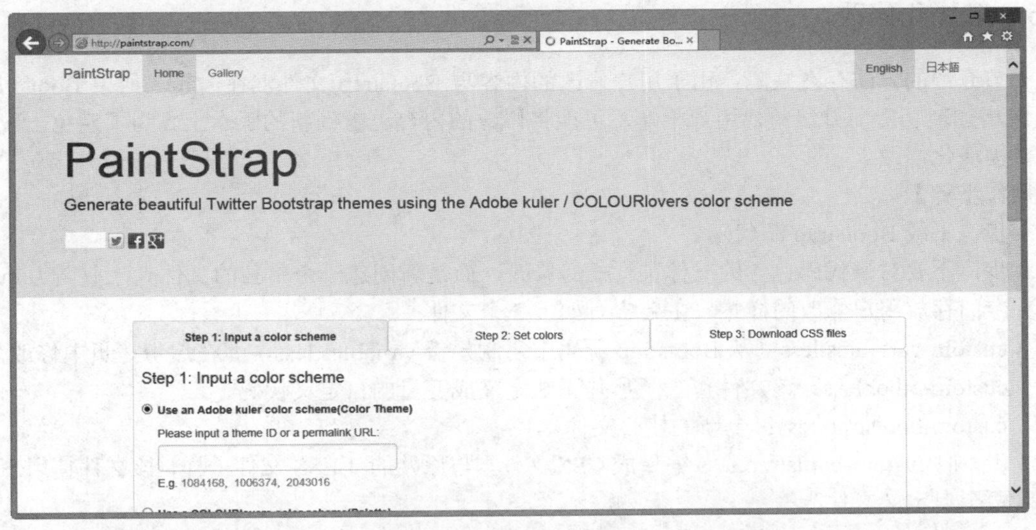

图 10.8　PaintStrap 网站

10.1.4　LESS 定制

扫一扫，看视频

即便有上百个能定制的变量，可能还是会发现生成器有诸多限制。最好的方法是深入研究一下 Bootstrap 的源码。作为一个开源项目，Bootstrap 的源码可以自由下载。

打开源码，会发现 Bootstrap 的样式是用 LESS 而不是 CSS 编写的。LESS 是一种动态样式表语言，相比于 CSS，它支持多种优秀特性，包括选择器嵌套，创建变量，就像在生成器中使用一样。

组成 Bootstrap 源码的 LESS 文件是整个框架的核心，留意以下这些文件：

- bootstrap.less：是核心文件，它用来引入其他文件。
- normalize.less：始终是最先引入的文件。
- variables.less 和 mixins.less：这两个文件总是同时出现，因为其他文件都依赖于它们。前一个文件包含了在生成器网站上使用的相同的变量。
- utilities.less：这个文件总是最后引入，用户可以把想要覆盖的类写到这里。

打开 LESS 文件，看看 Bootstrap 是如何为每个组件设置样式的。

【示例】 在 buttons.less 中，.btn-lg 类的规则是这样的：

```
.btn-lg {
  // line-height: ensure even-numbered height of button next to large input
  .button-size(@padding-large-vertical; @padding-large-horizontal; @font-size-large;
@line-height-large; @border-radius-large);
}
```

上面的代码看起来和 CSS 非常像，但它也确实有一些 LESS 独有的功能。在 font-size 声明中，变量@font-size-large 在 variables.less 中声明，与一个加法操作组合起来计算得到结果。在 mixins.less 中定义的.box-shadow 混合能够自动处理浏览器前缀。

可以通过修改这些 LESS 文件来实现自定义。先从 variables.less 中的值开始，然后再尝试下其余源码中的样式。

提示：

有关 LESS 动态样式语言的详细介绍，请参考第 13 章的内容。

扫一扫，看视频

10.1.5 模块化修改

上一节介绍的方法存在缺陷：由于用户修改的内容与 Bootstrap 文件混在一起，如果 Bootstrap 因修复 Bug 或增加新功能而升级时，用户根本不可能将修改的内容更新到新的版本上。为了避免出现这个问题，需要模块化修改。

【操作步骤】

第 1 步，下载 Bootstrap 源代码。

第 2 步，不要对源代码包含的文件进行任何修改，而是新创建一个单独的文件夹，取名为 custom，该文件夹专门存放用户修改的样式，主要含有如下 3 个文件：

- custom-variables.less：从 Bootstrap 源码中复制一份 variables.less，并在这份拷贝中修改变量。
- custom-other.less：该文件包含了那些无法定义成变量的自定义代码。
- custom-bootstrap.less：全新的核心文件。

第 3 步，把 custom-bootstrap.less 编译成 CSS 文件，与原始的 LESS 文件一样，该文件使用下面的命令来引入两个自定义文件：

```
@import "../bootstrap/less/bootstrap.less";
@import "custom-variables.less";
@import "custom-other.less";
@import "../bootstrap/less/utilities.less";
```

第 4 步，修改内容被隔开后，就可以很轻松地升级到 Bootstrap 的新版本。只需要替换旧 bootstrap 文件夹，再重新编译即可。

扫一扫，看视频

10.1.6 扩展建议

在扩展 Bootstrap 时，可能会遇到很多问题，也有很多技巧和技术需要用户掌握，下面给几点建议：

（1）熟悉所有组件

在自定义 Bootstrap 之前，应该阅读官方文档，熟悉所有组件，深入学习源码。如果经常需要自定义 Bootstrap，在此投入所带来的回报将会物超所值。

（2）先从变量开始

当使用生成器或者直接编辑源码时，先从它们支持的变量开始修改，会发现它们就已经能够满足大部分需求。

（3）选择调色板

考虑网站的配色方案，特别是主要与次要颜色。在调色板上选择好后，可以将这些颜色设置为变量。这样就不会看到散落在代码中的十六进制颜色值。

（4）增加一些资源

纹理背景与自定义字体能让页面添色。对于 Web 字体，可以在代码中的任何位置加入@import 语句，LESS 会自动将生成的 CSS 代码提升到顶部。一般可以将这些内容放到 custom-other.less 文件的顶部。

（5）使用 alpha 透明

当增加 box-shadow 和 text-shadow 效果时，颜色使用 RGBa 来定义，为旧的浏览器做好降级处理，始终使用这样的值，这样会使组件增加内聚性。

（6）匹配选择器

当要覆盖一个类时，尝试采用 Bootstrap 中使用的选择器。这会保证自定义类与原始类同步，避免不断升级的特异性冲突。

注意：

特异性相同的情况下，后写的选择器生效。经过上面的模块化处理，自定义内容将始终覆盖掉原始内容。

（7）封装代码

LESS 允许嵌套选择器，利用这个特性来封装每个组件。这对于保持代码的整洁与可读性有很大帮助。

【示例 1】 下面的代码不建议使用：

```
.navbar .brand {
 color: @white;
}
.navbar .nav > li > a {
 color: @grayLighter;
}
```

【示例 2】 建议使用以下代码：

```
.navbar {
  .brand {
     color: @white;
  }
  .nav > li > a {
      color: @grayLighter;
  }
}
```

（8）善用混合（mixin）

LESS 提供了便利的混合，如 lighten()、darken()。Bootstrap 在 mixins.less 中定义的内容也可以进行编辑。用户可以创建自己的混合。

（9）配合实例学习

学习别人的案例，研究其他用户是如何自定义 Bootstrap 的，以提升代码编写技巧。

10.2　案例：扩展分页组件

分页组件是一个简单的 CSS 组件，很实用，但是不同风格的网站可能需要不同样式的分页效果。下面将在现有的 Bootstrap 分页组件基础之上，介绍如何扩展 CSS 组件，本节将从外形和颜色两个方面进行扩展。

扫一扫，看视频

10.2.1　自定义形状

打开 6.1.2 节的示例文件，分析分页组件默认效果，如图 10.9 所示。

本例尝试设计分页组件呈现为独立的圆角小方块组合，效果如图 10.10 所示。

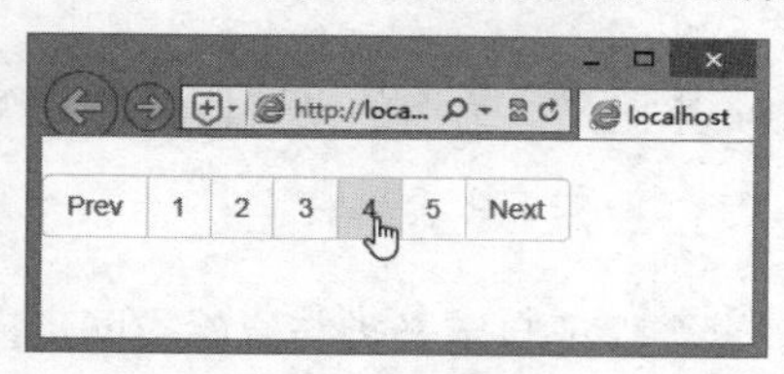

图 10.9　分页组件默认效果

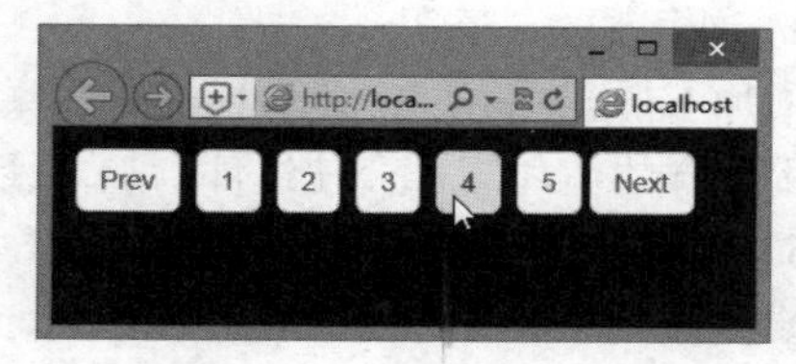

图 10.10　自定义分页组件效果

打开 bootstrap.css 源文件，搜索.pagination 类样式，分析分页组件类样式，源代码如下：

```
/*分页组件外框样式 */
.pagination {
  display: inline-block;                /*行内块显示*/
  padding-left: 0;
  margin: 20px 0;
  border-radius: 4px;                   /*圆角*/
}
/*每个导航块外框样式*/
.pagination > li {
  display: inline;                      /*并列显示*/
}
/*导航块样式*/
.pagination > li > a,
.pagination > li > span {
  position: relative;                   /*定位包含框*/
  float: left;                          /*浮动，以便定义大小*/
  padding: 6px 12px;
  margin-left: -1px;
  line-height: 1.42857143;
  color: #337ab7;
  text-decoration: none;
  background-color: #fff;
  border: 1px solid #ddd;               /*浅色边框*/
}
/*Prev 按钮样式*/
.pagination > li:first-child > a,
```

```
.pagination > li:first-child > span {
 margin-left: 0;
 border-top-left-radius: 4px;       /*左侧顶角圆角*/
 border-bottom-left-radius: 4px;    /*左侧底角圆角*/
}
/*Next 按钮样式*/
.pagination > li:last-child > a,
.pagination > li:last-child > span {
 border-top-right-radius: 4px;      /*右侧顶角圆角*/
 border-bottom-right-radius: 4px;  /*右侧底角圆角*/
}
```

通过默认分页的源码分析可以知道，如果单个元素都要分开显示，最简单的方式就是单个元素的边框都设置为 lpx，然后每个元素之间设置一定像素的 margin 值。

在自定义样式时候，为了避免覆盖 Bootstrap 默认的样式或行为，可以考虑通过附加样式的形式来实现。例如，额外添加一个 square 样式，然后在 HTML 分页组件中引用即可。

【操作步骤】

第 1 步，新建 HTML 文档，定义分页组件。此步操作可参考 6.1.2 节的示例操作，或者可复制该节示例。

第 2 步，在<head>标签内部插入一个<style type="text/css">标签，定义一个内部样式表。

第 3 步，在内部样式表中输入下面的样式代码。其中定义.square 类样式，并把它绑定到分页组件默认的.pagination 类样式上。

```
/*清除分页组件外框边界值*/
.pagination.square { margin: 0; /*去除外边距*/ }
/*为每个分页导航块定义边框和圆角*/
.pagination.square > li > a,
.pagination.square > li > span {
   margin: 0 4px;
   border: 1px solid #ddd; /*设置所有的边框都为 1 像素*/
   border-radius: 6px; /*圆角*/
}
/*为 Prev 和 Next 按钮单独定义样式，调整它们的内外边距*/
.pagination.square > li:first-child > a,
.pagination.square > li:first-child > span,
.pagination.square > li:last-child > a,
.pagination.square > li:last-child > span {
   margin-left: 0px;
   padding-left: 12px;
   padding-right: 12px;
}
```

第 4 步，在分页组件的 HTML 外框上引用.square 类样式，代码如下：

```
<ul  class="pagination square">
   <li><a href="#">Prev</a></li>
   ......
   <li><a href="#">Next</a></li>
</ul>
```

第 5 步，保存文档，在 IE 浏览器中预览，即可得到如图 10.10 所示的效果。

10.2.2 自定义颜色

分页组件默认为灰色，在应用该组件时，一般都需要根据页面色彩效果对其进行改造，以便该组件适应页面风格。本节示例将扩展该组件的颜色样式。

通过对源代码分析，要更改分页组件的颜色，需要注意下面几点：

- li 元素的边框颜色。
- li 元素内的链接文本颜色。
- li 元素在 active 高亮时的背景色和文本颜色。
- li 元素在 disabled 禁用时的背景色和文本颜色。

【操作步骤】

第 1 步，新建 HTML 文档，定义分页组件。

第 2 步，在<head>标签内部插入一个<style type="text/css">标签，定义一个内部样式表。

第 3 步，在内部样式表中输入下面的样式代码。定义.green 类样式，并把它绑定到分页组件默认的.pagination 类样式上。

```
/*定义每个项目的边框颜色和字体颜色，全部设置为绿色*/
.pagination.green > li > a,
.pagination.green > li > span {
   color: #5aa414;
   border: 1px solid #5aa414;
}
/*定义每个项目在鼠标经过时、以及获取焦点时背景颜色为绿色*/
.pagination.green > li > a:hover,
.pagination.green > li > span:hover,
.pagination.green > li > a:focus,
.pagination.green > li > span:focus {
   background-color: #d8edc3;
}
/*定义每个项目在激活时，字体颜色、背景颜色和边框颜色，全部设置为鲜绿色，背景为白色*/
.pagination.green > .active > a,
.pagination.green > .active > span,
.pagination.green > .active > a:hover,
.pagination.green > .active > span:hover,
.pagination.green > .active > a:focus,
.pagination.green > .active > span:focus {
   color: #ffffff;
   background-color: #5aa414;
   border-color: #5aa414;
}
/*定义每个项目在禁用时，字体颜色、背景颜色和边框颜色，全部设置为浅绿色，背景为白色*/
.pagination.green > .disabled > span,
.pagination.green > .disabled > span:hover,
.pagination.green > .disabled > span:focus,
.pagination.green > .disabled > a,
.pagination.green > .disabled > a:hover,
.pagination.green > .disabled > a:focus {
   color: #d8edc3;
   background-color: #ffffff;
   border-color: #5aa414;
}
```

第 4 步，在分页组件的 HTML 外框上引用.green 类样式，代码如下：

```
<ul  class="pagination green">
    <li><a href="#">Prev</a></li>
    ......
    <li><a href="#">Next</a></li>
</ul>
```

第 5 步，保存文档，在 IE 浏览器中预览，则显示效果如图 10.11 所示。

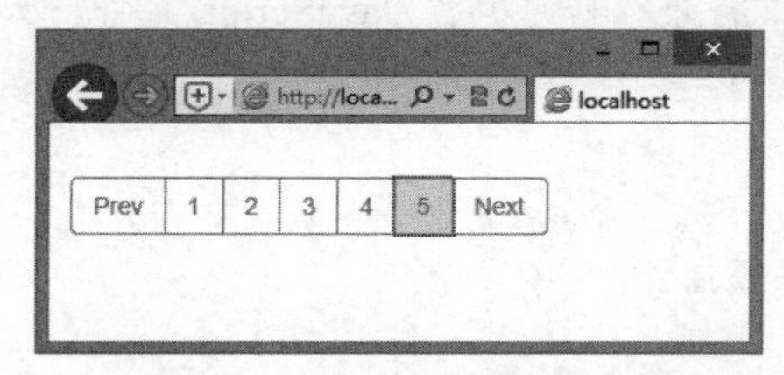

图 10.11　自定义分页组件颜色效果

第 11 章　开 发 插 件

Bootstrap 提供的 JavaScript 插件比较精彩，但是数量有限，很难满足众多用户的开发需求，这时就需要自定义特定功能的插件。本章将介绍如何扩展 JavaScript 插件，如何自定义 Bootstrap 功能，实现 Bootstrap 二次开发。

【学习重点】

- 了解 jQuery 插件的开发方法。
- 能够设计简单的 Bootstrap 插件。

11.1　jQuery 插件概述

Bootstrap 是 jQuery 的一个扩展插件，遵循 jQuery 插件的设计规则，并保持相同的用法。因此，在开发 Bootstrap 插件之前，用户应该掌握如何进行 jQuery 插件开发的一般方法。

11.1.1　jQuery 插件形式

开发 jQuery 插件有三种形式。

1. jQuery 方法

这种形式的插件是把一些常用或者重复使用的功能定义为方法，然后绑定到 jQuery 对象上，从而成为 jQuery 对象的一个扩展方法。

大部分 jQuery 插件都是这种形式的插件，由于这种插件是将对象方法封装起来，用于对通过 jQuery 选择器获取 jQuery 对象进行操作，从而发挥 jQuery 强大的选择器优势。有很多 jQuery 内部方法，也是通过在 jQuery 脚本内部通过这种形式插入到 jQuery 框架中，如 parent()、appendTo()、addClass()等方法。

Bootstrap 插件都是这种形式的插件，在使用时可以直接在 jQuery 对象上调用 Bootstrap 方法。

2. 工具函数

在$（jQuery 的别名）上直接定义工具函数，把自定义的工具函数独立附加到 jQuery 命名空间下，作为 jQuery 作用域下一个公共函数被使用。

例如，jQuery 的 ajax()方法就是利用这种途径内部定义的全局函数。由于全局函数没有被绑定到 jQuery 对象上，故不能在选择器获取的 jQuery 对象上直接调用。需要通过 jQuery.fn()或者$.fn()方式进行引用。

3. 自定义选择器

jQuery 提供了强大的选择器，用户可以自定义选择器，以满足特定环境下的匹配需要。

11.1.2　jQuery 插件规范

扫一扫，看视频

jQuery 开发团队制定了 jQuery 插件通用规则，为用户创建了一个通用而可信的环境，因此，在自定义 jQuery 插件之前应该熟悉并遵守这些规则。

1. 命名规则

```
jquery. plug-in_name.js
```

其中 plug-in_name 表示插件的名称，在这个文件中，所有全局函数都应该包含在名为 plug-in_name 的对象中。除非插件只有一个函数，则可以考虑使用 jQuery. plug-in_name()形式。

插件中的对象方法可以灵活命名，但是应保持相同的命名风格。如果定义多个方法，建议在方法名前添加插件名前缀，以保持清晰。不建议使用过于简短的名称，或者语义含糊的缩写名，或者公共方法名，如 set()、get()等，这样很容易与外界的方法混淆。

Bootstrap 插件由于是在 Bootstrap 框架下进行定义，因为在插件命名时，没有严格遵循 jQuery 插件命名规则，而是遵循自己的一套规则，以 bootstrap 为前缀，后面附加功能名称。例如：

```
bootstrap-affix.js
bootstrap-alert.js
bootstrap-button.js
```

2. 编码规则

- 所有新方法都附加到 jQuery.fn 对象上。
- 所有新功能都附加到 jQuery 对象上。

3. this 指代

jQuery 插件内的 this 应该引用 jQuery 对象。

让所有插件在引用 this 时，知道从 jQuery 接收到哪个对象。所有 jQuery 方法都是在一个 jQuery 对象的环境中调用的，因此函数体中 this 关键字总是指向该函数的上下文，即 this 此时是一个包含多个 DOM 元素的伪数组（Object 对象）。但是，在插件函数内部方法中，this 就不再指代当前 jQuery 对象，而是 jQuery 对象中包含的每一个 DOM 元素。

【示例 1】 在 Bootstrap 插件 bootstrap-alert.js 中，外层的 this 指代匹配所有 DOM 元素的 jQuery 对象，而在 each()函数内，this 指代的是每个匹配的 DOM 元素，因此在使用时还必须把 this 包装为 jQuery 对象（var $this = $(this)），才能正确使用。

```
$.fn.alert = function (option) {
   return this.each(function () {
      var $this = $(this)
        , data = $this.data('alert')
      if (!data) $this.data('alert', (data = new Alert(this)))
      if (typeof option == 'string') data[option].call($this)
   })
}
```

4. 迭代元素

使用 this.each() 迭代匹配的元素。

插件应该调用 this.each()来迭代所有匹配的元素，然后依次操作每个 DOM 元素。在 this.each()方法体内，this 就不再引用 jQuery 对象，而是引用当前匹配的 DOM 元素对象。

5. 返回 jQuery 对象

插件应该有返回值，除了特定需求外，所有方法都必须返回 jQuery 对象。

一般都应该返回当前上下文环境中的 jQuery 对象。通过这种方式，可以保持 jQuery 链式语法的连续性。如果破坏这种规则，就会给开发带来诸多不便。

如果匹配的对象集合被修改，则应该通过调用 pushStack()方法创建新的 jQuery 对象，并返回这个新对象，如果返回值不是 jQuery 对象，则应该明确说明。

6. 语法严谨

插件中定义的所有方法或函数，在末尾都必须加上分号（即;），以方便代码压缩。

7. 区别 jQuery 和$

在插件代码中总是使用“jQuery”，而不是“$”。

$并不总是等于 jQuery，这个很重要，如果用户使用 var JQ = jQuery.noConflict();函数更改 jQuery 别名，就会引发错误。另外，其他 JavaScript 框架也可能使用$别名。

【示例 2】 在复杂的插件中，如果全部使用“jQuery”代替“$”，又会让人难以接受这种复杂的写法，为了解决这个问题，建议使用如下插件模式：

```
(function($){
    //在插件包中使用$代替 jQuery
})(jQuery);
```

这个包装函数接收一个参数，该参数传递的是 jQuery 全局对象，由于参数被命名为$，因此在函数体内就可以安全使用$别名，而不用担心命名冲突。

扫一扫，看视频

11.1.3 封装代码

封装 jQuery 插件的第一步是定义一个独立域，代码如下：

```
(function($){
    //自定义插件代码
})(jQuery)      //封装插件
```

确定创建插件类型，选择创建方式。

【示例 1】 创建一个设置元素字体颜色的插件，则应该创建 jQuery 对象方法。考虑到 jQuery 提供了插件扩展方法 extend()，调用该方法定义插件会更为规范。

```
(function($){
    $.extend($.fn,{     //jQuery 对象方法扩展
        //函数列表
    })
})(jQuery)     //封装插件
```

一般插件都会接收参数，用来控制插件的行为，根据 jQuery 设计习惯，可以把所有参数以列表形式封装在选项对象中。

【示例 2】 对于设置元素字体颜色的插件，应该允许用户设置字体颜色，同时还应考虑如果用户没有设置颜色，则应确保使用默认色进行设置。实现代码如下：

```
(function($){
    $.extend($.fn,{
        color : function(options){              //自定义插件名称
            var options = $.extend({            //参数选项对象处理
                bcolor : "white",               //背景色默认值
                fcolor : "black"                //前景色默认值
            },options);
            return this.each(function(){        //返回匹配的 jQuery 对象
                $(this).css("color", options.fcolor);//遍历设置每个 DOM 元素字体颜色
                $(this).css("backgroundColor", options.bcolor); //遍历设置每个 DOM 元
素背景颜色
            })
        }
```

```
    })
})(jQuery);                                       //封装插件
```

【示例 3】 完成插件封装之后，应测试一下自定义的 color()方法，演示效果如图 11.1 所示。

```
<!doctype html>
<html>
<head>
<meta charset="utf-8">
<script type="text/javascript" src="bootstrap/js/jquery-1.9.1.js" ></script>
<script type="text/javascript" >
(function($){
    $.extend($.fn,{
        color : function(options){
            var options = $.extend({
                bcolor : "white",
                fcolor : "black"
            },options);
            return this.each(function(){
                $(this).css("color", options.fcolor);
                $(this).css("backgroundColor", options.bcolor);
            })
        }
    })
})(jQuery); //封装插件
$(function(){
    $("p").color({
        bcolor : "blue",
        fcolor : "red"
    });
})
</script>
</head>
<body>
<p>段落文本 1</p>
<p>段落文本 2</p>
<p>段落文本 3</p>
<p>段落文本 4</p>
<p>段落文本 5</p>
<p>段落文本 6</p>
</body>
</html>
```

图 11.1　封装 jQuery 插件

扫一扫，看视频

11.1.4 定义参数

插件一般都需要用户设置参数，同时还要考虑用户不设置参数的情况下该如何初始化默认值，避免程序出错。下面以示例的形式进行讲解。

【示例】 继续以 11.1.3 节的代码为例进行说明，把其中的参数默认值作为$.fn.color 对象的属性单独进行设计，然后借助 jQuery.extend()覆盖原来的参数选项即可。

在 color()函数中，$.extend()方法能够使用参数 options 覆盖默认的 defaults 属性值，如果没有设置 options 参数值，则使用 defaults 属性值。由于 defaults 属性是单独定义，可以在页面中预设前景色和背景色，然后就可以多次调用 color()方法。

完整的示例代码如下，演示效果如图 11.2 所示。

```
<script type="text/javascript" >
(function($){
    $.extend($.fn,{
        color : function(options){
            var options = $.extend({}, $.fn.color.defaults, options); //覆盖原来的参数
            return this.each(function(){
                $(this).css("color", options.fcolor);
                $(this).css("backgroundColor", options.bcolor);
            })
        }
    })
    $.fn.color.defaults = {//独立设置$.fn.color 对象的默认参数值
        bcolor : "white",
        fcolor : "black"
    }
})(jQuery);
$(function(){
    $.fn.color.defaults = {     //预设默认的前景色和背景色
        bcolor : "red",
        fcolor : "blue"
    }
    $("p").color();  //设置默认色
    $("p:gt(2)").color({bcolor:"#fff"});//设置默认色，同时覆盖背景色为白色
})
</script>
```

通过这种定义参数的方法，用户不再需要重复定义参数，方便调用。

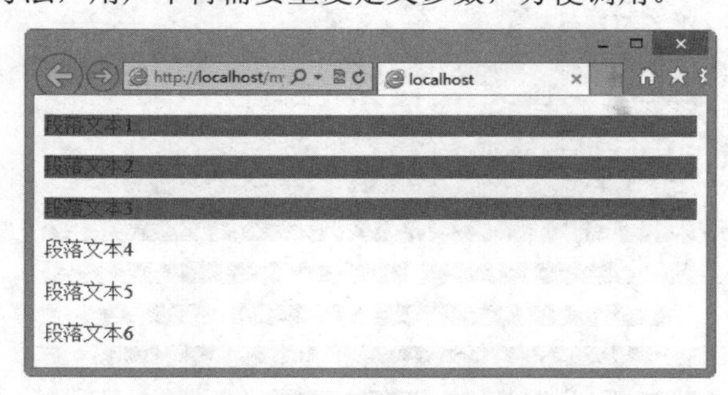

图 11.2 动态定义默认值

11.1.5 扩展功能

再完善的插件，也无法确保把所有功能都封装进插件，也没有办法预知用户的所有需求，此时最友好的方式就是让用户自己设计或者添加部分功能，从而使该插件满足不同用户的不同需求。

【示例】 继续以 11.1.4 节的示例为基础，为 color()命令添加一个格式化的扩展功能，这样用户在设置颜色的同时，还可以根据需要适当进行格式化功能设计，如加粗、斜体、放大等功能操作。

定义一个开放函数 format()，在这个函数中默认不进行任何格式化操作，然后在 color()函数体内利用这个开放的函数格式化当前元素内的 HTML 字符串。

当调用 color()方法时，会执行 format()格式化功能，演示效果如图 11.3 所示。

```
<script type="text/javascript" >
(function($){
    $.extend($.fn,{
        color : function(options){
            var options = $.extend({}, $.fn.color.defaults, options); //覆盖原来的参数
            return this.each(function(){
                $(this).css("color", options.fcolor);
                $(this).css("backgroundColor", options.bcolor);
                var _html = $(this).html();    //获取当前元素包含的 HTML 字符串
                _html = $.fn.color.format(_html);//调用格式化功能函数对其进行格式化
                $(this).html(_html);            //使用格式化的 HTML 字符串重写当前元素内容
            })
        }
    })
    $.fn.color.defaults = {//独立设置$.fn.color 对象的默认参数值
        bcolor : "white",
        fcolor : "black"
    }
    $.fn.color.format = function(str){ //开放的功能函数
        return str;
    };
})(jQuery);
$(function(){
    $.fn.color.defaults = { //预设默认的前景色和背景色
        bcolor : "#eea",
        fcolor : "red"
    }
    $.fn.color.format = function(str){ //扩展 color()插件的功能，使内部文本加粗显示
        return "<strong>" + str + "</strong>";
    }
    $("p").color();
    $("p:gt(2)").color({bcolor:"#fff"});
    $.fn.color.format = function(str){ //扩展 color()插件的功能，使内部文本放大显示
        return "<span style='font-size:30px;'>" + str + "</span>";
    }
    $("p:gt(4)").color();
})
</script>
```

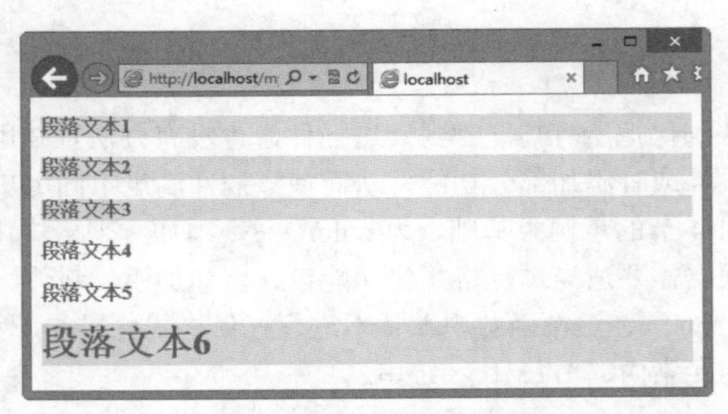

图 11.3　开放 color()插件

这种方法允许用户自定义功能设置，以覆盖插件默认的功能，从而方便了其他用户在当前插件为基础进一步地去扩写插件。

扫一扫，看视频

11.1.6　保护隐私

在设计插件时，要考虑插件开发和隐私的关系，该暴露的功能就应该完全开放，不该暴露的属性或者成员就应该保护它的隐私性。

当插件包含很多功能函数，在设计时希望这些函数不被完全暴露，唯一的方法就是使用闭包。为了创建闭包，可以将整个插件封装在一个函数中。

【示例】　继续以 11.1.5 节的示例进行讲解，定义一个验证函数，这个函数作为 color()插件的私有函数，是不允许外界访问和修改的，用它来验证用户传递的参数是否合法，对于非法参数，则忽略方法调用，但是不会抛出异常。

```
<script type="text/javascript" >
(function($){
    $.extend($.fn,{
        color : function(options){
            if(!filter(options))     //调用隐私方法验证参数，不合法则返回
                return this;
            var options = $.extend({}, $.fn.color.defaults, options);
            return this.each(function(){
                $(this).css("color", options.fcolor);
                $(this).css("backgroundColor", options.bcolor);
                var _html = $(this).html();
                _html = $.fn.color.format(_html);
                $(this).html(_html);
            })
        }
    });
    $.fn.color.defaults = {//独立设置$.fn.color 对象的默认参数值
        bcolor : "white",
        fcolor : "black"
    }
    $.fn.color.format = function(str){ //开放的功能函数
        return str;
    };
    function filter(options){     //定义隐私函数，外界无法访问
        //如果参数不存在，或者存在且为对象，则返回 true，否则返回 false
        return !options || (options && typeof options === "object")?true : false;
```

```
    }
})(jQuery);
$(function(){
    $("p").color("#fff");
})
</script>
```

扫一扫，看视频

11.1.7　避免破坏性

在特定情况下，jQuery 方法可能会修改 jQuery 对象匹配的 DOM 元素，这时就有可能破坏返回值的一致性。为了遵循 jQuery 设计规范，应该避免修改 jQuery 对象。

【示例 1】 定义一个 jQuery 方法 parent()，获取 jQuery 匹配的所有 DOM 元素的父元素。该方法通过遍历所有匹配元素，获取每个 DOM 元素的父元素，并把这些父元素存储到一个临时数组中，通过过滤、打包，最后返回。然后，调用 parent()为所有 p 元素的父元素添加一个边框，代码如下：

```
<script type="text/javascript" >
//自定义插件，扩展 jQuery 对象方法，获取所有匹配元素的父元素
(function($){
    $.extend($.fn,{
        parent : function(options){
            var arr = [];
            $.each(this, function(index, value){ //遍历匹配的 DOM 元素
                arr.push(value.parentNode); //把匹配元素的父元素推入临时数组
            });
            arr = $.unique(arr); //在临时数组中过滤重复的元素
            this.length = 0;
            Array.prototype.push.apply( this, arr ); //把变量 arr 打包为伪数组类型返回
            return this;
        }
    })
})(jQuery);
$(function(){
    var $p = $("p");
    $p.parent().css("border","solid 1px red");
})
</script>
<style type="text/css">
div.big { width:400px; height:400px; }
div.small { width:200px; height:200px; }
</style>

<div class="big">
    <p> </p>
    <div class="small">
        <p> </p>
    </div>
</div>
```

如果在设置了父元素的边框后，希望把 jQuery 对象匹配的所有元素隐藏起来，则可以添加下面代码，在浏览器中预览就会发现父元素 div 也被隐藏起来。

```
$(function(){
    var $p = $("p");
```

```
    $p.parent().css("border","solid 1px red");
    $p.hide();
})
```

在上面的代码中，$p 变量已经被修改，它不再指向当前 jQuery 对象，而是 jQuery 对象匹配元素的父元素，因此为$p 调用 hide()方法，就会隐藏 div 元素，而不是 p 元素。

这是破坏性操作的一种表现，如果要避免此类行为，建议采用非破坏性操作。

【示例 2】 使用 pushStack()方法创建一个新的 jQuery 对象，而不是修改 this 所引用的 jQuery 对象，避免了这种破坏性操作，同时 pushStack()方法还允许调用 end()方法操作新创建的 jQuery 对象方法。重新修改示例 1 的代码如下：

```
(function($){
    $.extend($.fn,{
        parent : function(options){
            var arr = [];
            $.each(this, function(index, value){
                arr.push(value.parentNode);
            });
            arr = $.unique(arr);
            return this.pushStack(arr); //返回新创建的 jQuery 对象，而不是修改后的
                                        //当前 jQuery 对象
        }
    })
})(jQuery);
```

这时，如果继续执行示例操作，则可以看到 div 元素边框样式被定义为红色实现，同时也隐藏了其包含的 p 元素。

【示例 3】 修改自定义方法之后，用户可以采用链式语法，虽然前后 jQuery 不同，但是通过 end()方法能够恢复被破坏的 jQuery 对象。也就是说，parent()方法返回的是当前元素的父元素的集合，在调用 end()方法之后，又恢复到最初的元素集合，此时可以继续调用方法作用于子元素。调用代码如下：

```
$(function(){
    var $p = $("p");
    $p.parent().css("border","solid 1px red").end().hide();
})
```

11.2 实战案例

本节介绍一个小型而实用的 Bootstrap 插件制作过程，这个插件实现：当在输入框中输入字符时会有条件地显示字数提示，提示输入框最大可输入的字符数。

扫一扫，看视频

11.2.1 设计思路

HTML5 新增了 maxlength 属性，该属性能够设置输入框的最大限制长度。在默认状态下，该属性的用户体验并不友好，用户在使用过程中会遇到很多困惑或尴尬。因此，为了给用户提供更完善的输入体验，增强最大长度输入的直观性，本案例设计了这款小的 Bootstrap 插件。

Maxlength 利用 Bootstrap 3.0 的 Label 组件来显示一个可视化反馈提示信息：当用户在输入框中输入字符时，将动态显示用户输入的最大字符长度，默认当输入最大字符少于 10 时，将显示提示信息。

本插件用到了 HTML5 的 maxlength 属性，借助 Bootstrap 的徽章组件显示提示信息。用户可以通过

改变 threshold 参数值，设置徽章显示的最少提示字符数，如少于 20 时显示徽章提示等。

该插件设计当输入框获取焦点后，将处于激活状态，当达到设置的条件，即可显示徽章提示信息。可以通过配置参数修改徽章提示显示的条件等。

11.2.2 效果预览

新建 HTML5 文档，在文档中依次导入下面的库文件：

- bootstrap.css
- jquery.js
- bootstrap-maxlength.js

然后就可以在文档中应用 Bootstrap Maxlength 插件。

```
<!doctype html>
<html>
<head>
<meta charset="utf-8">
<title></title>
<meta name="viewport" content="width=device-width, initial-scale=1.0">
<link href="bootstrap/css/bootstrap.css" rel="stylesheet" type="text/css">
<script src="bootstrap/jquery-1.9.1.js"></script>
<script src="js/bootstrap-maxlength.js"></script>
</head>
<body>
</body>
</html>
```

1. 默认调用

【示例 1】 在文档中新建一个单行文本框，启动 Bootstrap 表单控件，使用 HTML5 的 maxlength 属性设置文本框最大长度为 25 个字符串，代码如下：

```
<input type="text" class="form-control" maxlength="25" name="test" id="test" />
```

然后，在页面初始化脚本中激活 Maxlength 插件，则预览效果如图 11.4 所示。

```
<script type="text/javascript">
$(function(){
    $('input#test').maxlength();
})
</script>
```

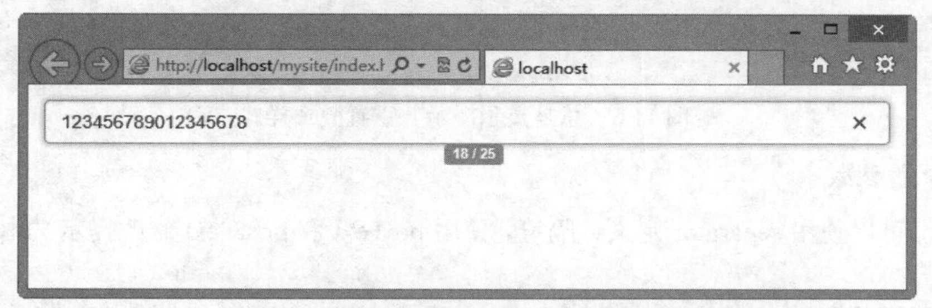

图 11.4 按默认值激活 Maxlength 插件

2. 设置显示提示字符数门槛

【示例 2】 通过 threshold 配置属性，可以设置剩余字符数提示门槛。例如，设计当文本框还剩下 20 个字符时，就开始提示余下字符数，则配置参数如下，预览效果如图 11.5 所示。

```
<script type="text/javascript">
$(function(){
    $('test').maxlength({
        threshold: 20
    });
})
</script>
```

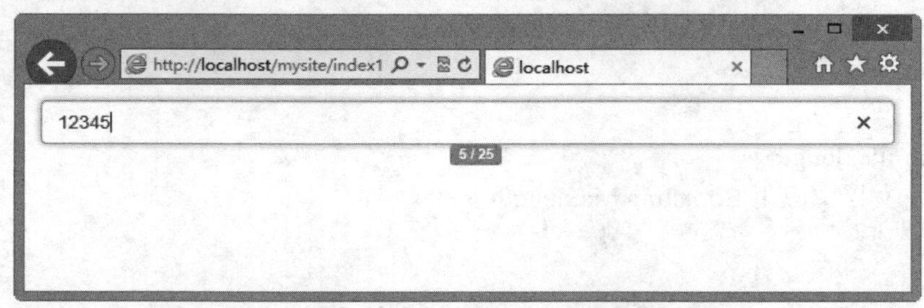

图 11.5　当剩下 20 个字符时开始显示提示

3. 总是显示提示信息

【示例 3】 通过设置 alwaysShow 配置属性为 true，只要输入框获取焦点，就立即开启提示信息徽章，也可以使用 warningClass 配置属性修改徽章主题类样式，这些类来自 Bootstrap 样式库，效果如图 11.6 所示。

```
<script type="text/javascript">
$(function(){
    $('input#test').maxlength({
        alwaysShow: true,
        warningClass: "label label-danger",
        limitReachedClass: "label label-important"
    });
})
</script>
```

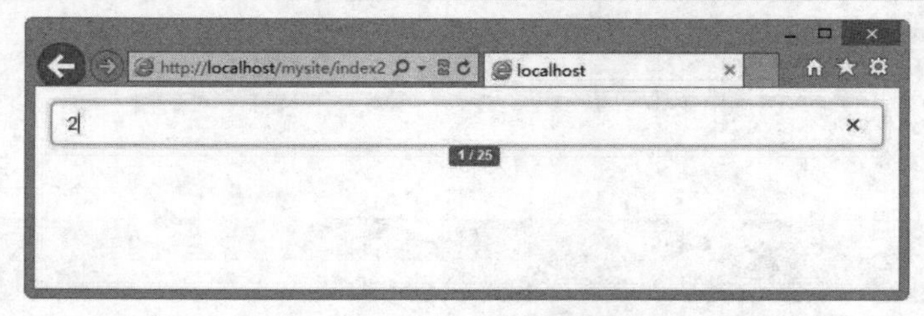

图 11.6　总是显示提示并重置徽章样式

4. 更多的配置参数

【示例 4】 可以使用 separator 定义分隔符，使用 preText 和 postText 修改提示文本，效果如图 11.7 所示。

```
<script type="text/javascript">
$(function(){
    $('input#test').maxlength({
        alwaysShow: true,
        warningClass: "label label-success",
        limitReachedClass: "label label-important",
        separator: ' - ',
```

```
        preTextː '剩余 ',
        postText: ' 总数 ',
        validate: true
    });
})
</script>
```

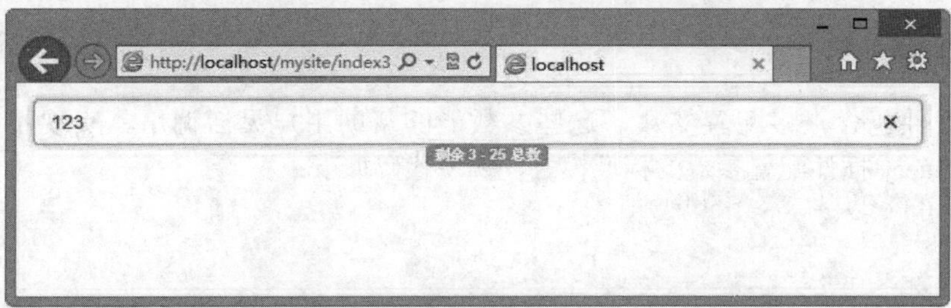

图 11.7 定义徽章显示内容和样式

【示例 5】 为文本区域绑定 Maxlength 插件，效果如图 11.8 所示。

```
<script type="text/javascript">
$(function(){
    $('textarea#test').maxlength({
        alwaysShow: true
    });
})
</script>
<textarea id="test" class="form-control" maxlength="225" rows="2" placeholder=
"This textarea has a limit of 225 chars."></textarea>
```

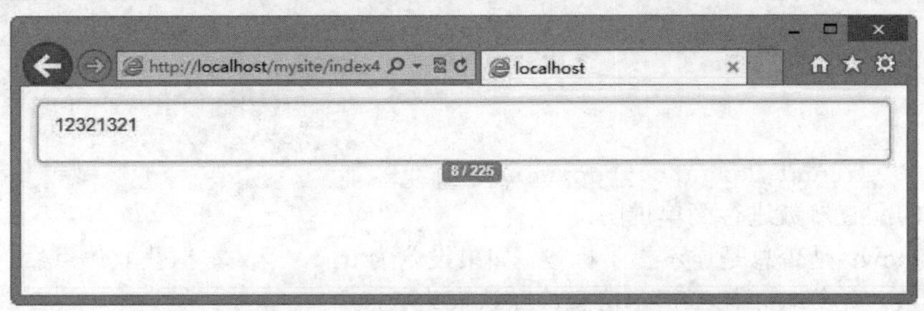

图 11.8 为文本区域绑定徽章提示信息

【示例 6】 设置徽章显示位置，如图 11.9 所示。

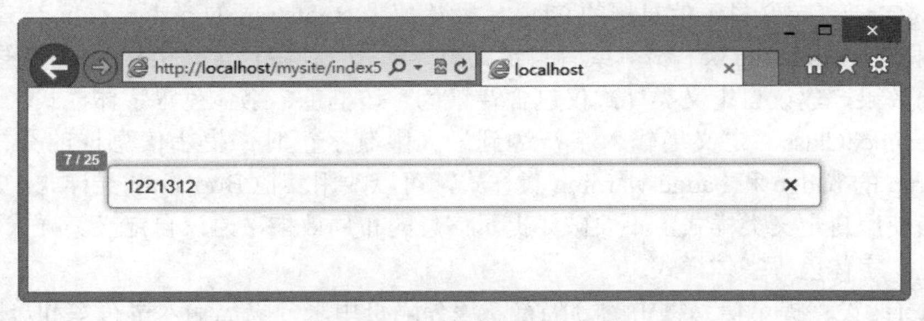

图 11.9 设置徽章显示位置

```
<script type="text/javascript">
$(function(){
```

```
    $('input#test').maxlength({
        alwaysShow: true,
        placement: 'top-left'
    });
})
</script>
```

扫一扫，看视频

11.2.3 配置参数

Maxlength 插件包含众多配置参数，这些参数能够帮助用户灵活调用，实现不同的应用场景。Maxlength 遵循 jQuery 插件配置参数的标准模式，实现代码如下：

```
var documentBody = $('body'),
    defaults = {
        alwaysShow: false,
        threshold: 10,
        warningClass: 'label label-success',
        limitReachedClass: 'label label-important',
        separator: ' / ',
        preText: '',
        postText: '',
        showMaxLength : true,
        placement: 'bottom',
        showCharsTyped: true,
        validate: false,
        utf8: false,
        ignoreBreaks: false
    };
if ($.isFunction(options) && !callback) {
    callback = options;
    options = {};
}
options = $.extend(defaults, options);
```

下面对其中的配置参数进行简单说明：

- alwaysShow：是否总是显示提示标签，如果设置为 true，当文本框获取焦点后，将忽略 threshold 配置参数，始终显示徽章提示信息，默认值为 false。
- threshold：设置当剩余多少字符时，开始显示徽章提示信息，默认值为 10，即当输入最后 10 个字符时，将显示提示信息。
- warningClass：定义显示信息框的 Class，默认值为 Bootstrap 的 badge 和 badge-info 类样式，可以改用其他 Bootstrap 类样式，或者自定义类样式。当使用自定义类样式时，不要破坏提示信息的布局效果，建议自定义类样式仅包含背景色、边框色、字体色等字体样式。
- limitReachedClass：定义当输入字符达到最大限制字符时，提示信息框的类样式，默认值为 Bootstrap 的 badge 和 badge-warning 类样式，可以改用其他 Bootstrap 类样式，或者自定义类样式。当使用自定义类样式，不要破坏提示信息的布局效果，建议自定义类样式仅包含背景色、边框色、字体色等字体样式。
- separator：设置提示信息框中的分隔符，该分隔符用来分隔已输入字符数和总限制字符数，默认分隔字符为“/”。
- preText：设置提示框中前面要显示的字符串，默认值为空，用户可以根据需要在提示框前面添加前缀提示信息的字符串。

- postText：设置提示框中后面要显示的字符串，默认值为空，用户可以根据需要在提示框后面添加后缀提示信息的字符串。
- showMaxLength：显示最大限制长度，默认值为 true，即显示限制长度的总数，如果设置为 false，则关闭总是提示信息。
- showCharsTyped：显示已输入字符长度，默认值为 true，即显示输入字符长度，如果设置为 false，则关闭已输入字符提示信息。
- placement：定义显示信息框的显示位置，默认值为 bottom，即显示在文本框输入框的底部，其他选项值包含 left、top、right、bottom-right、top-right、top-left、bottom-left 和 centered-right。
- message：自定义提示框内显示信息，它是另一种方式显示信息，帮助用户增强格式化信息的能力，其格式为：'你已经输入%charsTyped%字符，还剩%charsRemaining% / %charsTotal% remaining' %charsTyped%、%charsRemaining% 和 %charsTotal%将被实际值代替，这样就覆盖选项分隔符，它们分别表示参数 preText、postText 和 showMaxLength。
- uft8：设置字符编码，如果设置为 true，则输入字符将用 uft8 字节来计算字符数，例如，输入字母'£'，将被视为两个字节。

11.2.4　代码实现

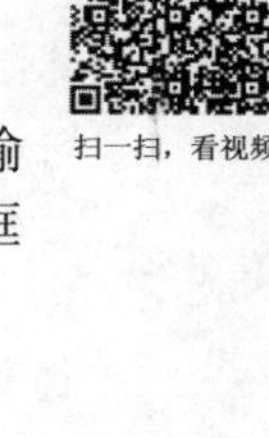

扫一扫，看视频

Maxlength 插件通过脚本形式在文档中嵌入一个<span>标签，引入 Bootstrap 的标签组件显示动态输入信息，然后利用 jQurey 技术实时动态捕获文本框的大小和位置，最后以绝对定位的方式显示在输入框的四周，如图 11.10 所示。

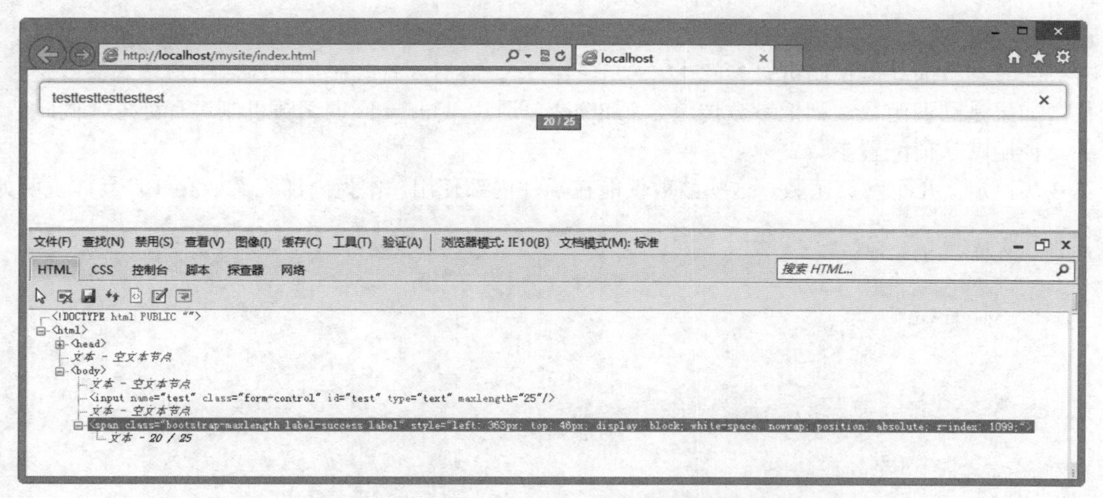

图 11.10　Bootstrap Maxlength 插件框架设计结构

下面就来具体分析 Bootstrap Maxlength 插件的代码实现细节。

【操作步骤】

第 1 步，新建 JavaScript 文件，保存为 bootstrap-maxlength.js。在该文档中构建 jQuery 插件结构，代码如下：

```
(function ($) {
   'use strict';
   $.fn.extend({
      maxlength: function (options, callback) {
```

```
    });
}(jQuery));
```

jQuery 插件结构的详细说明可以参阅上一节说明，在插件容器中，通过'use strict'语句定义当前插件使用 JavaScript 严谨型语法。

第 2 步，完成插件的参数配置与默认值设置，代码如下：

```
var documentBody = $('body'),
    defaults = {
        alwaysShow: false,
        threshold: 10,
        warningClass: 'label label-success',
        limitReachedClass: 'label label-important',
        separator: ' / ',
        preText: '',
        postText: '',
        showMaxLength : true,
        placement: 'bottom',
        showCharsTyped: true,
        validate: false,
        utf8: false,
        ignoreBreaks: false
    };
if ($.isFunction(options) && !callback) {
    callback = options;
    options = {};
}
options = $.extend(defaults, options);
```

有关配置参数的功能说明可以参阅 11.2.3 节的内容。最后 5 行代码用来检测用户传入参数是否为回调函数，如果是回调函数，则把参数传递给 callback，通过 jQuery 回调函数机制进行处理，同时清空参数对象。使用默认值配置参数。

第 3 步，定义几个私有函数，这些函数仅能在插件内部使用，作为内部工具而存在。具体说明如下：

```
/**
*返回指定输入的长度
*
* @param input
* @return {number}
*/
function inputLength(input) {}
/**
*返回指定输入 UTF8 编码的长度
*
* @param input
* @return {number}
*/
function utf8Length(string) {}
/**
*如果提示框应显示出来，返回 true
*
* @param input
* @param thereshold
* @param maxlength
```

```
* @return {number}
*/
function charsLeftThreshold(input, thereshold, maxlength) {}
/**
*返回剩下多少个字符，来完成表单的填写
*
* @param input
* @param maxlength
* @return {number}
*/
function remainingChars(input, maxlength) {}
/**
*当被调用时，显示提示框
*
* @param indicator
*/
function showRemaining(indicator) {}
/**
*当被调用时，隐藏提示框
*
* @param indicator
*/
function hideRemaining(indicator) {}
/**
* 该函数将动态更新显示框的最大值
*
* @param maxLengthThisInput
* @param typedChars
* @return String
*/
function updateMaxLengthHTML(maxLengthThisInput, typedChars) {}
/**
* 该函数将实时动态更新提示框中的计数值
*
* @param remaining
* @param currentInput
* @param maxLengthCurrentInput
* @param maxLengthIndicator
*/
function manageRemainingVisibility(remaining, currentInput, maxLengthCurrentInput,
maxLengthIndicator) {}
/**
* 该函数返回当前输入框的位置信息
*
*  @param currentInput
*  @return object {bottom height left right top  width}
*
*/
function getPosition(currentInput) {}
/**
* 设置提示框显示位置
*
```

```
*  @param currentInput
*  @param maxLengthIndicator
*  @return null
*
*/
function place(currentInput, maxLengthIndicator) {}
/**
*获取输入框的最大限制长度
*
*  @param currentInput
*  @return {number}
*
*/
function getMaxLength(currentInput) {}
```

第 4 步，完成内部工具函数定义之后，则利用 jQuery 遍历工具函数 each()对所有输入框进行操作。框架代码如下，在这个回调函数中，用到了 4 个事件处理函数，分别针对当前输入框执行不同的响应操作。其中 resize 事件实时监测窗口大小变化，即时调整提示框相对文本输入框的定位。focus 事件实时监测用户输入，一旦输入框获取焦点，则激活当前插件，并跟踪用户的输入，结合配置参数即时显示响应信息。blur 事件一旦监测到输入文本框失去焦点，则立即隐藏提示框的显示，并重置提示信息变量。keyup 事件检测用户输入动作，一旦输入一个字符，则即时更新提示框中的相应变量值。

```
return this.each(function() {
    var currentInput = $(this)
    $(window).resize(function() {});
    currentInput.focus(function () {});
    currentInput.blur(function() {});
    currentInput.keyup(function() {});
});
```

整个插件的详细代码，请参阅本书示例源代码。

第 12 章　使用第三方插件

Bootstrap 自带很多 JavaScript 插件，但都没有一些常用的功能插件，如 datepicker 等。本章将介绍几款比较流行的 Bootstrap 第三方插件，读者也可以在网上搜索更多的 Bootstrap 外部插件，以弥补 Bootstrap 的不足之处。

【学习重点】

- 正确使用第三方插件。
- 熟悉各种常用的第三方插件。

12.1　Bsie

Bootstrap 不支持 IE6、IE7 等 IE 早期版本的浏览器，但是 IE6 和 IE7 等早期浏览器在国内用户中占据重要市场份额，一般商业项目中都会尊重市场，要求兼容 IE 早期版本，因此如何让 Bootstrap 与早期 IE 浏览器实现兼容，是一件很重大的事情。

Bsie 是一个专为 Bootstrap 提供 IE6 兼容能力的插件，针对 IE6 问题提出了一种兼容性扩展方案，并以插件的形式进行发布。用户可以访问官方网站（http://ddouble.github.io/bsie/）下载该插件。

目前，Bsie 能在 IE6 上支持 Bootstrap 2.0 版本的大部分常用特性，但还没有全部支持，其支持的组件和特性说明如表 12.1 所示。

表 12.1　Bsie 支持 Bootstrap 特性说明

组　件	支持特性
grid	fixed, fluid
navbar	top, fixed
nav	list, tabs, pills
dropdown	dropdown (two level)
buttons	button, group color, size, dropdown-button, (disable state is not dynamic)
form	default, horizontal, inline, all controls, validation state
tables	hover
pagination	all
labels	all
badges	all
code	all
modal	most
tooltip	all
popover	all
alert	all
typeahead	all
progressbar	most
media	all
wells	all
hero unit	all
icons	All

扫一扫，看视频

12.1.1 使用 Bsie 插件

使用 Bsie 扩展比较简单，只需要导入对应的 CSS 样式表和 JavaScript 脚本文件即可。

【操作步骤】

第 1 步，在文档头部区域导入 Bsie 样式表文件。

```
<!-- Bootstrap CSS 文件 -->
<link rel="stylesheet" type="text/css" href="bootstrap/css/bootstrap.min.css">
<!--[if lte IE 6]>
<!-- Bsie CSS 补丁文件 -->
<link rel="stylesheet" type="text/css" href="bootstrap/css/bootstrap-ie6.css">
<!-- Bsie 额外的CSS 补丁文件 -->
<link rel="stylesheet" type="text/css" href="bootstrap/css/ie.css">
<![endif]-->
```

第 2 步，在文档结尾位置导入 Bsie 脚本文件，也可以在文档头部导入，但建议在文档尾部导入。

```
<!-- jQuery 1.7.2 or higher -->
<script type="text/javascript" src="bootstrap/js/jquery-1.9.1.js"></script>
<!-- 可选 Bootstrap javascript library -->
<script type="text/javascript" src="bootstrap/js/bootstrap.js"></script>
<!--[if lte IE 6]>
<!-- Bsie Javascript 补丁文件，它仅能够在IE6中被解析 -->
<script type="text/javascript" src="js/bootstrap-ie.js"></script>
<![endif]-->
```

第 3 步，完成上面两步操作，即可遵循 Bootstrap 组件的使用方法进行设计。例如，针对第 11 章的工具提示插件，如果在没有 Bsie 支持的情况下，则在 IE6 中的预览效果如图 12.1 所示。

图 12.1 工具提示插件在 IE6 下的默认效果

如果按上两步操作方法导入 Bsie 补丁文件（bootstrap-ie6.css、ie.css、bootstrap-ie.js），那么在 IE6 下重新预览，则效果如图 12.2 所示。

图 12.2 工具提示插件被修补后的效果

注意：

当使用 Ajax 技术或者其他方法动态添加 HTML 元素或者内容，对于这些动态对象应用 Bootstrap 组件时，就必须使用如下方法调用 Bsie 补丁进行兼容：

```
if ($.isFunction($.bootstrapIE6)) $.bootstrapIE6(el);
```

IE6 不支持嵌套的标签控制，因为 IE6 不支持 CSS 子元素选择器。所以对于标签选择器等组件的应用还无法提供完善的解决方案。

扫一扫，看视频

12.1.2　手动修补 Bsie

Bsie 不能解决 IE6 所有的不兼容性问题，很多个别问题还需要用户手动解决，这虽然很痛苦，但是如果掌握了基本方法和途径，动手也不是那么困难。

1. 基本解决途径

除了使用 IE 条件单独为 IE6、IE7 等早期版本浏览器设计样式外。对于一些小的补丁，可以使用如下方法。

针对 IE6 的声明，只需要在属性前面添加下划线前缀即可，例如：

```
_zoom:1;
```

针对 IE6 和 IE7 的声明，只需要在属性前面添加星号前缀即可，例如：

```
*zoom:1;
```

2. 主要问题及修复方法

问题 1：让 IE6 拥有布局特性。在默认情况下，IE6 不支持所有行内元素都拥有布局特性，缺失布局特性的元素无法控制它的尺寸（width 和 height），因此可以使用此方法让当前元素拥有布局特性，且这种方法没有污染性，不会影响其他浏览器的正常解析，因为 zoom 是 IE 的私有属性。

```
.container{
    zoom:1;
}
```

当然，用户也可以使用下面的声明让元素拥有布局特性，即触发 hasLayout：

```
position:                absolute
float:                   left | right
display:                 inline-block
width:                   except 'auto'
height:                  except 'auto'
zoom:                    except 'normal'
overflow:                hidden | scroll | auto
overflow-x/-y:           hidden | scroll | auto
position:                fixed
min-width:               any value
max-width:               except 'none'
min-height:              any value
max-height:              except 'none'
writing-mode:            tb-rl   /* only for MS */
```

而下面的声明将会让元素失去布局特性，即被清除 hasLayout：

```
width:                   auto;
height:                  auto;
max-width:               none;   /* IE7 */
max-height:              none;   /* IE7 */
position:                static;
float:                   none;
```

```
overflow:                    visible;
zoom:                        normal;
writing-mode:                lr-t;
```

【示例】 在下面的样式中，元素不会被设置为 hasLayout=false。

```
.element {
   display:inline-block;
   display:inline;
}
```

问题 2：让 IE6 支持行内块状显示。IE6 不支持 inline-block 属性值，因此要设置行内元素块状显示，以方便定义它们的大小，则可以使用下面方法进行兼容。

```
.container {
   zoom:1;
   display:inline;
}
```

问题 3：让 IE6 支持透明色。

```
.element{
     border-color:pink     /*很少使用的颜色*/;
     filter:chroma(color:pink);
}
```

注意，这种方法容易导致绝对定位元素在相对定位包含框中消失。

问题 4：网页背景色。

```
body {    /*这样方法很容易失败，因为整个页面并不是显示灰色背景*/
   background-color: gray;
}
* html {  /*使用这种方法进行修补，可以让整个页面背景都显示为灰色*/
   background-color: gray;
}
```

问题 5：下拉菜单。

在 IE6、IE7 中使用下拉菜单时，应该为 ul.dropdown-menu 样式添加如下声明，即显式定义下拉菜单的宽度，具体宽度值应该根据实例而定。

```
*width:180px;
```

扫一扫，看视频

12.2 Bootstrap Metro

Metro UI 是一种界面设计技术，是 Windows 8 的主要界面显示风格。Metro 界面与 iOS、Android 界面风格完全不同，iOS、Android 界面都是以应用为主要呈现对象，而 Metro 界面强调的是信息本身，而不是冗余的界面元素。同时在视觉效果方面，Metro 界面有助于形成一种身临其境的感觉。

基于 Bootstrap 框架基础上的 Metro UI 插件很多，其风格比较相似，下面介绍几款同类 UI 插件，读者可以根据网站项目或者 Web 应用程序需要，选择其中的 Windows 8 Metro 风格进行使用，这些流行的 Metro UI 风格的 Bootstrap 主题和模板一定能够帮助用户快速设计风格鲜明的网站效果。

1. BootMetro

BootMetro 是基于 Bootstrap 的简单灵活的 HTML、CSS 和 JavaScript 框架，提供了导航、面板、表单、表格、图标等组件，效果如图 12.3 所示。访问地址为 http://aozora.github.io/bootmetro/。

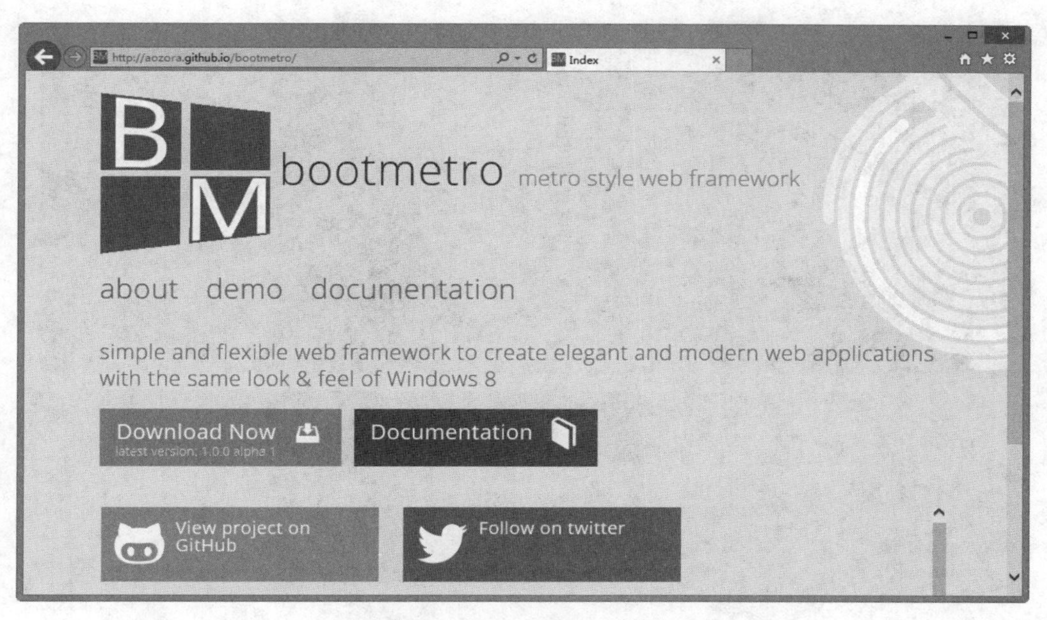

图 12.3　BootMetro UI 界面

2. Bootswatch

Bootswatch 也是基于 Bootstrap 的开发框架，提供了按钮、Tab、表单、表格、标签、进度条等组件，效果如图 12.4 所示。访问地址为 http://bootswatch.com/。

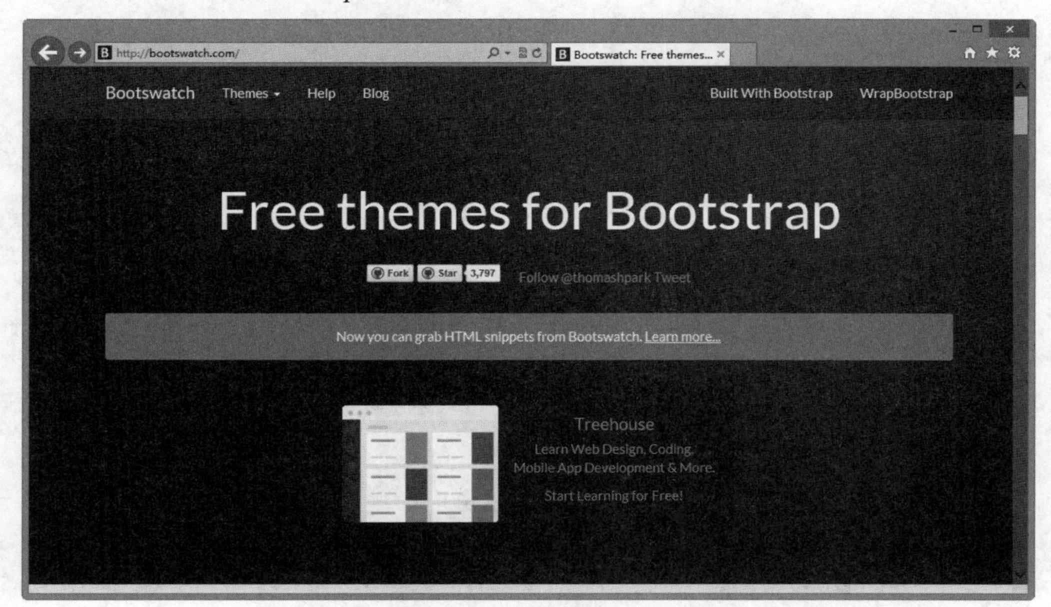

图 12.4　Bootswatch UI 界面

3. Metro UI CSS

Metro UI CSS 是一个样式包，用于创建 Windows 8 Metro 风格的 UI，效果比较漂亮，如图 12.5 所示。访问地址为 http://metroui.org.ua/。

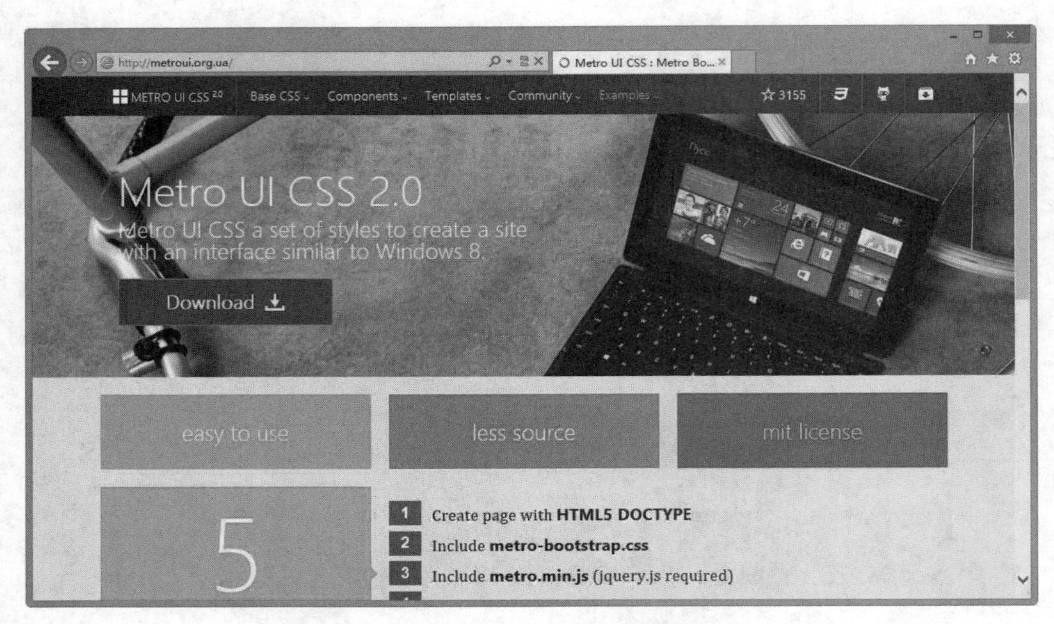

图 12.5 Metro UI CSS 界面

4. MelonHTML5

MelonHTML5 是基于 HTML5、CSS3 和 JavaScript 的 Metro UI 框架，可以通过配置参数满足实际的需要，如图 12.6 所示。访问地址为 http://www.melonhtml5.com/。

图 12.6 MelonHTML5 界面

5. Metro Mania

Metro Mania 是专业的、响应式的 Bootstrap Metro 风格主题，有 6 套颜色可供选择使用，如图 12.7 所示。访问地址为 http://responsivewebinc.com/premium/metro/。

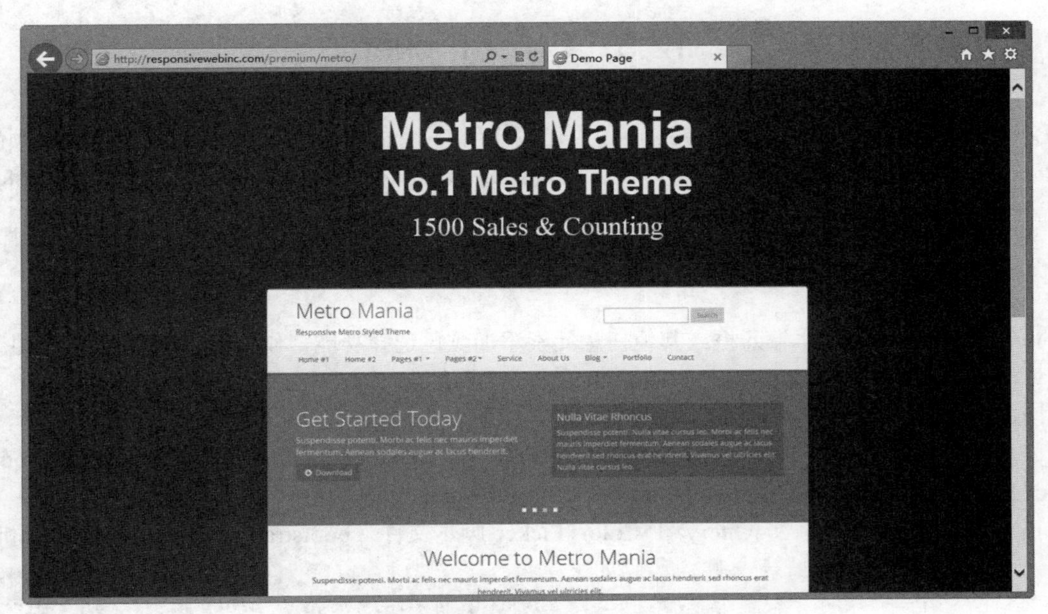

图 12.7　Metro Mania 界面

下面以 BootMetro 插件为例，演示如何应用 BootStrap Metro 效果。

【操作步骤】

第 1 步，下载 BootMetro 插件压缩包，解压之后在页面中引入 bootmetro.css 样式表文件。同时在其之前应该引入 bootstrap.css 样式表文件。

```
<link rel="stylesheet" type="text/css" href="bootstrap/css/bootstrap.css">
<link rel="stylesheet" type="text/css" href="bootmetro/css/bootmetro.css">
```

第 2 步，利用 BootMetro 设计表格样式。此时只需要在表格标签（<table>）中引入对应类样式即可。

```
<table class="table table-condensed ">
    <thead>
        <tr><th>列标题 1</th><th>列标题 2</th> <th>列标题 3</th></tr>
    </thead>
    <tbody>
        <tr><td>数据 11</td><td>数据 12</td><td>数据 13</td></tr>
        <tr><td>数据 21</td><td>数据 22</td><td>数据 23</td></tr>
    </tbody>
</table>
```

第 3 步，在浏览器中预览效果如图 12.8 所示。如果改变表格风格，只需要换一种类样式即可，如把 table-condensed 替换为 table-bordered，即把水平数据显示风格切换为垂直数据显示效果。

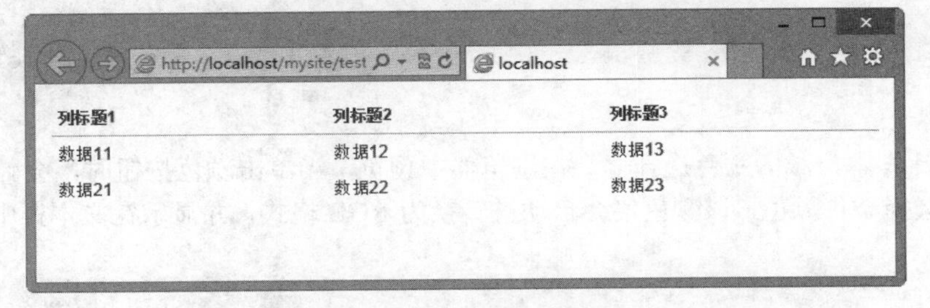

图 12.8　BootMetro 表格样式

其他网页风格设计可以参阅官方网站提供的效果预览页面。

12.3 Color Picker

颜色选择器（Color Picker）是 Web 应用中比较实用的小插件，它能够帮助用户快速设置颜色值。由 Stefan Petre 开发的 Color Picker 插件，基于 Bootstrap 技术框架，沿用 Bootstrap 的使用规则和习惯，非常适合 Bootstrap 学习者学习和使用。

扫一扫，看视频

12.3.1 使用 Color Picker

Color Picker 能够为文本输入框或其他任意元素添加颜色选择功能，作为 Bootstrap 的一个组件，它支持多种格式：HEX、RGB、RGBA、HSL、HSLA。下面结合一个案例进行简单介绍。

【操作步骤】

第 1 步，下载 Color Picker 插件。访问 http://www.webappers.com/2012/07/11/twitter-bootstrap-colorpicker-and-datepicker/ 页面下载 Colorpicker for Bootstrap（颜色选择器）。

第 2 步，在页面头部导入 jQuery 和 Color Picker 脚本文件（bootstrap-colorpicker.js），同时导入 Bootstrap 和 Color Picker 样式表文件，代码如下：

```
<script type="text/javascript" src="bootstrap/js/jquery-1.9.1.js" ></script>
<script type="text/javascript" src="colorpicker/js/bootstrap-colorpicker.js" ></script>
<link rel="stylesheet" type="text/css" href="bootstrap/css/bootstrap.css">
<link rel="stylesheet" type="text/css" href="colorpicker/img/colorpicker.css">
```

注意：

Color Picker 插件的样式表文件中需要用到几个图片背景文件，但是在解压后直接引用时，会出现异常，因为在样式表文件 colorpicker.css 所使用的路径是根路径，在应用时样式表可能会找不到图像源文件，建议读者手动修改样式表中的引用路径，局部样式代码如下：

```
.colorpicker-saturation {
    width: 100px;
    height: 100px;
    background-image: url(saturation.png);
    cursor: crosshair;
    float: left;
}
```

第 3 步，设计一个颜色选择器包含框（<div class="input-append color">），通过 data-color-format="rgb"属性设置颜色格式为 RGB，通过 data-color="rgb(255, 146, 180)"属性设置默认颜色值。在颜色选择器包含框中插入一个文本框，同时绑定一个触发按钮（<span class="add-on">）。

```
<div class="input-group color" data-color="rgb(255, 146, 180)" data-color-format=
"rgb">
    <input type="text" class="form-control" size="16" value="" >
    <span class="input-group-addon add-on"><i style="background-color: rgb(255, 146,
180)"></i></span>
</div>
```

第 4 步，设计脚本，激活颜色选择器。在浏览器中预览，当单击颜色按钮时，会弹出一个颜色选择器面板，在其中选择一种颜色，该颜色值会自动被转换为 RGB 格式，并显示在文本框中，效果如图 12.9 所示。

```
<script type="text/javascript">
$(function(){
    $('.color').colorpicker();
```

```
});
</script>
```

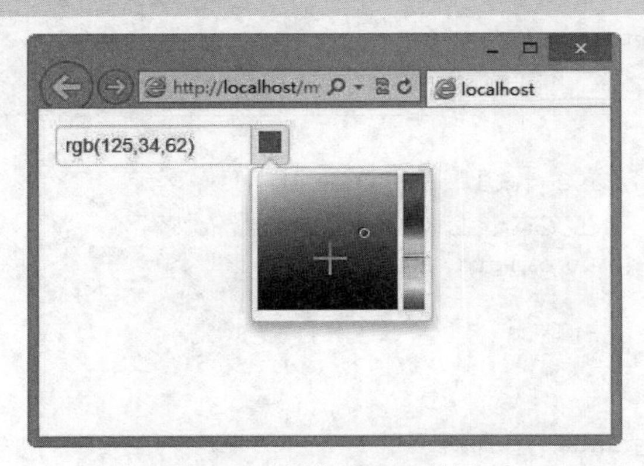

图 12.9　颜色选择器效果

12.3.2　配置 Color Picker

扫一扫，看视频

Color Picker 插件支持 JavaScript 调用方法，没有提供 data 属性调用方法。使用 colorpicker()可以调用颜色选择器面板，同时可以附加配置参数。

colorpicker()方法的参数对象可以设置 format 属性，该属性值为字符串，可以设置颜色格式，默认为'hex'，还可以设置 rgb 或 rgba。例如，针对 12.3.1 节的示例，也可以通过脚本方法定义颜色选择器，代码如下：

```
<script type="text/javascript">
$(function(){
    $('.color').colorpicker({
        format:"hex"
    })
});
</script>
<div class="input-group color" data-color="rgb(255, 146, 180)">
    <input type="text" class="form-control" size="16" value="" >
    <span class="input-group-addon add-on"><i></i></span>
</div>
```

data-color 属性是一个不可或缺的属性，使用它可以绑定文本框，用来设置颜色选择器面板。

如果直接为文本框设计颜色选择器，用法就非常简单，不需要过多设置。例如，在下面的代码中直接在文本框身上调用 colorpicker()方法即可，演示效果如图 12.10 所示。

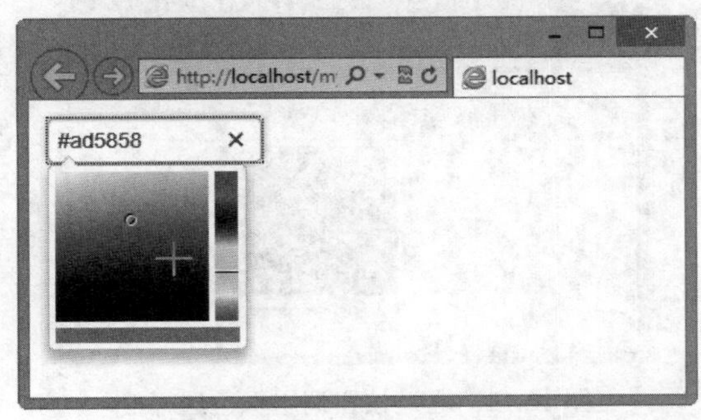

图 12.10　快速调用颜色选择器

```
<script type="text/javascript">
$(function(){
    $('input').colorpicker();
});
</script>

<input type="text" class="col-sm-2 " value="" >
```

如果设置 input 为只读，则在文本框上调用颜色选择器依然有效，演示效果如图 12.11 所示。

```
<script type="text/javascript">
$(function(){
    $('input').colorpicker();
});
</script>
<input type="text" class="col-sm-4 form-control" value=""  readonly>
```

图 12.11　只读状态调用颜色选择器

如果希望文本框在只读或不可用状态下仅能够接收值，但不能直接触发，则建议使用颜色选择器包含框进行按钮调用，演示效果如图 12.12 所示。

```
<script type="text/javascript">
$(function(){
    $('.color').colorpicker();
});
</script>

<div class="input-group color" data-color="rgb(255, 146, 180)">
    <input type="text" class="form-control" size="16" value="" >
    <span class="input-group-addon add-on"><i></i></span>
</div>
```

图 12.12　通过按钮调用颜色选择器

colorpicker()方法除了接收一个参数对象外（.colorpicker(options)），以便初始化颜色选择器配置，同时也支持几个专用方法，用来显示或者隐藏颜色选择器。

- .colorpicker('show')：显示颜色选择器。
- .colorpicker('hide')：隐藏颜色选择器。
- .colorpicker('place')：更新颜色选择器相对元素的位置。
- .colorpicker('setValue', value)：为颜色选择器设置一个新值，该方法可以触发 changeColor 事件。

Color Picker 支持事件处理，用来公开操作色彩。主要包括 3 个事件，说明如下：

- show：当颜色选择器显示时将触发该事件。
- hide：当颜色选择器隐藏时将触发该事件。
- changeColor：当颜色值发生改变时触发该事件。

每一个触发事件都有一个内部的颜色选择器对象（Color）。该对象提供了几个非常有用的方法，利用这些方法能够完成各种操作。

- .setColor(value)：设置颜色值，该值将被解析并转换为特定格式。
- .setHue(value)：设置色调，取值范围为 0~1。
- .setSaturation(value)：设置饱和度，取值范围为 0~1。
- .setLightness(value) ：设置亮度值，取值范围为 0~1。
- .setAlpha(value)：设置不透明度值，取值范围为 0~1。
- .toRGB()：返回 RGB 颜色值，以哈希表格式返回（red、green、blue 和 alpha）。
- .toHex()：返回 HEX 颜色值，以字符串形式进行返回。
- .toHSL()：返回 HSL 颜色值，以哈希表格式返回。

【示例】　演示当改变颜色选择器的值时，将该值应用到 body 背景上，效果如图 12.13 所示。

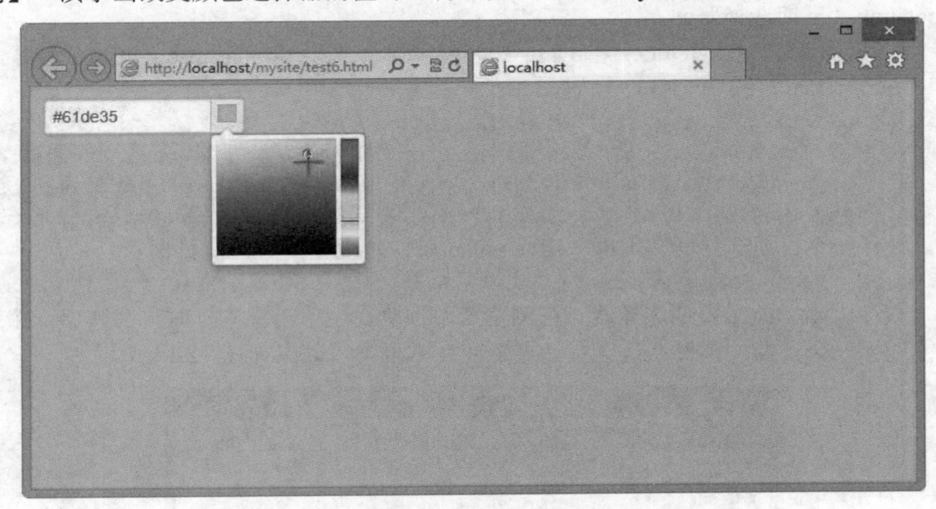

图 12.13　通过颜色选择器改变页面背景色

```
<script type="text/javascript">
$(function(){
    $('.color').colorpicker({
        format:"hex"
    }).on("changeColor",function(e){
        $('body')[0].style.backgroundColor = e.color.toHex();
    });
});
</script>
```

```
<div class="input-append color" data-color="rgb(255, 146, 180)">
    <input type="text" class="span2" value="">
    <span class="add-on"><i></i></span>
</div>
```

12.4 Date Picker

日期选择器（Date Picker）也是Web应用中比较实用的小插件，它能帮助用户快速设置日期值。由Stefan Petre开发的Date Picker 插件，基于Bootstrap技术框架，沿用Bootstrap的使用规则和习惯，非常适合Bootstrap学习者学习和使用。

Datepicker for Bootstrap允许在文本框或其他任意元素中添加日期选择功能，支持格式包括DD、D、MM、M、YYYY、YY，其中D表示日期值，M表示月份值，Y表示年份值，年月日值之间通过连字符（-）或斜线（/）进行分隔。

扫一扫，看视频

12.4.1 使用Date Picker

Date Picker能够为文本输入框或其他任意元素添加日期选择功能，作为Bootstrap的一个组件，它的功能比较灵活，能够显示不同格式的日期以及日期范围。下面结合一个案例进行简单介绍。

【操作步骤】

第1步，下载Date Picker插件。访问http://tarruda.github.io/bootstrap-datetimepicker/页面下载Date picker for Bootstrap（日期选择器）。

第2步，在页面头部导入jQuery和Date Picker脚本文件（bootstrap-datepicker.js），同时导入Bootstrap和Date Picker样式表文件，代码如下：

```
<script type="text/javascript" src="bootstrap/js/jquery-1.9.1.js" ></script>
<script type="text/javascript" src="datepicker/js/bootstrap-datepicker.js" ></script>
<link rel="stylesheet" type="text/css" href="bootstrap/css/bootstrap.css">
<link rel="stylesheet" type="text/css" href="datepicker/css/datepicker.css">
```

第3步，设计一个日期选择器文本框。定义value属性，设置值为当前日期。

```
<input type="text" class="span2" value="06/15/2014" id="date" >
```

第4步，设计脚本，激活日期选择器。在浏览器中预览，当单击文本框时，会弹出一个日期选择器面板，在其中选择一个日期，该日期值会自动显示在文本框中，效果如图12.14所示。

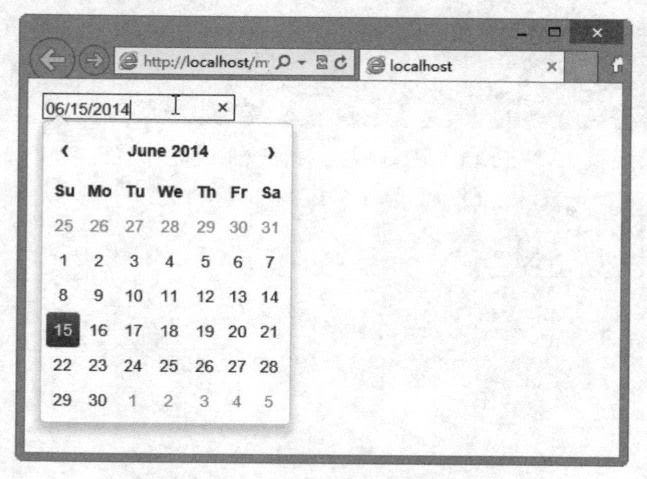

图12.14 日期选择器效果

```
<script type="text/javascript">
$(function(){
    $('#date').datepicker();
});
</script>
```

12.4.2　配置 Date Picker

扫一扫，看视频

日期选择器插件与 Bootstrap 其他插件保持相同的用法，datepicker()方法可以包含一个参数对象，用来设置日期选择器的显示样式和执行功能，具体说明如表 12.2 所示。

表 12.2　datepicker()方法配置参数

名　称	类　型	默 认 值	描　述
format	string	'mm/dd/yyyy'	设置日期格式，包含这些组合：d、dd、m、mm、yy、yyy，其中 d 表示一位日期值，dd 表示两位日期值，m 表示一位月份值，mm 表示两位月份值，yy 表示两位年份值，yyyy 表示四位年份值
weekStart	integer	0	设置每周的开始值，0 表示周日，6 表示周六
viewMode	string|integer	0 = 'days'	设置开始视图模式，取值包括 0='days'、1='months'、2='years'
minViewMode	string|integer	0 = 'days'	设置视图限制模式，最小显示的级别值，取值包括 0='days'、1='months'、2='years'

【示例】　通过 format 配置参数设置选择日期的格式为"mm-dd-yyyy"，显示效果如图 12.15 所示。

```
<script type="text/javascript">
$(function(){
    $('#date').datepicker({
        format:"mm-dd-yyyy"
    });
});
</script>

<input type="text" class="span2" value="06/15/2014" id="date" >
```

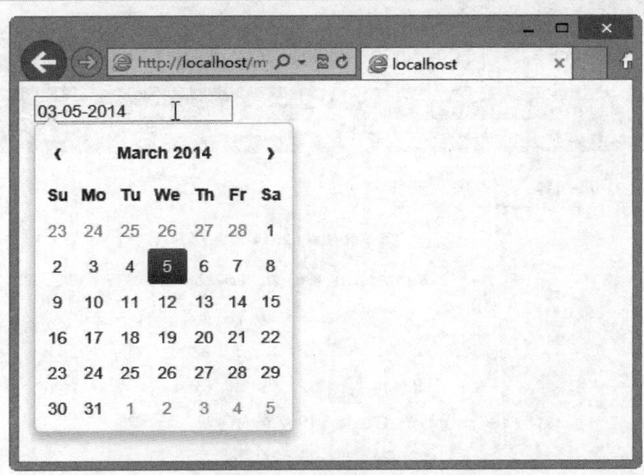

图 12.15　设置日期格式

除了使用 JavaScript 脚本配置日期选择器外，也可以使用 data 属性设置日期格式。例如，针对上面示例，可以使用下面代码进行设置：

```
<input type="text" class="span2" value="06/15/2014" data-date-format="mm-dd-yyyy"
id="date" >
```

日期格式的设置可以任意组合，例如，也可以设置为年月日的顺序进行显示，预览效果如图 12.16 所示。

```
<input type="text" class="span2" value="06/15/2014" data-date-format="yyyy-dd-mm"
id="date" >
```

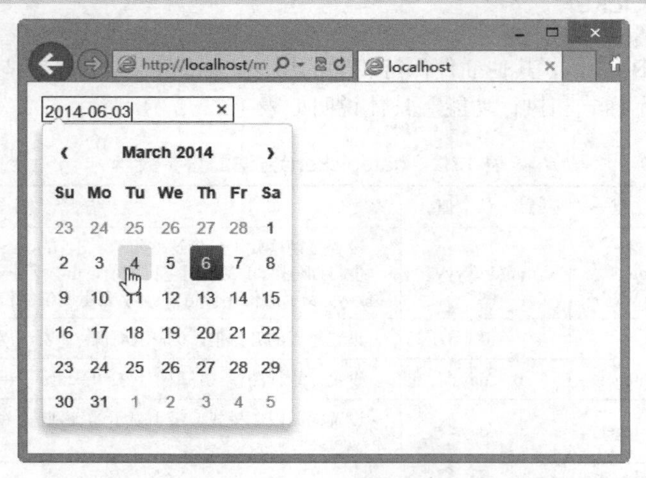

图 12.16　自定义日期格式显示

也可以为日期组件绑定一个触发按钮，按钮与文本框通过一个包含框捆绑在一起，具体代码如下：

```
<div class="input-group date" id="date" data-date="6-02-2014" data-date-format=
"dd-mm-yyyy">
    <input class="form-control" size="16" type="text" value="6-02-2014" >
    <span class="input-group-addon add-on"><i class="glyphicon glyphicon-calendar">
</i></span>
</div>
```

设计一个日期选择器包含框（<div class="input-append date">），通过 ata-date-format="dd-mm-yyyy" 属性设置日期格式为“日-月-年”，通过 data-date="6-02-2014"属性设置默认当前日期值。在日期选择器包含框中插入一个文本框，同时绑定一个触发按钮（<span class="add-on">）。

然后，通过脚本调用日期选择器，代码如下，预览效果如图 12.17 所示。

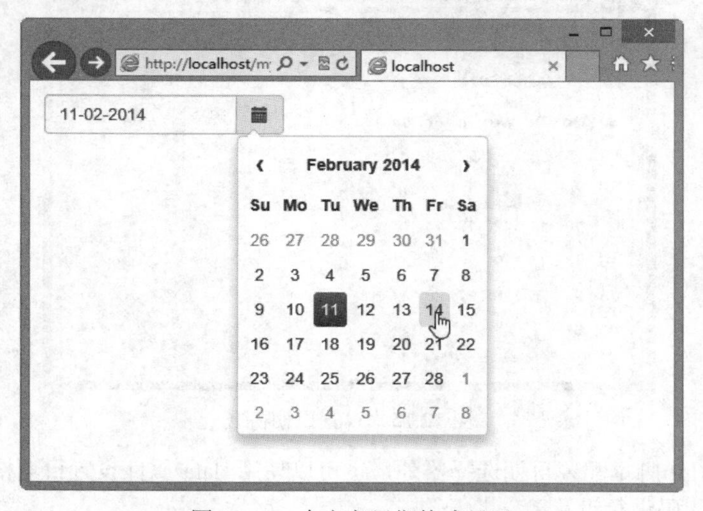

图 12.17　自定义日期格式显示

```
<script type="text/javascript">
$(function(){
    $('#date').datepicker();
});
</script>
```

使用 viewMode 属性可以设置日期选择器面板的视图模式，该视图模式设置了日期选择器面板最初显示的视图，默认为日期选择器视图。下面的代码可以设置视图开始模式为年，也可以传递"years"字符串，即 viewMode:"years"：

```
<script type="text/javascript">
$(function(){
    $('#date').datepicker({
        viewMode:2
    });
});
</script>
```

在页面中预览，首先看到一个年份选择视图，从中选择一个年份，然后显示第二个视图，选择月份，最后在第三个视图中选择日期，效果如图 12.18 所示。

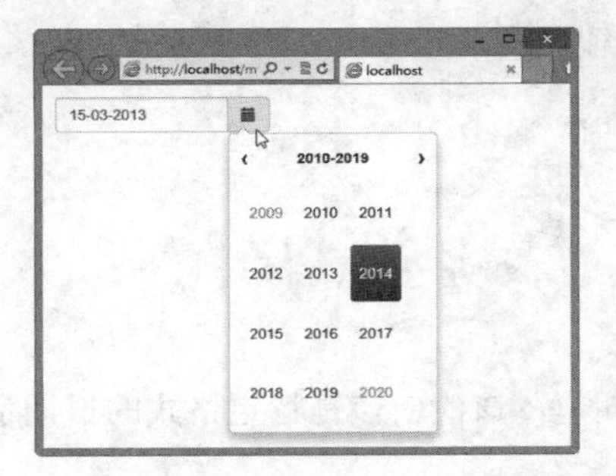

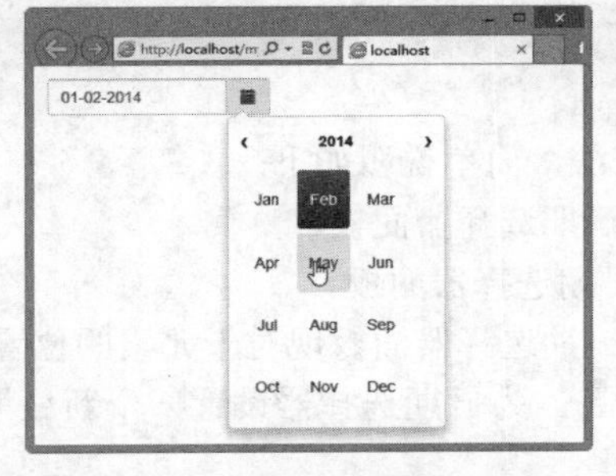

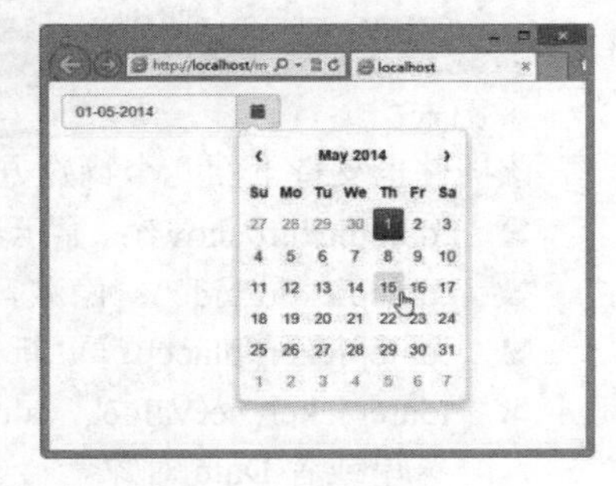

图 12.18　起始年份视图模式

上面示例也可以直接通过 data 属性进行设置（data-date-viewmode="years"），代码如下：

```
<div class="input-group date" id="date" data-date="6-02-2014" data-date-format=
"dd-mm-yyyy" data-date-viewmode="years">
    <input class="form-control" size="16" type="text" value="6-02-2014" >
    <span class="input-group-addon add-on"><i class="glyphicon glyphicon-calendar">
</i></span>
</div>
```

通过 minViewMode 属性可以设置日期选择器视图的最小视图模式，例如，设置日期选择器视图仅显示年和月，预览效果如图 12.19 所示。

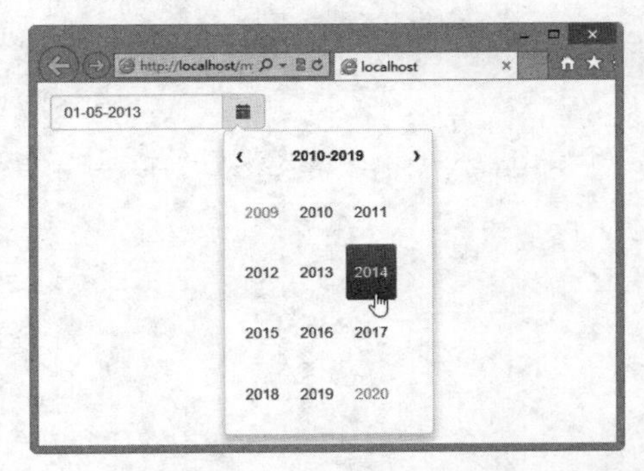

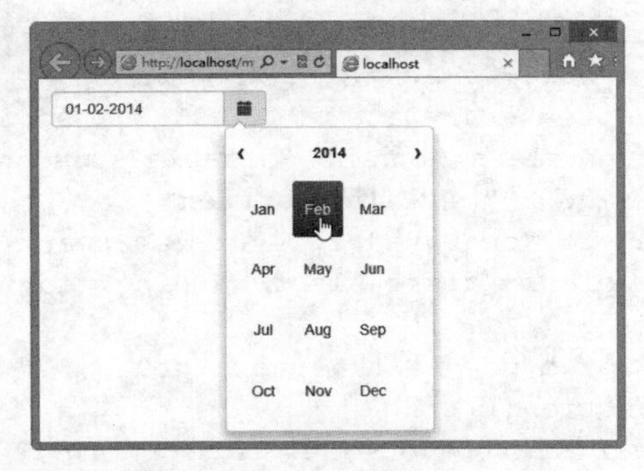

图 12.19　只能够选择年份和月份视图

```
<script type="text/javascript">
$(function(){
    $('#date').datepicker({
        viewMode:"years",
        minViewMode: "months"
    });
});
</script>
```

也可以直接使用 data 属性定义该视图模式。例如，下面的代码定义日期选择器只能够显示月份视图：

```
<script type="text/javascript">
$(function(){
    $('#date').datepicker({
    });
});
</script>
<div class="input-group date" id="date"  data-date-format="dd-mm-yyyy" data-date-
viewmode="months" data-date-minviewmode="months">
    <input class="form-control" size="16" type="text" value="6-02-2014" >
    <span class="input-group-addon add-on"><i class="glyphicon glyphicon-calendar">
</i></span>
</div>
```

该插件也支持下面几个特殊方法，简单说明如下：

- .datepicker('show')：显示日期选择器面板。
- .datepicker('hide')：隐藏日期选择器面板。
- .datepicker('place')：更新日期选择器面板现对于元素的位置。
- .datepicker('setValue', value)：为日期选择器设置一个新日期值，该值应该是特定格式的日期字符串或者 Date 对象。

Datepicker 插件还提供几个事件，用来对日期选择执行特殊处理。简单说明如下：

- show：当日期选择器面板显示时，触发该事件。
- hide：当日期选择器面板隐藏时，触发该事件。
- changeDate：当改变日期值时触发该事件。
- onRender：在日期选择器面板中当一个日期值被选中高亮显示时，将触发该事件。同时该事件处理函数应该返回一个字符串'disabled'，用来设置被选择日期及其前面的日期不可选用。

例如，在下面的示例中设计两个按钮，用来设计起始日期值和结束日期值。当设置日期值时，在 changeDate 事件处理函数中判断起始日期值和终点日期值，当起始日期值大于终点日期值时，则显示错误提示信息，如图 12.20 所示。

```
<button class="btn btn-default" id="start" data-date-format="yyyy-mm-dd" data-
date="2014-05-20">起始日期</button>
<span id="startDate">2014-05-20</span><br>
<button class="btn btn-default" id="end" data-date-format="yyyy-mm-dd" data-date=
"2014-06-20">结束日期</button>
<span id="endDate">2014-06-20</span><br>
<div class="alert alert-warning" id="alert"></div>

<script type="text/javascript">
$(function(){
    var startDate = new Date(2014,5,20);
    var endDate = new Date(2014,6,25);
```

```
    $('#alert').hide();
    $('#start').datepicker().on('changeDate', function(e){
        if (e.date.valueOf() > endDate.valueOf()){
            $('#alert').show().text('起始日期不能够大于终点日期');
        } else {
            $('#alert').hide();
            startDate = new Date(e.date);
            $('#startDate').text($('#start').data('date'));
        }
        $('#start').datepicker('hide');
    });
    $('#end').datepicker().on('changeDate', function(e){
        if (e.date.valueOf() < startDate.valueOf()){
            $('#alert').show().text('终点日期值不能够小于起始日期值');
        } else {
            $('#alert').hide();
            endDate = new Date(e.date);
            $('#endDate').text($('#end').data('date'));
        }
        $('#end').datepicker('hide');
    });
});
</script>
```

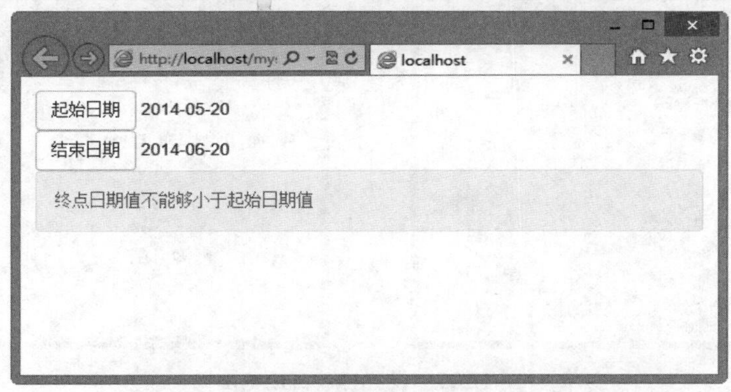

图 12.20　设置有效日期范围

通过 onRender 事件处理函数，也可以设置日期范围，并把范围外的日期显示为不可用状态。例如，在下面的代码中，设置当前日期的值，当选择起始日期之后，则在终点日期面板中把起始日期及其以前的日期全部设置为不可用状态，演示效果如图 12.21 所示。

```
<button class="btn btn-default" id="start" data-date-format="yyyy-mm-dd" data-
date="2014-06-17">起始日期</button><br>
<button class="btn btn-default" id="end" data-date-format="yyyy-mm-dd" data-date=
"2014-06-27">结束日期</button>

<script type="text/javascript">
$(function(){
    var nowTemp = new Date();
    var now = new Date(nowTemp.getFullYear(), nowTemp.getMonth(), nowTemp.getDate(),
0, 0, 0, 0);
    var checkin = $('#start').datepicker({
```

```
        onRender: function(date) {
            return date.valueOf() < now.valueOf() ? 'disabled' : '';
        }
    }).on('changeDate', function(e) {
        if (e.date.valueOf() > checkout.date.valueOf()) {
            var newDate = new Date(ev.date)
            newDate.setDate(newDate.getDate() + 1);
            checkout.setValue(newDate);
        }
        checkin.hide();
        $('#end')[0].focus();
    }).data('datepicker');
    var checkout = $('#end').datepicker({
        onRender: function(date) {
            return date.valueOf() <= checkin.date.valueOf() ? 'disabled' : '';
        }
    }).on('changeDate', function(e) {
        checkout.hide();
    }).data('datepicker');
});
</script>
```

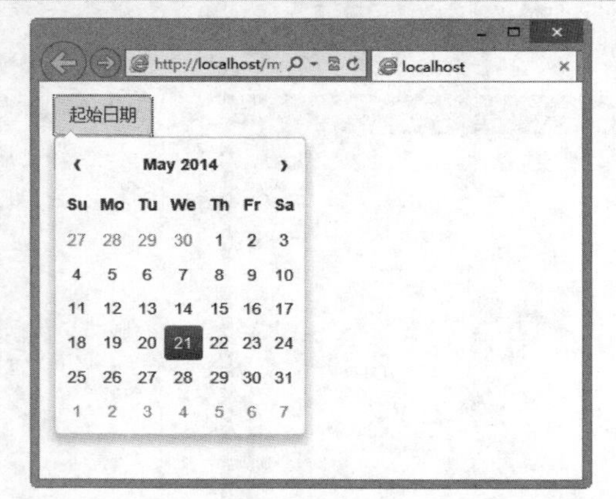

图 12.21　设置有效日期范围

扫一扫，看视频

12.5　jQuery UI Bootstrap

jQuery UI Bootstrap 是一个简洁优美的 jQuery UI 主题，它受到 Bootstrap 的启发，将其特性引入到 jQuery UI 部件中。jQuery UI Bootstrap 提供了漂亮精致的网页排版方式以及导航、表单、按钮等网页设计中常用的元素，并且符合 HTML 和 CSS 标准规范。用户可以在这个主题中使用 Bootstrap 的全部部件，且完美兼容 Twitter Bootstrap。

jQuery UI Bootstrap 提供了在 jQuery UI 集成 Twitter 的 Bootstrap 框架的功能。使用这个主题，不仅可以使用 Bootstrap 主题窗口小部件（Widgets），而且还兼容 Twitter Bootstrap 的各个方面。即使没有 UI 设计师，也可以制作出一个很漂亮的网页应用。

- 项目主页：https://github.com/jquery-ui-bootstrap/jquery-ui-bootstrap。
- 中文主页：http://www.bootcss.com/p/jquery-ui-bootstrap/。

【操作步骤】

第 1 步，下载 jQuery UI Bootstrap 压缩包，解压到本地站点中，重命名为 jquery-ui-bootstrap。

第 2 步，新建 HTML5 文档，在文档头部区域导入 jQuery 和 jQuery UI 脚本文件。

```
<script type="text/javascript" src="bootstrap/js/jquery-1.9.1.js"></script>
<script type="text/javascript" src="jquery-ui-bootstrap/js/jquery-ui-1.9.2.custom.
min.js"></script>
```

第 3 步，导入 jQuery UI 样式表文件。

```
<link type="text/css" href="jquery-ui-bootstrap/css/custom-theme/jquery-ui-1.9.2.
custom.css" rel="stylesheet" />
```

第 4 步，如果需要还应该导入第三方插件的脚本文件或样式表文件，没有特别说明可以忽略该步。

第 5 步，构建 HTML 结构。jQuery UI Bootstrap 也采用 Bootstrap 方式，通过类样式来设计对象样式和风格，不过 jQuery UI Bootstrap 类样式的名称与 Bootstrap 不同，主要体现在前缀上。例如，定义不同样式的按钮结构。其中第一个按钮表示主要按钮，第二个按钮表示成功按钮，第三个按钮表示危险按钮，第四个和第五个为普通按钮。

```
<div id="buttons">
   <button class="ui-button-primary">Primary</button>
   <button class="ui-button-success">Success</button>
   <button class="ui-button-error">Danger</button>
   <a class="button">Anchor</a>
   <input type="submit" class="button" value="Submit"/>
</div>
```

如果把上面的结构转换为 Bootstrap 方式，则可以使用下面的类样式：

```
<link rel="stylesheet" type="text/css" href="bootstrap/css/bootstrap.css">
<div id="buttons">
   <button class="btn btn-primary">Primary</button>
   <button class="btn btn-success">Success</button>
   <button class="btn btn-danger">Danger</button>
   <a class="btn">Anchor</a>
   <input type="submit" class="btn" value="Submit"/>
</div>
```

第 6 步，使用 jQuery UI Bootstrap，还必须通过脚本激活这些组件。针对上面的按钮组件样式，可以使用下面的脚本来激活，即为按钮对象绑定 button()方法。

```
<script>
$(function(){
   $("button").button();
   $(".button").button();
})
</script>
```

第 7 步，在浏览器中预览效果，显示如图 12.22（a）所示。而对应的 Bootstrap 按钮效果如图 12.22（b）所示。

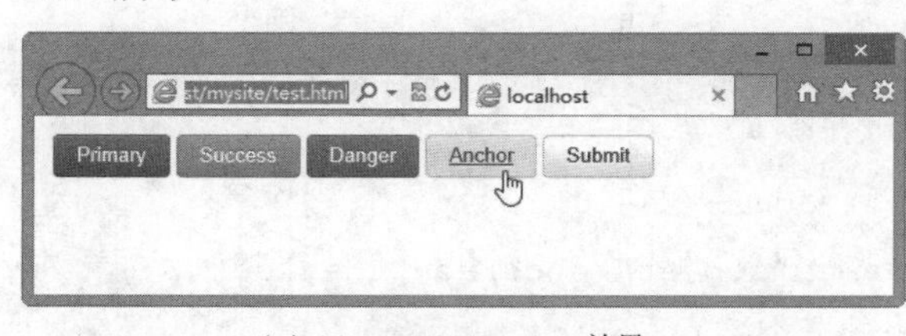

（a）jQuery UI Bootstrap 效果

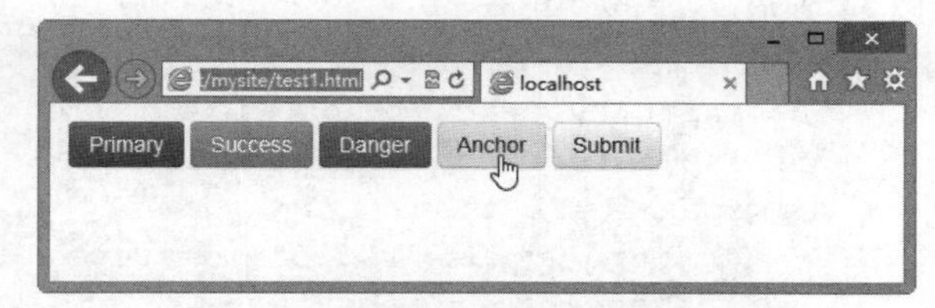

（b）Bootstrap 效果

图 12.22　设计 jQuery UI Bootstrap 按钮效果

下面简单介绍 jQuery UI Bootstrap 几个主要组件。

1. 按钮组

（1）单选按钮组

HTML 结构：

```
<div id="radioset">
    <input type="radio" id="radio1" name="radio" />
    <label for="radio1">Choice 1</label>
    <input type="radio" id="radio2" name="radio" checked="checked" />
    <label for="radio2">Choice 2</label>
    <input type="radio" id="radio3" name="radio" />
    <label for="radio3">Choice 3</label>
</div>
```

激活方法：

```
$('#radioset').buttonset();
```

（2）多选按钮组

HTML 结构：

```
<div id="format">
    <input type="checkbox" id="check1" />
    <label for="check1">B</label>
    <input type="checkbox" id="check2" />
    <label for="check2">I</label>
    <input type="checkbox" id="check3" />
    <label for="check3">U</label>
</div>
```

激活方法：

```
$("#format").buttonset();
```

单选按钮和多选按钮组的效果对比如图 12.23 所示。

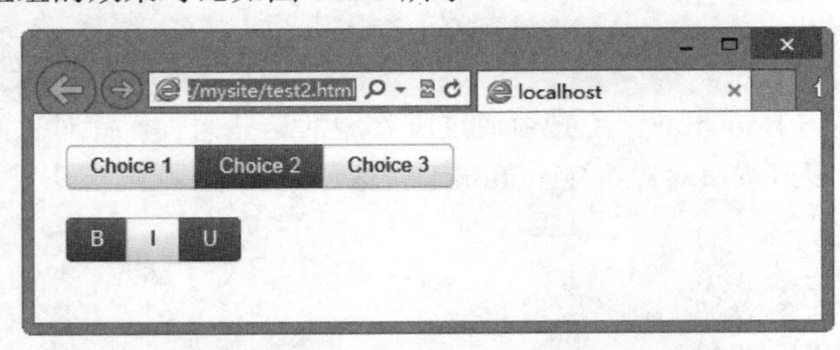

图 12.23　单选按钮组和多选按钮组的效果对比

2. 工具条

HTML 结构如下，其中.ui-toolbar 定义工具条框，其中包含 1 个复选框按钮以及 3 个按钮组，如图 12.24 所示。

```
<div class="ui-toolbar">
    <input type="checkbox" id="check" />
    <label for="check">复选框</label>
    <span id="buttonset">
        <input type="radio" id="repeat0" name="repeat" checked="checked" />
        <label for="repeat0">无</label>
        <input type="radio" id="repeat1" name="repeat" />
        <label for="repeat1">有</label>
```

```
        <input type="radio" id="repeatall" name="repeat" />
        <label for="repeatall">全部</label>
    </span> </div>
</body>
```

激活方法：

```
$(function(){
    $("#check").button();
    $("#buttonset").buttonset();
})
```

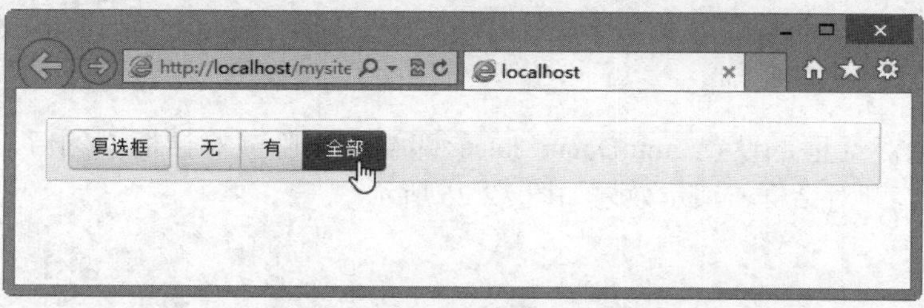

图 12.24　设计工具条效果

3. 折叠

HTML 结构如下，jQuery UI Bootstrap 折叠结构没有 Bootstrap 的折叠结构复杂，只需要在 1 个容器中设置 3 个子容器，每个子容器中包含 1 个标题框和内容框，演示效果如图 12.25 所示。

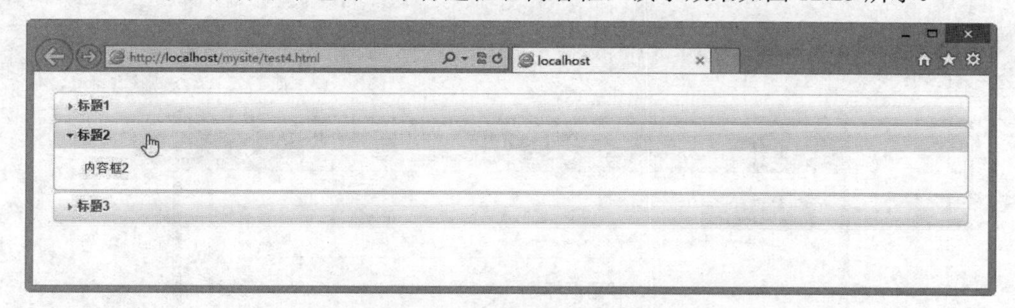

图 12.25　设计折叠组件效果

```
<div id="box">
    <div>
        <h2><a href="#">标题 1</a></h2>
        <div>内容框 1</div>
    </div>
    <div>
        <h2><a href="#">标题 2</a></h2>
        <div>内容框 2</div>
    </div>
    <div>
        <h2><a href="#">标题 3</a></h2>
        <div>内容框 3</div>
    </div>
</div>
```

jQuery UI Bootstrap 折叠组件需要 JavaScript 脚本配合，并在激活方法中设置折叠的标题块，激活方法如下：

```
$(function(){
```

```
    $("#box").accordion({
        header: "h2"
    });
})
```

4. 对话框

设计控制按钮和对话框结构的代码如下，对话框的标题通过 title 属性定义，对话框包含的内容通过包含的<p>标签定义：

```
<button id="dialog_link" class="ui-button-primary">打开对话框</button>
<div id="dialog_simple" title="对话框标题">
    <p>对话框内容</p>
</div>
```

在脚本中初始化对话框，设置 autoOpen: false 即初始化隐藏对话框。然后，当单击按钮时，调用.dialog('open')方法打开对话框，演示效果如图 12.26 所示。

```
<script>
$(function(){
    $('#dialog_simple').dialog({
        autoOpen: false
    });
    $('#dialog_link').button().click(function () {
        $('#dialog_simple').dialog('open');
        return false;
    });
})
</script>
```

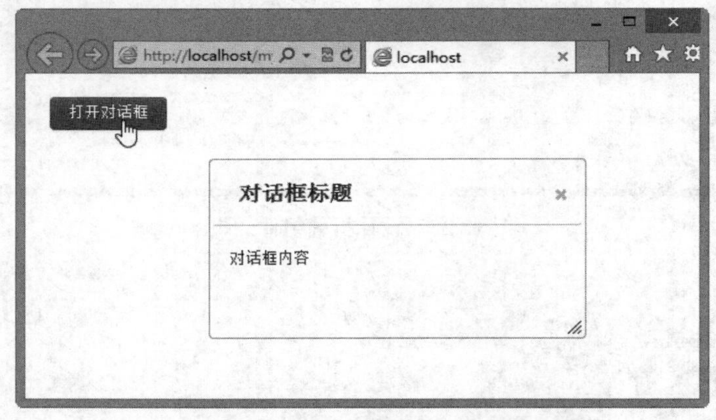

图 12.26　设计简单的对话框效果

在对话框初始化配置中，可以添加控制按钮，以及其他显示属性。例如，下面的代码能够设置对话框显示两个按钮，同时初始化对话框宽度为 600 像素，效果如图 12.27 所示。

```
$('#dialog_simple').dialog({
    autoOpen: false,
    width: 600,
    buttons: {
        "Ok": function () {
            $(this).dialog("close");
        },
        "Cancel": function () {
```

```
            $(this).dialog("close");
        }
    }
});
```

图 12.27　设计复杂的对话框效果

如果在配置参数中添加 modal: true 声明，则可以打开模态对话框，当弹出对话框后，页面其他内容将不再允许操作，效果如图 12.28 所示。

```
$('#dialog_simple').dialog({
    autoOpen: false,
    modal: true
});
```

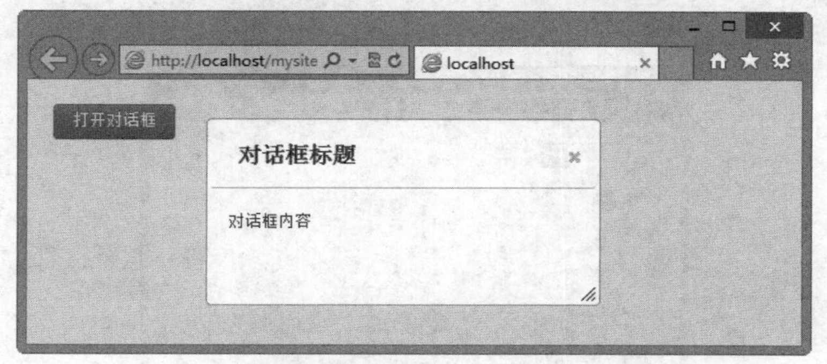

图 12.28　打开模态对话框

5. Tab 标签页

设计 Tab 标签页结构，只需要在 Tab 标签列表中通过锚点链接把每个标题项目绑定到对应的 Tab 内容框上即可。

```
<div id="tabs">
    <ul>
        <li><a href="#tabs-a">Tab1</a></li>
        <li><a href="#tabs-b">Tab2</a></li>
        <li><a href="#tabs-c">Tab3</a></li>
    </ul>
    <div id="tabs-a">Tab1 内容框</div>
    <div id="tabs-b">Tab2 内容框</div>
    <div id="tabs-c">Tab3 内容框</div>
</div>
```

激活方法如下，效果如图 12.29 所示。

```
$(function(){
    $('#tabs').tabs();
})
```

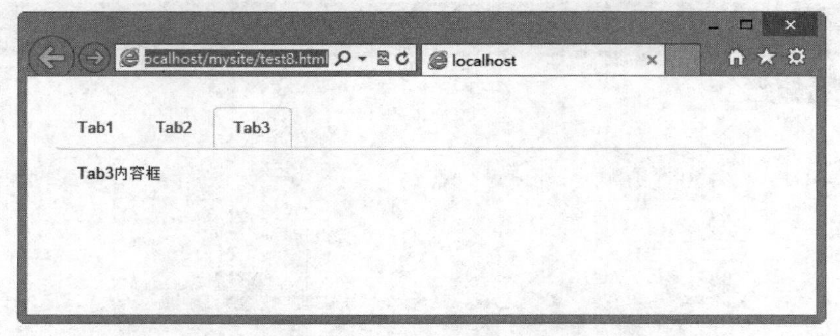

图 12.29　设计标签页

6. 日期选择器

启动日期选择器的代码如下，演示效果如图 12.30 所示。

```
<script>
$(function(){
    $('#datepicker').datepicker({
        inline: true
    });
})
</script>
<div id="datepicker"></div>
```

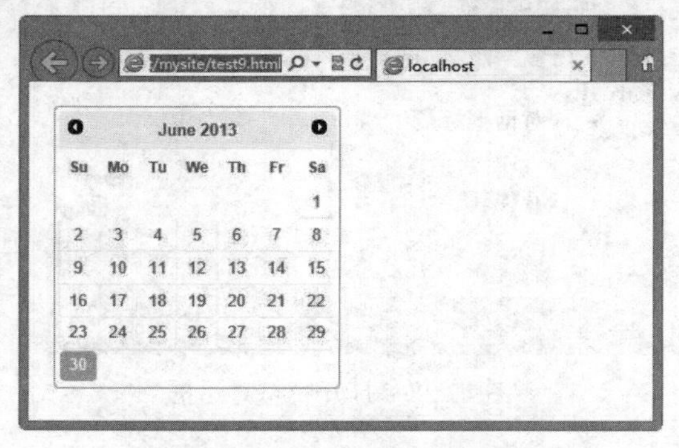

图 12.30　设计日期选择器

12.6　Flat UI

Bootstrap 不是简单的 UI 界面框架，实际上它改变了设计界的游戏规则。这个囊括了应有尽有的代码框架使得许多应用和网站的设计开发变得简便许多，而且它将大量的 HTML 框架普及成了产品。

当然，Bootstrap 也唤起了用户本能的懒惰，很多人始终坚持使用它的默认设置。现在，这些经过丰富想象力的默认样式和布局网格都不差，它们都是 Twitter 团队花费了大量时间和精力的产物，是坚实的基础。

但是，Bootstrap 的真谛是“基石”。Bootstrap 框架并不意味着它是全部的终结解决方案。一些真正的设计者和开发人员加紧创建工具和变更，一些变更已经非常成熟，可以将基本的 Bootstrap 变得不再是默认样式。这些变更的使用可能有些限制，也有些是在特定条件下使用的，为用户带来很多新意和惬意。

Flat UI（http://designmodo.com/flat/）是扁平化设计界面，由 Designmodo 发布。Flat UI 迅速普及开来，在设计界有很好的理由：做得很漂亮。它是为那些偏爱扁平化设计的人存在的，与 Bootstrap 的拟物化设计相反，每一个 UI 元素都被依据崭新的美学重新设计，如图 12.31 所示。

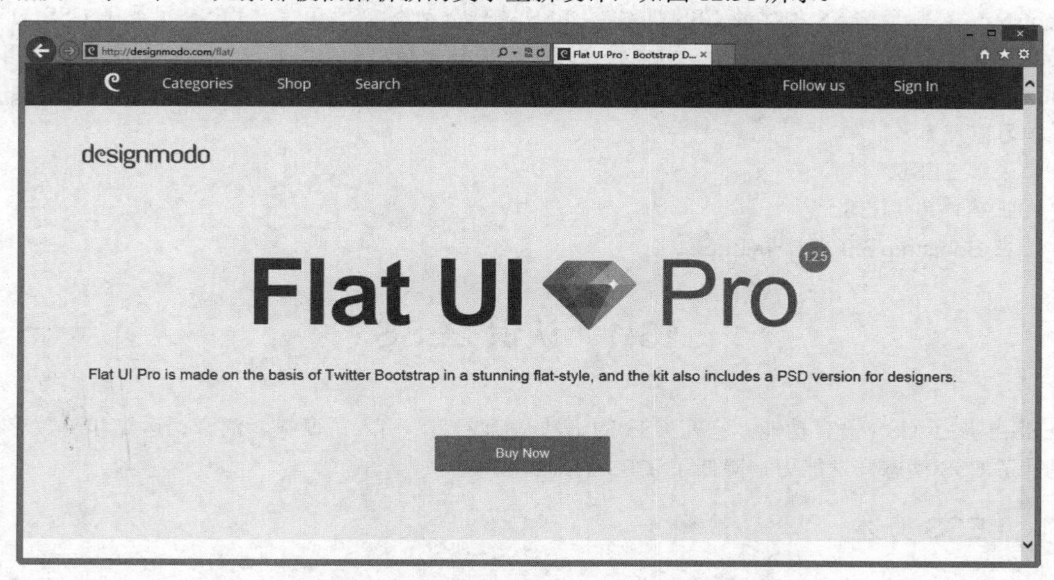

图 12.31　Flat UI 首页

矢量图标（一种新的字形图标字体）、自定义的 UI 元素（类似于 to-do list）和多种改变起来非常容易的颜色主题，Flat UI 可让用户重新设想如何展现 Bootstrap。Flat UI 是免费的，但是专业版本需要付费，专业版本中有附加元素、功能和 PSD 文件。

第 13 章　配置 Bootstrap 样式

Bootstrap 是基于 LESS 构建的 CSS 框架，LESS 是一个动态 CSS 语言，LESS 扩展了 CSS 的动态特性，提供了更为强大的功能和灵活性。本章将介绍 LESS 相关知识和基本用法，同时介绍如何使用 LESS 配置 Bootstrap 样式。

【学习重点】

- 了解 LESS。
- 正确使用 LESS。
- 在 Bootstrap 3.0 中应用 LESS。

13.1　认识 LESS

LESS 扩展了 CSS 语言功能，它在 CSS 的语法基础之上，引入了变量、混合、运算和函数等特性，大大提升了 CSS 动态开发能力，降低了 CSS 的维护成本。

13.1.1　LESS 概述

作为网页样式标识语言，CSS 用法非常简单，但也存在很多问题。例如，需要书写大量看似没有逻辑的代码，不方便维护及扩展，不利于重用。造成这些问题的原因源于 CSS 是一门非程序设计语言，没有变量、函数、作用域等概念。

LESS 是 Alexis Sellier 受 SASS 的影响创建的开源项目。当时，SASS 采用了缩进作为分隔符来区分代码块，而不是 CSS 中广为使用的括号。为了让 CSS 现有用户使用起来更为方便，Alexis 开发了 LESS，并提供了类似的功能。

LESS 在 CSS 的语法基础之上，引入了变量、Mixin（混入）、运算以及函数等功能，其目标是简化 CSS 使用，降低 CSS 维护成本，让 CSS 可编程，让代码更加优雅，让更少的 CSS 代码做更多的事。

与 CSS 相比，LESS 的优点比较明显：

- 需要编写的代码明显变少。
- CSS 管理更加容易，尤其是需要更换网站样式风格时，如果直接重写这些样式，工作量将是非常浩大的，但是用 LESS 就很简单，改个全局配置即可。
- LESS 学习成本不是很高，与 CSS 规则完全融合，如果用户熟悉 CSS，只需要简单地学习，就能快速驾驭 LESS。
- 用 LESS 实现配色变得非常容易。在传统设计中，用户需要借助配色工具或者图像编辑软件来实现色彩的搭配，而且效果不是很理想，还需要投入很大的精力。
- 兼容 CSS3。很多 CSS3 语法目前还需要为各家浏览器写上特别的语法，如圆角、盒子阴影、变形、过渡等，如果把这些代码使用 LESS 先封装起来，使用时就会省事很多。
- 与 CSS 能够很好地融合使用。在 LESS 代码中可以融入 CSS 代码，在 CSS 代码中可以插入 LESS 语法。

13.1.2　LESS 基本特性

LESS 是一种动态样式语言，拥有四大特性：变量、混合、嵌套、运算。下面进行简单的介绍。

（1）变量

通过@方式声明变量，这样可以对全局变量进行重复运用，实现全局样式动态配置。在网站开发中，可以在样式表最前面定义好全局样式，通过变量存储需要动态配置的样式值，然后在属性中直接传递变量，而不是具体的值，如果需要改动样式，只需要为变量赋值即可。

【示例 1】 通过全局变量@color 存储网页基本字体色，在具体样式声明中，直接传递变量@color:即可。

```
// LESS
@color: #4D926F;
#header { color: @color;}
h2 { color: @color;}
/* 转换为 CSS */
#header { color: #4D926F;}
h2 { color: #4D926F;}
```

（2）混合

混合类似与编程语言中的继承。设计好一个类样式，然后在其他样式中直接混合这个类样式，实现样式的继承重用。就像函数一样调用，并且可以传递参数，功能非常强大、实用。

【示例 2】 下面先定义一个类样式 rounded-corners，并为它定义一个参数@radius，默认值为 5 像素。然后分别在不同样式中调用这个类样式，在#header 中使用默认值，而在#footer 中重新传递一个新参数。

```
// LESS
.rounded-corners (@radius: 5px) {
    border-radius: @radius;
    -webkit-border-radius: @radius;
    -moz-border-radius: @radius;
}
#header { .rounded-corners;}
#footer { .rounded-corners(10px);}
/*转换为 CSS */
#header {
    border-radius: 5px;
    -webkit-border-radius: 5px;
    -moz-border-radius: 5px;
}
#footer {
    border-radius: 10px;
    -webkit-border-radius: 10px;
    -moz-border-radius: 10px;
}
```

（3）嵌套

嵌套可以更容易设计模块化 CSS、精简代码，让 CSS 的层级更加具有归属感，甚至可以用&符号来声明伪类属性。这样就不用编写很长的复合选择器，而且这种嵌套结构，更容易了解样式之间的关系。

【示例 3】 下面是一个简单的样式嵌套的应用。

```
// LESS
#header {
```

```
    h1 {
        font-size: 26px;
        font-weight: bold;
    }
    p { font-size: 12px;
        a { text-decoration: none;
            &:hover { border-width: 1px }
        }
    }
}
/*转换为 CSS */
#header h1 {
    font-size: 26px;
    font-weight: bold;
}
#header p { font-size: 12px;}
#header p a { text-decoration: none;}
#header p a:hover { border-width: 1px;}
```

（4）运算

运算是动态的核心，通过嵌入 JavaScript 表达式以及使用简单的四则运算符，可以模仿 JavaScript 进行计算，可以通过变量的+、-、*、/运算操作来达到一些运算的目的。

【示例 4】 通过简单的运算，即可获取颜色递增、递减、值的有规律变化等。

```
// LESS
@the-border: 1px;
@base-color: #111;
@red: #842210;
#header {
    color: @base-color * 3;
    border-left: @the-border;
    border-right: @the-border * 2;
}
#footer {
    color: @base-color + #003300;
    border-color: desaturate(@red, 10%);
}
/*转换为 CSS */
#header {
    color: #333;
    border-left: 1px;
    border-right: 2px;
}
#footer {
    color: #114411;
    border-color: #7d2717;
}
```

LESS 提供了丰富的颜色和数学函数，例如：

```
@base: #f04615;
.class {
    color: saturate(@base, 5%);
    background-color: lighten(spin(@base, 8), 25%);
}
```

这里都是 LESS 的简单用法，当读者完全掌握 LESS 语法之后，你会发现可以用 LESS 做更多 JavaScript 的工作。

13.1.3 比较 LESS 和 SASS

LESS 和 SASS 都是动态样式开发工具，帮助开发者写出重用性的 CSS 文件。不过，LESS 和 SASS 的方法基本类似，两种语言给 CSS 添加的特性都是相似的，它们之间的详细对比可以参考 https://gist.github.com/chriseppstein/674726。简单说明如下：

（1）变量

LESS 中的@name 和 SASS 中的!name 都是变量，可以给变量赋值，然后在代码中使用它们。

（2）样式内嵌

将选择器嵌入到其他样式中，取消了一些高级选择器嵌套。LESS 和 SASS 都将这个简洁的特性扩展到了 CSS。

（3）混合类型

允许开发者抽象出声明的共同点，然后命名并加入到选择器中。熟悉 Ruby 混合类型的开发者会了解混合类型在 CSS 中的应用。SASS 也允许将混合类型作为参数，使得混合类型的应用更加灵活。

（4）表达式

LESS 和 SASS 都支持简单的算术操作，如加法、减法等。将这个特性和变量结合起来，会使得 CSS 变得更加灵活。这两个工具需要保证操作的正确性。

LESS 和 SASS 之间的主要区别是它们的实现方式不同，LESS 是基于 JavaScript 运行，所以 LESS 可以在客户端处理。SASS 是基于 Ruby 的，是在服务器端处理的。很多开发者不选择 LESS，是因为 LESS 输出修改过的 CSS 到浏览器需要依赖于 JavaScript 引擎，而 JavaScript 引擎需要额外的时间来处理代码。关于这个有很多种方式，如只在开发环节使用 LESS。一旦开发完成，就复制粘贴 LESS 输出到一个压缩器，然后到一个单独的 CSS 文件来替代 LESS 文件。另一种方式是使用 LESS APP 来编译和压缩 LESS 文件。两种方式都将是最小化样式输出，从而避免由于用户的浏览器不支持 JavaScript 而可能引起的任何问题。尽管这不大可能，但终归是有可能的。

13.1.4 LESS 参考网站和工具

下面列出学习 LESS 需要参考的网站和辅助工具。

1. 参考网站

- LESS 官方网站：http://lesscss.org/。
- LESS 中文网站：http://www.lesscss.net/。
- LESS 中文参考：http://www.bootcss.com/lesscss.html。

2. 在线编译工具

下面两个网址所提供的在线编译工具，可以快速把 LESS 源代码编译为 CSS 源代码。不需要用户在本地配置服务器环境，或者安装本地编译工具。

- 开源中国提供的在线 LESS CSS 编译器：http://www.ostools.net/less。
- LESS 在线提供的 LESS CSS 在线编译工具：http://less.cnodejs.net/#。

3. 本地编译工具

- Codekit：http://incident57.com/less/。

Codekit 是非官方的 Mac 应用，可以编译 LESS、SASS、Stylus 和 CoffeeScript，Web 前端全能工具，提供强大的 LESS 编译功能。对于 Mac 用户来说，它就是 less.app。这是一个第三方提供的工具，使用起来十分方便，可以在图 13.1 所示的界面上添加 LESS 文件所在的目录，此工具就会在右侧列出目录中包含的所有 LESS 文件。

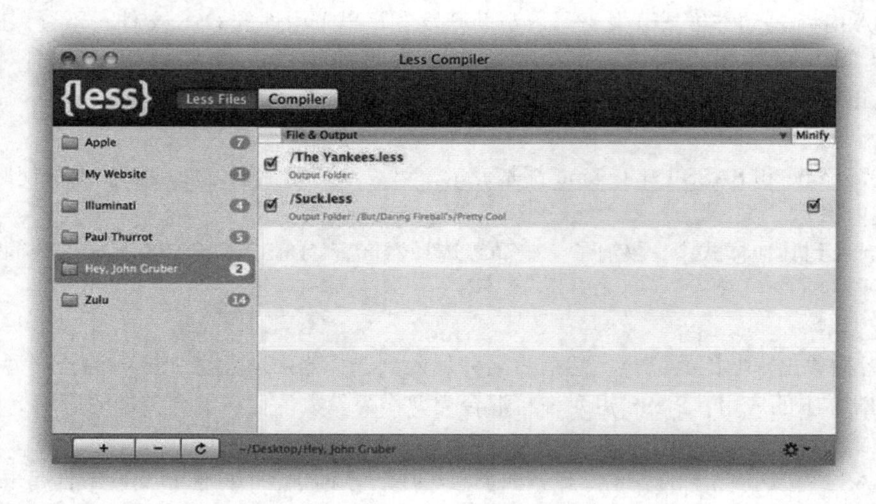

图 13.1　less.app 应用开发界面

应用该工具之后，从此就不用再担心如何把 LESS 文件编译成 CSS 文件，这个工具会在每次修改完保存 LESS 文件时自动执行编译并生成 CSS 文件。这样，就可以随时查看 LESS 代码的最终效果，检查目标 CSS 是否符合用户的需要，使用非常方便。

- SimpLess：http://wearekiss.com/simpless。

SimpLess 是一款免费的离线 LESS 代码编译器，支持跨平台使用，可在 Mac、Windows 和 Linux 平台上使用，能够自动检测代码变化并编译它。可以拖拽 LESS 文件进行编译，而且其代码开源，代码托管在 GitHub 上（https://github.com/Paratron/SimpLESS）。

- WinLess：http://winless.org/。

WinLess 是 Windows 下 less.js 图形用户界面开发（GUI）工具，对于 Windows 下的 Web 开发来说是必备工具。

- Crunch：http://crunchapp.net/。

Crunch 是用 Abode Air 构造的界面优美的 LESS 编辑器和编译器。

扫一扫，看视频

13.2　使用 LESS

LESS 可以直接在客户端使用，也可以在服务器端使用。在实际项目开发中，建议使用第三种方式，提前将 LESS 文件编译生成静态的 CSS 文件，然后在 HTML 文档中应用。例如，在 Bootstrap 框架中，通过在线定制 LESS，提前生成 CSS 文件，以提高页面响应速度，如图 13.2 所示，访问 http://getbootstrap.com/customize/，快速定制 Bootstrap 框架样式。

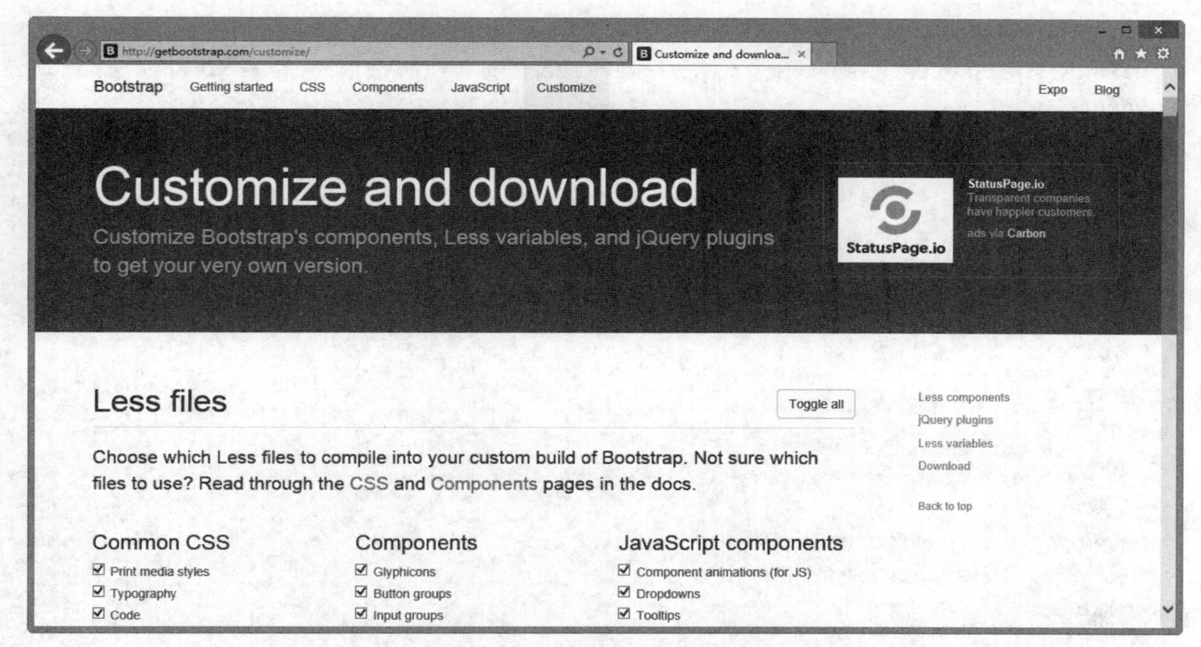

图 13.2　在线定制 Bootstrap 框架样式

如果希望直接使用 LESS，则可以在客户端或者服务器端直接进行编译应用。在客户端使用 LESS，只需要下载 less.js 文件，然后在需要使用 LESS 源文件的 HTML 文档中导入即可。下面以一个示例演示如何在客户端正确使用 LESS。

【操作步骤】

第 1 步，在网上下载 less.js 文件。可访问 http://lesscss.org，或者 http://lesscss.googlecode.com/，下载最新版本的 less.js 文件。访问 https://github.com/cloudhead/less.js 可以下载未压缩的 Master 版本。

第 2 步，创建 LESS 文件，LESS 文件与 CSS 文件结构相近，不同点是 LESS 源文件多了编程语言的变量、函数等特性。可以把 CSS 文件改为 LESS 文件，只需要把 CSS 文件的后缀名改为.less 即可。

第 3 步，新建 HTML5 文档，在文档头部区域加入下面的代码：

```
<link type="text/less" rel="stylesheet/less" rev="stylesheet/less" href="style.
less" />
<script language="javascript" type="text/javascript" src="less1.0.33.min.js"></script>
```

可以看到，LESS 源文件的导入方法与标准 CSS 文件导入方式一样，实际上 LESS 文件就是样式表文件。需要注意的是，在导入 LESS 文件时，需要设置 rel 属性值为“stylesheet/less”，指定与本文档关联的外部文件类型为层叠式样式；或者设置 type 属性值为“text/less”，指定导入的外部文件 MIME 类型为 LESS。

提示：

> <link>标签的 type 属性必须要是“text/less”，在导入外部 CSS 文件时，习惯设置“text/css”，这样容易引发歧义，而不能正确导入外部 LESS 文件。

在导入外部 LESS 源文件之后，应再导入 less.js，该 JavaScript 文件作为 LESS 源文件的解析器，负责把 LESS 文件编译为 CSS 文件，并插入到当前文档中。

第 4 步，设计 HTML 文档结构，代码如下：

```
<!doctype html>
<html>
<head>
```

```
<meta charset="utf-8">
<link type="text/less" rel="stylesheet/less" rev="stylesheet/less" href="style.
less" />
<script language="javascript" type="text/javascript" src="less1.0.33.min.js"></script>
</head>
<body>
    <div class="div1">盒子 1</div>
    <div class="div2">盒子 2</div>
    <div class="div3">盒子 3</div>
    <div class="div4">盒子 4
        <div>
            <span>行内元素 1</span>
        </div>
        <span>行内元素 2</span>
    </div>
    <div class="div5">盒子 5</div>
    <div class="div6">盒子 6</div>
</body>
</html>
```

第 5 步，设计 LESS 动态样式。新建文本文件，另存为 style.less，注意扩展名为.less。然后输入下面的动态样式代码，读者可以直接复制本书实例源代码，先暂时不考虑源代码的具体意义和功能。

下面就几点进行简单说明，在后面的章节中会详细讲解 LESS 语言语法。

- 定义变量@colors，用来存储颜色值。

```
@colors:#333;
.div1{
    color:@colors;
    font-weight:bold;
    background-color:#CCC;
}
```

这样可以实现当需要修改颜色时只需要修改变量的值即可。

- 样式内嵌，快速重用样式代码。

```
.div3{
    border:#222 solid 1px;
    .div1
}
```

这样可直接在.div3 样式中嵌入.div1 类样式，而无须复制代码。

- 嵌套规则。

```
@fonts:12px;
.div4{
    border:#333 solid 1px;
    padding:10px;
    div{
        background-color:red;
        span{
            color:red;
        }
    }
    span{
```

```
        background-color:@colors;
        font-size:@fonts * 2;
    }
}
```

这样可以使样式的名称更为简短，并且修改时更容易查找，后期维护比较方便，因为样式按标签的层级结构关系进行嵌套，样式富有层次感。

- 样式运算，在样式声明中可以传递简单的 JavaScript 表达式，实现灵活的赋值。

```
span{
    background-color:@colors;
    font-size:@fonts * 2;
    color:@colors;
}
```

样式运算增强了动态样式的灵活，用户可以在样式表中添加表达式，以实现智能计算。

- 样式传参。

```
.div5(@widths:5px){
    color:red;
    border-style:solid;
    border-color:@colors;
    border-width:@widths;
}
.div6{
    .div5(10px);
}
```

把样式作为函数使用，然后通过参数，动态修改样式内部值。这样的样式可以在样式表中多处调用。

第 6 步，浏览动态 CSS 设计的文档效果。在本地使用 FireFox、Opera、Safari 浏览器预览文档，显示效果如图 13.3 所示。

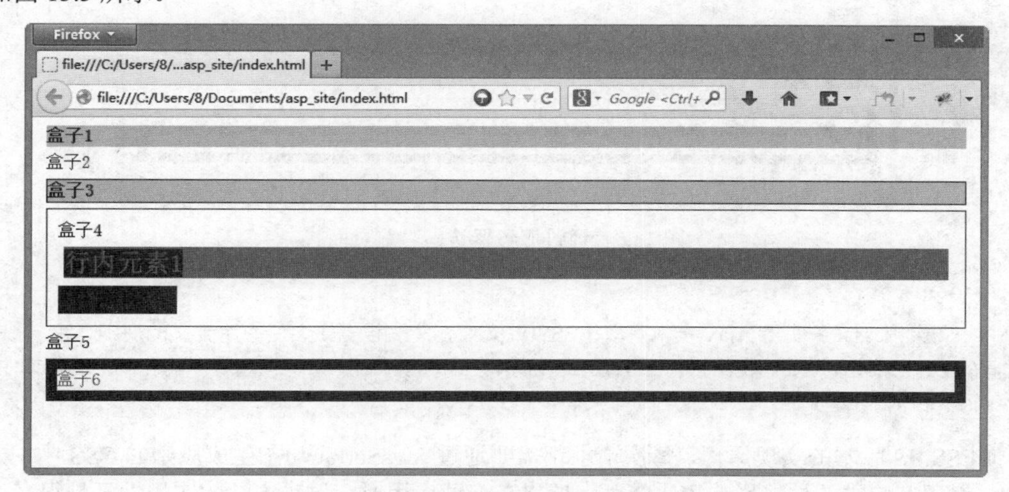

图 13.3　浏览动态 CSS 样式效果

提示：

在浏览动态 CSS 样式的文档时，由于安全限制的原因，IE 和 Chrome 浏览器无法查看到 LESS 的效果，可能会提示 HTTP 404 错误。如果出现这种状况，建议使用服务器进行访问。例如，在本地启动 IIS 虚拟服务器服务，同时在 IIS 中添加 MIME 类型，如图 13.4 所示。

图 13.4　在 IIS 中添加 less 文件类型的 MIME 信息

通过上面的配置，就可以在 IE 和 Chrome 浏览器通过向服务器请求（http://localhost/mysite/index.html）访问当前页面，效果如图 13.5 所示。

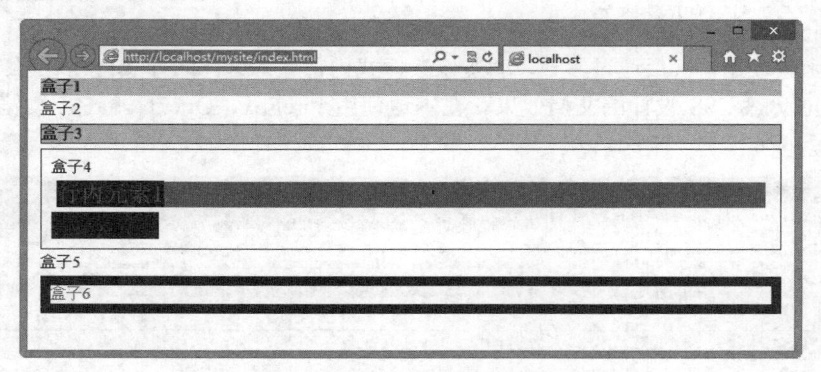

图 13.5　通过服务器访问当前页面

提示：

LESS 编译器（less.js）使用 Ajax 技术获取 LESS 源文件，然后根据该文件中所定义的规则，生成最终浏览器能理解的 CSS 文件，然后再将其插入到 HTML 代码中。因此，使用<link>标签导入的外部 LESS 文件，必需位于 less.js 文件前。

基于 LESS. JS 版本的实现原理，每次请求都需要通过 JavaScript 动态生成原始的 CSS，如果 CSS 代码比较大，对于客户端的性能影响也比较大，所以在商业应用时，这种方法的实用性不是很高，应该避免这种用法，可以通过服务器预编译来提高效率。

13.3　LESS 基本语法

LESS 继承 CSS 规则和功能，严格遵循 CSS 基本语法，然后添加了很多编程功能，所以学习 LESS

是一件轻而易举的事情。

扫一扫，看视频

13.3.1　变量

如果重复使用一个信息，如网页颜色 color，将它设置为一个变量，就可以在代码中重复引用。使用这种方式，可保证网页配色的一致性，减少修改颜色值的烦琐工作。LESS 规定变量名以@为前缀，语法格式与样式声明相同。

【示例 1】　下面的代码中声明一个变量@blue，其值为#0000ff，然后把这个变量传递给样式#header 中的 color 属性。

```
@blue: #0000ff;
#header { color: @blue; }
```

输出：

```
#header { color: #0000ff; }
```

【示例 2】　也可以是用变量名定义为变量。

```
@blue: #0000ff;
@b: 'blue';
#header { color: @@b; }
```

输出：

```
#header { color: #0000ff; }
```

注意，LESS 变量为完全常量，所以只能定义一次。

【示例 3】　在样式声明中，变量可以参与简单的运算，如针对上面的变量@blue，可以使用加减颜色值，从而得到需要的颜色。

```
@blue: #00c;                          /*定义蓝色变量*/
@light_blue: @blue + #333;            /*定义浅蓝色变量*/
@dark_blue: @blue - #333;             /*定义深蓝变量*/
```

将上面 3 个样式分别应用到 3 个<div>标签的背景上，可看到加上、减掉十六进度的颜色值和原始的蓝色形成的渐变效果，即从@light_blue 到@blue，再到@dark_blue 的渐变效果，如图 13.6 所示。

```
.bg1 {background: @light_blue;}
.bg2 {background: @blue;}
.bg3 {background: @dark_blue;}
```

http://localhost/mysite/index.html　localhost

<div class="bg1"></div>
<div class="bg2"></div>
<div class="bg3"></div>

图 13.6　设计渐变样式

扫一扫，看视频

13.3.2　样式混合

在 LESS 中，可以先创建公共样式，然后在其他样式中引用。

【示例】　定义一个类样式 border，然后在其他样式中调用该类，这样就可以在两个元素中分别添加类.bordered，得到同样的效果。

```
.border { border-top: 1px dotted #333;}
article.post {
```

```
    background: #eee;
    .border;
}
ul.menu {
    background: #ccc;
    .border;
}
```

输出：

```
article.post {
    background: #eee;
    border-top: 1px dotted #333;
}
ul.menu {
    background: #ccc;
    border-top: 1px dotted #333;
}
```

article.post 和 ul.menu 样式可共享同一个边框样式。

扫一扫，看视频

13.3.3 参数混合

在 LESS 中，可以定义一个带参数的样式，类似 JavaScript 函数。

【示例 1】 下面定义一个类样式 border-radius，通过小括号运算符包含一个参数变量，并把这个参数变量传递给样式中声明的属性。

```
.border-radius (@radius) {
    border-radius: @radius;
    -moz-border-radius: @radius;
    -webkit-border-radius: @radius;
}
```

然后，就可以在其他样式中调用这个类函数：

```
#header {
    .border-radius(4px);
}
.button {
    .border-radius(6px);
}
```

【示例 2】 也可以给参数设置默认值，例如，设置参量@radius 默认值为 5px。

```
.border-radius (@radius: 5px) {
    border-radius: @radius;
    -moz-border-radius: @radius;
    -webkit-border-radius: @radius;
}
```

这样在调用该类函数时，可以不用传递参数，此时就会以默认值 5px 进行传递。

```
#header {
    .border-radius;
}
```

模仿 JavaScript 函数，可以定义不带参数的样式函数，如果想隐藏这个样式，不让它暴露到 CSS 中去，但是又想在其他样式中引用这个样式，会发现这个方法非常好用，它与简单混合方法没有什么区别。

【示例 3】　定义一个文本换行处理的类样式，然后在不同样式中直接调用这个样式函数即可。

```
.wrap () {
    text-wrap: wrap;
    white-space: pre-wrap;
    white-space: -moz-pre-wrap;
    word-wrap: break-word;
}
pre { .wrap }
```

输出：

```
pre {
    text-wrap: wrap;
    white-space: pre-wrap;
    white-space: -moz-pre-wrap;
    word-wrap: break-word;
}
```

参数混合常用于 CSS 兼容各浏览器的私有属性。例如，上面的.border-radius 和.wrap 类样式就是一个很好的演示，.border-radius 有个默认的 5px 圆角，应用时可以使用任何圆角属性值，如.border-radius(10px)，将会生成半径为 10px 的圆角，此时不用再考虑为各个浏览器设置私有属性值。

提示：

在函数型样式中，有一个特殊的默认变量@arguments，它类似于 JavaScript 中的 Arguments，该变量包含了所有传递给样式函数的参数。如果不想单独处理每一个参数，就可以像这样使用@arguments 进行快速传递。

【示例 4】　定义一个多参数样式函数，该样式定义了盒子的阴影特效，共包含 4 个参数，并分别设置了每个参数的默认值，在样式声明中，使用参数变量@arguments 把这 4 个参数快速传递给每个属性。

```
.box-shadow (@x: 0, @y: 0, @blur: 1px, @color: #000) {
    box-shadow: @arguments;
    -moz-box-shadow: @arguments;
    -webkit-box-shadow: @arguments;
}
```

然后，在动态样式中定义 3 个类样式，分别调用这个样式函数：在第一个类样式中直接传递前面两个参数，后面两个保持默认值；第二个和第三个类样式，分别传递 4 个参数，代码如下：

```
.box-shadow1 {.box-shadow(2px, 5px);}
.box-shadow2 {.box-shadow(5px, 5px, 5px, red);}
.box-shadow3 {.box-shadow(5px, -5px, 10px, green);}
```

最后，在 HTML 中为每个<div>标签应用一个类样式，效果如图 13.7 所示。

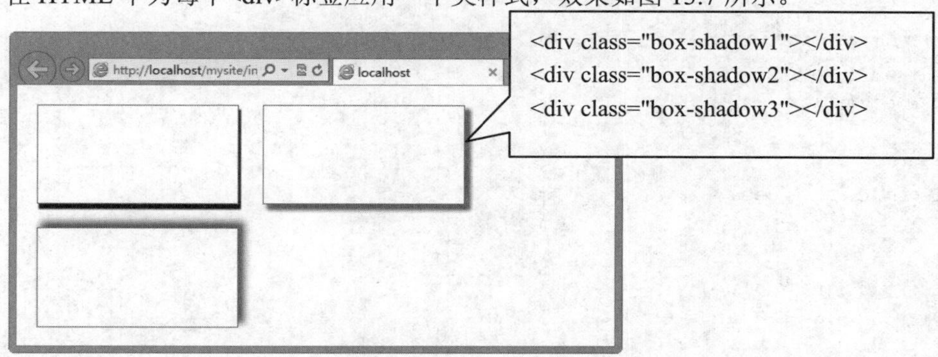

图 13.7　使用@arguments 变量

扫一扫，看视频

13.3.4 模式匹配

在混合中可以定义参数，同时也可以为参数指定默认值，在调用这个混合时如果指定了参数，LESS 就会用指定值来替换，如果不指定参数调用，就会用默认值替换。现在，如果希望不仅仅通过参数值来更改最终结果，而是通过传入不同的参数或者参数个数来匹配不同的混合。

【示例 1】 下面的代码利用不同的参数个数来匹配不同的混合。

```
.mixin (@a) {
   color: @a;
   width: 10px;
}
.mixin (@a, @b) {
   color: fade(@a, @b);
}

.header{
   .mixin(red);
}
.footer{
   .mixin(blue, 50%);
}
```

使用不同的参数个数调用后，所生成的 CSS 代码如下：

```
.header {
   color: #ff0000;
   width: 10px;
}
.footer {
   color: rgba(0, 0, 255, 0.5);
}
```

示例 1 中的参数都是由变量构成的，其实在 LESS 中定义参数是可以使用常量的，此时模式匹配时匹配的方式也会发生相应的变化。

【示例 2】 使用常量参数来控制混合的模式匹配。

```
.mixin (dark, @color) {
   color: darken(@color, 10%);
}
.mixin (light, @color) {
   color: lighten(@color, 10%);
}
.mixin (@zzz, @color) {
   display: block;
   weight: @zzz;
}
.header{
   .mixin(dark, red);
}
.footer{
   .mixin(light, blue);
}
.body{
   .mixin(none, blue);
}
```

通过常量参数生成的 CSS 代码如下：

```
.header {
   color: #cc0000;
   display: block;
   weight: dark;
}
.footer {
   color: #3333ff;
   display: block;
   weight: light;
}
.body {
   display: block;
   weight: none;
}
```

可以看到，当定义的是变量参数时，因为 LESS 中对变量并没有类型的概念，所以它只会根据参数的个数来选择相应的混合进行替换。而定义常量参数就不同了，这时不仅参数的个数要匹配，而且常量参数的值和调用时的值也要一样才会匹配。

注意，在 body 类样式中，调用时指定的第一个参数 none 并不能匹配前两个混合，而第三个混合 .mixin (@zzz, @color)就不同了，由于它的两个参数都是变量，所以它接收任何值。因此，它对三个调用都能匹配成功，在最终的 CSS 代码中看到每次调用的结果中都包含了第三个混合的属性。

【示例 3】 分别设计无参和常量参数的模式匹配。来了解增加一个无参的混合和一个常量参数的混合，分析最终的匹配结果会发生什么变化么。

```
.border-radius (@radius: 3px) {
   border-radius: @radius;
   -moz-border-radius: @radius;
   -webkit-border-radius: @radius;
}
.border-radius (7px) {
   border-radius: 7px;
   -moz-border-radius: 7px;
}
.border-radius () {
   border-radius: 4px;
   -moz-border-radius: 4px;
   -webkit-border-radius: 4px;
}
.button {
   .border-radius(6px);
}
.button2{
   .border-radius(7px);
}
.button3{
  .border-radius();
}
```

加入了无参混合后生成的 CSS 代码如下：

```
.button {
   border-radius: 6px;
   -moz-border-radius: 6px;
   -webkit-border-radius: 6px;
   border-radius: 4px;
   -moz-border-radius: 4px;
   -webkit-border-radius: 4px;
}
.button2{
   border-radius: 7px;
   -moz-border-radius: 7px;
   -webkit-border-radius: 7px;
   border-radius: 7px;
   -moz-border-radius: 7px;
   border-radius: 4px;
   -moz-border-radius: 4px;
   -webkit-border-radius: 4px;
}
.button3{
   border-radius: 3px;
   -moz-border-radius: 3px;
   -webkit-border-radius: 3px;
   border-radius: 4px;
   -moz-border-radius: 4px;
   -webkit-border-radius: 4px;
}
```

生成的结果可能会出乎意料，无参的混合是能够匹配任何调用的，而常量参数非常严格，必须保证参数的值（7px）和调用的值（7px）一致才会匹配。

扫一扫，看视频

13.3.5 条件表达式

模式匹配提供了多项选择的设计思路，用户能根据不同的需求来匹配不同的混合。但利用条件表达式可以更加准确、更加严格地限制混合的匹配，实现的方式就是利用了 when 这个关键词。LESS 通过导引混合，而非 IF/Else 语句实现条件判断，因为前者已在@Media Query 特性中被定义。

【示例 1】 下面的代码使用 when 关键字定义两个混合。

➘ 利用条件表达式来控制模式匹配。

```
.mixin (@a) when (@a >= 10) {
   background-color: black;
}
.mixin (@a) when (@a < 10) {
   background-color: white;
}
.class1{ .mixin(12) }
.class2{ .mixin(6) }
```

➘ 条件表达式生成的 CSS 代码。

```
.class1{
   background-color: black;
}
.class2{
   background-color: white;
}
```

导引中可用的全部比较运算有>、>=、=、=<、<。此外，关键字 true 只表示布尔真值，下面两个混合是相同的：

```
.truth (@a) when (@a) { }
.truth (@a) when (@a = true) { }
```

注意，除去关键字 true 以外的值都被视为布尔假：

```
.class {
   .truth(40); //将不会匹配上面任意一个混合
}
```

【示例 2】 导引序列使用逗号（,）分隔，当且仅当所有条件都符合时，才会被视为匹配成功。

```
.mixin (@a) when (@a > 10), (@a < -10) { }
```

导引可以无参数，也可以对参数进行比较运算：

```
@media: mobile;
.mixin (@a) when (@media = mobile) {  }
.mixin (@a) when (@media = desktop) {  }
.max (@a, @b) when (@a > @b) { width: @a }
.max (@a, @b) when (@a < @b) { width: @b }
```

【示例 3】 如果想基于值的类型进行匹配，可以使用 is*函数：

```
.mixin (@a, @b: 0) when (isnumber(@b)) { }
.mixin (@a, @b: black) when (iscolor(@b)) { }
```

下面就是常见的检测函数：

- iscolor：是否为颜色值。
- isnumber：是否为数值。
- isstring：是否为字符串。
- iskeyword：是否为键盘字符。
- isurl：是否为 URL 字符串。

【示例 4】 在条件表达式中支持的类型检查函数如下：

```
.mixin (@a) when (iscolor(@a)) {
   background-color: black;
}
.mixin (@a) when (isnumber(@a)) {
   background-color: white;
}
.class1{ .mixin(red) }
.class2{ .mixin(6) }
```

类型检查匹配后生成的 CSS 代码如下：

```
.class1{
   background-color: black;
}
.class2{
   background-color: white;
}
```

如果想判断一个值是纯数字，还是某个单位量，可以使用下列函数：

- ispixel：是否为像素单位。
- ispercentage：是否为百分比单位。
- isem：是否为 em 为单位。

【示例 5】 LESS 条件表达式支持 AND、OR 和 NOT 来组合条件表达式，这样可以组织成更为强大的条件表达式。

```
.smaller(@a, @b) when (@a > @b) {
   background-color: black;
}
.math (@a) when (@a > 10) and (@a < 20) {
   background-color: red;
}
.math (@a) when (@a < 10), (@a > 20) {
   background-color: blue;
}
.math (@a) when not (@a = 10)  {
   background-color: yellow;
}
.math (@a) when (@a = 10)  {
   background-color: green;
}
.testSmall {.smaller(30, 10) }
.testMath1{.math(15)}
.testMath2{.math(7)}
.testMath3{.math(10)}
```

生成的 CSS 代码如下：

```
.testSmall {
   background-color: black;
}
.testMath1{
   background-color: red;
   background-color: yellow;
}
.testMath2{
   background-color: blue;
   background-color: yellow;
}
.testMath3{
   background-color: green;
}
```

注意，OR 在 LESS 中并不是 or 关键字，而是用逗号（,）来表示 or 的逻辑关系。

扫一扫，看视频

13.3.6 嵌套规则

LESS 可以嵌套 ID、Class 以及标签等选择符。

【示例 1】 针对"#site-body .post .post-header h2"选择器，可以使用 LESS 的嵌套规则进行优化。

```
#site-body { …
   .post { …
      .post-header { …
         h2 { … }
         a { …
            &:visited { … }
            &:hover { … }
         }
      }
   }
}
```

上面代码的最终效果和一大串选择器的效果一样，但是更容易阅读和理解，而且它占用很少的空间。也可以通过&关键字来引用标签样式到自己的伪元素上，这个功能类似于 JavaScript 函数中的 this 关键字。

【示例 2】　LESS 允许以嵌套的方式编写层叠样式。

```
#header { color: black; }
#header .navigation {
   font-size: 12px;
}
#header .logo {
   width: 300px;
}
#header .logo:hover {
   text-decoration: none;
}
```

在 LESS 中可以这样写：

```
#header {
   color: black;
   .navigation {
      font-size: 12px;
   }
   .logo {
      width: 300px;
      &:hover { text-decoration: none }
   }
}
```

或者这样写：

```
#header                              { color: black;
   .navigation                       { font-size: 12px }
   .logo                             { width: 300px;
      &:hover                        { text-decoration: none }
   }
}
```

代码更简洁，而且与 HTML 文档结构保持一致。

【示例 3】　如果想写串联选择器，而不是写后代选择器，就可以用到&，这对伪类选择器尤其有用，如:hover 和:focus。

```
.bordered {
   &.float {
      float: left;
   }
   .top {
      margin: 5px;
   }
}
```

转换为 CSS 代码如下：

```
.bordered.float {
   float: left;
}
.bordered .top {
   margin: 5px;
}
```

扫一扫，看视频

13.3.7 运算

LESS 允许任何数字、颜色或者变量都可以参与运算，例如：

```
@base: 5%;
@filler: @base * 2;
@other: @base + @filler;
color: #888 / 4;
background-color: @base-color + #111;
height: 100% / 2 + @filler;
```

LESS 运算能够自动分辨出颜色和单位。例如，对于下面的单位运算：

```
@var: 1px + 5;
```

会输出 6px。

LESS 也允许使用括号，例如：

```
width: (@var + 5) * 2;
```

且可以在复合属性中进行运算：

```
border: (@width * 2) solid black;
```

注意，LESS 运算符、运算法则和运算顺序完全遵循 JavaScript 语言规则。

扫一扫，看视频

13.3.8 Color 函数

LESS 提供了一系列的颜色运算函数，在运算时颜色会先被转化成 HSL 色彩空间，然后在通道级别进行操作。Color 函数说明如表 13.1 所示。

表 13.1　常用 Color 函数

颜 色 函 数	说　　明
lighten(@color, 10%);	返回颜色比@color 颜色亮 10%
darken(@color, 10%);	返回颜色比@color 颜色暗 10%
saturate(@color, 10%);	返回颜色比@color 颜色饱和度高 10%
desaturate(@color, 10%);	返回颜色比@color 颜色饱和度低 10%
fadein(@color, 10%);	返回颜色比@color 颜色不透明度高 10%
fadeout(@color, 10%);	返回颜色比@color 颜色不透明度低 10%
fade(@color, 50%);	返回颜色是@color 颜色透明度的 50%
spin(@color, 10);	返回颜色在@color 颜色基础上增加 10 度色调
spin(@color, -10);	返回颜色在@color 颜色基础上减少 10 度色调
mix(@color1, @color2);	返回@color1 和@color2 的混合色

【示例 1】 定义一个颜色变量，并赋值为#f04615；然后在类样式中，调用 saturate()函数，把#f04615 的饱和度提高 5%；再设置字体颜色。使用 spin()函数增加#f04615 色调 8 度，再使用 lighten()函数把颜色亮度降低 25%。

```
@base: #f04615;
.class {
   color: saturate(@base, 5%);
   background-color: lighten(spin(@base, 8), 25%);
}
```

用户也可以提取颜色信息，具体方法说明如表 13.2 所示。

表 13.2　提取颜色信息函数

颜 色 函 数	说　明
hue(@color);	提取颜色@color 的色调值
saturation(@color) ;	提取颜色@color 的饱和度值
lightness(@color);	提取颜色@color 的亮度值

如果想在一种颜色的通道上创建另一种颜色，这些函数就显得非常好用，例如，下面代码@new 将会保持@old 的色调，但是具有不同的饱和度和亮度。

```
@new: hsl(hue(@old), 45%, 90%);
```

【示例 2】　设计一个调色板，首先在样式中使用一个标准的蓝色风格，然后使用这个颜色在一个表单中制作一个渐变的提交按钮，演示效果如图 13.8 所示。

```
@blue: #369;
.submit {
    padding: 5px 10px;
    border: 1px solid @blue;
    background: -moz-linear-gradient(top, lighten(@blue, 10%), @blue 100%); /*Moz*/
    background: -webkit-gradient(linear, center top, center bottom, from(lighten
(@blue, 10%)), color-stop(100%, @blue)); /*Webkit*/
    background: -o-linear-gradient(top, lighten(@blue, 10%) 0%, @blue 100%); /*Opera*/
    background: -ms-linear-gradient(top, lighten(@blue, 10%) 0%, @blue 100%); /*IE 10+*/
    background: linear-gradient(top, lighten(@blue, 10%) 0%, @blue 100%); /*W3C*/
    color: #fff;
    text-shadow: 0 -1px 1px rgba(0,0,0,0.4);
    height:50px;
    width:200px;
}
```

lighten 函数很明显就是用百分比值来减轻颜色，在上面的代码中，它将在蓝色的基础上减少 10%。这种方法只需要简单的改变基础颜色就可以修改渐变的元素或者其他元素的颜色。这对于制作主题模板来说是非常有用的。而且，如果使用参数函数，还可以更简单地应用到一些声明中，设计更精致的色彩效果，如.linear-gradient(lighten(@blue), @blue, 100%);。

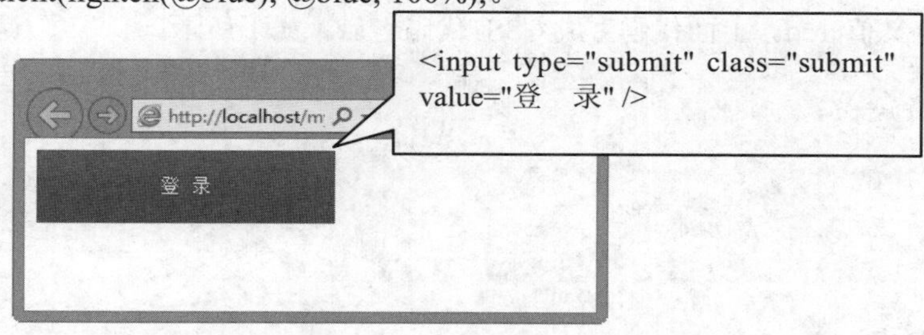

图 13.8　使用颜色函数设计渐变效果按钮

13.3.9　Math 函数

扫一扫，看视频

LESS 提供了一组数学函数，使用它们可以很方便地处理一些数字类型的值计算，说明如表 13.3 所示。

表 13.3　常用 Math 函数

数 学 函 数	说　明
round(@number)	对数值变量@number 进行四舍五入计算
ceil(@number)	对数值变量@number 进行上舍入计算
floor(@number)	对数值变量@number 进行下舍入计算
percentage(@number)	对数值变量@number 进行百分比转换

【示例】

```
round(1.67);                        //返回 2
ceil(2.4);                          //返回 3
floor(2.6);                         //返回 2
percentage(0.5);                    //返回 50%
```

扫一扫，看视频

13.3.10　作用域

LESS 支持作用域功能，如果在样式表的 root 级声明一个变量，它在整个文档中都是可以调用的；如果在一个选择器，如 ID 或者 Class 中，重新定义了这个变量，那么它就只能在这个选择器中可用。

【示例】　关于 LESS 变量的作用域。

```
@var: red;
#page {
   @var: white;
   #header {
       color: @var;
   }
}
#footer {
   color: @var;
}
```

在这个示例中，可以看到 header 中的@var 会首先在当前作用域寻找，然后再逐层往父作用域中寻找，一直到顶层的全局作用域中为止。所以，header 的@var 在父作用域中找到之后就停止了寻找，最终的值为 white。而 footer 中的 @var 在当前作用域没找到定义之后就寻找到了全局作用域，最终的结果就是全局作用域中的定义值 red。上面代码生成 CSS 代码之后，如下所示：

```
#page #header {
   color: #ffffff;  // white
}
#footer {
   color: #ff0000;  // red
}
```

扫一扫，看视频

13.3.11　命名空间

LESS 也支持命名空间，避免变量冲突。例如：

```
@var-color: white;
#bundle {
   @var-color: black;
  .button () {
      display: block;
      border: 1pxsolidblack;
```

```
        background-color: @var-color;
    }
    .tab() { color: red}
    .citation() { color: black}
    .oops {weight: 10px}
}
#header {
    color: @var-color;
    #bundle > .button;
    #bundle > .oops;
}
```

这里可以看出，利用嵌套规则在 #bundle 中建立了一个命名空间，在里面封装的变量以及属性集合都不会暴露到外部空间中。例如 .tab()、.citation()都没有暴露在最终的 CSS 代码中。

注意，.oops 被暴露在最终的 CSS 代码中，这种结果可能并不是我们想要的。其实同样的例子在混合示例中也可以发现，即无参的混合.tab()是和普通的属性集.oops 是不同的。无参的混合是不会暴露在最终的 CSS 代码中，而普通的属性集则会出现。在定义命名空间和混合时，要小心处理这样的差别，避免带来潜在的问题。

上面命名空间的示例最后生成的 CSS 代码如下：

```
#bundle .oops {
    weight: 10px;
}
#header {
    color: #ffffff;
    display: block;
    border: 1pxsolidblack;
    background-color: #000000;
    weight: 10px;
}
```

有时，为了更好地组织 CSS，或者为了更好地封装，可将一些变量或者混合模块打包。

【示例】　在下面的代码中，在#bundle 中定义一些属性集之后就可以重复使用。

```
#bundle {
    .button () {
        display: block;
        border: 1px solid black;
        background-color: grey;
        &:hover { background-color: white }
    }
}
```

这样只需要在 #header a 中按如下方式引入.button：

```
#header a {
    color: orange;
    #bundle > .button;
}
```

13.3.12　注释

扫一扫，看视频

LESS 允许两种注释写法：

（1）标准的 CSS 注释

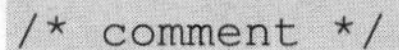

```
/* comment */
```

```
.class { color: black }
```

这种方法是有效的，而且能够通过处理并正确输出。

（2）行注释

LESS 支持 C 语法中的双斜线注释，但是编译成 CSS 时会自动过滤掉。

```
// comment
.class { color: white }
```

这种方法可以使用，但是不能通过处理，也不能被输出到最终的 CSS 样式表中。

扫一扫，看视频

13.3.13 导入

LESS 支持符合标准的导入方法，利用@import 命令可以导入外部 LESS 文件或者 CSS 文件。

【示例】 用户可以在 main.less 文件中通过下面的方法导入外部.less 文件，.less 后缀可带可不带。

```
@import "lib.less";
@import "lib";
```

如果想导入一个 CSS 文件，而且不希望 LESS 对它进行编译，只需要使用.css 后缀即可。

```
@import "lib.css";
```

这样 LESS 就会跳过，不进行任何处理。

扫一扫，看视频

13.3.14 字符串插值

变量可以使用类似 Ruby 和 PHP 的方式嵌入到字符串中，方法是使用@{name}结构，通过@{name}来调用变量的值。例如：

```
@base_url = 'http://coding.smashingmagazine.com';
background-image: url("@{base_url}/images/background.png");
```

扫一扫，看视频

13.3.15 转义字符

有时，当需要引入一个值，但它是无效的 CSS 语法或者 LESS 不能识别字符，通常是一些 IE 的 Hack，要避免 LESS 抛出异常，并破坏 LESS，用户需要避开它们，避免 LESS 编译。此时，可以在字符串前加上一个~，将需要转义的字符串用""包含起来，表示避免编译该行字符串，例如：

```
.class {
   filter: ~"progid:DXImageTransform.Microsoft.Alpha(opacity=20)";
}
```

最后输出的 CSS 代码如下：

```
.class {
   filter: progid:DXImageTransform.Microsoft.Alpha(opacity=20);
}
```

扫一扫，看视频

13.3.16 JavaScript 表达式

JavaScript 表达式可以在 LESS 文件中使用，通过反引号的方式使用：

```
@var: '"hello".toUpperCase() + '!';
```

输出：

```
@var: "HELLO!";
```

注意，也可以同时使用字符串插值和避免编译：

```
@str: "hello";
@var: ~'"@{str}".toUpperCase() + '!";
```

输出：

```
@var: HELLO!;
```

也可以访问 JavaScript 环境：

```
@height: 'document.body.clientHeight';
```

如果想将一个 JavaScript 字符串解析成 16 进制的颜色值，可以使用颜色函数：

```
@color: color('window.colors.baseColor');
@darkcolor: darken(@color, 10%);
```

【示例】 通过使用 JavaScript 表达式，实现各种复杂的运算，同时可以看到 JavaScript 表达式可以运用于数组操作当中。其实 LESS 的 JavaScript 表达式还有支持其他一些方式，不过目前尚未公布出来。

```
.eval {
   js: '1+ 1';
   js: ' (1+ 1== 2? true : false) ';
   js: '"hello".toUpperCase() + '!'';
   title: 'process.title';
}
.scope {
   @foo: 42;
   var: 'this.foo.toJS()';
}
.escape-interpol {
   @world: "world";
   width: ~'"hello"+ " "+ @{world}';
}
.arrays {
     @ary:  1, 2, 3;
     @ary2:1  2  3;
     ary: '@{ary}.join(', ') ';
     ary: '@{ary2}.join(', ') ';
}
```

上面 JavaScript 表达式生成的 CSS 代码如下：

```
.eval {
   js: 2;
   js: true;
   js: "HELLO!";
   title:"/Users/Admin/Downloads/LESS/Less.app/Contents/Resources/engines/bin/
node";
}
.scope {
   var: 42;
}
.escape-interpol {
   width: hello world;
}
.arrays {
   ary: "1, 2, 3";
   ary: "1, 2, 3";
}
```

在 eval 中使用 JavaScript 数字运算、布尔表达式、对字符串做大小写转化、串联字符串等操作，最后能够获取到 JavaScript 的运行环境。LESS 的作用域和变量也同样可在 JavaScript 表达式中使用。

扫一扫，看视频

13.4 在 Bootstrap 3.0 中使用 LESS

使用了 LESS 的 Bootstrap 具备如下优点：

- Bootstrap 实现起来依旧很简单，使用也很简单，把 Bootstrap.css 拖入页面中即可。编译 LESS 文件可以使用 less.js、Less.app 或 Node.js 等多种方案实现。
- 一旦编译，Bootstrap 框架仅包含 CSS 文件，这意味着没有多余的图片、Flash 或 JavaScript，只有用于 Web 应用开发的简洁而强大的 CSS 样式。

例如，Bootstrap 变量全部部署在 variables.less 文件中（bootstrap-master/less），另外如果在网上定制下载 Bootstrap，可以在官网直接配置这些变量，下载之后的 Bootstrap 组件动态样式将被编译为 CSS 源代码，如图 13.9 所示。

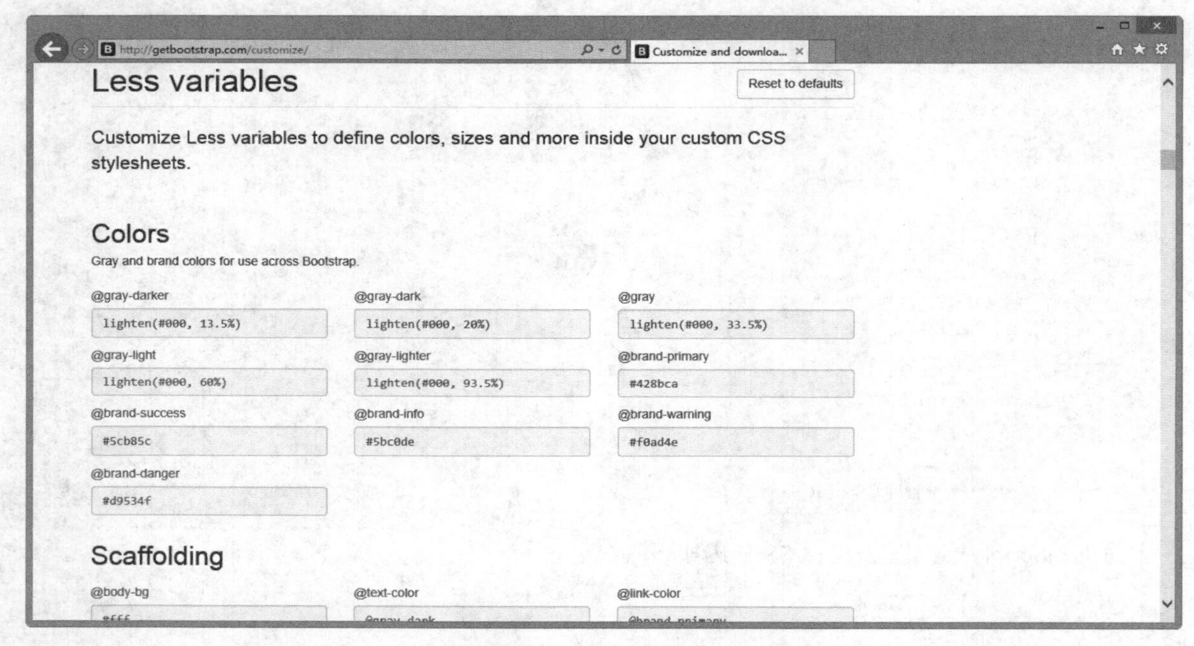

图 13.9　定制变量

Bootstrap 变量分类详细，下面列举几类非常重要的 LESS 设置，帮助读者认识 Bootstrap 3.0 是如何应用 LESS 的。

1. 基础设置

页面基本属性设置，主要包括页面基本前景色和背景色，以及超链接默认颜色，如表 13.4 所示。

表 13.4　页面基本属性

变 量 名 称	默 认 值	说　明
@body-bg	#fff	页面背景色，默认值为白色
@text-color	@gray-dark	默认的文字颜色，默认值为深灰色
@link-color	@brand-primary	默认的链接颜色，默认值为浅蓝色
@link-hover-color	darken(@linkColor, 15%)	默认链接 hover 样式，默认值为深蓝色

2. 栅格设置

页面栅格基本属性设置，主要包括栅格数、栅格间距，以及栅格导航断点，如表 13.5 所示。

表 13.5 栅格属性

变量名称	默认值	说明
@grid-columns	12	网页默认栅格数
@grid-gutter-width	30px	默认栅格之间的距离
@grid-float-breakpoint	@screen-sm-min	设置导航栏变折叠断点
@grid-float-breakpoint-max	(@grid-float-breakpoint - 1)	设置导航栏开始断点位置

3. 字体设置

页面字体基本属性设置，主要包括字体类型、字体大小、行高、标题字体样式等，如表 13.6 所示。

表 13.6 字体属性

变量名称	默认值	说明
@font-family-sans-serif	"Helvetica Neue", Helvetica, Arial, sans-serif	Sans 类型字体默认集合
@font-family-serif	Georgia, "Times New Roman", Times, serif	Serif 类型字体默认集合
@font-family-monospace	Menlo, Monaco, Consolas, "Courier New", monospace	Mono 类型字体默认
@font-size-base	14px	网页字体默认大小，以像素为单位
@font-family-base	@font-family-sans-serif	网页默认字体类型
@line-height-base	1.428571429	默认行高，以百分比为单位
@headings-font-family	inherit	标题字体类型，继承浏览器默认字体类型
@headings-font-weight	500	标题字体样式，默认为加粗显示
@headings-color	inherit	标题字体颜色，继承浏览器默认字体颜色

4. 表格设置

设置表格背景色、边框颜色、表格鼠标交互背景色等，如表 13.7 所示。

表 13.7 表格属性

变量名称	默认值	说明
@table-bg	transparent	表格默认背景色，默认值为透明
@table-bg-accent	#f9f9f9	表格默认强调背景色，默认为浅白色
@table-bg-hover	#f5f5f5	表格默认鼠标经过行背景色，默认为浅灰色
@table-border-color	#ddd	表格边框颜色，默认为浅灰色

5. 冷色调设置

统一设计常用冷色调色系标准值，如表 13.8 所示。

表 13.8　冷色调属性

变量名称	默认值	说明
@gray-darker	lighten(#000, 13.5%)	较深深灰色
@gray-dark	lighten(#000, 20%)	深灰色
@gray	lighten(#000, 33.5%)	灰色
@gray-light	lighten(#000, 60%)	亮灰色
@gray-lighter	lighten(#000, 93.5%)	较亮亮灰色

第 14 章　案例开发：服装品牌网站

本例围绕“服装品牌”这个关键词，挖掘其富有实用、时尚的 DNA 特质，融合响应式技术，全面打造都市女性风尚生活，深度模拟女性网站的行为轨迹和兴趣所在，挖掘目标用户最大潜在价值，实现企业的互联网营销模式。

【学习重点】

- 优雅、成熟的首页。
- 设计图片焦点图特效。
- 设计响应式页面布局。

14.1 设 计 思 路

在动手之前，需要先理清设计思路。思路可从 3 个方面入手：内容、结构和效果。

扫一扫，看视频

14.1.1　内容

网站涉及的内容可能很多，单从网页设计的角度看，内容主要包括文字稿和多媒体素材。本例素材具体存放文件夹说明如下：

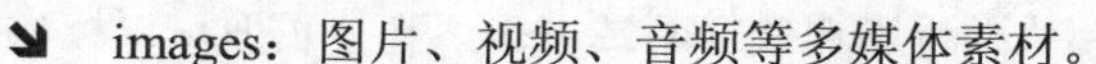

- images：图片、视频、音频等多媒体素材。
- css：样式表文件。
- js：JavaScript 脚本文件。

本例所需要的素材不是很多，仅需要几张照片，大量内容是文字介绍。

扫一扫，看视频

14.1.2　结构

网站建设初期结构不是很复杂，本例主要包含以下几个文件：

- index.html：首页。
- about.html：关于，企业简介。
- contact.html：联系，网站联系页面。
- designers.html：设计师，公司主要设计师展示。
- single.html：专题页，主要设计师单页介绍及互动。
- trendz.html：趋势，服装设计流行趋势展示。

结构不仅仅包含文件，更多涉及页面内容，根据内容搭建页面结构，在下面各节中会逐一介绍每个页面的结构框架。

扫一扫，看视频

14.1.3　效果

网页效果多从配色开始，由色彩激发灵感，完成页面效果设计。本例主色调为深蓝色。作为冷色的代表，蓝色总会给人很强烈的安稳感，同时蓝色还能够表现出淡雅、洁净、可靠等多种感觉。低彩度的蓝色主要用于营造安稳、可靠的氛围，而高彩度的蓝色可以营造出高贵的严肃的氛围。本站主色彩感觉如图 14.1 所示。

图 14.1　网站主页首屏色彩效果

14.2　首 页 设 计

规划好网站的栏目、结构、风格和配色等基本问题之后，即可动手制作首页。在网站开发中，首页设计和制作将会占用整个制作时间的 40%，因为首页效果将影响整个网站风格，其他页面可以模仿首页结构和风格快速实现。

扫一扫，看视频

14.2.1　编写结构

首页结构包括两部分：导航（. navbar）和主体（. main）。主体又包括标题（. header）、关于（. about）、趋势（. trends）、特色（. featured-section）、底部（. bottom-section）、页脚（. footer-section）和版权（.copyright）。整个页面结构代码如下，结构示意图如图 14.2 所示。

```
<div class="full">
    <div class="navbar"></div>
    <div class="main">
        <div id="home" class="header">
            <div class="header-top"></div>
        </div>
        <div class="about"></div>
        <div class="trends">
            <div class="second-head"></div>
            <div class="grid"></div>
        </div>
        <div class="featured-section">
            <div class="second-head"></div>
            <div class="featured-video">
                <div class="col-md-6 video"></div>
                <div class="col-md-6 video-text"></div>
```

```
            </div>
        </div>
        <div class="bottom-section">
            <div class="second-head two"></div>
        </div>
        <div class="footer-section">
            <div class="footer-grids">
                <div class="col-md-3 footer-grid"></div>
                <div class="col-md-3 footer-grid tags"></div>
                <div class="col-md-3 footer-grid tweet"></div>
                <div class="col-md-3 footer-grid flickr"></div>
            </div>
        </div>
        <div class="copyright"></div>
    </div>
</div>
```

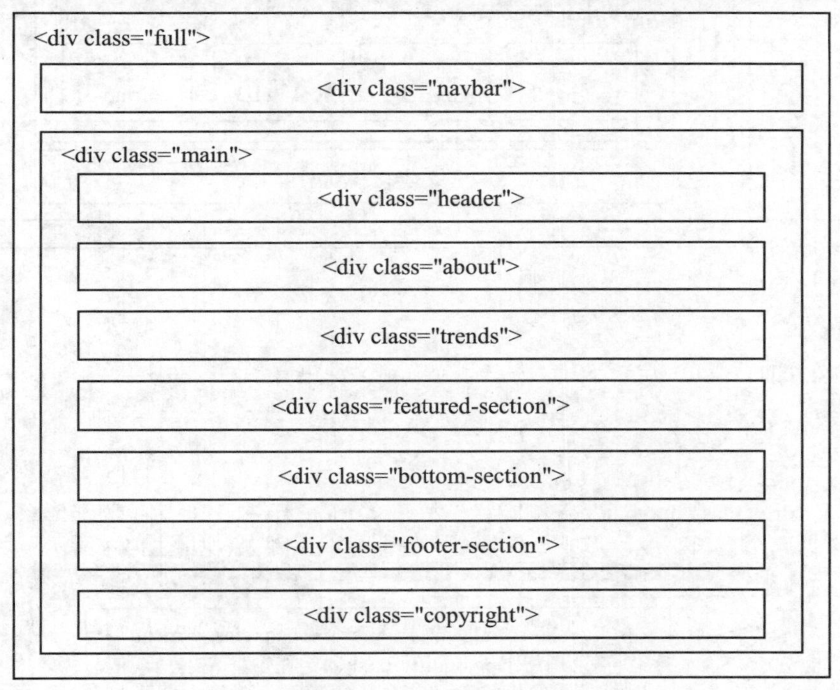

图 14.2　首页结构示意图

14.2.2　设计样式

扫一扫，看视频

<div class="main">包含框占据整个页面区域，左侧通过margin-left属性腾出一条窄窄的空隙留给<div class="navbar">显示。设计导航（<div class="navbar">）区域固定显示在窗口左侧，以侧边悬浮的形式呈现，通过导航按钮控制显示和隐藏。

在<div class="main">框中，每个子栏目以常规流形式按顺序自上而下自然排列。其中<div class="featured-video">和<div class="footer-section">子栏目使用 Bootstrap 栅格系统设计两列和四列分栏版式，整个页面设计示意图如图 14.3 所示。

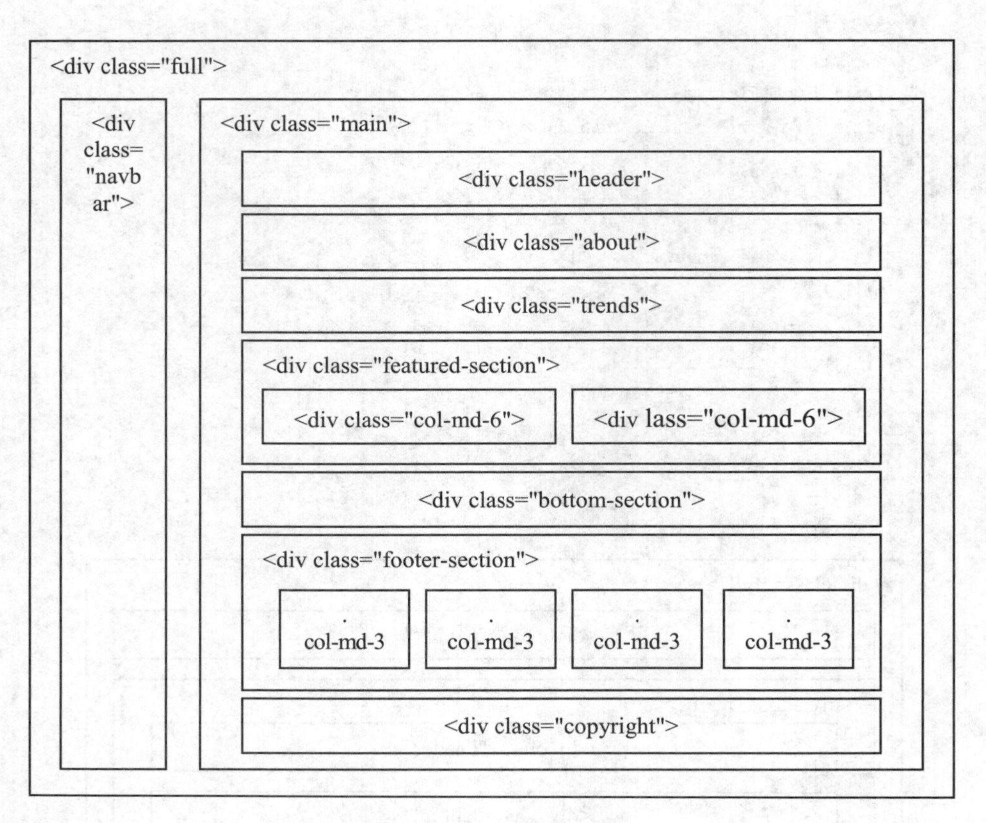

图 14.3　首页效果示意图

【操作步骤】

第 1 步，定义页面背景色为#28282f。为左侧导航定义深色背景。

```
html, body{
    font-family: 'Raleway', sans-serif; font-size: 100%;
    background:#28282f;
}
```

第 2 步，定义<div class="navbar">左侧固定显示（position: fixed;），定位为 left: 0;，宽度为 53px，高度为 100%，占据整个窗口高度，形成一条狭窄的左侧导航条效果，如图 14.4 所示。

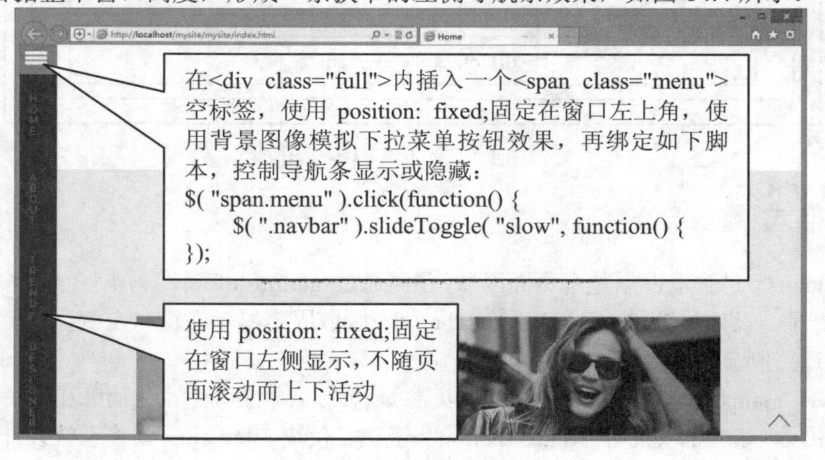

在<div class="full">内插入一个<span class="menu">空标签，使用 position: fixed;固定在窗口左上角，使用背景图像模拟下拉菜单按钮效果，再绑定如下脚本，控制导航条显示或隐藏：
$("span.menu").click(function() {
$(".navbar").slideToggle("slow", function() {
});
使用 position: fixed;固定在窗口左侧显示，不随页面滚动而上下活动

图 14.4　设计导航条样式

```
.navbar {
    background-color: #28282f;                /*定义背景色*/
    position: fixed; left: 0; top: 0;         /*固定在窗口左侧*/
    width: 53px; height: 100%;                /*固定大小*/
    box-shadow: 1px 0 1px 0 rgba(0,0,0,.15);        /*添加淡淡的阴影效果*/
}
```

第 3 步，定义<div class="main">左侧边界为 53px，腾出页面左侧空间，以便导航条显示。

```
.main { margin-left: 53px; }
```

第 4 步，在<div class="header">区域，定义包含框最小高度为 800px，为其定义一张大的背景图，并完全撑开显示，设计当用户访问首页时，在窗口第一屏中显示一张大图。

```
.header {
    background: url(../images/banner3.jpg) no-repeat 0px 0px;
    background-size: cover;
    min-height: 800px;
}
```

第 5 步，定义<div class="about">区域文本居中显示，通过 padding 调整标题和段落文本间距。

```
.about {
    padding: 3em 0;
    background-color: #fff;
    margin: 0 auto;
}
```

第 6 步，为了方便对每个栏目标题文本进行统一控制，为<div class="about">、<div class="trends">、<div class="featured-section">、<div class="bottom-section">四个子栏目插入<div class="second-head">标签，其中包括栏目标题<h3>和模块说明文字<p>。然后通过.second-head 控制栏目标题样式。

```
.second-head {
    text-align: center;
    padding: 1em 0;
}
```

第 7 步，在<div class="trends">框中使用<div class="grid">设计图片展示区，其中包裹多个<figure>标签，用来显示图片，效果如图 14.5 所示。

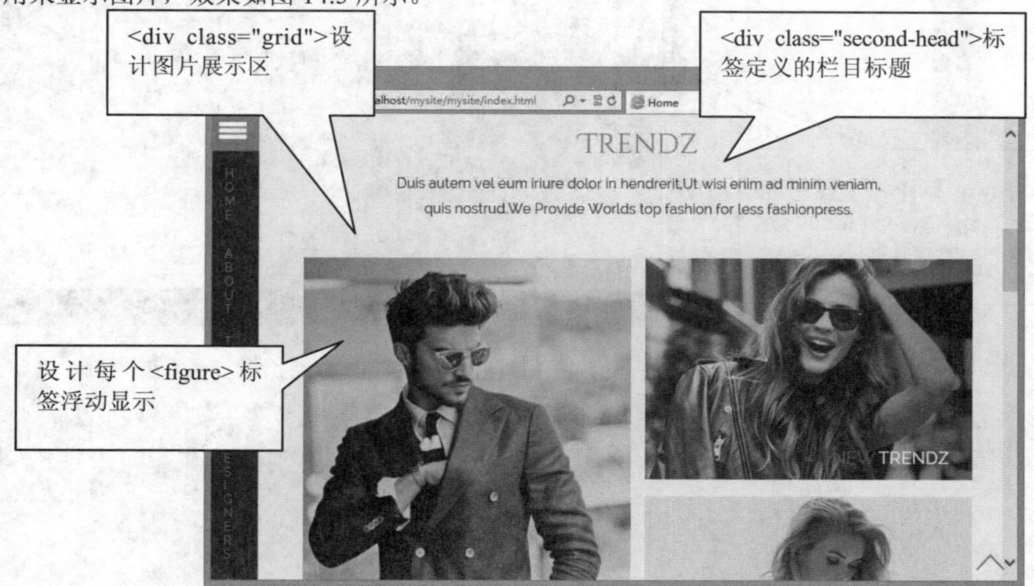

图 14.5　设计<div class="trends">框样式

```
.grid {
   position: relative;                    /*定义定位包含框*/
   clear: both;                           /*清除浮动，避免上下浮动元素并列显示*/
   margin: 0 auto;                        /*居中显示*/
   padding: 1em 0 4em;                    /*调整内部图像显示位置*/
   max-width: 1000px;                     /*固定最大显示宽度*/
   list-style: none;                      /*清除项目符号*/
   text-align: center;                    /*居中显示*/
   width: 80%;                            /*定义弹性宽度*/
}
.grid figure { float: left;}              /*图片浮动显示*/
```

提示：

<figure>标签是 HTML5 新增的标签，专门用来在文档中插入图像、图表、照片、代码等独立的流内容。

第 8 步，<div class="bottom-section">区域与<div class="about">区域结构相同，HTML 代码如下：

```
<div class="bottom-section">
   <div class="second-head two">
      <h3>A SOURCE OF THE LATEST FASHION NEWS & TRENDS</h3>
      <p>Duis autem vel eum iriure dolor in hendrerit,Ut wisi enim ad minim veniam,
quis nostrud.We Provide Worlds top fashion for less fashionpress.</p>
   </div>
</div>
```

为了区别版面效果，为内层<div>标签添加一个.two 类，调整内容显示位置以及栏目宽度。同时为<div class="bottom-section">添加一个大背景图，并完全覆盖显示，效果如图 14.6 所示。

图 14.6　设计<div class="bottom-section">框样式

```
.bottom-section {
   background: url(../images/bottom.jpg) no-repeat 0px 0px;
   background-size: cover;               /*定义背景图像完全覆盖显示*/
   min-height: 500px;                    /*限制框最小高度*/
}
.second-head.two {
   text-align: center;                   /*文本居中显示*/
   padding: 12em 0 0 0;                  /*调整内容显示位置*/
```

```
    margin: 0 auto;                    /*模块居中显示*/
    width: 80%;                        /*定义弹性宽度*/
}
```

第 9 步，<div class="footer-section">框使用 Bootstrap 栅格系统设计了一个四列版式，使用. clearfix 工具类清除浮动，强制外框撑开显示，效果如图 14.7 所示。

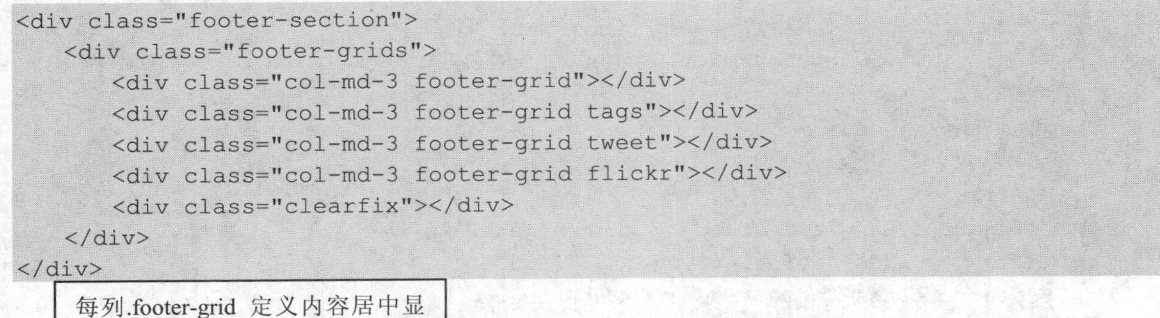

```
<div class="footer-section">
    <div class="footer-grids">
        <div class="col-md-3 footer-grid"></div>
        <div class="col-md-3 footer-grid tags"></div>
        <div class="col-md-3 footer-grid tweet"></div>
        <div class="col-md-3 footer-grid flickr"></div>
        <div class="clearfix"></div>
    </div>
</div>
```

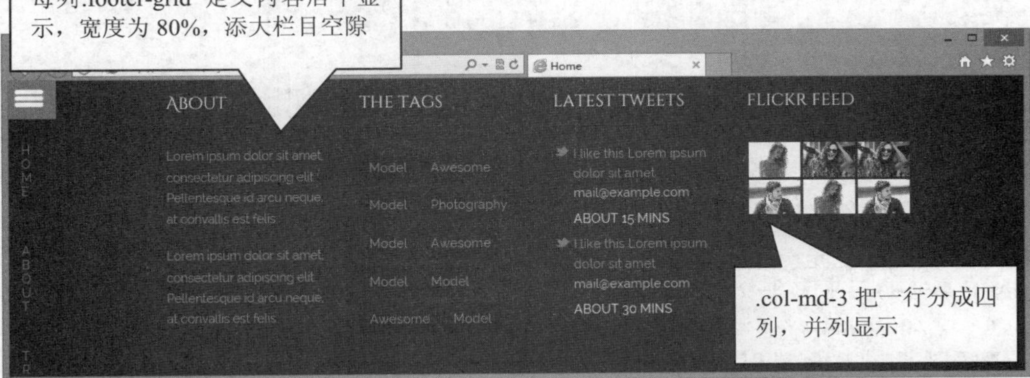

图 14.7　设计<div class="footer-section">框样式

14.2.3　设计图片焦点效果

在<div class="trends">区域，当鼠标指针移到图片上时，会显示快捷工具和高亮边框效果，如图 14.8 所示。

图 14.8　设计动态显示高亮边框和快捷工具样式

本焦点图效果没有使用 JavaScript 脚本，完全使用 CSS 打造。

首先，来看下该模块的 HTML 代码，其中仅显示第一幅图片的结构：

```
<div class="grid">
    <figure class="effect-terry"> <img src="images/t1.jpg" alt="img16"/>
        <figcaption>
            <h2>New <span>Trendz</span></h2>
            <p> <a href="#"><i class="download"></i></a> <a href="#"><i class=
"heart"></i></a> <a href="#"><i class="share"></i></a> <a href="#"><i class=
"tag"></i></a> </p>
        </figcaption>
    </figure>
    <figure class="effect-terry">……</figure>
    <figure class="effect-terry">……</figure>
    <figure class="effect-terry">……</figure>
    <figure class="effect-terry">……</figure>
</div>
```

每个图片使用<figure>标签包裹，同时在其中插入一个<figcaption>标签。

提示：

<figcaption>标签也是 HTML5 新增的标签，与<figure>标签配合使用，用来定义 figure 元素的标题（caption），一般应该被置于 figure 元素的第一个或最后一个子元素的位置。

然后，在 figcaption 元素前后添加一个辅助层，CSS 样式代码如下：

```
/*定义前后辅助层共同样式*/
figure.effect-terry figcaption::before, figure.effect-terry figcaption::after {
    position: absolute;                              /*绝对定位*/
    width: 200%;                                     /*定义宽度*/
    height: 200%;                                    /*定义高度*/
    border-style: solid;                             /*实线边框*/
    border-color: #28282f;                           /*边框颜色为深色*/
    content: '';                                     /*辅助层内容为空*/
    transition: transform 0.35s;                     /*定义动画，时间为 0.35 秒*/
}
/*定义前面辅助层样式*/
figure.effect-terry figcaption::before {
    right: 0;                                        /*固定右侧 */
    bottom: 0;                                       /*固定底部 */
    border-width: 0 70px 60px 0;                     /*右边框粗为 70px，底边框粗为 60px */
    transform: translate3d(70px, 60px, 0);           /*定义 3D 位移动画*/
}
/*定义后面辅助层样式*/
figure.effect-terry figcaption::after {
    top: 0;                                          /*固定顶部 */
    left: 0;                                         /*固定左侧 */
    border-width: 15px 0 0 15px;                     /*顶部边框粗为 15px，左边框粗为 15px */
    transform: translate3d(-15px, -15px, 0);         /*定义 3D 位移动画*/
}
```

定义<figcaption>标题框内边距为 1em，增大内部空隙，定义<figure>包含图片半透明显示（opacity: 0.85;），同时设计半透明渐变动画，时间为 0.35 秒。

```
figure.effect-terry figcaption { padding: 1em; }        /*增加空隙*/
figure.effect-terry img, figure.effect-terry p a {      /*定义渐隐渐显动画效果 */
    transition: opacity 0.35s, transform 0.35s;
}
figure.effect-terry img { opacity: 0.85; }              /*定义半透明效果*/
```

为<figcaption>包含的标题定义样式，设计绝对定位，固定在左下角位置，同时设计动画效果。

```
figure.effect-terry h2 {
    position: absolute;                                  /*绝对定位*/
    bottom: 0;                                           /*固定在左下角位置*/
    left: 0;                                             /*固定在左下角位置*/
    padding: 0.4em 10px;                                 /*调整内部空隙*/
    width: 50%;                                          /*弹性宽度*/
    transition: transform 0.35s;                         /*定义动画时间 0.35 秒*/
    transform: translate3d(100%, 0, 0);                  /*定义动画方式*/
    color: #18a3b7;
}
```

设计在鼠标经过图片时，激活动画，并显示辅助层，对比效果如图 14.9 所示。

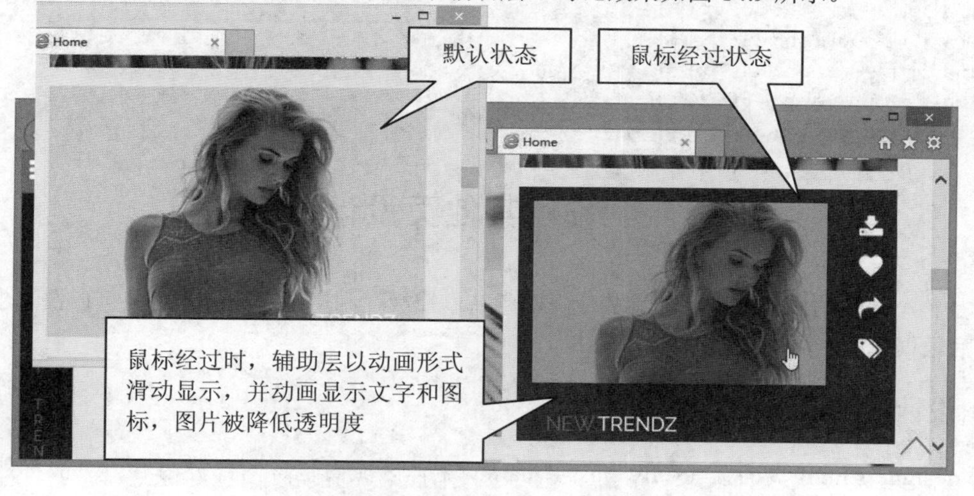

图 14.9　设计图片焦点动画效果

```
/*定义鼠标经过时启动动画*/
figure.effect-terry:hover figcaption::before, figure.effect-terry:hover figcaption::
after {
    transform: translate3d(0, 0, 0);
}
/*降低图片的不透明度*/
figure.effect-terry:hover img { opacity: 0.6; }
/*设计标题和工具图标移动显示*/
figure.effect-terry:hover h2, figure.effect-terry:hover p a {
    transform: translate3d(0, 0, 0);
}
/*增加图标的不透明度*/
figure.effect-terry:hover p a { opacity: 1; }
/*定义每个子元素按先后顺序，依次动态显示*/
figure.effect-terry:hover p a:first-child {
```

```
   transition-delay: 0.025s;
}
figure.effect-terry:hover p a:nth-child(2) {
   transition-delay: 0.05s;
}
figure.effect-terry:hover p a:nth-child(3) {
   transition-delay: 0.075s;
}
figure.effect-terry:hover p a:nth-child(4) {
   transition-delay: 0.1s;
}
```

扫一扫，看视频

14.2.4 设计设备响应样式

本网站定义了如下多个设备响应阈值，设置在最大宽度下的视图显示样式。

```
@media (max-width:1440px){}
@media (max-width:1366px){}
@media (max-width:1280px){}
@media (max-width:1024px){}
@media (max-width:768px){}
@media (max-width:640px){}
@media (max-width:480px){}
@media (max-width:320px){}
```

14.3 其他页设计

首页是整个网站的核心，也是网站其他页面的基本模板，利用这个模板，用户可以快速生成不同的页面，然后根据版面布局局部修改结构即可。

扫一扫，看视频

14.3.1 设计师展示

打开 designers.html 页面，在<div class="main">主体区域内包含两部分内容：页面标题栏和主体内容块。

标题栏结构代码如下：

```
<div id="home" class="header two">
   <div class="header-top">
      <div class="container">
         <div class="logo two"> <a href="index.html">
            <h1>New <br>
               <span>TrendZ</span></h1>
            </a> </div>
      </div>
   </div>
</div>
```

通过一个网格布局容器包裹一个标题，然后使用 CSS 设计一个固定背景图，效果如图 14.10 所示。

图 14.10　标题栏效果

主体内容块也包含两部分：标题框（<div class="second-head">）和设计师列表（<div class="designer-top">）。在设计师列表中通过<div class="designer-grids">组织每个设计师的介绍信息，内部通过 Bootstrap 网格布局进行设计，效果如图 14.11 所示。

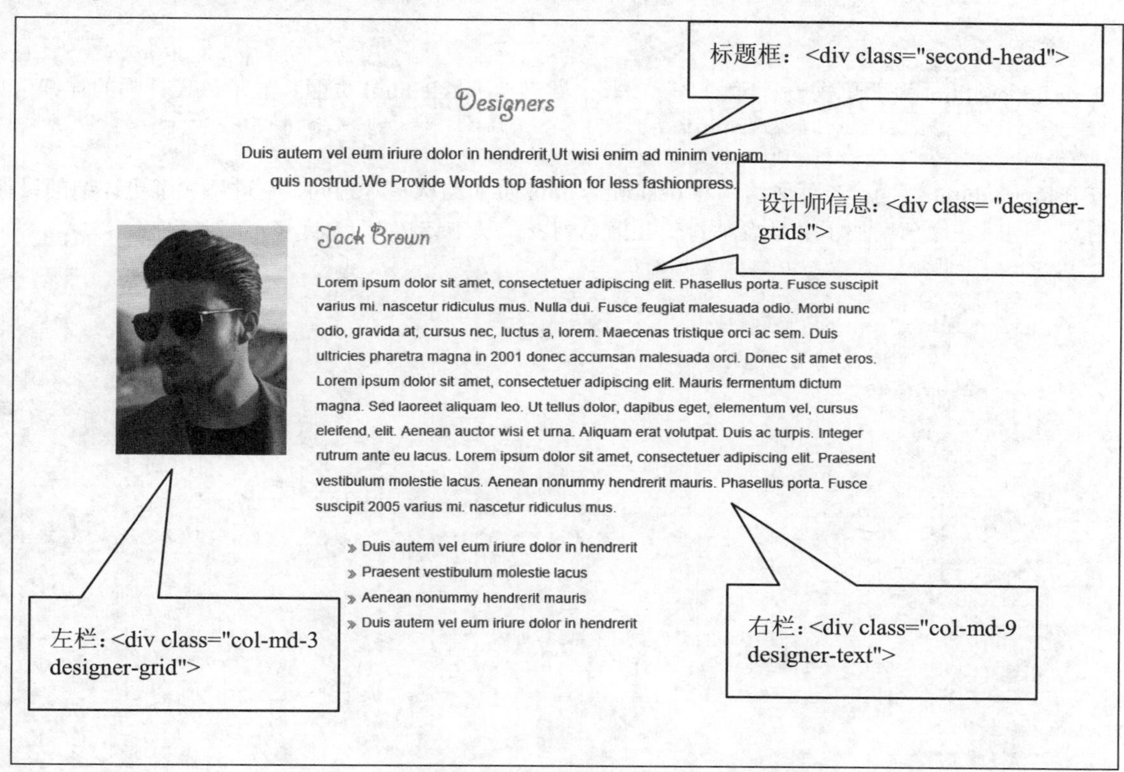

图 14.11　主体块效果

```
<div class="designer-section">
    <div class="second-head">
        <h3>Designers</h3>
        <p>...</p>
    </div>
    <div class="designer-top">
        <div class="designer-grids">
            <div class="col-md-3 designer-grid"> <a href="single.html"> <img src=
"images/d1.jpg" alt=" " title="Desiner" /></a> </div>
            <div  class="col-md-9  designer-text">  <a  href="single.html"><h4>Jack
Brown</h4></a>
                <p>...</p>
                <ul class="category">
```

```
                    <li><a href="#">Duis autem vel eum iriure dolor in hendrerit
</a></li>
                    <li><a href="#">Praesent vestibulum molestie lacus</a></li>
                    <li><a href="#">Aenean nonummy hendrerit mauris</a></li>
                    <li><a href="#">Duis autem vel eum iriure dolor in hendrerit
</a></li>
                </ul>
            </div>
            <div class="clearfix"></div>
        </div>
        <div class="designer-grids"></div>
        <div class="designer-grids"></div>
    </div>
</div>
```

在 designers.html 页面单击设计师的名称，将会跳转到 single.html 页面，显示该设计师的详细信息。

```
<div class="col-md-3 designer-grid"> <a href="single.html"> <img src="images/
d1.jpg" alt=" " title="Desiner" /></a> </div>
```

打开 single.html 页面，该页面结构与 designers.html 页面结构基本相同，不过添加了更详细的设计师介绍信息，同时在底部增加了交互表单和交互信息列表，基本结构如下：

```
<div class="designer-section">
    …
    <div class="single">
        <div class="leave">
            <h4>Leave a comment</h4>
        </div>
        <form id="commentform">
            <p class="comment-form-author-name">
                <label for="author">Name</label>
                <input id="author" name="author" type="text" value="" size="30" aria-
required="true">
            </p>
            <p class="comment-form-email">
                <label for="email">Email</label>
                <input id="email" name="email" type="text" value="" size="30" aria-
required="true">
            </p>
            <p class="comment-form-comment">
                <label for="comment">Comment</label>
                <textarea></textarea>
            </p>
            <div class="clearfix"></div>
            <p class="form-submit">
                <input name="submit" type="submit" id="submit" value="Send">
            </p>
            <div class="clearfix"></div>
        </form>
    </div>
    <div class="comments">
        <h4>Comments</h4>
        <div class="comment-box">
            <h5>No Comments Found</h5>
```

```
        </div>
    </div>
</div>
```

整个页面保持与 designers.html 页面结构相同，增加<div class="single">和<div class="comments">，<div class="single">块负责显示联系表单，<div class="comments">负责显示留言信息列表，效果如图 14.12 所示。

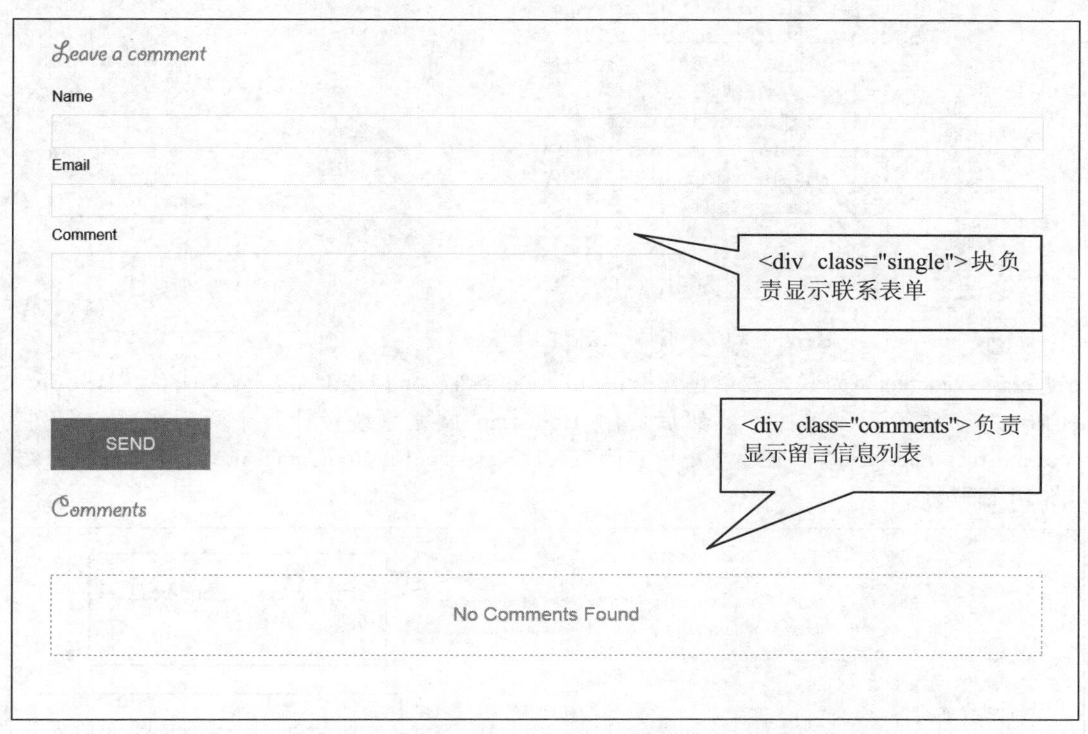

图 14.12　设计师详细信息页面效果

14.3.2　联系表单

打开 contact.html 页面，该页面主要提供一个基本的联系表单，负责与用户进行信息沟通。整个页面结构沿袭上面 14.3.1 节介绍的 designers.html 页面，主体结构如下：

```
<div class="contact">
    <div class="second-head">
        <h3>Contact</h3>
        <p>...</p>
    </div>
    <div class="contact-form">
        <div class="col-md-6 contact-grid">
            <h3>contact form</h3>
            <form>
                <p class="your-para">Your mail:</p>
                <input type="text" value="" onfocus="this.value='';" >
                <p class="your-para">Your mail:</p>
                <input type="text" value="" onfocus="this.value='';">
                <p class="your-para">Your phone number:</p>
                <input type="text" value="" onfocus="this.value='';" >
                <p class="your-para">Your message:</p>
```

```
                <textarea  cols="77"  rows="6"  value="  "  onfocus="this.value='';">
</textarea>
                <div class="send">
                    <input type="submit" value="Send" >
                </div>
            </form>
        </div>
        <div class="col-md-6 contact-in">
            <h3>contact information</h3>
            <p class="sed-para">...</p>
            <p class="para1">...</p>
            <div class="more-address">
                <div class="address-more">...</div>
                <div class="address-left">...</div>
                <div class="clearfix"> </div>
            </div>
        </div>
        <div class="clearfix"> </div>
    </div>
</div>
```

<div class="contact">为联系表单包含框，<div class="second-head">定义表单的标题，<div class="contact-form">负责管理表单控件。然后使用 Bootstrap 网格系统设计一个两列布局，左列为<div class="col-md-6 contact-grid">，显示表单；右侧为<div class="col-md-6 contact-in">，附加一些介绍信息，效果如图 14.13 所示。

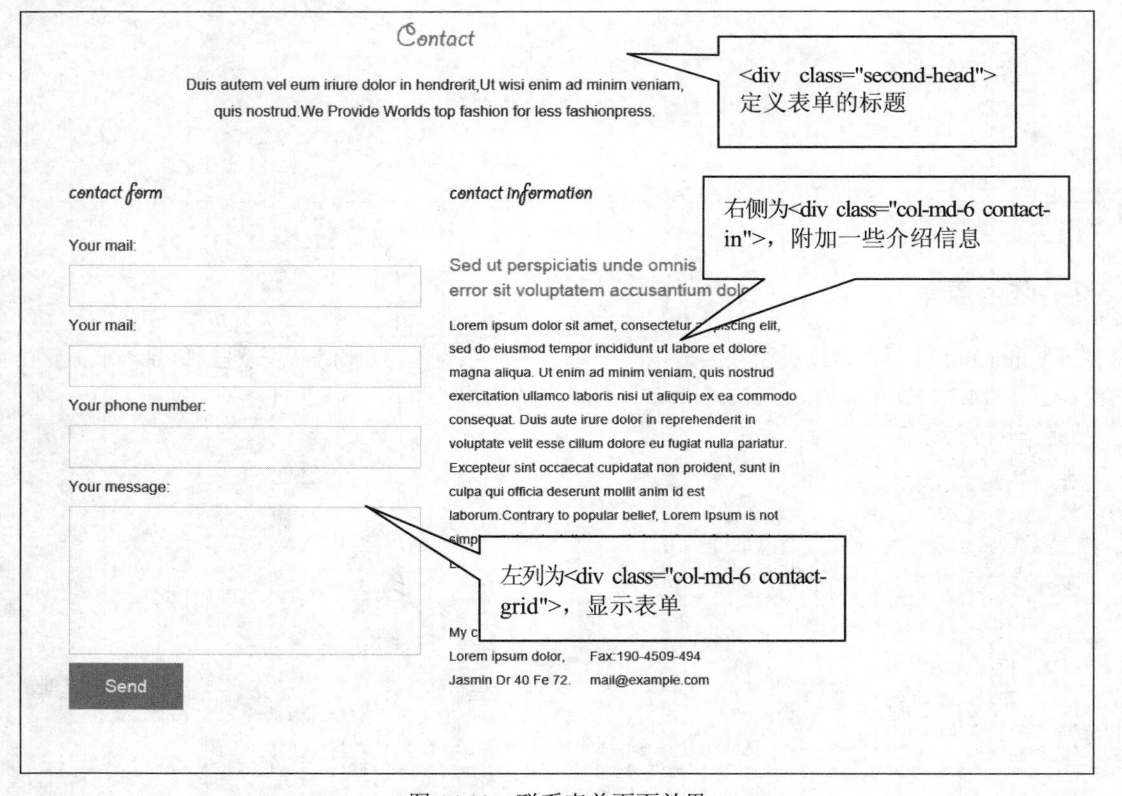

图 14.13　联系表单页面效果

扫一扫，看视频

14.3.3　关于我们

打开 about.html 页面，这是一个自我介绍的页面，包括 3 部分内容：公司信息、团队成员展示和视频播放。

公司信息结构如下，效果如图 14.14 所示。

```
<div class="about">
   <div class="second-head">
      <h3>About</h3>
      <p>...</p>
   </div>
   <div class="abt-text"> <img src="images/about.jpg" alt="img16"/>
      <p class="ab">...</p>
   </div>
</div>
```

About

Duis autem vel eum iriure dolor in hendrerit,Ut wisi enim ad minim veniam, quis nostrud.We Provide Worlds top fashion for less fashionpress.

Lorem ipsum dolor sit amet, consectetur adipiscing elit. Pellentesque id arcu neque, at convallis est felis.Fusce euismod consequat ante. Lorem ipsum dolor sit amet, consectetuer adipiscing elit. Pellentesque sed dolor. Aliquam congue fermentum nisl. Mauris accumsan nulla vel diam. Sed in lacus ut enim adipiscing aliquet. Nulla venenatis. In pede mi, aliquet sit amet, euismod in, auctor ut, ligula. Aliquam dapibus tincidunt metus, Aliquam congue fermentum nisl. Mauris accumsan nulla vel diam. Sed in lacus ut enim adipiscing aliquet. Nulla venenatis.

图 14.14　公司信息栏效果

团队成员展示栏结构如下：

```
<div class="team-section">
   <div class="second-head">
      <h3>Team</h3>
      <p>...</p>
   </div>
   <div class="teams">
      <div class="col-md-3 team-grids"> <img src="images/d3.jpg" class="img-responsive" alt="" />
         <h5>Jack Brown</h5>
         <p>...</p>
      </div>
      <div class="col-md-3 team-grids">...</div>
      <div class="col-md-3 team-grids">...</div>
      <div class="col-md-3 team-grids">...</div>
```

```
        <div class="clearfix"> </div>
    </div>
</div>
```

栏目分上下两行，第一行显示标题和团队介绍，第二行显示团队成员具体展示，采用网格布局方式，以 4 列呈现，效果如图 14.15 所示。

图 14.15　团队成员栏效果

扫一扫，看视频

14.3.4　品牌展示

打开 trendz.html 页面，这个页面是 index.html 页面中一个版块的放大版，主体结构如下：

```
<div class="trends">
    <div class="second-head">
        <h3>Trendz</h3>
        <p>...</p>
    </div>
    <div class="grid">
        <figure class="effect-terry"> <img src="images/t4.jpg" alt="img16"/>
            <figcaption>
                <h2>New <span>Trendz</span></h2>
                <p> <a href="#"><i class="download"></i></a> <a href="#"><i class=
"heart"></i></a> <a href="#"><i class="share"></i></a> <a href="#"><i class=
"tag"></i></a> </p>
            </figcaption>
        </figure>
        <figure class="effect-terry"> <img src="images/t2.jpg" alt="img26"/>......
</figure>
        <figure class="effect-terry"> <img src="images/t3.jpg" alt="img26"/>......
</figure>
        <figure class="effect-terry"> <img src="images/t6.jpg" alt="img26"/>......
</figure>
        <figure class="effect-terry"> <img src="images/t5.jpg" alt="img26"/>......
</figure>
    </div>
    <div class="clearfix"></div>
</div>
```

演示效果如图 14.16 所示。

图 14.16　品牌展示页面效果

本页页面特效设计可参考首页设计过程，如焦点效果和遮罩层实现，此处不再详细展开。

第 15 章　案例开发：酒店预定微信 wap 网站

本章将介绍一款酒店预订的手机应用网站，网站以 Bootstrap 框架为技术基础，页面设计风格简洁、明亮，功能以“微”为核心，为浏览者提供一个迷你、简单、时尚的设计风格，与 Bootstrap 框架风格完美融和，非常适合移动应用和推广。

【学习重点】

- 设计符合移动设备使用的页面。
- 能够根据 Bootstrap 框架自定义样式。
- 掌握扁平化设计风格的基本方法。

15.1　设 计 思 路

与第 14 章的示例相比，本章示例规模相对复杂些，不过在动手之前，仍要先理清设计思路。

扫一扫，看视频

15.1.1　内容

网站涉及的内容可能很多，单从网页设计的角度看，内容主要包括：图片和文字。本例素材具体存放文件夹说明如下：

- Images：图片等多媒体素材。
- styles：样式表文件。
- Scripts：JavaScript 脚本文件。
- Pictures：宣传的图片。
- Member：后台支持文件，本章暂不介绍。
- help：帮助文件。
- dialog：jQuery 插件文件，模态对话框插件。
- calendar：日历插件。

本例所需要的素材不是很多，但是涉及的文件比较多。

扫一扫，看视频

15.1.2　结构

本例主要包含以下几个文件，简单说明如下：

- index.html：首页。
- Activitys.html：最新活动页面。
- CityList.html：城市列表页面。
- Gift.aspx.html：礼品页模板，供后台参考使用。
- GiftList.html：礼品商城。
- Hotel.aspx.html：预定酒店，选择房型模板，供后台参考使用。
- Hotel.aspxcheckInDate.html：房型和日期选择页面。
- HotelInfo.aspx.html：酒店信息介绍模板，供后台参考使用。
- HotelList.aspxcheckInDate.html：所选城市的相关酒店信息列表页面。
- HotelReview.aspx.html：用户评价页面。
- login.html：用户登录页面。

- News.aspx.html：酒店新闻页面。

结构不仅仅包含文件，更多涉及页面内容，根据内容搭建页面结构，在下面各节中会逐一介绍每个页面的结构框架。

15.1.3 效果

下面使用 Opera Mobile Emulator 来预览一下网站整体效果，以便在分页设计时有一个整体把握。

首先，打开 index.html 页面，显示效果如图 15.1 所示。

首页以扁平化进行设计，包含 6 个导航图标色块，点击第一个图标色块“预定酒店”，进入选择城市页面，在该页面选择要入住的酒店，页面效果如图 15.2 所示。

图 15.1　首页页面设计效果

图 15.2　选择要入住的酒店效果

在首页点击“最新活动”图标，进入最新活动页面，在该页面显示酒店促销活动的相关信息，如图 15.3 所示。

在首页点击“我的订单”图标，可以查看个人订单信息，如果没有登录，则显示登录表单，如图 15.4 所示。

图 15.3　最新活动页面效果

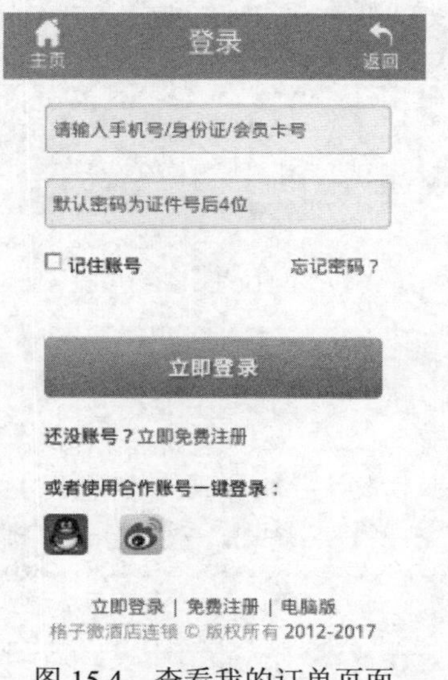

图 15.4　查看我的订单页面

在首页点击“我的格子”图标，进入个人信息中心页面，如果没有登录，则显示登录表单。在首页点击“礼品商城”图标，进入商城页面，如图 15.5 所示。

在首页点击“帮助咨询”图标，将进入帮助中心页面，咨询相关帮助信息，如图 15.6 所示。

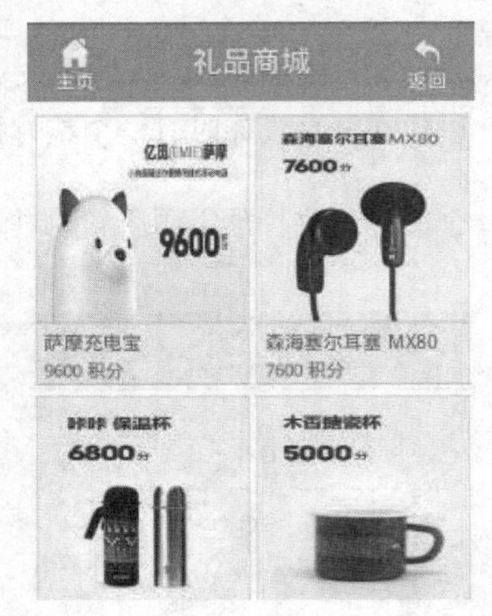

图 15.5　礼品商城页面效果

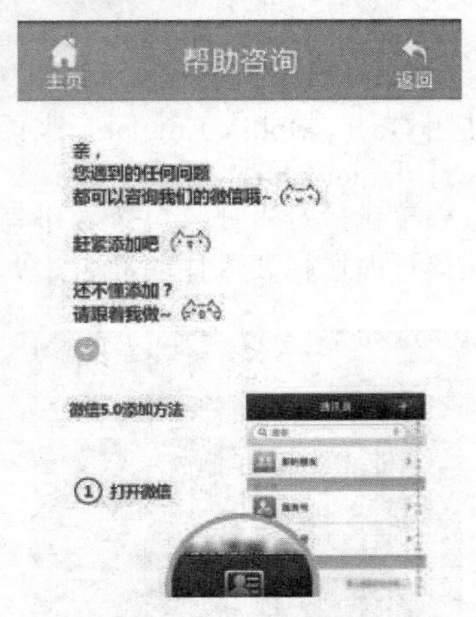

图 15.6　帮助咨询页面

扫一扫，看视频

15.2　设 计 首 页

首页是一个简单的导航列表。

【操作步骤】

第 1 步，打开 index.html 文件，首先在头部区域导入框架文件。

```
<!doctype html>
<html>
<head>
<meta charset="utf-8">
<meta name="viewport" content="width=device-width, initial-scale=1.0, maximum-scale=1.0, user-scalable =0;">
<meta content="yes" name="apple-mobile-web-app-capable">
<link href="styles/bootstrap.min.css" rel="stylesheet">
<link href="styles/bootstrap-responsive.css" rel="stylesheet">
<link href="styles/NewGlobal.css" rel="stylesheet">
<script src="Scripts/jquery-1.7.2.min.js"></script>
<script src="Scripts/bootstrap.min.js"></script>
</head>
<body>
</body>
</html>
```

第 2 步，设计导航列表结构，使用<div class="container">布局容器包含，其包含两部分：

```
<div class="container">
    <div class="header"> <img src="Images/logo.png" style="height: 40px; margin: 10px 0px 0px 15px"> </div>
    <div style="padding:0 5px 0 0;">
</div>
```

第一行为标题栏，显示网站 Logo，本例以一张大图代替显示，效果如图 15.7 所示。

图 15.7　设计首页标题栏效果

大图为 PNG 格式，镂空白色文字，然后使用 CSS 设计标题栏背景色为绿色。

```
.header {
    background:#6ac134;
    height: 60px;
    position: relative;
    width: 100%;
}
```

第二行为导航列表结构，使用 3 个<ul class="unstyled defaultlist pt20">标签堆叠显示，每个列表框包含两个列表项目，并水平布局，效果如图 15.8 所示。

图 15.8　设计首页导航图标效果

```
<div style="padding:0 5px 0 0;">
    <ul class="unstyled defaultlist pt20">
        <li class="f"> <a href="CityList.html">
            <h3>预定酒店</h3>
            <figure class="jp_icon"></figure>
            </a> </li>
        <li class="h"> <a href="Activitys.html">
            <h3>最新活动</h3>
            <figure class="jd_icon"></figure>
            </a> </li>
    </ul>
    <ul class="unstyled defaultlist">… </ul>
    <ul class="unstyled defaultlist">…</ul>
</div>
```

每个导航图标使用<a>标签包裹，里面包含文字和字体图标，然后在<li>列表项目上面定义不同的皮肤颜色，<li>标签浮动显示，实现一行两列排版布局。

第 3 步，在页面底部插入<div class="footer">包含框，定义网站版权信息区域，效果如图 15.9 所示。

```
<div class="footer">
    <div class="gezifooter"> <a href="#" class="ui-link">酒店预订</a> <font color=
"#878787">|</font> <a href="#" class="ui-link">我的订单</a> <font color="#878787">
|</font> <a href="#" class="ui-link">我的格子</a> </div>
    <div class="gezifooter">
        <p style="color:#bbb;">格子微酒店连锁 &copy; 版权所有 2012-2017</p>
    </div>
</div>
```

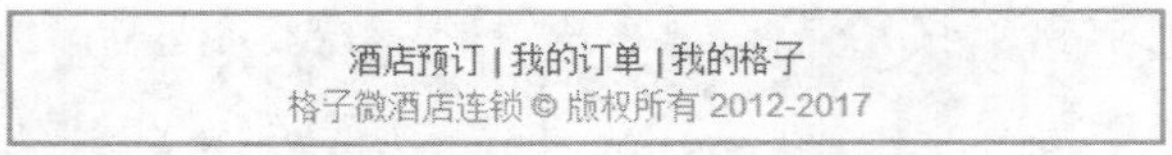

酒店预订 | 我的订单 | 我的格子
格子微酒店连锁 © 版权所有 2012-2017

图 15.9　设计页脚信息显示效果

15.3　设计登录页

打开 login.html 页面，该页面包含 3 部分：顶部标题栏，底部脚注栏，中间部分是登录表单结构。

标题栏采用标准的移动设备布局样式，左右为导航图标，中间为标题文字，效果如图 15.10 所示。

图 15.10　标题栏设计效果

```
<div class="header"> <a href="index.html" class="home"> <span class="header-icon
header-icon-home"></span> <span class="header-name">主页</span> </a>
    <div class="title" id="titleString">登录</div>
    <a href="javascript:history.go(-1);" class="back"> <span class="header-icon
header-icon-return"></span> <span class="header-name">返回</span> </a>
</div>
```

标题栏图标以文字图标形式设计，这样方便与文字定义相同的颜色，为<div class="header">设计绿色背景，营造一种扁平设计风格。

中间位置显示表单结构，代码如下：

```
<div class="container width80 pt20">
    <form name="aspnetForm" method="post" action="login.aspx? ReturnUrl=%2fMember%
2fDefault.aspx" id="aspnetForm" class="form-horizontal">
        <div>
            <input type="hidden" name="__EVENTTARGET" id="__EVENTTARGET" value="">
            <input type="hidden" name="__EVENTARGUMENT" id="__EVENTARGUMENT" value="">
            <input type="hidden" name="__VIEWSTATE" id="__VIEWSTATE" value="1">
        </div>
        <div>
            <input type="hidden" name="__EVENTVALIDATION" id="__EVENTVALIDATION"
value="/wEWBQLZmqilDgLJ4fq4BwL90KKTCAKqkJ77CQKI+JrmBdPJophKZ3je4aKMtEkXL+P8oASc">
        </div>
        <div class="control-group">
            <input name="ctl00$ContentPlaceHolder1$txtUserName" type="text" id=
"ctl00_ContentPlaceHolder1_txtUserName" class="input width100 " style="background:
none repeat scroll 0 0 #F9F9F9;padding: 8px 0px 8px 4px" placeholder="请输入手机号/
身份证/会员卡号">
        </div>
        <div class="control-group">
            <input name="ctl00$ContentPlaceHolder1$txtPassword" type="password" id=
"ctl00_ContentPlaceHolder1_txtPassword" class="width100 input" style="background:
none repeat scroll 0 0 #F9F9F9;padding: 8px 0px 8px 4px" placeholder="默认密码为证
件号后 4 位">
        </div>
        <div class="control-group">
            <label class="checkbox fl">
```

```
            <input  name="ctl00$ContentPlaceHolder1$cbSaveCookie"  type="checkbox"
id="ctl00_ContentPlaceHolder1_cbSaveCookie" style="float: none; margin-left: 0px;">
            记住账号 </label>
          <a class="fr" href="GetPassword.aspx">忘记密码？</a> </div>
      <div class="control-group"> <span class="red"></span> </div>
      <div class="control-group">
          <button  onclick="__doPostBack('ctl00$ContentPlaceHolder1$btnOK','')"
id="ctl00_ContentPlaceHolder1_btnOK" class="btn-large green button width100">立即
登录</button>
      </div>
      <div class="control-group"> 还没账号？<a href="Reg.aspx@ReturnUrl=_252fMember_
252fDefault.aspx" id="ctl00_ContentPlaceHolder1_RegBtn">立即免费注册</a> </div>
      <div class="control-group"> 或者使用合作账号一键登录：<br>
          <a class="servIco  ico_qq"  href="qlogin.aspx"></a>  <a class="servIco
ico_sina" href="default.htm"></a> </div>
   </form>
</div>
```

在表单中通过<input type="hidden">隐藏控件负责传递用户附加信息，借助 Bootstrap 表单控件美化效果，如图 15.11 所示。提交按钮使用 Bootstrap 的风格设计块状显示，在整个页面中显得很大气、可触。

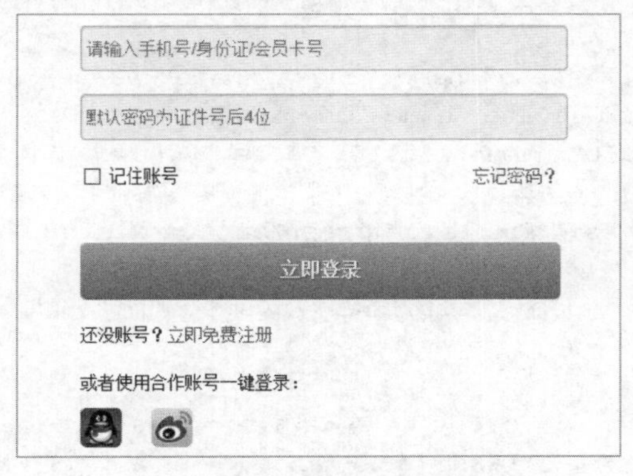

图 15.11　登录表单设计效果

15.4　选 择 城 市

扫一扫，看视频

打开 CityList.html 页面，该页面提供一个交互界面，供用户选择要入住酒店所在的城市。

该页面标题栏和脚注栏与其他页面设计相同，在此不再重复，主要看下交互表单界面。设计的表单结构如下：

```
<div class="container width90 pt20">
   <form class="form-horizontal" action="HotelList.aspx" method="get" id="form1">
      <ul class="search-group unstyled">
         <li>
            <div class="coupon-nav coupon-nav-style"> <span class="search-icon
location-icon"></span> <span class="coupon-label">选择城市：</span> <span class=
"coupon-input"> <span style="font-size: 16px; line-height: 35px;" id="cityname">
全部城市</span></span> </div>
            <div class="citybox"> <span cityid="0">全部</span> <span cityid=
"771">南宁</span> <span cityid="773">桂林</span> <span cityid="371">郑州</span>
```

```
</div>
          </li>
          <li>
             <div class="coupon-nav coupon-nav-style"> <span class="search-icon time-icon"></span> <span class="coupon-label">入住日期：</span> <span class="coupon-input"><a id="datestart" class="datebox" href="javascript:void(0)"><span class="ui-icon-down"></span></a></span> </div>
             <div id="dp_start" class="none">
                <div id="datepicker_start"></div>
             </div>
          </li>
          <li>
             <div class="coupon-nav coupon-nav-style"> <span class="search-icon time-icon"></span> <span class="coupon-label">离店日期：</span> <span class="coupon-input"><a id="dateend" class="datebox" href="javascript:void(0)"><span class="ui-icon-down"></span></a></span> </div>
             <div id="dp_end" class="none">
                <div id="datepicker_end"></div>
             </div>
          </li>
       </ul>
       <input id="checkInDate" name="checkInDate" value="2017-04-11" type="hidden">
       <input id="checkOutDate" name="checkOutDate" value="2017-04-12" type="hidden">
       <input id="cityID" name="cityID" value="0" type="hidden"><div class= "control-group tc">
          <button class="btn-large green button width80" style="padding-left:0px; padding-right: 0px;" ID="btnOK" >
          <A href="HotelList.aspxcheckInDate.html">立即查找</A>
          </button>
       </div>
       <div class="control-group tc"> <a href="NearHotel.aspx" style="padding-left: 0px;padding-right: 0px;"  class="btn-large green button width80">附近酒店</a> </div>
    </form>
</div>
```

为了方便 JavaScript 脚本控制，整个页面没有使用传统的表单控件来设计，而是通过 JavaScript+CSS 来设计，界面效果如图 15.12 所示。

图 15.12　查找酒店界面

点击“选择城市”按钮，将会滑出城市列表面板，如图 15.13 所示，用户可以选择目标城市。

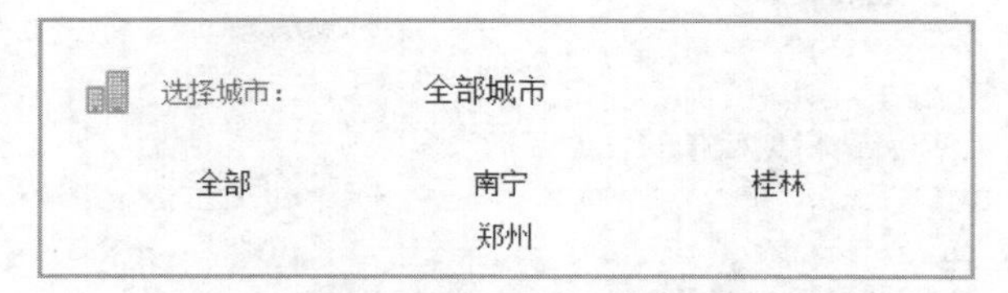

图 15.13　选择城市

在城市列表面板中选择一个城市，然后在下面的选项中选择入住日期，效果如图 15.14 所示。

图 15.14　选择日期

用户选择的日期通过 JavaScript 显示在界面中，同时赋值给隐藏控件，以便传递给服务器进行处理。交互控制的 JavaScript 代码如下：

```
<script type="text/javascript">
    (function ($, undefined) {
        $(function () {//dom ready
            var open = null, today = new Date();
            var beginday = '2017-04-11';
            var endday = '2017-04-12';
            //设置开始时间为今天
            $('#datestart').html(beginday + '<span class="ui-icon-down"></span>');
            //设置结束事件
            $('#dateend').html(endday +
                '<span class="ui-icon-down"></span>');
            $('#datepicker_start').calendar({//初始化开始时间的 datepicker
                date: $('#datestart').text(), //设置初始日期为文本内容
                //设置最小日期为当月第一天，既上一月的不能选
                minDate: new Date(today.getFullYear(), today.getMonth(), today. Get-
Date()),
                //设置最大日期为结束日期，结束日期以后的天不能选
                maxDate: new Date(today.getFullYear(), today.getMonth(), today.get-
Date() + 25),
                select: function (e, date, dateStr) {//当选中某个日期时
                    var day1 = new Date(date.getFullYear(), date.getMonth(), date.get-
Date() + 1);
                    //将结束时间的 datepick 的最小日期设成所选日期
                    $('#datepicker_end').calendar('minDate',
```

```
day1).calendar('refresh');
                    $('#dp_start').toggle();
                    //把所选日期赋值给文本
                    $('#datestart').html(dateStr + '<span class="ui-icon-down"></span>').
removeClass('ui-state-active');
                    $('#checkInDate').val(dateStr);
                    $('#dateend').html($.calendar.formatDate(day1) + '<span class=
"ui-icon-down"></span>').removeClass('ui-state-active');
                    $('#checkOutDate').val($.calendar.formatDate(day1));
                }
            });
            $('#datepicker_end').calendar({          //初始化结束时间的 datepicker
                date: $('#dateend').text(),          //设置初始日期为文本内容
                minDate: new Date(today.getFullYear(), today.getMonth(), today.get-
Date() + 1),
                maxDate: new Date(today.getFullYear(), today.getMonth(), today.get-
Date() + 16),
                select: function (e, date, dateStr) {//当选中某个日期时
                    //收起 datepicker
                    open = null;
                    $('#dp_end').toggle();
                    //把所选日期赋值给文本
                    $('#dateend').html(dateStr + '<span class="ui-icon-down"></span>').
removeClass('ui-state-active');
                    $('#checkOutDate').val(dateStr);
                }
            });
            $('#datestart').click(function (e) {     //展开或收起日期
                $('#datestart').removeClass('ui-state-active');
                var type=$(this).addClass('ui-state-active').is('#datestart')?'start':
'end';
                $('#dp_start').toggle();
            }).highlight('ui-state-hover');
            $('#cityname').click(function (e) {
                $('.citybox').toggle();
            });
            $('.citybox span').click(function (e) {
                $('#cityname').text($(this).text());
                $('.citybox').toggle();
                $('#cityID').val($(this).attr("cityId"));
            });
            $('#dateend').click(function (e) {       //展开或收起日期
                $('#dateend').removeClass('ui-state-active');
                var  type=$(this).addClass('ui-state-active').is('#dateend')?'start':
'end';
                $('#dp_end').toggle();
            }).highlight('ui-state-hover');
        });
    })(Zepto);
</script>
```

扫一扫，看视频

15.5　选择酒店

当用户在选择城市页面提交表单之后，将会跳转到 HotelList.aspx 页面，该页面为后台服务器处理文件，该文件将动态显示所在城市相关酒店信息列表，本例模拟效果如图 15.15 所示（HotelList.aspxcheckInDate.html）。

图 15.15　所选城市的酒店列表

页面基本结构如下：

```
<div class="container hotellistbg">
    <ul class="unstyled hotellist">
        <li> <a href="Hotel.aspxcheckInDate.html"> <img class="hotelimg fl" src=
"Pictures/1/5.jpg">
            <div class="inline">
                <h3>南宁秀灵店</h3>
                <p>地址：秀灵路 55 号（出入境管理局旁）</p>
                <p>评分：4.6 （1200 人已评）</p>
            </div>
            <div class="clear"></div>
            </a>
            <ul class="unstyled">
                <li><a href="Hotel.aspx@id=5" class="order">预订</a></li>
                <li><a href="Hotelmap.aspx@id=5" class="gps">导航</a></li>
                <li><a href="Hotelinfo.aspx@id=5" class="reality">实景</a></li>
            </ul>
        </li>
        ...
    </ul>
</div>
```

在该页面中可以选择特定酒店，并根据每个酒店底部的 3 个导航按钮，预定酒店，查看酒店信息，或者进行导航。

扫一扫，看视频

15.6　预定酒店

当用户在酒店列表页面选择一个酒店之后，将会跳转到 Hotel.aspx 页面，该页面为后台服务器处理文件，该文件将动态显示用户可选择的房型信息，本例模拟效果如图 15.16 所示（Hotel.aspx.html）。

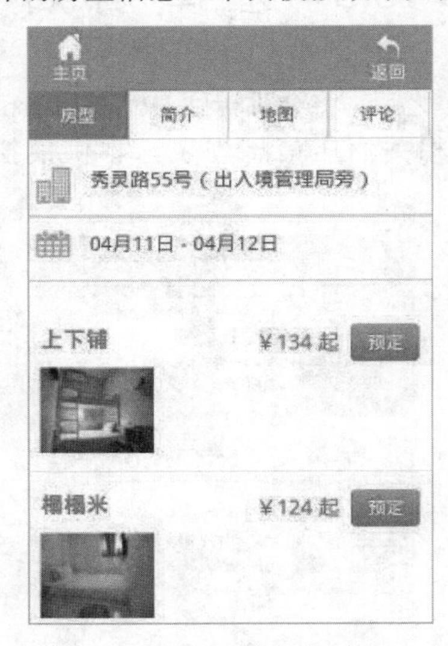

图 15.16　选择房型

页面基本结构如下：

```
<div class="container">
    <ul class="unstyled hotel-bar">
        <li class="first"> <a href="#BookRoom"  class="active">房型</a> </li>
        <li><a href="HotelInfo.aspx.html">简介</a></li>
        <li><a href="#">地图</a></li>
        <li><a href="Hotelreview.aspx.html">评论</a></li>
    </ul>
    <div id="BookRoom" class="tab-pane active fade in">
        <div class="detail-address-bar"> <img alt="" src="images/location_icon.png">
            <p>秀灵路 55 号（出入境管理局旁）</p>
        </div>
        <div id="datetab" class="detail-time-bar"> <img alt="" src="images/calendar.png">
            <p>04 月 11 日 - 04 月 12 日</p>
            <span class="icon-down"></span> </div>
        <form action="hotel.aspx" method="get">
            <div id="datebox" class="section none">
                <div class="filter clearfix">
                    <p style="margin-bottom: 10px;display: block;"> 入 住 : <a id=
"datestart" href="javascript:void(0)"><span class="ui-icon-down"></span></a></p>
                    <br>
                    <p> 离开: <a id="dateend" href="javascript:void(0)"><span class=
"ui-icon-down"></span></a></p>
                </div>
                <div id="datepicker_wrap">
                    <div id="dp_start">
                        <p>入住时间: </p>
                        <div id="datepicker_start"></div>
                    </div>
                    <div id="dp_end">
                        <p>离开时间: </p>
                        <div id="datepicker_end"></div>
                    </div>
                </div>
```

```
                <div class="result">
                    <input type="submit" class="btn" value="确定修改">
                    <span class="btn" id="datecancel">取消</span> </div>
                <input id="id" name="id" type="hidden" value="5">
                <input id="CheckInDate" name="CheckInDate" type="hidden" value=
"2017-4-11">
                <input id="CheckOutDate" name="CheckOutDate" type="hidden" value=
"2017-4-12">
            </div>
        </form>
          <ul class="unstyled roomlist">
            <li>
                <div class="roomtitle">
                    <div class="roomname">上下铺</div>
                    <div class="fr"> <em class="orange roomprice"> ¥134 起 </em> <a
href='login.aspx@page=_2Forderhotel.aspx&hotelid=5&roomtype=5&checkInDate=2017-
4-11&checkOutDate=2017-4-12' title='立即预定' class='btn btn-success iframe'>预定
</a> </div>
                </div>
                <a class="fl roompic" bigsrc="Pictures/20130411152105m.jpg"> <img
title="秀灵上下铺"
                          src="Pictures/20130411152105s.jpg"></a> </li>
            ......
        </ul>
        <div style="transform-origin: 0px 0px 0px; opacity: 1; transform: scale(1,
1);" class="hotel-prompt"> <span class="hotel-prompt-title" id="digxx">特别提示
</span>
            <p>最早入住时间为中午 12：00，如需提前入住请联系客服。</p>
        </div>
    </div>
</div>
```

在该页面顶部显示一行次级导航面板，分别为：房型、简介、地图和评价。当点击“简介”按钮，将会打开 HotelInfo.aspx 页面，该页面将会动态显示对应酒店的详细介绍。本例模板页面效果如图 15.17 所示（HotelInfo.aspx.html）。

图 15.17　查看酒店信息

该页面结构如下：

```
<div class="container">
    <ul class="unstyled hotel-bar">
        <li class="first"> <a href="Hotel.aspx.html">房型</a> </li>
        <li><a href="HotelInfo.aspx"  class="active">简介</a></li>
        <li><a href="#">地图</a></li>
        <li><a href="HotelReview.aspx.HTML">评论</a></li>
    </ul>
    <div class="hotel-prompt "> <span class="hotel-prompt-title">酒店图片</span>
        <div id="slider" style="margin-top: 10px;">
            <div> <img src="Pictures/20121231113309m.jpg">
                <p>酒店外观</p>
            </div>
            <div> <img src="Pictures/20121231113406m.jpg">
                <p>大堂</p>
            </div>
            <div> <img src="Pictures/20121231113520m.jpg">
                <p>阳光大床房</p>
            </div>
        </div>
    </div>
    <div id="hotelinfo" class="hotel-prompt "> <span class="hotel-prompt-title">
酒店简介</span>
        <p>格子微酒店南宁南宁秀灵路店位于广西最著名大学广西大学东门旁，紧邻邕江边，周边超市、餐
饮、银行等配套设施完善，出行便利。 酒店倡导低碳环保，客房内配有 24 小时热水、Wi-Fi 网络、电视等
设施，客房虽小，设施齐全。酒店服务周到细致，是您出行的不错选择。 酒店开业时间 2012 年 12 月。</p>
        <p>地址：秀灵路 55 号（出入境管理局旁）</p>
        <p>电话：0771-3391588</p>
    </div>
</div>
```

如果在页面顶部点击“评价”按钮，可以打开评价页面 HotelReview.aspx，了解网友对该酒店的评价信息列表，效果如图 15.18 所示（HotelReview.aspx.html）。

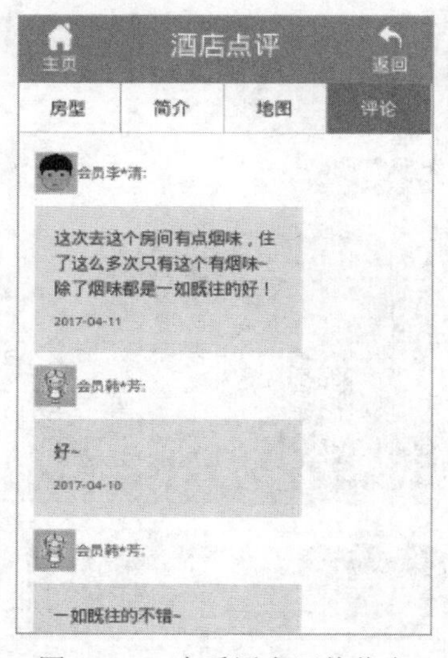

图 15.18　查看用户评价信息

该页面的基本结构如下：

```
<div class="container">
    <ul class="unstyled hotel-bar">
        <li class="first"> <a href="Hotel.aspx.HTML">房型</a> </li>
        <li><a href="HotelInfo.aspx.html">简介</a></li>
        <li><a href="#">地图</a></li>
        <li><a href="HotelReview.aspx.html" class="active">评论</a></li>
    </ul>
    <div class="hotel-comment-list">
        <div class="hotel-user-comment"> <span class="hotel-user"><img width="32"
height="32" src="Pictures/2/user01.png">会员李*清:</span>
            <div class="hotel-user-comment-cotent">
                <p> 这次去这个房间有点烟味，住了这么多次只有这个有烟味~除了烟味都是一如既往的
好！</p>
                <span>2017-04-11</span> </div>
        </div>
        ...
    </div>
</div>
```

上面重点介绍了酒店预订的完整流程，从选择城市，到选择酒店，再到选择房型，查看酒店信息和用户评价等，本示例网站还包含其他辅助页面，这些页面设计风格相近，结构大致相同，这里不再详细展开。

第 16 章　案例开发：团队营销网站

本例利用 Bootstrap 技术，设计一个富有创意的团队营销网站，帮助客户实现在线营销的目标。本章将详细展示整个示例的设计思路和实现过程，同时为读者展示一个漂亮的单页页面效果。

【学习重点】

- 大型图片介绍展示，自定义响应式信息。
- 设计大气和实用的功能区。
- 设计 Font 图标。
- 使用滚动的 ScrollSpy 导航。

16.1　设 计 思 路

本例将设计一个漂亮的单页网站，页面可以垂直滚动，以强烈的视觉冲击力展示信息，主要设计目标说明如下：

- 页面整体设计风格清新，富有现代美。
- 首屏将展示一条介绍性的欢迎语，贴在背景图片上。
- 设计高效的服务展示区，使用醒目的图标突出显示。
- 设计精致的客户留言板，视觉简洁，使用方便，并富有冲击力。
- 设计团队成员照片以圆形贴片的形式展示，文件夹以大图形式显示。

16.1.1　网站结构

扫一扫，看视频

本例文件具体存放文件夹说明如下：

- img：图片、视频、音频等多媒体素材。
- css：样式表文件。
- js：JavaScript 脚本文件。
- fonts：字体文件。
- less：LESS 动态样式表文件。
- mail：表单提交处理服务器端文件。
- font-awesome-4.1.0：一套绝佳的图标字体库和 CSS 框架。官网地址为 http://fontawesome.dashgame.com/。

扫一扫，看视频

16.1.2　设计效果

本例是单页多屏应用，因此我们也将分屏介绍。第一部分将是一张横贯全屏的大图，上面显示一条大大的欢迎语，以及一个向下滚动阅读的按钮，如图 16.1 所示。

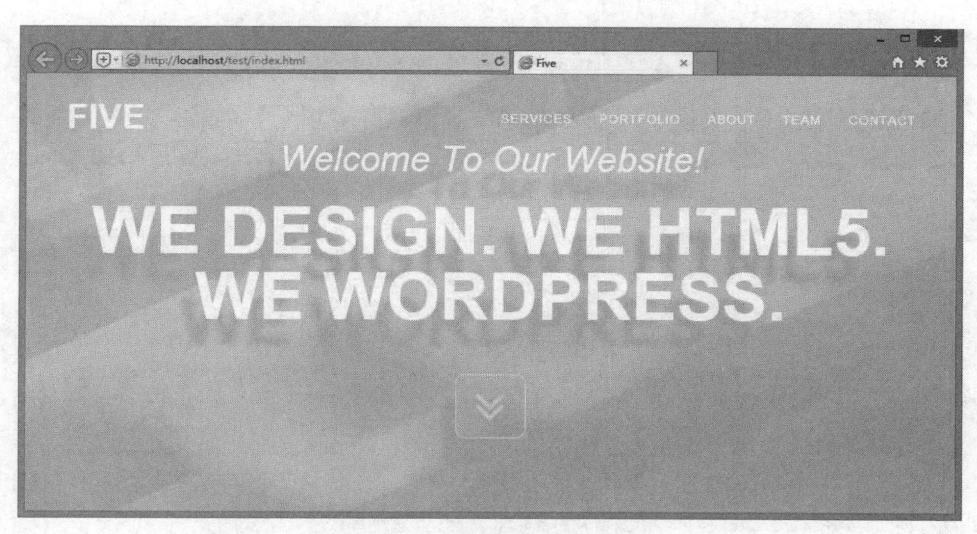

图 16.1　第一部分页面设计效果

第二部分将列出团队的服务项目，分 4 列，添加了相应的图标，并配有具体文字说明，如图 16.2 所示。

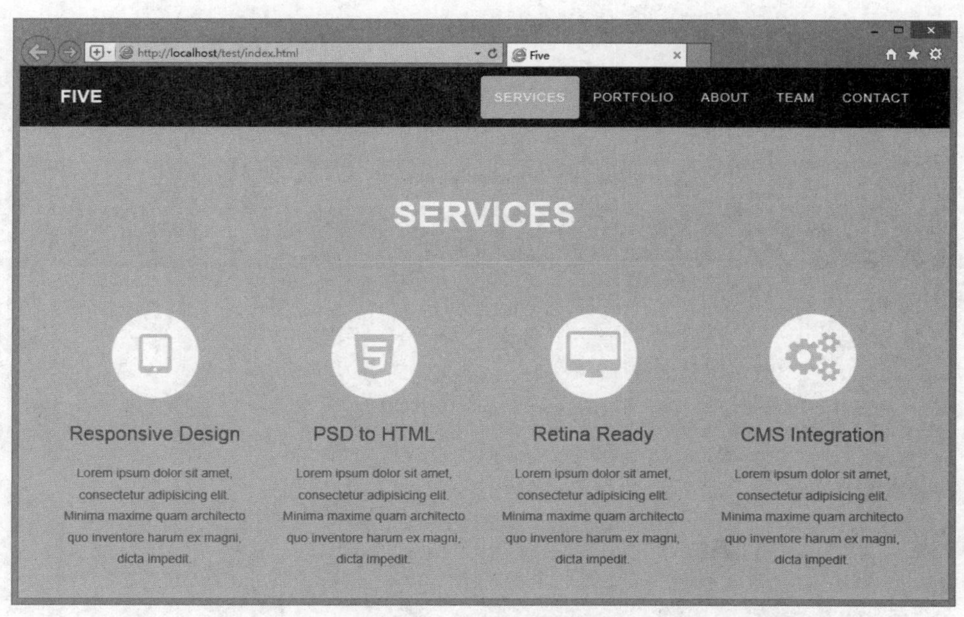

图 16.2　第二部分页面设计效果

第三部分展示文件夹大图，有图片、文字，以图片墙形式呈现，如图 16.3 所示。

第四部分主要以文字的形式介绍团队基本信息，如图 16.4 所示。

第五部分展示团队成员的近照，效果如图 16.5 所示。

第六部分是一个反馈表单，用以与浏览者进行互动，效果如图 16.6 所示。

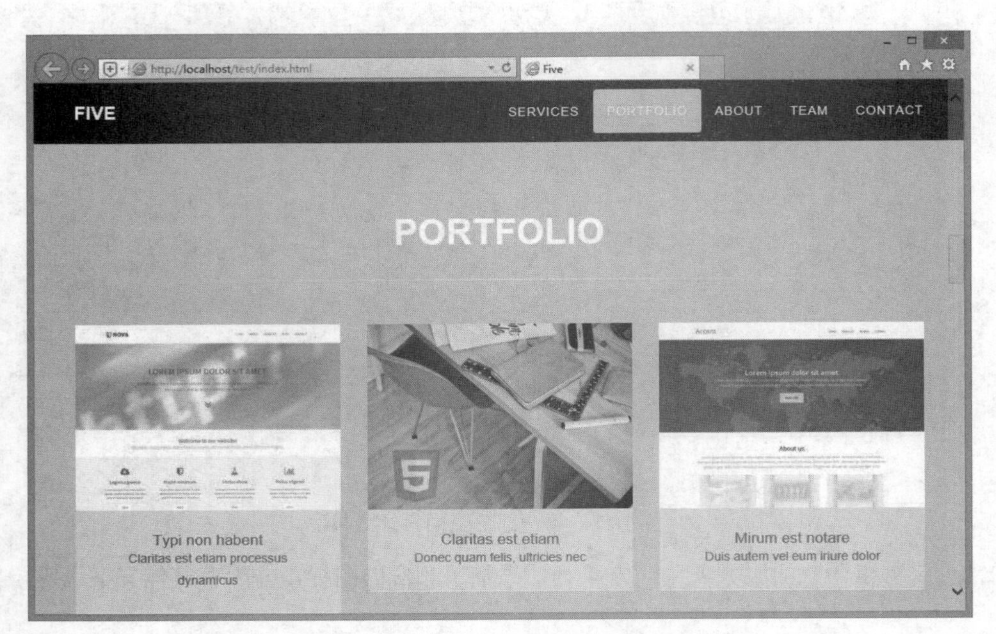

图 16.3　第三部分页面设计效果

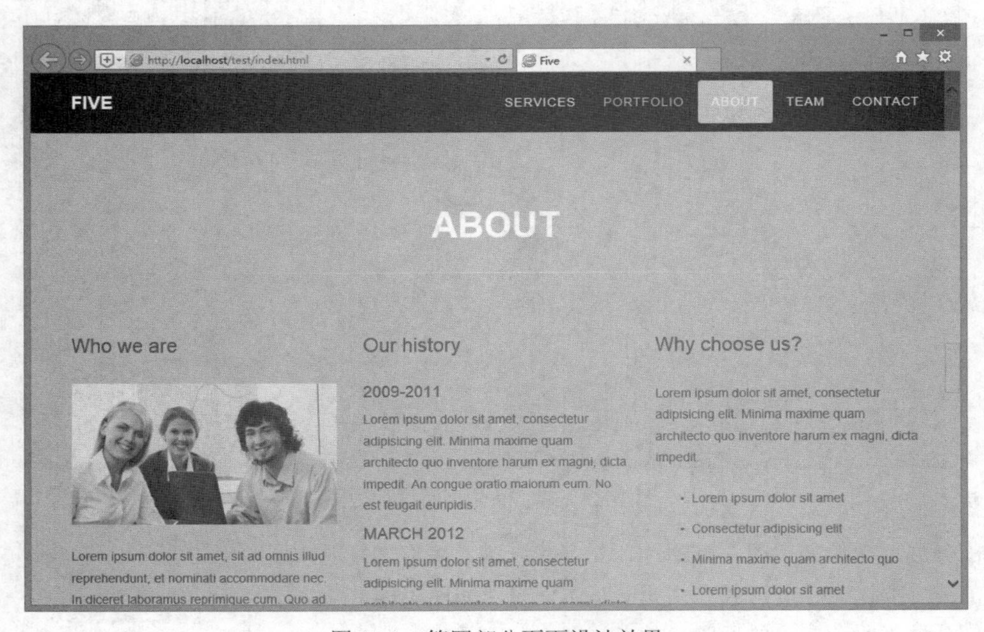

图 16.4　第四部分页面设计效果

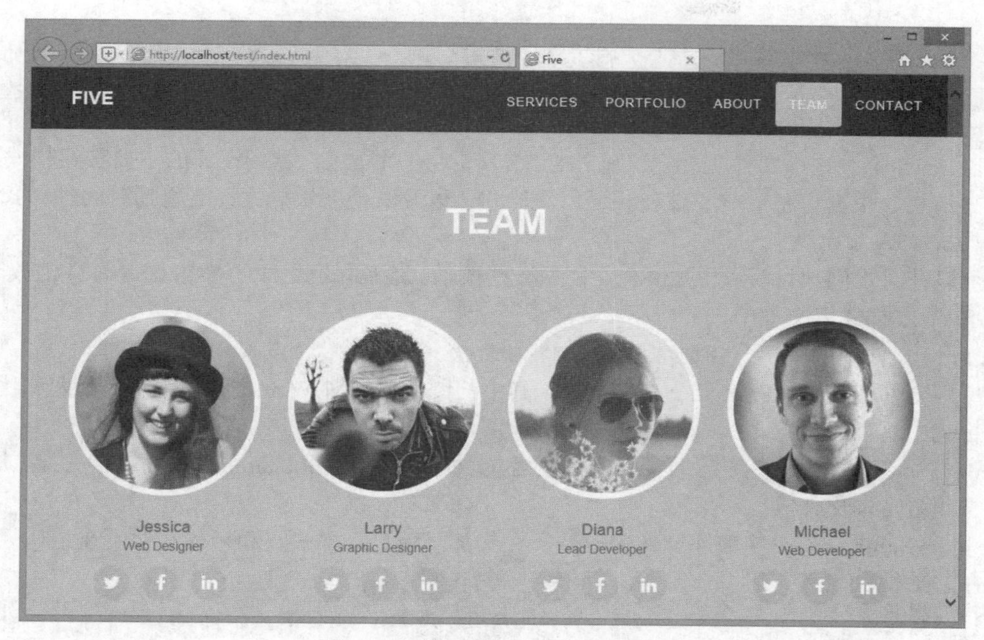

图 16.5　第五部分页面设计效果

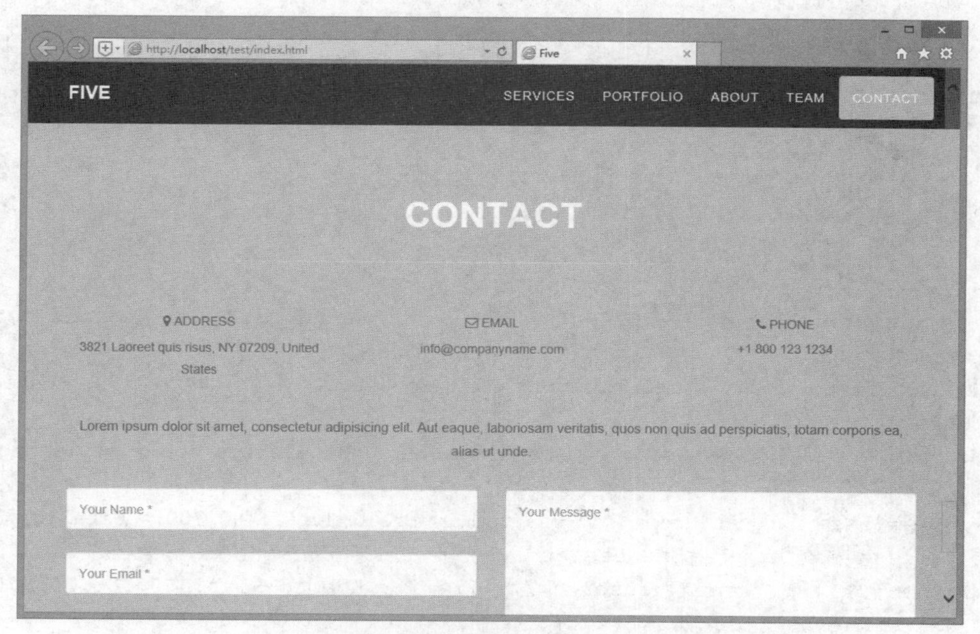

图 16.6　第六部分页面设计效果

16.2　准 备 工 作

扫一扫，看视频

本网站示例文件的核心是 Bootstrap 3.0 LESS、JavaScript 和按照要求组织的标记，搭配 HTML5 和 Font Awesome 图标字体。

首先，看一下 LESS 文件。默认的 Bootstrap 配置文件位于 LESS 文件夹中。Font Awesome 图标字体的 LESS 文件位于 font-awesome-4.1.0 文件夹。

自定义的 LESS 文件主要包含 3 个，简单说明如下：

- variables.less：这个文件基于 Bootstrap 定义的变量，新增了一些变量。
- mixins.less：这个文件主要定义 Bootstrap 按钮变体、背景样式和字体选择。
- agency.less：这个文件主要定义结构样式，包括通用样式、重新设计的主要按钮样式、自定义导航栏、根据设备响应式设计、通用块样式，以及其他区块样式，还包括时间轴样式、边栏等样式。

读者可以针对本例项目对以上 LESS 文件做一些改动。最后，把生成的静态 CSS 样式汇集到 CSS 文件夹中的 five.css 样式表文件中。

index.html 文件中的大部分标记都已就绪。

网站所用全部图片都保存在 img 文件夹中，其中的图片已针对 Web 进行了缩放、裁剪和优化，也已经插入到标记中适当的位置。

所有 JavaScript 文件存放在 JS 文件夹中，包括 jQuery 库文件、Bootstrap 库文件、第三方扩展库文件，以及本例专用 five.js 文件等。

打开 index.html 文件，完成库文件的安装，在头部区域导入样式表和字体文件，在主体区域底部导入 JavaScript 脚本文件。

```
<!DOCTYPE html>
<html>
<head>
<meta charset="utf-8">
<meta name="viewport" content="width=device-width, initial-scale=1">
<title>Five</title>
<!-- Bootstrap 核心样式表文件-->
<link href="css/bootstrap.min.css" rel="stylesheet">
<!-- 自定义样式表文件 -->
<link href="css/five.css" rel="stylesheet">
<!-- 自定义字体-->
<link href="font-awesome-4.1.0/css/font-awesome.min.css" rel="stylesheet" type=
"text/css">
<link href="http://fonts.useso.com/css?family=Montserrat:400,700" rel="stylesheet" type=
"text/css">
<link href='http://fonts.useso.com/css?family=Kaushan+Script' rel='stylesheet' type=
'text/css'>
<link href='http://fonts.useso.com/css?family=Droid+Serif:400,700,400italic,700italic'
rel='stylesheet' type='text/css'>
<link href='http://fonts.useso.com/css?family=Roboto+Slab:400,100,300,700' rel=
'stylesheet' type='text/css'>
<link href='http://fonts.useso.com/css?family=Open+Sans:400,400italic,700,600,600italic'
rel='stylesheet' type='text/css'>
<!-- HTML5 的垫片和 respond.js，确保 IE8 支持 HTML5 元素和媒体查询-->
<!–注意：如果查看页面通过 file://方式访问文件，respond.js 将不工作 -->
<!--[if lt IE 9]>
    <script src="https://oss.maxcdn.com/libs/html5shiv/3.7.0/html5shiv.js"></script>
    <script src="https://oss.maxcdn.com/libs/respond.js/1.4.2/respond.min.js"></script>
<![endif]-->
</head>
```

```
<body>

<!-- jQuery -->
<script src="js/jquery.js"></script>
<!—Bootstrap 核心 JavaScript 文件-->
<script src="js/bootstrap.min.js"></script>
<!-- JavaScript 插件文件 -->
<script src="js/jquery.easing.min.js"></script>
<script src="js/classie.js"></script>
<script src="js/cbpAnimatedHeader.js"></script>
<!-- 联系表单 JavaScript 文件 -->
<script src="js/jqBootstrapValidation.js"></script>
<script src="js/contact_me.js"></script>
<!-- 自定义主题 JavaScript 文件 -->
<script src="js/five.js"></script>
</body>
</html>
```

在浏览器中预览，则显示效果如图 16.7 所示。

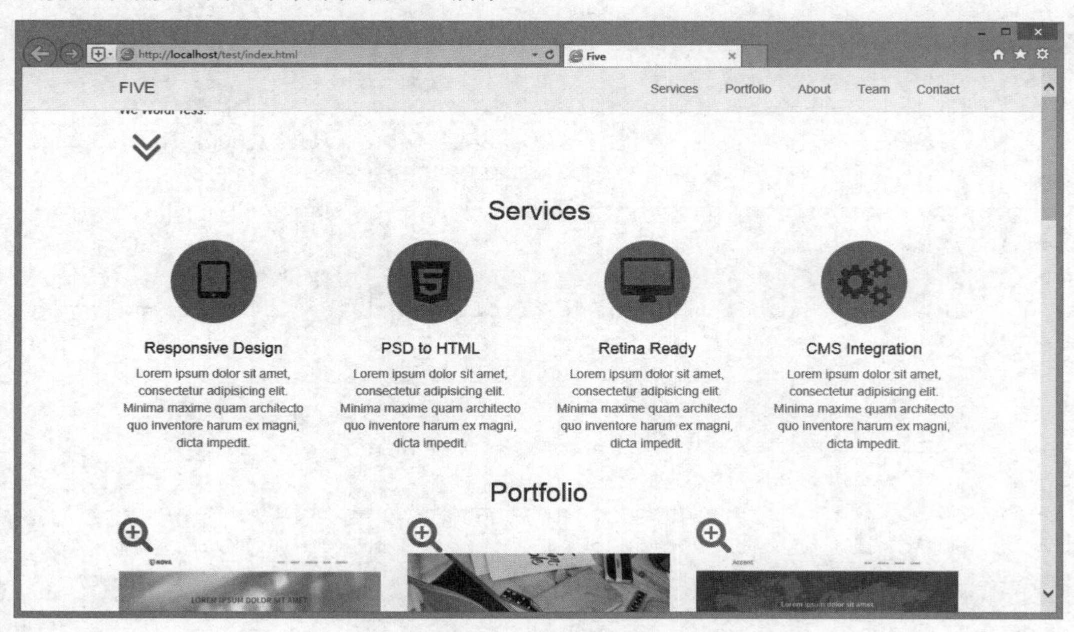

图 16.7　页面默认效果

图 16.7 为 Bootstrap 的默认样式，稍后会添加自定义样式，如固定在顶部的导航条、设计大号欢迎语的高清图等。

16.3　设计导航条

本示例项目包含一个固定在顶部的导航条，设计链接在悬停和激活状态会有不同的颜色变化。

【操作步骤】

第 1 步，构建导航条的 HTML 结构。整个结构包含两部分：第一部分为按钮控制框，第二部分为导航列表框，具体代码如下：

```
<nav>
    <div>
        <div></div>
        <div>
            <ul>
                <li> <a>Services</a> </li>
                <li> <a>Portfolio</a> </li>
                <li> <a>About</a> </li>
                <li> <a>Team</a> </li>
                <li> <a>Contact</a> </li>
            </ul>
        </div>
    </div>
</nav>
```

第 2 步，应用 Bootstrap 的组件类样式，设计导航条效果。在导航容器内嵌入<div class="container">流动包含框，然后在包含框中设计折叠按钮<div class="navbar-header page-scroll">、网站标题<span class="navbar-header page-scroll">和导航链接包含框<div class="collapse navbar-collapse">。

```
<!-- 导航 -->
<nav class="navbar navbar-default navbar-fixed-top">
    <div class="container">
        <div class="navbar-header page-scroll">
            <button type="button" class="navbar-toggle" data-toggle="collapse" data-
target="#bs-example-navbar-collapse-1"> <span class="sr-only">Toggle navigation
</span> <span class="icon-bar"></span> <span class="icon-bar"></span> <span class=
"icon-bar"></span> </button>
        </div>
        <span class="navbar-header page-scroll"><a class="navbar-brand page-scroll"
href="#page-top">FIVE</a></span>
        <!--收集的导航链接，和其他形式的内容-->
        <div class="collapse navbar-collapse" id="bs-example-navbar-collapse-1">
            <ul class="nav navbar-nav navbar-right">
                <li class="hidden"> <a href="#page-top"></a> </li>
                <li> <a class="page-scroll" href="#services">Services</a> </li>
                <li> <a class="page-scroll" href="#portfolio">Portfolio</a> </li>
                <li> <a class="page-scroll" href="#about">About</a> </li>
                <li> <a class="page-scroll" href="#team">Team</a> </li>
                <li> <a class="page-scroll" href="#contact">Contact</a> </li>
            </ul>
        </div>
        <!-- /.navbar-collapse -->
    </div>
    <!-- /.container-fluid -->
</nav>
```

第 3 步，设计 Affix 功能，应用附加导航。通过为页面绑定 scrollspy 事件处理函数，监听滚动条变化，把导航条固定在窗口顶部。

```
//突出顶部导航作为滚动发生
$('body').scrollspy({
```

```
    target: '.navbar-fixed-top'
})
```

第 4 步，为导航条项目绑定 click 事件，当单击导航项目时，将激活滚动监听事件，切换到指定栏目显示。

```
// jQuery 用于页面滚动功能，-需要 jQuery 的 Easing plugin 插件
$(function() {
    $('a.page-scroll').bind('click', function(event) {
        var $anchor = $(this);
        $('html, body').stop().animate({
            scrollTop: $($anchor.attr('href')).offset().top
        }, 1500, 'easeInOutExpo');
        event.preventDefault();
    });
});
```

第 5 步，设计导航按钮折叠响应功能，当单击该按钮时，将展示或隐藏菜单。

```
//关闭菜单项上的响应菜单
$('.navbar-collapse ul li a').click(function() {
    $('.navbar-toggle:visible').click();
});
```

第 6 步，在浏览器中预览，显示效果如图 16.8 所示。

折叠效果

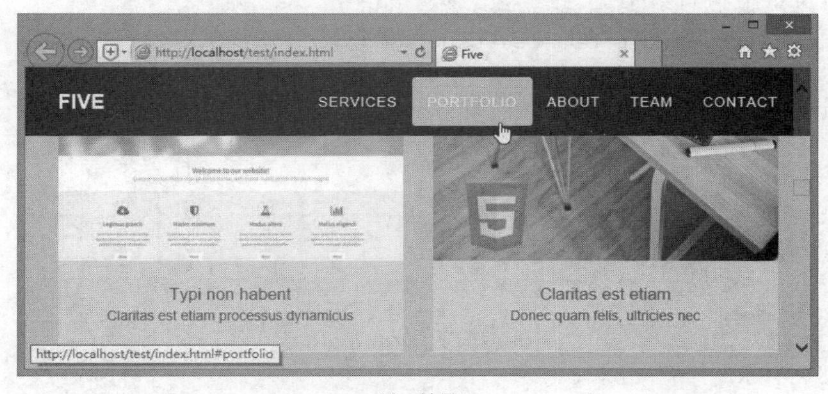

展开效果

图 16.8　设计导航条效果

16.4 设计主体内容

除了导航条外，整个页面包含 6 个部分：首屏欢迎界面、服务项目、文件夹、关于我们、团队成员、交互表单，下面分别进行介绍。

扫一扫，看视频

16.4.1 欢迎界面

首屏设计为大写的“欢迎界面”，版块结构如下：

```
<header>
    <div class="container">
        <div class="intro-text">
            <div class="intro-lead-in">Welcome To Our Website!</div>
            <div class="intro-heading">We design. We HTML5.<br>
                We WordPress.</div>
            <a href="#services" class="page-scroll btn btn-xl"><i class="fa fa-angle-
double-down fa-4x"></i></a> </div>
    </div>
</header>
```

整个版块以<header>标签定义，表示页面的头部信息，内部嵌套布局容器<div class="container">，该容器内包含两部分内容：欢迎信息文字和向下导航按钮。

在<header>标签中定义大背景图片，实现满屏显示，然后定义文字显示样式。

```
header {
    text-align: center;
    color: #fff;
    background-attachment: scroll;
    background-image: url(../img/header-bg.jpg);
    background-position: center center;
    background-repeat: none;
    background-size: cover;
}
```

为按钮绑定 page-scroll 类样式，实现导航滚屏特效，同时设计单击该按钮时将缓慢滚到服务介绍版块。其内部使用 Bootstrap 字体图标显示向下箭头。

```
<a href="#services" class="page-scroll btn btn-xl">
    <i class="fa fa-angle-double-down fa-4x"></i>
</a>
```

整个版块设计效果如图 16.9 所示。

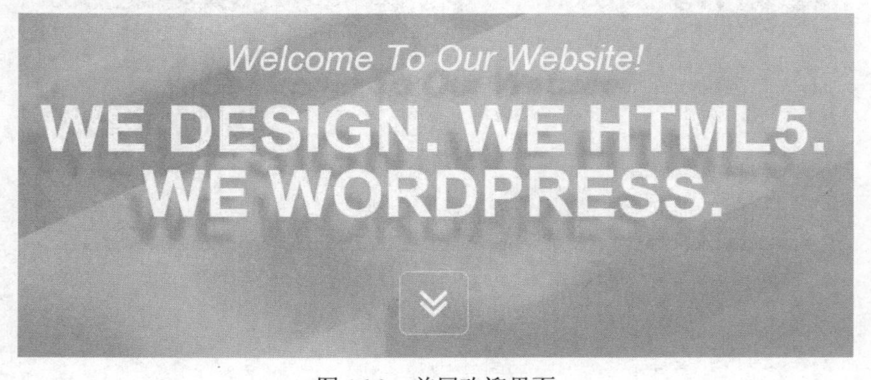

图 16.9　首屏欢迎界面

16.4.2　服务项目

扫一扫，看视频

“服务项目”的结构如下：

```
<section id="services">
    <div class="container">
        <div class="row">
            <div class="col-lg-12 text-center">
                <h2 class="section-heading">Services</h2>
                <div class="line"></div>
            </div>
        </div>
        <div class="row text-center services">
            <div class="col-md-3"> <span class="fa-stack fa-4x"> <i class="fa fa-circle fa-stack-2x text-primary"></i> <i class="fa fa-tablet fa-stack-1x services-icon"></i> </span>
                <h4 class="service-heading">Responsive Design </h4>
                <p class="text-muted">Lorem ipsum dolor sit amet, consectetur adipisicing elit. Minima maxime quam architecto quo inventore harum ex magni, dicta impedit.</p>
            </div>
            <div class="col-md-3"> <!--相同结构，省略--> </div>
            <div class="col-md-3"> <!--相同结构，省略--> </div>
            <div class="col-md-3"> <!--相同结构，省略--> </div>
        </div>
    </div>
</section>
```

整个栏目使用<section>标签定义，内部嵌套布局容器<div class="container">，使用<div class="row">定义栏目 2 行显示。首行显示栏目标题；第二行使用<div class="col-md-3">标签分 4 列显示，整体设计效果如图 16.10 所示。

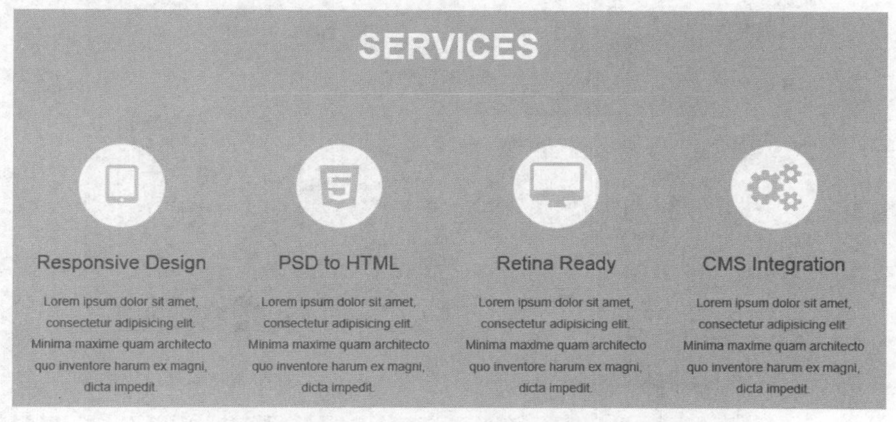

图 16.10　“服务项目”版块

16.4.3　文件夹

扫一扫，看视频

“文件夹”的结构如下：

```
<section id="portfolio" class="bg-light-gray">
    <div class="container">
        <div class="row">
            <div class="col-lg-12 text-center">
```

```
                <h2 class="section-heading">Portfolio</h2>
                <div class="line"></div>
            </div>
        </div>
        <div class="row">
            <div class="col-md-4 col-sm-6 portfolio-item"> <a href="#portfolioModal1"
class="portfolio-link" data-toggle="modal">
                <div class="portfolio-hover">
                    <div class="portfolio-hover-content"> <i class="fa fa-search-plus
fa-3x"></i> </div>
                </div>
                <img src="img/portfolio/portfolio1.png" class="img-responsive" alt=
""> </a>
                <div class="portfolio-caption">
                    <h4>Typi non habent</h4>
                    <p class="text-muted">Claritas est etiam processus dynamicus</p>
                </div>
            </div>
            <div class="col-md-4 col-sm-6 portfolio-item"><!--相同结构，省略--> </div>
            <div class="col-md-4 col-sm-6 portfolio-item"><!--相同结构，省略--> </div>
            <div class="col-md-4 col-sm-6 portfolio-item"><!--相同结构，省略--> </div>
            <div class="col-md-4 col-sm-6 portfolio-item"><!--相同结构，省略--> </div>
            <div class="col-md-4 col-sm-6 portfolio-item"><!--相同结构，省略--> </div>
        </div>
    </div>
</section>
```

“文件夹”栏目结构与“服务项目”结构基本相同，但第二行设计为响应设计，并根据浏览器窗口动态显示不同的栏目个数，效果如图 16.11 所示。

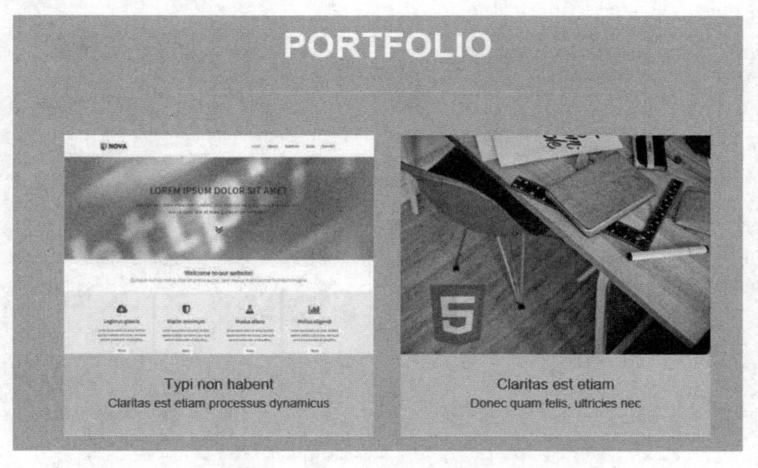

图 16.11　“文件夹”栏目

设计遮罩效果，默认状态下，透明显示<div class="portfolio-hover">遮罩层，当鼠标经过图片时，动态显示该遮罩层，并通过绝对定位覆盖在图片上面，效果如图 16.12 所示。

```
#portfolio .portfolio-item .portfolio-link .portfolio-hover {
    position: absolute;
    width: 100%;
    height: 100%;
```

```
    opacity: 0;
    background: rgba(254,209,54,.9);
    transition: all ease .5s;
}
#portfolio .portfolio-item .portfolio-link .portfolio-hover:hover {
    opacity: 1;
}
```

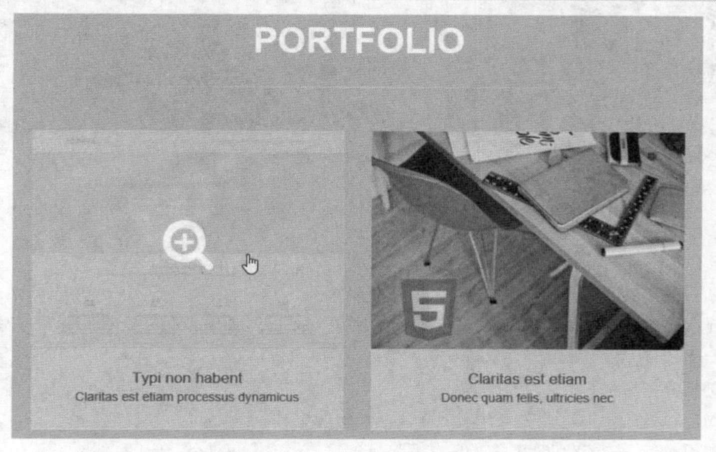

图 16.12　显示遮罩层

16.4.4　关于我们

扫一扫，看视频

“关于我们”的结构如下：

```
<section id="about">
    <div class="container">
        <div class="row">
            <div class="col-lg-12 text-center">
                <h2 class="section-heading">About</h2>
                <div class="line"></div>
            </div>
        </div>
        <div class="row">
            <div class="col-md-4">
                <h4 class="about-heading">Who we are</h4>
                <img class="img-responsive" src="img/about/1.jpg" alt="">
                <p class="text-muted">Lorem ipsum dolor sit amet, sit ad omnis illud
reprehendunt, et nominati accommodare nec. In diceret laboramus reprimique cum. Quo
ad error iudico accusata. An congue oratio maiorum eum. No est feugait euripidis.
Sed cu homero iuvaret, nam nonumy omittam vulputate at.</p>
            </div>
            <div class="col-md-4"><!--相同结构，省略--> </div>
        </div>
    </div>
</section>
```

“关于我们”栏目也借助了 Bootstrap 网格技术进行布局，效果如图 16.13 所示。

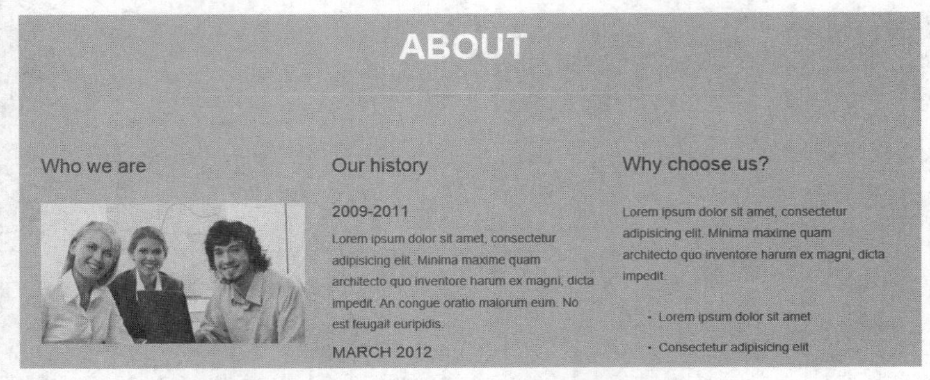

图 16.13 “关于我们”栏目

扫一扫，看视频

16.4.5 团队成员

“团队成员”的结构如下：

```
<section id="team" class="bg-light-gray">
    <div class="container">
        <div class="row">
            <div class="col-lg-12 text-center">
                <h2 class="section-heading">Team</h2>
                <div class="line"></div>
            </div>
        </div>
        <div class="row">
            <div class="col-sm-3">
                <div class="team-member"> <img src="img/team/1.jpg" class="img-responsive
img-circle" alt="">
                    <h4>Jessica</h4>
                    <p class="text-muted">Web Designer</p>
                    <ul class="list-inline social-buttons">
                        <li><a href="#"><i class="fa fa-twitter"></i></a> </li>
                        <li><a href="#"><i class="fa fa-facebook"></i></a> </li>
                        <li><a href="#"><i class="fa fa-linkedin"></i></a> </li>
                    </ul>
                </div>
            </div>
            <div class="col-sm-3"><!--相同结构，省略--> </div>
            <div class="col-sm-3"><!--相同结构，省略--> </div>
            <div class="col-sm-3"><!--相同结构，省略--> </div>
        </div>
        <div class="row">
            <div class="col-lg-8 col-lg-offset-2 text-center">
                <p class="large text-muted">Lorem ipsum dolor sit amet, consectetur
adipisicing elit. Aut eaque, laboriosam veritatis, quos non quis ad perspiciatis,
totam corporis ea, alias ut unde.</p>
            </div>
        </div>
    </div>
</section>
```

团队成员栏目包含 3 行 4 列，其中首行和尾行为单列显示，第二行显示为 4 列，团队成员图像使用 img-circle 类样式设计为圆形显示，底部通过字体图标显示联系方式，效果如图 16.14 所示。

图 16.14 “团队成员”版块

16.4.6 交互表单

“交互表单”的结构如下：

```
<section id="contact">
    <div class="container">
        <div class="row">
            <div class="col-lg-12 text-center">
                <h2 class="section-heading">Contact</h2>
                <div class="line"></div>
            </div>
        </div>
        <div class="row">
            <div class="col-md-4">
                <h5><i class="fa fa-map-marker"></i> Address</h5>
                <p>3821 Laoreet quis risus, NY 07209, United States</p>
            </div>
            <div class="col-md-4"></div>
            <div class="col-md-4"></div>
        </div>
        <div class="row">
            <div class="col-lg-8 col-lg-offset-2 text-center"></div>
        </div>
        <div class="row">
            <div class="col-lg-12">
                <form name="sentMessage" id="contactForm" novalidate> </form>
            </div>
        </div>
    </div>
</section>
```

整个栏目包含 5 行，第一行为栏目标题；第二行为联系地址、电子邮件信息、联系电话，并以 3 列并排方式显示；第三行为提示文字信息；第四行为表单结构；第五行为提交按钮。效果如图 16.15 所示。

图 16.15 “交互表单”版块

第 17 章　案例开发：个人摄影相册

本例设计一个个人摄影相册项目，项目为单页结构，使用 Bootstrap+jQuery 插件设计单视图导航效果，整个案例效果简洁、精致，适合初学者模仿学习。

【学习重点】

- 设计响应式网站结构。
- 配合 Bootstrap，使用 jQuery 插件。
- 设计 Font 图标。
- 使用 Bootstrap 网格布局。

17.1 设计思路

本例将设计一个简洁、精致的单视图网站，页面不可以垂直滚动，信息通过导航加载到视图中显示，主要设计目标说明如下：

- 页面整体设计风格清新，富有 Web 应用特性。
- 学习设计单视图 Web 应用。
- 设计高效的信息展示区，使用醒目的图标突出显示。
- 设计简洁，可用性强的表单结构。
- 设计图片轮播特效。

17.1.1 网站结构

扫一扫，看视频

本例文件具体存放文件夹说明如下：

- images：图片、视频、音频等多媒体素材。
- css：样式表文件。
- js：JavaScript 脚本文件。
- fonts：字体文件。

17.1.2 设计效果

扫一扫，看视频

本例是单页单视图应用，页面初始化显示如图 17.1 所示。

当在导航条中单击不同的项目，则会在视图中切换显示不同的项目内容，如图 17.2 所示。

图 17.1　视图页面显示效果

图 17.2　单视图设计效果

扫一扫，看视频

17.2　准备工作

本网站示例文件的核心是 index.html，网站所用全部图片都保存在 images 文件夹中，其中的图片已针对 Web 进行了缩放、裁剪和优化，也已经插入到标记中适当的位置。

所有 JavaScript 文件存放在 js 文件夹中，包括 jQuery 库文件、Bootstrap 库文件、第三方扩展库文件，以及本例专用 custom.js 文件等。

下载单视图导航插件 jquery.singlePageNav.js，访问地址为 https://github.com/ChrisWojcik/singlepage-nav。然后放到 js 文件夹中，读者也可以直接利用本章示例源代码中的 jquery.singlePageNav.js 文件。

jquery.singlePageNav.js 是一个轻量级的 jQuery 网站单页平滑滚动导航插件，点击对应的菜单项，网页即平滑地滚动到对应的内容区域。滚动鼠标滚轮，随着页面的滚动，菜单选项会跟随所显示的区域自动被选中。

单页视图插件在页面各菜单项的内容区域外添加额外的内容块，仍然可以正常工作，不会受到新增内容影响。

下载 jquery.flexslider.js 插件，Flexslider 是一款基于的 jQuery 内容滚动插件。它能够轻松创建内容滚动的效果，具有非常高的可定制性。开发者可以使用 Flexslider 轻松创建各种图片轮播效果、焦点图效果、图文混排滚动效果。访问地址为 http://www.woothemes.com/flexslider/。

打开 index.html 文件，完成库文件的安装，在头部区域导入样式表文件、字体文件和 JavaScript 脚本文件。

```
<!DOCTYPE html>
<head>
<title>个人摄影相册</title>
<meta charset="utf-8">
<meta name="viewport" content="initial-scale=1">
<link  href='http://fonts.googleapis.com/css?family=Open+Sans:400,600,700,800'rel=
'stylesheet' type='text/css'>
<link rel="stylesheet" href="css/animate.css">
<link rel="stylesheet" href="css/bootstrap.min.css">
<link rel="stylesheet" href="css/font-awesome.min.css">
<link rel="stylesheet" href="css/templatemo_misc.css">
<link rel="stylesheet" href="css/templatemo_style.css">
<!-- JavaScripts -->
<script src="js/jquery-1.10.2.min.js"></script>
<script src="js/jquery.singlePageNav.js"></script>
<script src="js/jquery.flexslider.js"></script>
<script src="js/custom.js"></script>
<script src="js/jquery-1.10.2.min.js"></script>
<script src="js/jquery.lightbox.js"></script>
<script src="js/templatemo_custom.js"></script>
<script src="js/jquery-git2.js"></script><!-- previous next script -->
</head>
<body>
</body>
</html>
```

17.3　设计单视图导航条

扫一扫，看视频

打开 index.html 文件，先设计导航条结构：

```
<div class="site-header">
    <div class="main-navigation">
        <div class="container">
            <div class="row">
                <div class="col-md-12">
```

```
                <!-- 下面导航条为移动设备进行响应 -->
                <div  class="responsive-navigation  visible-sm  visible-xs">  <a
href="#" class="menu-toggle-btn"> <i class="fa fa-bars fa-2x"></i> </a>
                    <div class="navigation responsive_menu">
                        <ul>
                            <li><a class="show-1 templatemo_home" href="#">主页</a> </li>
                            <li><a  class="show-2  templatemo_page2"  href="#"> 介 绍
</a></li>
                            <li><a  class="show-3  templatemo_page3"  href="#">作品集
</a></li>
                            <li><a  class="show-5  templatemo_page5"  href="#"> 联 系
</a></li>
                        </ul>
                    </div>
                    <!-- /.responsive_menu -->
                </div>
                <!-- /responsive_navigation -->
            </div>
        </div>
    </div>
    <div class="container">
        <div class="row">
            <div class="col-md-12 navigation">
                <div class="row main_menu">
                    <div class="col-md-2"><a id="prev">Prev</a></div>
                    <div class="col-md-2"><a class="show-1 templatemo_home" href= "#">
                        <div class="fa fa-home"></div></a></div>
                    <div class="col-md-2"><a class="show-2 templatemo_page2" href= "#">
                        <div class="fa fa-wrench"></div></a></div>
                    <div class="col-md-2"><a class="show-3 templatemo_page3" href="#">
                        <div class="fa fa-picture-o"></div></a></div>
                    <div class="col-md-2"><a class="show-5 templatemo_page5" href="#">
                        <div class="fa fa-phone"></div></a></div>
                    <div class="col-md-2"><a id="next">Next</a></div>
                </div>
            </div>
        </div>
    </div>
  </div>
</div>
```

整个导航结构分为 2 行显示，使用 Bootstrap 网格系统进行控制，然后定义导航条组件。第一行导航条显示为文字效果，垂直堆叠显示，通过 class="responsive-navigation visible-sm visible-xs"定义该导航条仅在移动设备中可见；然后在第二行再设计一个导航条，以大的文字图标形式显示，在 CSS 样式表中设计当设备为桌面大屏时，显示第二个导航条，在移动设备中隐藏该导航条，效果如图 17.3 所示。

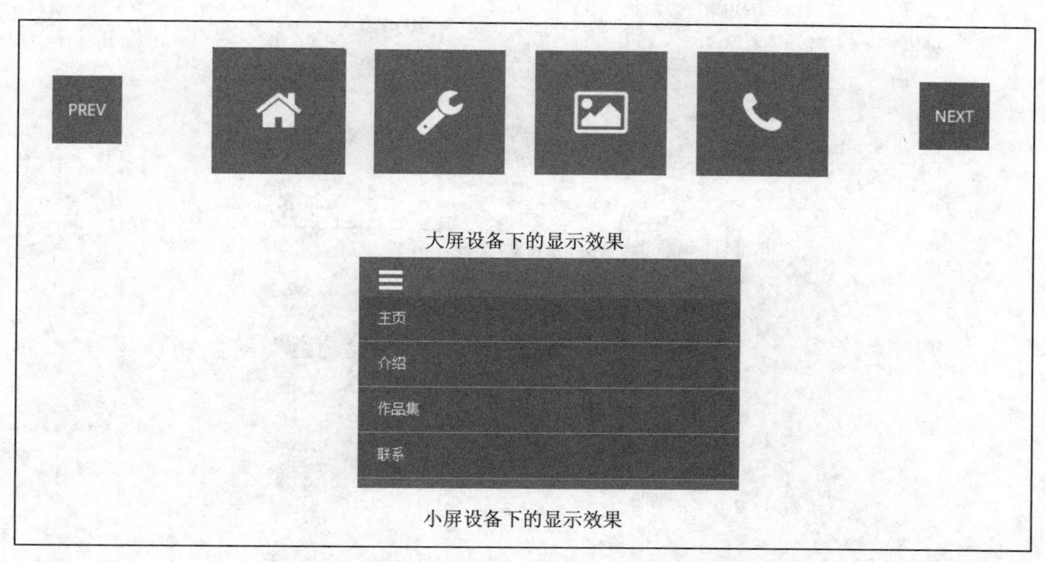

图 17.3　设计导航条显示效果

在小屏设备下，使用<a href="#" class="menu-toggle-btn">折叠按钮进行设计，默认仅显示按钮，单击该按钮将展开堆叠的文字导航条。

在页面初始化事件处理函数中，为导航链接绑定 click 事件，设计当单击该选项时，获取要显示的板块，然后隐藏其他板块内容，仅显示对应板块。

```
$(".main_menu a, .responsive_menu a").click(function(){
    var id =  $(this).attr('class');
    id = id.split('-');
    $("#menu-container .content").hide();
    $("#menu-container #menu-"+id[1]).addClass("animated fadeInDown").show();
    $("#menu-container .homepage").hide();
    $(".support").hide();
    $(".testimonials").hide();
    return false;
});
```

最后，实例化 singlePageNav 插件，为导航条绑定 singlePageNav。

```
$('.navigation').singlePageNav({
    currentClass : 'active'
});
```

17.4　设计主体内容

除了导航条外，整个页面包含 4 个部分：焦点视图、关于我们、作品集和联系我们，下面分别进行介绍。

17.4.1　焦点视图

扫一扫，看视频

“焦点视图”用到 jquery.flexslider.js 插件。首先，设计焦点视图结构：

```
<div class="content homepage" id="menu-1">
    <div class="container">
```

```
        <div class="row">
            <div class="col-md-12">
                <div class="main-slider">
                    <div class="flexslider">
                        <ul class="slides">
                            <li>
                                <div class="slider-caption">
                                    <h2>图片标题 1</h2>
                                    <p>图片说明文字 1</p>
                                </div>
                                <img src="images/slide1.jpg" alt="Slide 1"> </li>
                            <li>…</li>
                            <li>…</li>
                            <li>…</li>
                        </ul>
                    </div>
                </div>
            </div>
        </div>
    </div>
</div>
```

整个焦点视图板块内容装在<div class="content homepage" id="menu-1">容器中，在其中通过<div class="container">容器定义网格布局框，使用<div class="row">定义一行显示，使用<div class= "col-md-12">定义单列显示。

再插入<div class="flexslider">和<ul class="slides">嵌套容器，设计轮播焦点视图特效，其内包含<ul class="slides">列表框，该列表框作为轮播的列表项目框。使用<div class="slider-caption">定义焦点视图提示文字。

在 JavaScript 脚本中，实例化 flexslider 插件，激活轮播特效。

```
$('.flexslider').flexslider({
   animation: "fade",
   directionNav: false
});
```

预览效果如图 17.4 所示。

图 17.4　轮播效果的焦点视图

提示：

flexslider 插件具有以下特性：

- 支持滑动和淡入淡出效果。
- 支持水平、垂直方向滑动。
- 支持键盘方向键控制。
- 支持触控滑动。
- 支持图文混排，支持各种 html 元素。
- 自适应屏幕尺寸。
- 可控制滑动单元个数。
- 更多选项设置和回调函数。

使用.flexslider 包括所有需要滚动的内容元素，然后使用<ul class="slides">，这个 class 非常关键，内部的滚动内容都是针对.slides 的，然后在<li>内部加入任意 HTML 元素，包括图片和文字。

flexslider 提供了丰富的选项配置以及回调函数，可满足大多数开发者的需求，具体说明如表 17.1 所示。

表 17.1 flexslider 选项设置

参　数	描　述	默 认 值
animation	动画效果类型，包括"fade"：淡入淡出，"slide"：滑动	"fade"
easing	内容切换时缓动效果，需要 jquery easing 插件支持	"swing"
direction	内容滚动方向，有"horizontal"：水平方向 和"vertical"：垂直方向	"horizontal"
animationLoop	是否循环滚动	true
startAt	初始滑动时的起始位置，定位从第几个开始滑动	0
slideshow	是否自动滑动	true
slideshowSpeed	滑动内容展示时间（ms）	7000
animationSpeed	内容切换时间（ms）	600
initDelay	初始化时延时时间	0
pauseOnHover	鼠标滑向滚动内容时，是否暂停滚动	false
touch	是否支持触摸滑动	true
directionNav	是否显示左右方向箭头按钮	true
keyboard	是否支持键盘方向键操作	true
minItems	一次最少展示滑动内容的单元个数	1
maxItems	一次最多展示滑动内容的单元个数	0
move	一次滑动的单元个数	0
回调函数	start: function(){}、before: function(){}、after: function(){}、end: function(){}、added: function(){}、removed: function(){}、init: function(){}	-

17.4.2 关于我们

扫一扫，看视频

“关于我们”的结构如下：

```
<div class="content service" id="menu-2">
    <div class="container">
        <div class="row">
            <div class="col-md-12">
```

```
                <h1>关于我们</h1>
            </div>
        </div>
        <div class="row">
            <div class="col-md-3 col-sm-12 templatemo_servicegap">
                <div class="templatemo_icon"> <span class="fa fa-flask"></span> </div>
                <div class="templatemo_greentitle">这里有免费图库</div>
                <div class="clear"></div>
                <p>我们知道互联网从业者，特别是媒体/设计行业的朋友总是为去哪里找免费图库发
愁，...... </p>
            </div>
            <div class="col-md-3 col-sm-12 templatemo_servicegap">...</div>
            <div class="col-md-3 col-sm-12 templatemo_servicegap">...</div>
            <div class="col-md-3 col-sm-12 templatemo_servicegap">...</div>
        </div>
    </div>
    <div class="clear"></div>
    <div class="container">
        <div class="row">
            <div class="col-md-12">
                <h1>团队成员</h1>
            </div>
        </div>
        <div class="clear"></div>
        <div class="row">
            <div class="col-md-4 col-sm-12 templatemo_servicegap"> <img src="images/
member1.jpg" alt="Tracy - Designer">
                <div class="templatemo_email"> <a href="#"><div class="fa fa-envelope">
</div></a> </div>
                <div class="clear"></div>
                <div class="templatemo_teamtext">
                    <div class="templatemo_teamname">
                        <div class="templatemo_teamtitle">a 君</div>
                        <div class="templatemo_teampost">摄影师</div>
                    </div>
                    <div class="templatemo_teamsocial">社交媒体:
                        <div>...</div>
                </div>
            </div>
            <div class="col-md-4 col-sm-12 templatemo_servicegap"></div>
            <div class="col-md-4 col-sm-12 templatemo_servicegap"></div>
        </div>
    </div>
</div>
```

整个栏目使用<div class="content service" id="menu-2">容器定义。第一个布局容器<div class="container">介绍“我们”，使用 Bootstrap 布局网格设计，包含 2 行内容，第一行显示标题，第二行显示 4 列介绍，如图 17.5 所示。

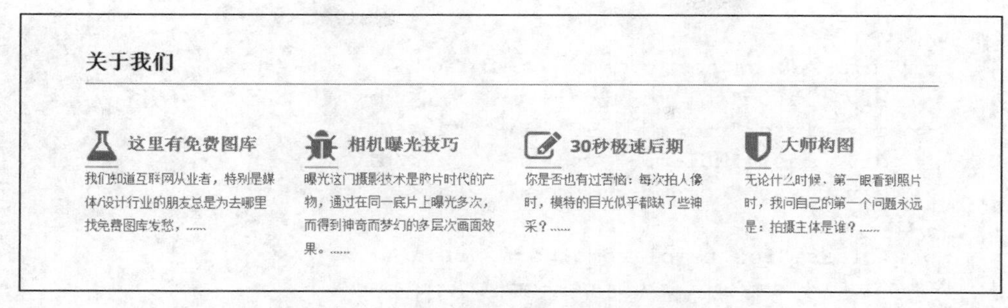

图 17.5　关于我们版块

第二个布局容器与第一个布局容器使用<div class="clear"></div>换行显示，避免串行。

第二个布局容器也包含 2 行内容，第一行为标题，第二行为 3 列图文介绍，如图 17.6 所示。

图 17.6　团队成员

17.4.3　作品集

扫一扫，看视频

“作品集”的结构如下：

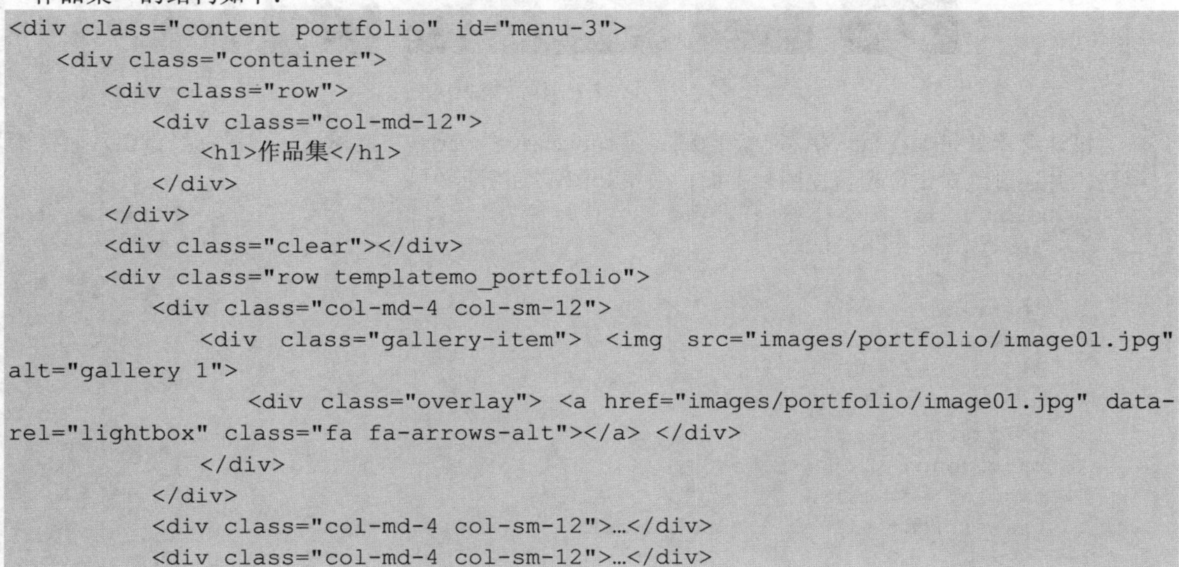

```
<div class="content portfolio" id="menu-3">
    <div class="container">
        <div class="row">
            <div class="col-md-12">
                <h1>作品集</h1>
            </div>
        </div>
        <div class="clear"></div>
        <div class="row templatemo_portfolio">
            <div class="col-md-4 col-sm-12">
                <div  class="gallery-item">  <img  src="images/portfolio/image01.jpg"
alt="gallery 1">
                    <div class="overlay"> <a href="images/portfolio/image01.jpg" data-
rel="lightbox" class="fa fa-arrows-alt"></a> </div>
                </div>
            </div>
            <div class="col-md-4 col-sm-12">…</div>
            <div class="col-md-4 col-sm-12">…</div>
```

```
        </div>
        <div class="row templatemo_portfolio">
            <div class="col-md-3 col-sm-12">…</div>
            <div class="col-md-3 col-sm-12">…</div>
            <div class="col-md-3 col-sm-12">…</div>
            <div class="col-md-3 col-sm-12">…</div>
        </div>
        <div class="row templatemo_portfolio">
            <div class="col-md-2 col-sm-12">…</div>
            <div class="col-md-2 col-sm-12">…</div>
            <div class="col-md-4 col-sm-12 templatemo_imagecontrol">…</div>
            <div class="col-md-2 col-sm-12">…</div>
            <div class="col-md-2 col-sm-12">…</div>
        </div>
    </div>
</div>
```

作品集使用 Bootstrap 网格系统布局，设计 4 行多列样式，第一行显示标题，第二行到第四行为图片的展示，然后每行根据图片的大小分别显示 4 列或 3 列不等，效果如图 17.7 所示。

图 17.7　作品集版块

设计遮罩效果，在默认状态下，隐藏显示<div class="overlay">遮罩层，当鼠标经过图片时，渐显该遮罩层，并通过绝对定位覆盖在图片上面，效果如图 17.8 所示。

```
.gallery-item .overlay {
    position: absolute;
    top: 30px;
    left: 0;
    width: 100%;
    min-width: 100%;
    min-height: 100%;
    height: 100%;
    background-color: rgba(0, 0, 0, 0.4);
    display: block;
    transition: all 50ms ease-in-out;
}
```

```
a, a:hover, a:focus {
    text-decoration: none;
    transition: all 150ms ease-in;
}
```

图 17.8　显示遮罩层

17.4.4　联系我们

扫一扫，看视频

“联系我们”的结构如下：

```
<div class="content contact" id="menu-5">
    <div class="container">
        <div class="row">
            <div class="col-md-12">
                <h1>联系我们</h1>
            </div>
        </div>
        <div class="clear"></div>
        <div  class="row">
            <div class="col-md-12"></div>
        </div>
        <div class="clear"></div>
        <div class="row">
            <div class="col-md-8 col-sm-12">
                <form action="#" id="contact_form">
                    <div class="templatemo_textbox">
                        <input  name="fullname"  type="text"  class="form-control"  id=
"fullname" placeholder="姓名">
                    </div>
                    <div class="templatemo_textbox">
                        <input name="email" type="text" class="form-control" id="email"
placeholder="E-mail">
                    </div>
                    <div class="clear"></div>
                    <div class="templatemo_textareabox">
                        <textarea  name="message"  class="form-control"  id="message"
placeholder="详细信息"></textarea>
                        <div class="clear"></div>
                        <button type="button" class="btn btn-primary">发送信息</button>
                    </div>
```

```
                </form>
                <div class="clear"></div>
            </div>
            <div class="col-md-4 col-sm-12 templatemo_address">
                <ul></ul>
            </div>
        </div>
    </div>
</div>
```

整个栏目也使用 Bootstrap 网格系统布局，设计 3 行显示，第一行为标题；第二行为大屏信息框；第三行为表单框，表单框使用 2 列布局，左侧为表单，右侧为联系信息，效果如图 17.9 所示。

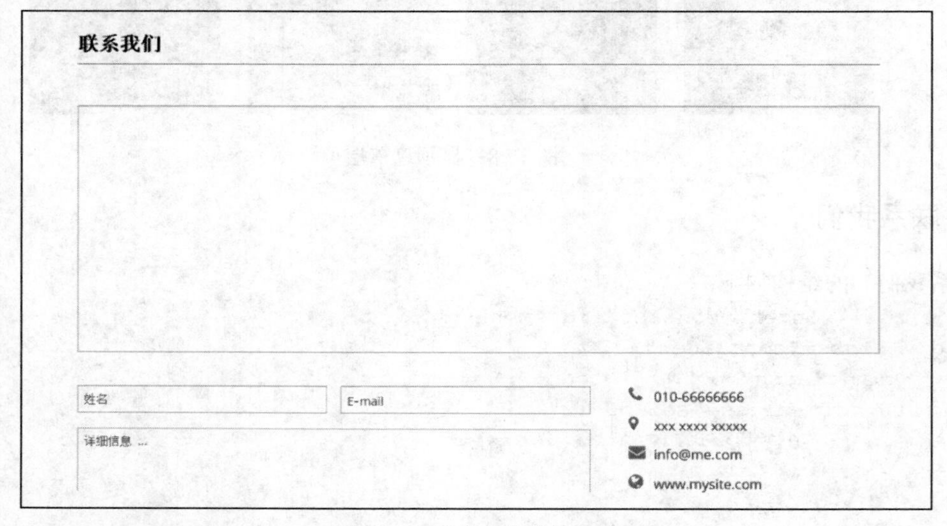

图 17.9　联系表单设计效果

第 18 章　案例开发：单词分享网站

互联网中各种 Web 应用千奇百怪，如雨后春笋不断闯入人们的视野。借助 Bootstrap 成熟的响应式框架，用户可快速地把自己的想法变成实际项目，节省开发成本，赢得时间。本例将要构建的主题是基于一个基本单词分享的学习型网站。

【学习重点】

- 利用 Bootstrap 设计优雅、成熟的首页
- 设计阅读页面。
- 设计小组圈。
- 设计打卡创意。
- 设计词根应用。

18.1　准备工作

使用 Bootstrap 开发网站，读者应该适当做些准备工作，特别是 Bootstrap 定制工作不能够忽视，当然网站本身的策划、网站配色、网站技术和资料的准备等都是不可或缺的环节，下面就几个主要问题进行说明。

18.1.1　定制 Bootstrap

扫一扫，看视频

定制 Bootstrap 是一件很重要的工作，第 2 章曾经详细说明过，这里结合本章案例再进一步详细说明。

【操作步骤】

第 1 步，定制网站配色系统。每个网站都有自己的色彩风格，这个在设计之初就应该基本确定。例如，针对本案例来说，主色调为灰色和灰绿色。因此，这里需要定制几个基本颜色：

- 网页背景色：#E4E4E4（浅灰色）。
- 网页前景色（字体颜色）：#333333（深灰色）。
- 超链接颜色：#56A590（灰绿色）。
- 鼠标经过颜色：#209E85。

其他颜色不是很重要，可以忽略，但是上面 4 个基本颜色必须定制。如果忘记定制，而是直接引用 Bootstrap 框架的默认样式，则应该在本地样式表中重置这些基本样式。代码如下：

```
body {
   color: #333333;
   background-color: #E4E4E4;
}
a { color: #56A590; }
a:hover, a:focus { color: #209E85; }
```

定制工作可以在 http://twitter.github.io/bootstrap/customize.html 页面完成，如图 18.1 所示。

第 2 步，定制网格系统。Bootstrap 默认网格系统：网页宽度 940 像素，12 格，每格宽度 60 像素，网格间隔 20 像素。例如，如果设计网站宽度为 950 像素，网格数为 24，每个网格宽度 30 像素，网格间

隔为 10 像素，则定制如图 18.2 所示。

Scaffolding

@bodyBackground

#E4E4E4

@textColor

#333333

Links

@linkColor

#56A590

@linkColorHover

#209E85

图 18.1　定制网站色彩

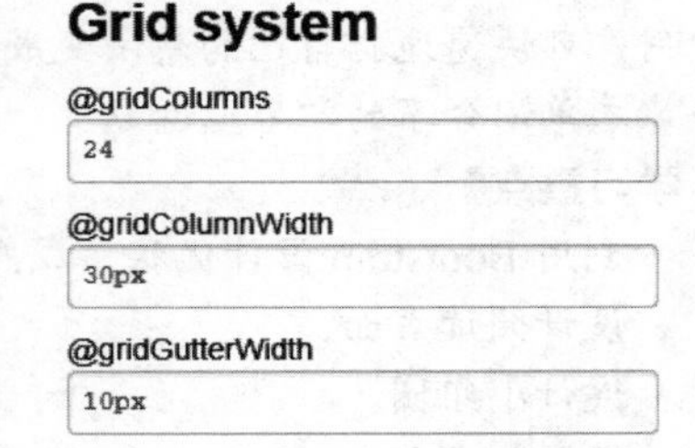

图 18.2　定制网格系统

第 3 步，除了页面基本色彩问题、网格系统，读者也可以根据需要定制各种组件的基本样式或者标签基本样式。不过对于这些非基本样式，建议在本地样式表中重置覆盖。

扫一扫，看视频

18.1.2　初始化 Bootstrap

应用 Bootstrap 框架的页面建议为 HTML5 文档类型。同时在页面头部区域导入框架基本样式表文件和脚本文件。

```
<script type="text/javascript" src="bootstrap/js/jquery-1.9.1.js"></script>
<script type="text/javascript" src="bootstrap/js/bootstrap.js"></script>
<link href="bootstrap/css/bootstrap.css" rel="stylesheet" type="text/css" />
```

必须导入 jQuery 框架文件、Bootstrap 样式表文件，如果在页面中使用多个插件，则可以导入 bootstrap.js；如果仅需要特定插件，可以仅导入该特定的插件文件，具体文件可以查看未压缩的 Bootstrap 压缩包。

如果需要设计响应式页面，则还应该导入 bootstrap-responsive.css 文件，并把它置于 bootstrap.css 文件之后。具体代码如下：

```
<!doctype html>
<html>
<head>
<meta charset="utf-8">
<script type="text/javascript" src="bootstrap/js/jquery-1.9.1.js"></script>
<script type="text/javascript" src="bootstrap/js/bootstrap.js"></script>
<link href="bootstrap/css/bootstrap.css" rel="stylesheet" type="text/css" />
<link href="bootstrap/css/bootstrap-responsive.css" rel="stylesheet" type="text/css"/>
<link href="css/style.css" rel="stylesheet" type="text/css" />
</head>
<body>
</body>
</html>
```

应用 Bootstrap 插件时，推荐使用 data 属性激活，不建议使用 JavaScript 脚本激活，对于部分插件必须使用 Javascript 脚本激活的除外。各种插件的激活方法，请参阅第 7 章。

如果需要配置插件参数，则可以使用 data 方法设置，也可以使用 JavaScript 构造函数进行配置，具体方法可根据需要进行选择。

完成页面初始化设置后，下面的工作就是根据页面设计草图，分别引用 Bootstrap 网格系统完成页面版式设计，然后使用 Bootstrap 组件、插件设计各个具体模块的样式和交互效果。

最后，读者也可使用本地样式表文件对 Bootstrap 样式进行重置和修补，也可在页面引入其他技术框架，实现技术混合开发。

18.2　首 页 设 计

在全面考虑好网站的栏目、结构、风格和配色等基本问题之后，便可动手制作首页。在网站开发中，首页设计和制作将会占整个制作时间的 40%。首页设计是一个网站成功与否的关键，应该让用户看到第一页就会对整个网站有一个整体的感觉。

扫一扫，看视频

18.2.1　设计思路

首页类似书的封面，但又不同于封面设计。封面式网页没有具体内容，只放一个 Logo 点击进入，或者只有简单的图形菜单。除非设计艺术类站点，或者可以确信内容独特，可以吸引浏览者进一步点击进入站点，否则的话，封面式首页并不会给站点带来什么好处。从根本上说，首页就是全站内容的目录，是一个索引。但只是罗列目录显然是不够的，如何才能设计好一个首页呢？

【操作步骤】

第 1 步，确定首页的功能模块。

首页的内容模块是指在首页上实现的主要内容和功能。一般的站点都需要这样一些模块：网站名称（Logo）、广告条（Banner）、主菜单（Menu）、新闻（News）、搜索（Search）、链接（Links）、版权（Copyright）等。选择哪些模块，实现哪些功能，是否需要添加其他模块都是首页设计首先需要确定的。

本案例首页主要包括网站名称和标识、主菜单、灯箱广告、宣传性新闻、链接和版权几个功能模块。

第 2 步，设计首页的版面。

在功能模块确定后，开始设计首页的版面。就像搭积木，每个模块是一个单位积木，如何拼搭出一座漂亮的房子，就需要创意和想象力。

设计版面的最好方法是：找一张白纸，一支笔，先将理想中的草图勾勒出来，然后再用网页制作软件实现。例如，在设计本案例之前，初步勾勒一幅草图，如图 18.3 所示，整个网站包含 4 部分：头部标题区、主体灯箱广告位、新闻展示位和网站相关链接和版权信息区域。根据草图设计整个页面框架模块，如图 18.4 所示。

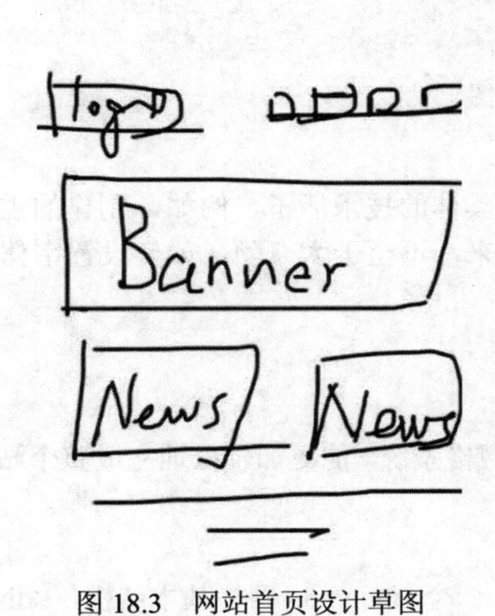

图 18.3　网站首页设计草图

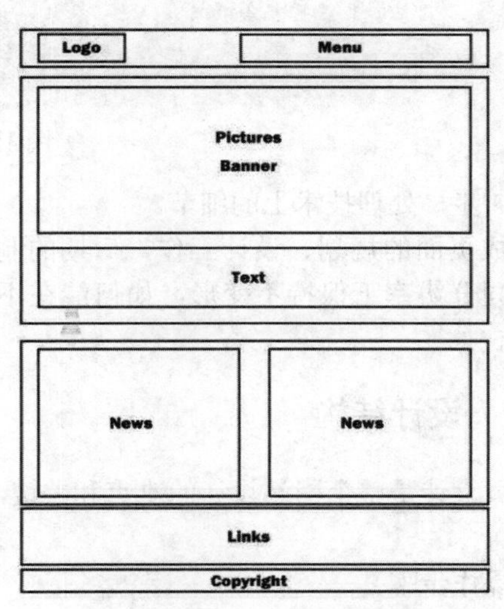

图 18.4　网站首页设计模块图

如有需要，建议读者使用 Photoshop 绘制效果图，然后通过切片输出。由于本站点使用 Bootstrap 框架进行设计，布局采用 Bootstrap 的 940 网格系统，样式借用 Bootstrap 模板组件，只需要确定整个页面的结构和配色即可，所以整个页面不需要使用 Photoshop 输出效果图，整个首页设计效果如图 18.5 所示。

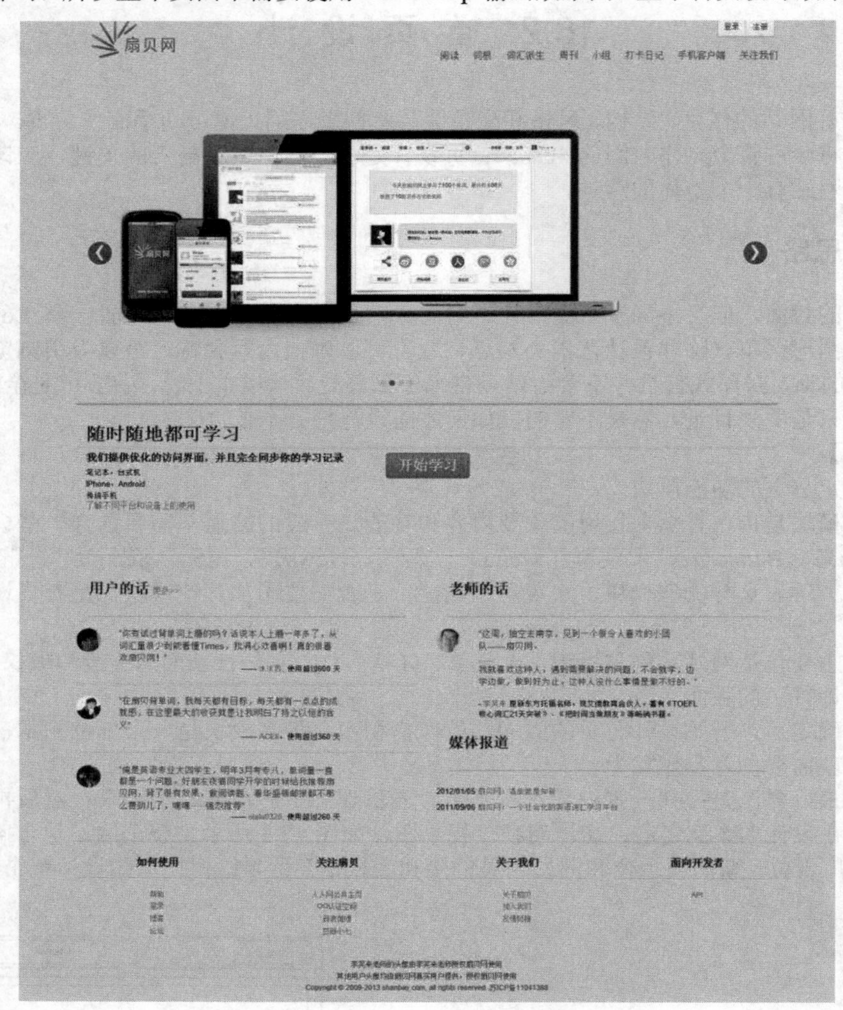

图 18.5　首页设计效果图

第 3 步，处理技术上的细节。

完成页面的规划、设计工作，后期的制作过程就是一些具体的技术活了，例如，制作的主页如何能在不同分辨率下保持不变形，如何能在不同浏览器下看起来都不至于太丑陋，如何设置字体和链接颜色等。

18.2.2　设计结构

扫一扫，看视频

首页设计是整个网站设计的难点和关键，借助 Bootstrap 网格系统，能更加轻松地完成整个站点的设计制作。

【操作步骤】

第 1 步，启动 index.html 首页文档，在<body>标签内设计一个 Bootstrap 网格基本结构，<div class="container">包含框设置页面宽度为 940 像素，设计页面居中显示；<div class="row">包含框设计每行版块，其中包含两个同等宽度的列，每列宽度为 470 像素。

```
<div class="container">
    <div class="row">
        <div class="span6"></div>
        <div class="span6"></div>
    </div>
</div>
```

第 2 步，在这个框架基础上添加 3 行版块：标题栏、整版灯箱广告、版权信息区。考虑到这 3 行内容块不需要多列布局，因此不再需要 row 控制。

```
<div class="container">
    <div id="page-head" class="clearfix">
        <div id="logo"></div>
        <div id="page-head-right"></div>
    </div>
    <div id="carousel_box" class="carousel slide">
        <ol class="carousel-indicators"> </ol>
        <div class="carousel-inner"></div>
    </div>
    <div class="row">
        <div class="span6"></div>
        <div class="span6"></div>
    </div>
    <footer>
        <div class="row"></div>
        <div class="copyright"></div>
    </footer>
</div>
```

第 3 步，根据页面三级结构细化文本内容，如列表信息、分类链接、标题和段落文本等，对于细节结构，主要用到<ol>、<li>、<h2>、<p>标签。具体细节结构请读者参阅本书源代码。

18.2.3　设计主菜单和按钮

扫一扫，看视频

标题栏包含 3 个部件：Logo、主菜单和用户交互按钮，如图 18.6 所示。为了避免标题栏与下面一行栏目发生重叠，在标题栏包含框中引入 clearfix 类，清除下一行浮动错位问题。使用 pull-left 类把网站 Logo 推到左侧显示，使用 pull-right 类把“登录”和“注册”按钮推到页面右侧显示。

设置页面主菜单栏在右侧浮动显示，并通过相对定位方式调整上下、左右的偏移位置，效果如图 18.6 所示。

```
<div id="page-head" class="clearfix">
    <div class="pull-left"> <a href="#"><img src="images/landing_page_logo.png"
/></a> </div>
    <div id="page-head-right">
        <div id="main-login" class="pull-right"> <a id="" class="twi-btn-left" name=
"login" href="#"><span>登录</span></a><a id="" class="twi-btn-right" name="register"
href="#"><span>注册</span></a> </div>
        <div id="main-menu"> <a href="#">阅读</a> <a href="#">词根</a> <a href="#">
词汇派生</a> <a href="#">周刊</a> <a href="#">小组</a> <a href="#">打卡日记</a> <a
href="#">手机客户端</a> <a href="#">关注我们</a> </div>
    </div>
</div>
```

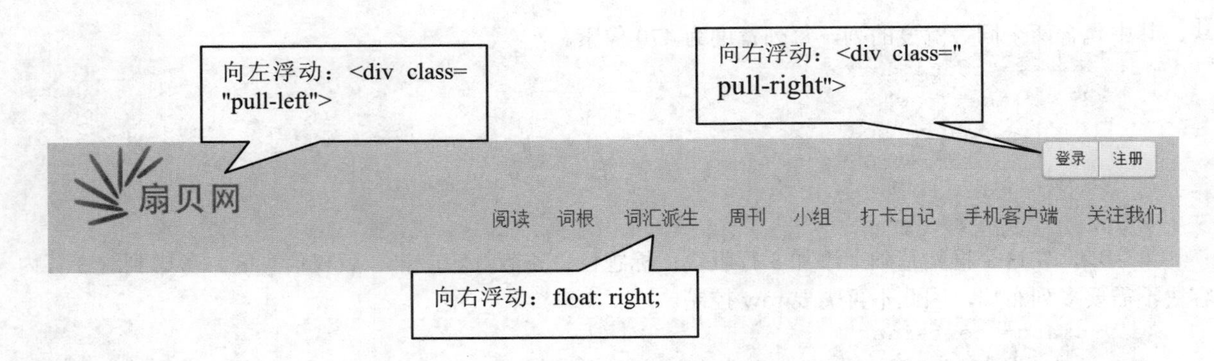

图 18.6 标题栏构成效果

Bootstrap 提供了按钮基本样式（btn）以及系列风格，如 btn-success。本示例中考虑到页面配色需要，我们重新自定义了 btn 样式，并命名为 twi-btn-left 和 twi-btn-right。这里运用了背景图片切换模式来模拟 Bootstrap 风格按钮样式，确保与页面色彩保持一致。代码如下：

```
/*“登录”按钮样式*/
.twi-btn-left { background: url(../images/icons.png) no-repeat 0 -64px; width: 54px;
height: 40px; display: inline-block; text-align: center; }
.twi-btn-left:hover { background: url(../images/icons.png) no-repeat 0px -144px; }
.twi-btn-left:hover span { color: white; }
.twi-btn-left span { line-height: 40px; text-indent: 6px; color: #555555; display:
inline-block; width: 32px; height: 32px; cursor: pointer; }
/*“注册”按钮样式*/
.twi-btn-right { background: url(../images/icons.png) no-repeat -54px -64px; width:
54px; height: 40px; display: inline-block; text-align: center; }
.twi-btn-right:hover, .twi-btn-right.active { background: url(../images/icons.png)
no-repeat -54px -104px; }
.twi-btn-right:hover span, .twi-btn-right.active span { color: white; }
.twi-btn-right span { text-indent: -6px; color: #555555; display: inline-block;
line-height: 40px; width: 32px; height: 32px; cursor: pointer; }
```

设计思路：事先做好按钮图，包含默认效果和鼠标经过效果两个小图，可以把它们合成在一张大图中，如图 18.7 所示，这种技巧就是 CSSSprites，借助 CSS 背景定位技术实现背景图的切换显示。交互行为的触发机制借助鼠标伪类样式来实现，即正常状态样式和 hover 伪类状态样式。

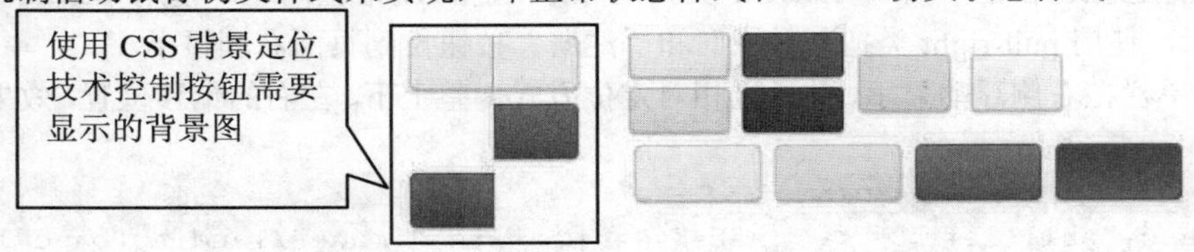

图 18.7 设计的按钮背景合成图（部分）

扫一扫，看视频

18.2.4 设计轮播广告位

Bootstrap 轮播插件结构比较固定，轮播包含框需要指明 ID 值和 carousel、slide 类。框内包含三部分组件：标签框（carousel-indicators）、图文内容框（carousel-inner）和左右导航按钮（left、carousel-control）。通过 data-target="#carousel_box"属性启动轮播，使用 data-slide-to="0"、data-slide="prev"、data-slide="next"定义交互按钮的行为。完整的结构代码如下：

```
<div id="carousel_box" class="carousel slide">
```

```
        <ol class="carousel-indicators">
            <li data-target="#carousel_box" data-slide-to="0" class="active"></li>
        </ol>
        <div class="carousel-inner">
            <div class="item active"></div>
        </div>
        <a class="left carousel-control" href="#carousel_box" data-slide="prev"> &
lsaquo;</a>
        <a class="right carousel-control" href="#carousel_box" data-slide="next">&
rsaquo;</a>
 </div>
```

在轮播基本结构基础上，我们来设计本案例首页的轮播广告位结构。考虑到设计需要，在图文内容框（carousel-inner）中包裹了多层内嵌结构。标签框通过有序列表结构定义（<ol class="carousel-indicators">）。图文内容框（carousel-inner）中每个图文项目使用<div class="item">定义，在该项目框中使用<div class="carousel-caption">定义轮播图的标签文字框，并借助 Bootstrap 网格系统设计两列布局版式。

左右导航按钮使用 carousel-control 来设计，并通过 left 和 right 定义左右导航箭头样式，通过 href="#carousel_box"绑定轮播空间的目标框，使用 data-slide="prev"和 data-slide="next"激活轮播行为。整个轮播广告的结构如下：

```
<a class="left carousel-control" href="#carousel_box" data-slide="prev">
<div id="carousel_box" class="carousel slide">
       <ol class="carousel-indicators">
           <li data-target="#carousel_box" data-slide-to="0" class="active"></li>
           <li data-target="#carousel_box" data-slide-to="1"></li>
           <li data-target="#carousel_box" data-slide-to="2"></li>
           <li data-target="#carousel_box" data-slide-to="3"></li>
       </ol>
       <div class="carousel-inner">
           <div class="item active"> <a href="#"><img src="images/reader.jpg" alt="
扇贝阅读"/></a>
               <div class="carousel-caption">
                   <div class="slide-col2">
                       <h2>扇贝阅读</h2>
                       <div class="row"></div>
                   </div>
               </div>
           </div>
           <div class="item"> <a href="#"><img src="images/apps.jpg" alt="Slide-3"> </a>
               <div class="carousel-caption">
                   <div class="slide-col2">
                       <h2>随时随地都可学习</h2>
                       <div class="row"></div>
                   </div>
               </div>
           </div>
           <div class="item"> <a href="#"><img src="images/market.jpg" alt="Slide-
4" /></a>
               <div class="carousel-caption">
                   <div class="slide-col2">
                       <h2>丰富的学习资料</h2>
```

```
                <div class="row"></div>
            </div>
        </div>
    </div>
    <div class="item"> <a href="#"><img src="images/progress.jpg" /></a>
        <div class="carousel-caption">
            <div class="slide-col2">
                <h2>进步看得见</h2>
                <div class="row"></div>
            </div>
        </div>
    </div>
</div>
<a class="left carousel-control" href="#carousel_box" data-slide="prev">&
lsaquo;</a> <a class="right carousel-control" href="#carousel_box" data-slide=
"next">&rsaquo;</a>
</div>
```

在默认状态下，本页面的轮播效果如图 18.8 所示。

图 18.8　页面轮播效果

考虑到这种样式与本案例的设计风格发生冲突，下面来分析如何自定义轮播插件的样式，设计导航标签和说明文字显示在图片的底部，并修改其显示效果，与页面整体效果保持协调。在本页 CSS 本地样式表中定义样式，设计如图 18.9 所示的效果。

【操作步骤】

第 1 步，显式定义轮播包含框的高度，以便留出多余的空间显示文本和标签。

```
#carousel_box {
    height: 770px;
}
```

第 2 步，重新定义<ol class="carousel-indicators">和<div class="carousel-caption">的定位位置，同时

修改文本包含框的背景色，使其与页面背景色融合。轮播插件默认状态下设计<ol class="carousel-indicators">和<div class="carousel-caption">包含框为绝对定位，所以这里仅需要修改 left 和 top 属性值即可。

```
.carousel-indicators {
   top: 530px;
   left: 500px;
}
.carousel-caption {
   top: 580px;
   background: #E4E4E4;
}
```

图 18.9 自定义轮播效果

第 3 步，设计细节样式：取消轮播包含框的 overflow 限制，让超出的区域能够可见显示；重新定义文本标签样式，如行高和字体颜色；重新设计导航标签样式，设计当前指示标签背景色为绿色，与页面主色调保持一致。代码如下：

```
.carousel-inner { overflow: visible; }
.carousel-caption h4, .carousel-caption p {
   line-height: 20px;
   color: #333;
}
.carousel-indicators li { background-color: #D4D5D6; }
.carousel-indicators .active { background-color: #209E85; }
```

18.2.5 设计新闻区和版权区版式

【操作步骤】

第 1 步，新闻区使用嵌套的网格系统设计。外层网格分为两列，各占一半，总宽度为 940 像素。

```
<div class="row">
```

```
    <div class="span6"></div>
    <div class="span6"></div>
</div>
```

第 2 步，每列内又包含多行，第一行为标题行，第二行为网格系统行，其内部包含两列。以此方式可以在每列中设计多行版式样式，效果如图 18.10 所示。

```
<div class="page-header">
    <h3 class="title"> <span>老师的话</span> </h3>
</div>
<div class="row" id="teacher-testmonials">
    <div class="span potrait"></div>
    <div id="teacher-testmonial-area" class="span4"> </div>
</div>
```

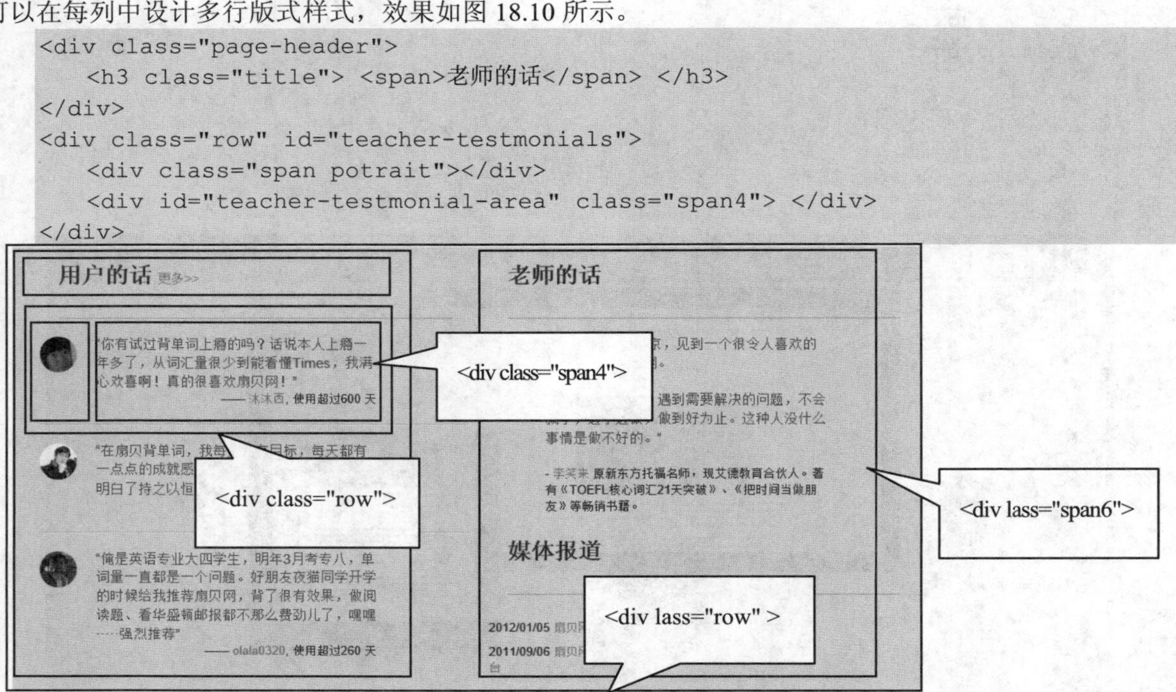

图 18.10　新闻网格嵌套版式

第 3 步，版权区版式比较简单，是一个 4 列版式的网格布局，每列 220 像素，如图 18.11 所示。

```
<footer>
    <div class="row">
        <div class="span3"></div>
        <div class="span3"></div>
        <div class="span3"> </div>
        <div class="span3"></div>
    </div>
    <div class="copyright"> </div>
</footer>
```

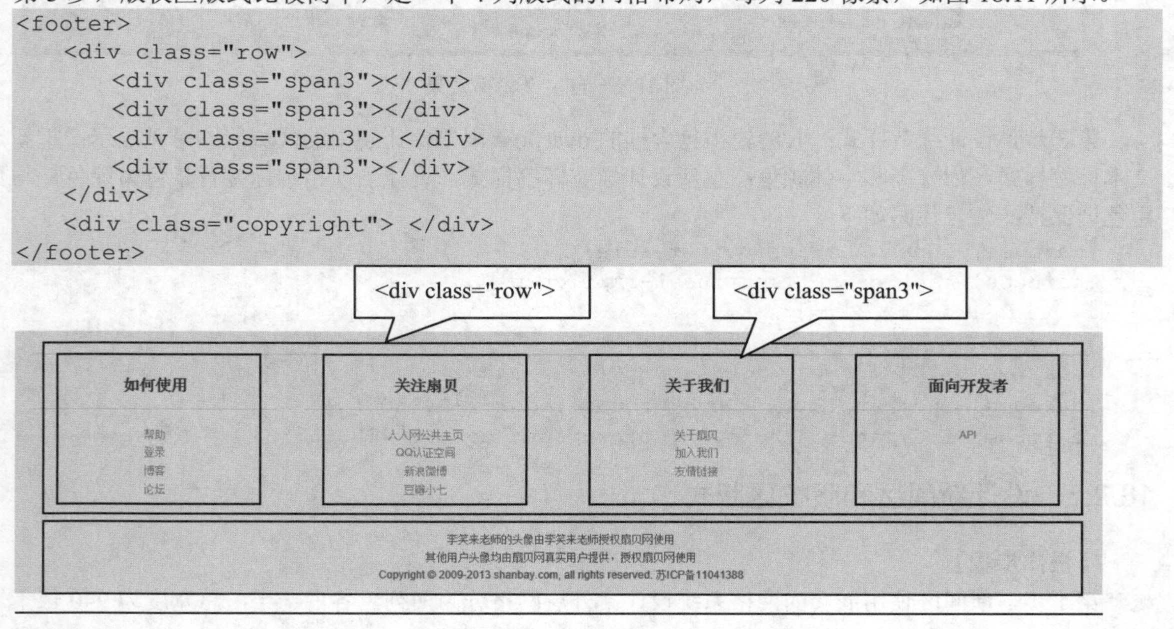

图 18.11　版权网格版式

18.3　阅读页设计

阅读页实际上就是一个新闻页面，该页面主要呈现各种英文新闻，列表显示世界主要英文报刊源。页面整体结构比较简单，使用 Bootstrap 网格系统设计两列版式，主列显示新闻条目，侧列显示辅助性内容和报刊源列表，页面效果如图 18.12 所示。

图 18.12　阅读页面设计效果

18.3.1　设计响应式主菜单

扫一扫，看视频

新建 HTML5 文档，保存为 news.html，在页面头部区域完成 Bootstrap 框架的导入工作，包括 jquery.js、bootstrap.js、bootstrap.css、bootstrap-responsive.css 四个基础文件。

【操作步骤】

第 1 步，设计导航条框架结构。导航条框架由两层嵌套包含框构成。使用 container 固定导航条宽度并居中显示。自定义 topbox 类调节导航条上下间距。

```
<div class="navbar container topbox">
    <div class="navbar-inner">
    </div>
</div>
```

第 2 步，设计响应式收缩展开按钮。在导航条内嵌入如下结构：btn 和 btn-navbar 组合定义导航条按钮组件，data-toggle="collapse"触发交互式行为，单击该按钮能够展开收缩的导航条，data-target=".nav-collapse"指定需要收缩的导航条内容框。如图 18.13 所示，当浏览器窗口变窄时，主菜单将自动收缩，单击该展开收缩按钮，可以显示所有的导航项目。

```
<a class="btn btn-navbar" data-toggle="collapse" data-target=".nav-collapse">
    <span class="icon-bar"></span>
    <span class="icon-bar"></span>
    <span class="icon-bar"></span>
</a>
```

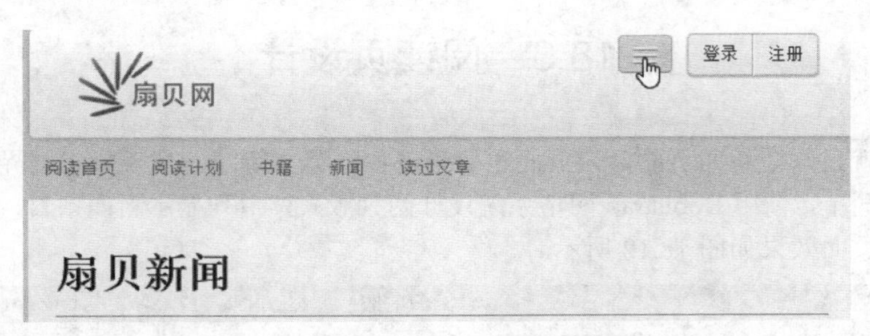

图 18.13　收缩后的导航条效果

第 3 步，设计导航条图标。使用 brand 类设计导航条标志，在该超链接中嵌入网站 Logo 标识。

```
<a class="brand" href="#"><img src="images/logo2.png" /></a>
```

第 4 步，在导航条中嵌入登录和注册按钮组。该组件设计请参阅 18.2 节，具体结构和样式不再细说。

第 5 步，设计下拉菜单组件。使用 nav-collapse 设计下拉菜单外框，使用 nav 设计下拉菜单内框，使用 dropdown 设计下拉菜单项，使用 data-toggle="dropdown"激活下拉菜单行为。在下拉菜单外框中使用 navbar-search 设计导航条搜索框。整个下拉菜单组件效果如图 18.14 所示。

```
<div class="nav-collapse">
    <ul class="nav">
        <li class="dropdown"> <a href="#"
              class="dropdown-toggle"
              data-toggle="dropdown"> 背单词 <b class="caret"></b> </a>
            <ul class="dropdown-menu">
                <li><a href="#">单词书</a></li>
                <li><a href="#">单词量测试</a></li>
            </ul>
        </li>
        <li class="dropdown">…</li>
        <li> <a class="main-menu" href="#">阅读</a> </li>
        <li> <a class="main-menu" href="#">市场</a> </li>
        <li class="dropdown">…</li>
    </ul>
    <form class="navbar-search pull-left" action="">
        <input type="text" class="search-query span2" placeholder="查词">
        <span class="search-icon"></span>
    </form>
</div>
```

图 18.14　设计的下拉菜单效果

扫一扫，看视频

18.3.2　设计附加导航菜单

【操作步骤】

第 1 步，在主菜单的下一行插入一行 Bootstrap 网格包含框，设计导航菜单固定宽度，并居中显示。借助自定义类 menu 调节该行显示位置（margin）。

```
<div class="container menu">
</div>
```

第 2 步，在<div class="container">中插入一个列表结构，引入 nav 和 nav-pills 类样式，设计 pill 胶囊式菜单样式。为菜单框定义 id 属性（id="menu"），以便应用附加导航插件（借助 id 来控制该菜单对象）。

```
<ul class="nav nav-pills"  id="menu">
    <li> <a href="#">阅读首页</a> </li>
    <li> <a href="#">阅读计划</a> </li>
    <li> <a href="#">书籍</a> </li>
    <li> <a href="#">新闻</a> </li>
    <li> <a href="#">读过文章</a> </li>
</ul>
```

第 3 步，在页面初始化脚本中写入下面的代码，调用附加导航插件。在 affix()构造函数中传递 offset:{top:86}参数，设置菜单距离窗口顶部偏移距离小于 86 像素时，将激活附加导航插件。

```
<script type="text/javascript">
$(function(){
    $("#menu").affix({
        offset:{top:86}
    })
});
</script>
```

第 4 步，在浏览器中的预览效果如图 18.15 所示，当滚动滚动条时，导航菜单会被固定在窗口顶部，而不是随滚动条滚动而消失。

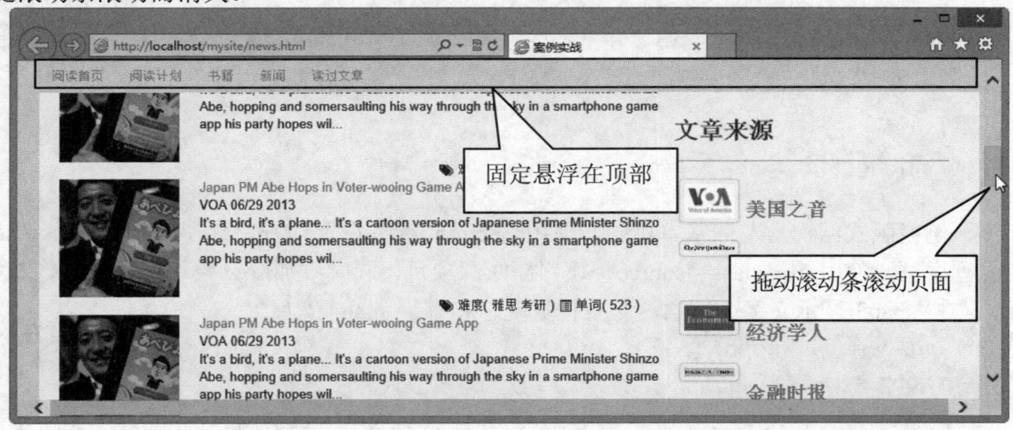

图 18.15　附加导航菜单演示效果

18.3.3　设计页面版式

扫一扫，看视频

【操作步骤】

第 1 步，除了主菜单、附加导航菜单和版权区外，整个页面主体区域使用 Bootstrap 网格系统完成版式设计。使用 container 设置页面宽度并居中，row 设置行，span8 设置主栏，span4 设置侧栏。

```
<div class="container main-body">
    <div class="row">
        <div class="span8"></div>
        <div class="span4"></div>
    </div>
</div>
```

第 2 步，主栏包括标题区和文章列表，标题区使用<section>标签定义，文章列表使用<div class="article">定义。

```
<div class="span8">
    <section>
        <div class="page-header">
            <h2>扇贝新闻</h2>
        </div>
    </section>
    <div class="articles">
        <div class="article"></div>
      <div class="article"></div>
      …
    </div>
</div>
```

第 3 步，每篇文章列表包含两列：左列为 span2，显示新闻图；右列为 span6，显示新闻信息，如标题、信息、内容提要等。在<div class="row">的下一行设计辅助提示信息。

```
<div class="article">
    <div class="row">
        <div class="span2">
            <div class="thumnail"> <img src="images/787.jpg"/> </div>
        </div>
        <div class="span6">
            <div class="title"> </div>
            <div class="info"></di v>
            <div class="summary"> </div>
        </div>
    </div>
    <div class="data row"></div>
</div>
```

第 4 步，侧栏版式结构与左侧基本相同，使用<section>标签设置标签块，使用<div class="sources">设置新闻源列表框，使用<div class="source">设置新闻源项目，同时添加 row 设计网格版式，左栏 span1 显示图标，右栏 span3 显示文字。注意，左右栏宽度总和等于 span4 宽度。

```
<div class="span4 width5">
    <section>
        <div class="page-header">
            <h3>文章来源</h3>
        </div>
    </section>
    <div class="sources">
        <div id="sources">
            <div class="sources">
                <div class="source row">
                    <div class="span1">
                        <div class="thumbnail"><img src="images/voa.png"></div>
                    </div>
                    <div class="span3">
                        <h3><a href="#"> 美国之音</a></h3>
                    </div>
                </div>
```

```
            </div>
        </div>
    </div>
</div>
```

第 5 步，页面版式设计效果如图 18.16 所示。

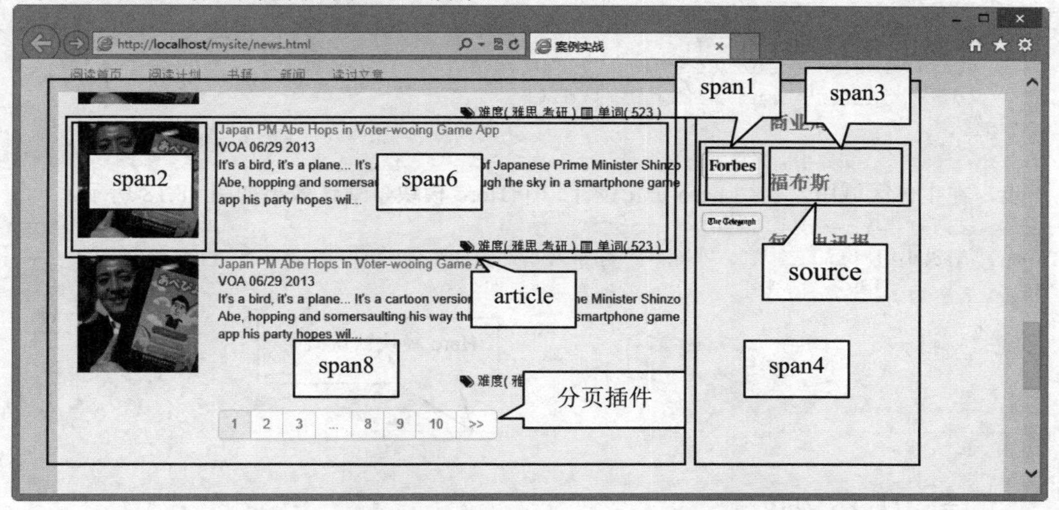

图 18.16　新闻阅读页版式设计效果

18.4　小组页面设计

扫一扫，看视频

小组页面（team.html）借用了新闻阅读页面的主菜单、附加导航菜单和页脚模块的 HTML 结构和代码，这里不再说明，包括后面的几个页面都共享这些通用模块，整个页面效果如图 18.17 所示。

图 18.17　小组页面设计效果

【操作步骤】

第 1 步，构建 Bootstrap 网格基本结构。该结构与新闻阅读页主体结构相同。然后借助自定义类 bgfff 为主体区域定义白色背景，使用 team_box 和 width4 自定义类设计主栏和侧栏的偏移位置及其他显示属性。

```
<div class="container bgfff">
    <div class="row">
        <div class="span8 team_box"></div>
        <div class="span4 width4"></div>
    </div>
</div>
```

第 2 步，在主体区域中，引用 hero-unit 设计一个 Hero 模块，默认效果如图 18.18 所示。

```
<div class="hero-unit header_top">
    <h1>扇贝小组 <small>加入小组，一起学习</small></h1>
</div>
```

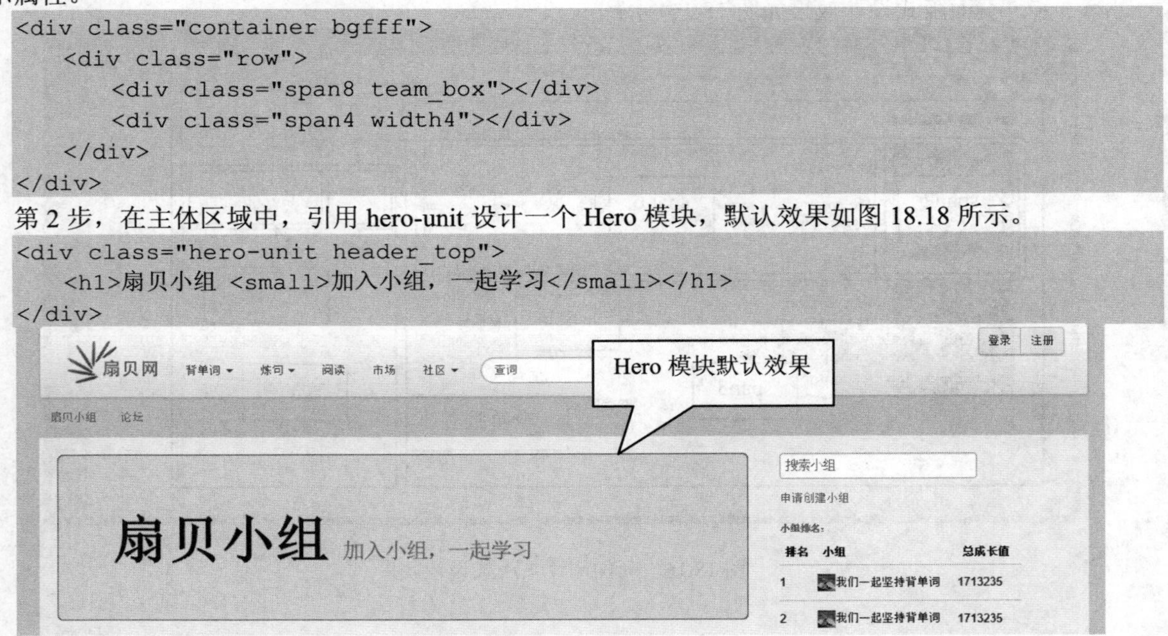

图 18.18　Hero 模块默认效果

第 3 步，在本地样式表文件中添加下面两条样式，清除 Hero 默认的红色边框线，让文本居中显示，重置 Padding 距离，添加修饰性背景图，演示效果如图 18.19 所示。

```
.header_top {
    border: none;
    text-align: center;
    padding: 40px;
    background: #eeeeee no-repeat right -20px url(../images/team2.png);
}
.header_top small {
    display: block;
    font-size: 16px;
    margin-top: 1em;
}
```

图 18.19　重设的 Hero 模块效果

第 4 步，在 Hero 组件下面是推荐小组和新建小组栏目，这两个模块的结构相同，主要包括：栏目标题、小组名称、组长和创建时间以及新行的小组明细。在小组明细行中，使用网格系统构建一个两列布局版式：左列是小组图标（<div class="span1">），右列是小组信息（<div class="span7">）。小组信息列又嵌套一层网格，左列是文字信息（<div class="span5">），右列是提交按钮（<div class="span1">）。注意，考虑到间距调节，这里特意设置 span5 和 span1 小于 span7，版式效果如图 18.20 所示。

```
<h3 class="team-header"> </h3>
<div class="team-title"></div>
<div class="row">
    <div class="span1"> </div>
    <div class="span7">
        <div class="team-stat"></div>
        <div class="row">
            <div class="span5">
                <h5> </h5>
                <div></div>
            </div>
            <div class="span1"></div>
        </div>
    </div>
</div>
```

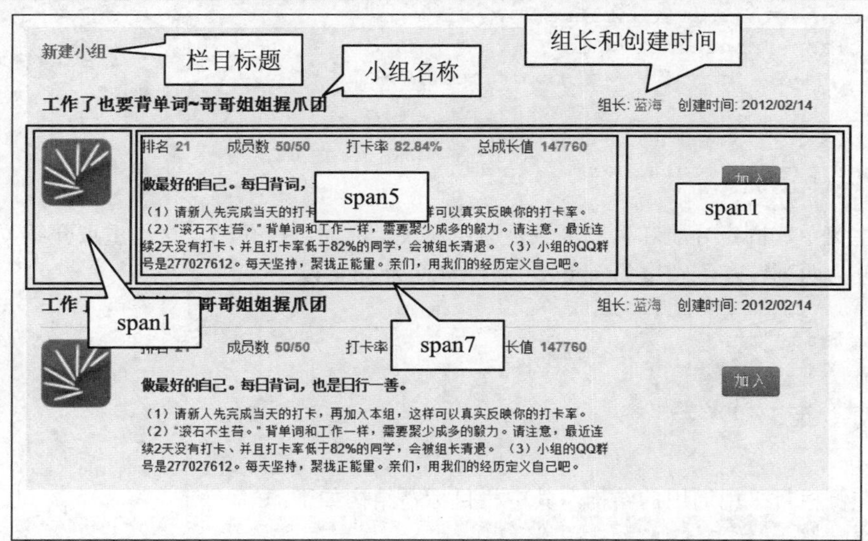

图 18.20 小组栏目结构布局

第 5 步，引入 pagination 在新建小组栏目底部插入分页组件。

```
<div class="span8">
    <div class="pagination">
        <ul>
            <li class="active"><a href="#" rel="page">1</a></li>
            <li><a href="#" rel="page">2</a></li>
            <li><a href="#" rel="page">3</a></li>
            <li><a href="">...</a></li>
            <li><a href="#" rel="page">123</a></li>
            <li><a href="#" rel="page">124</a></li>
            <li><a href="#" rel="page">125</a></li>
```

```
            <li><a href="#" rel="page">&gt;&gt;</a></li>
        </ul>
    </div>
</div>
```

页面右边栏布局思路与左侧相同，不再赘述。

18.5 打卡页设计

打卡页类似于日记页，具有流水账版式效果，因此在设计中套用 Bootstrap 网格系统，同时引用滚动监听和附加导航插件来完善长页面的用户体验问题。

扫一扫，看视频

18.5.1 设计页面网格系统

【操作步骤】

第 1 步，新建 HTML5 文档，保存为 top.html。先在页面设计 4 行，分别是主菜单（<div class="navbar">）、固定导航（<ul class="nav">）、主体内容（<div class="container">）、页脚区域（<footer>）。

```
<body>
    <div class="navbar container"></div>
    <div class="container">
        <ul class="nav nav-pills dropdown"></ul>
    </div>
    <div class="container"></div>
    <footer class="container"></footer>
</body>
```

第 2 步，主菜单、固定导航和页脚区域是通用模块，前面已经介绍，这里重点介绍页面主体部分的网格系统，共分为两列，左侧宽度为 span8，右侧宽度为 span4。

```
<div class="container bgfff">
    <div class="row">
        <div class="span8"> </div>
        <div class="span4"> </div>
    </div>
</div>
```

第 3 步，左侧栏目采用通用的结构，其中栏目标题结构如下：

```
<div class="page-header" id="1">
    <h3>榜样打卡 </h3>
</div>
```

第 4 步，通用模块的单元结构如下，嵌套子网格系统，其包含两列结构，左侧宽度为 span1，右侧宽度为 span6，它们的宽度之和小于 span8，这是因为<div class="span6">包含框通过 margin 和 padding 调整栏目间距，为了避免错位显示，故让两列宽度之和小于包含框<div class="span8">。读者也可以在本地样式表中重置 span6 的宽度，以避免因为调整 margin 和 padding 导致错位问题。

```
<div class="row row_card">
    <div class="span1">
        <div class="avatar"> </div>
    </div>
    <div class="span6">
        <div class="info"></div>
```

```
        <div class="note"> </div>
        <div> </div>
        <div class="btn-group span2 pull-right"> <a class="btn btn-mini dropdown-
toggle" href="#" data-toggle="dropdown">分享<span class="caret"></span></a>
            <ul class="dropdown-menu">
                <li class=""><a href="#">暂无</a></li>
            </ul>
        </div>
    </div>
</div>
```

第 5 步，右侧栏目是一个简单的导航菜单，使用 nav 设计导航组件，使用 nav-tabs 和 nav-stacked 设计堆叠式标签页样式，页面效果如图 18.21 所示。

```
<div class="span4">
    <div class="nav-box ">
        <div class="page-header">
            <h3>打卡导航</h3>
        </div>
        <ul class="nav nav-tabs nav-stacked">
            <li><a href="#1">榜样打卡</a></li>
            <li><a href="#2">最新打卡</a></li>
            <li><a href="#3">最受欢迎打卡</a></li>
        </ul>
    </div>
</div>
```

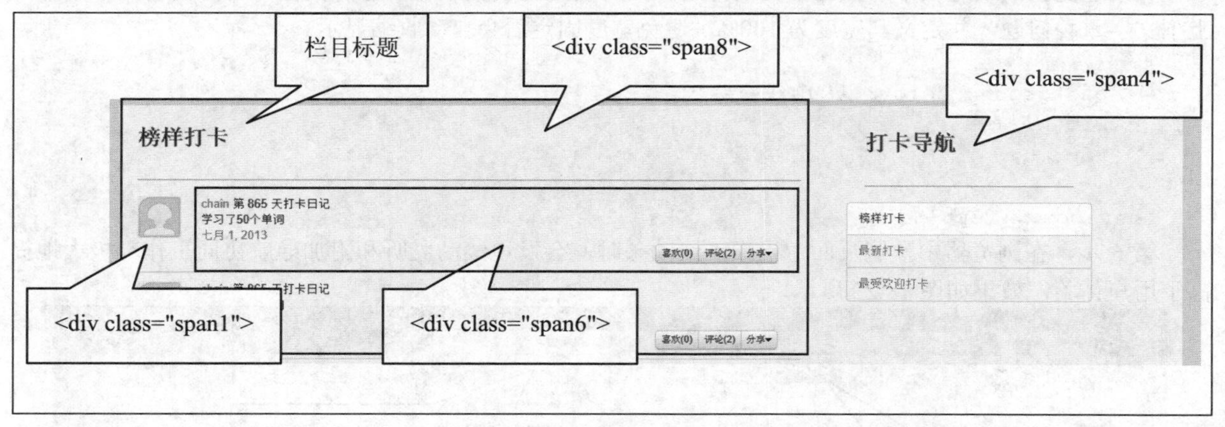

图 18.21 页面版式和导航菜单

18.5.2 设计滚动监听和附加导航

扫一扫，看视频

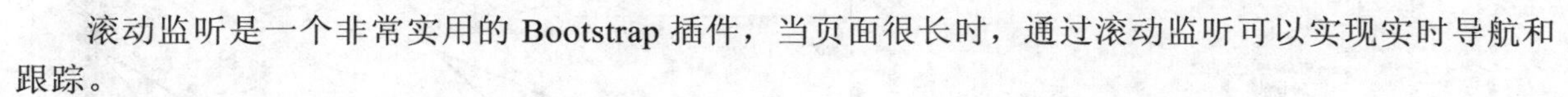

滚动监听是一个非常实用的 Bootstrap 插件，当页面很长时，通过滚动监听可以实现实时导航和跟踪。

【操作步骤】

第 1 步，在<body>标签中定义 data-spy="scroll"属性，启动全页面滚动监听，设置 data-target=".menu"属性定义滚动监听对象是包含了 menu 类的菜单。

```
<body  data-spy="scroll" data-target=".menu">
```

第 2 步，在固定导航菜单外面包含一层嵌套结构，定义 class 为 menu。

```
<div class="container menu">
```

```
    <ul class="nav nav-pills dropdown" id="menu">
        …
    </ul>
</div>
```

第 3 步，在右侧标签页导航中也包裹一层结构，添加 class 的值为 menu。

```
<div class="nav-box span3  menu">
     <ul class="nav nav-tabs nav-stacked">
         …
     </ul>
</div>
```

第 4 步，当滚动浏览器窗口内的滚动条时，将会自动侦测并准确定位被激活的菜单项。由于在页面滚动过程中，导航菜单也会自动滚动，因此再调用附加导航插件，设计菜单滚出页面时把它们固定在页面中的固定位置。

```
<script type="text/javascript">
$(function(){
    $("#menu").affix({
        offset:{top:86}
    })
    $(".nav-box").affix({
        offset:{top:40}
    })
});
</script>
```

第 5 步，还需要在本地样式表文件中添加如下两条样式，用来固定导航菜单和标签页在页面中的显示位置，避免在滚动过程中产生上下晃动问题，同时设置导航菜单背景色为灰色，避免透明背景带来的上下文字重叠问题，并定义其宽度为 100%，避免宽度固定后会自动收缩显示。

```
#menu {
    background-color: #E4E4E4;
    width: 100%;
    top: 0;
}
.nav-box { top: 40px; }
```

第 6 步，在浏览器中预览页面，当滚动滚动条时，会发现滚动监听和附加导航协同工作，极大地提高了用户体验，效果如图 18.22 所示。

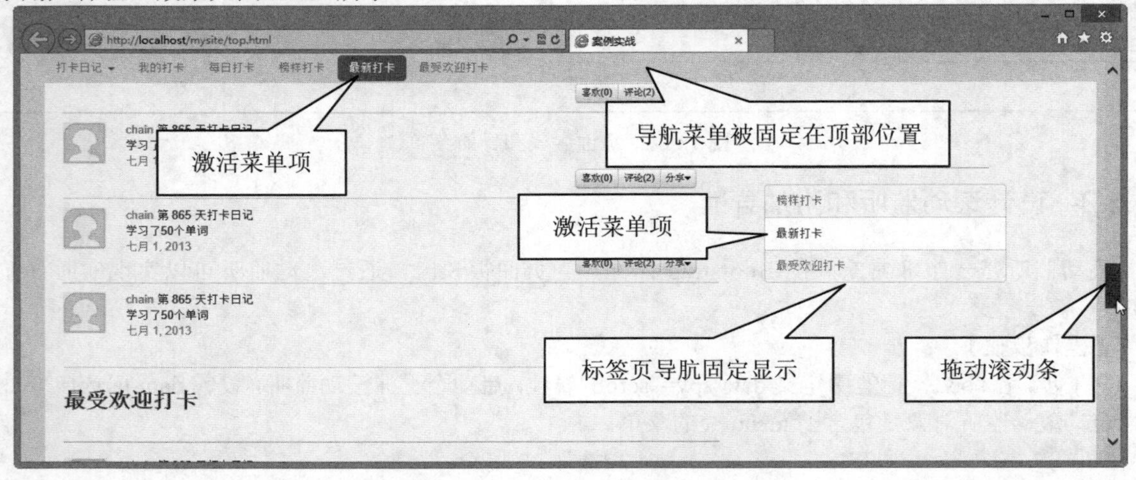

图 18.22　滚动监听和附加导航

18.6　词根页面设计

完成前几页主页面设计工作之后，其他页面就可以快速仿制，结构和样式基本保持一致。词根页面（market.html）保留基本的设计风格和布局思路，为了应用 Bootstrap 各种组件，这里简单介绍几个技术细节。

【操作步骤】

第 1 步，设计主菜单固定显示。如果希望主菜单能够固定在窗口顶部显示，可以引用 navbar-fixed-top 来实现，效果如图 18.23 所示。

```
<div class="navbar navbar-fixed-top">
    <div class="navbar-inner">
        <div class="container">
        </div>
    </div>
</div>
```

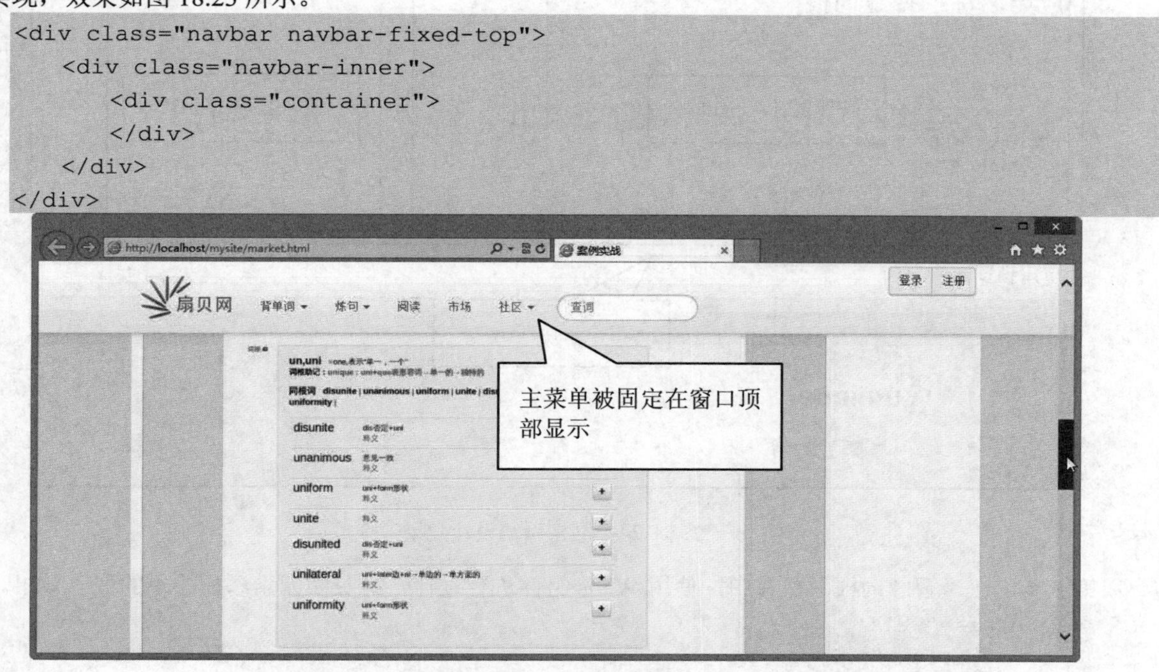

图 18.23　设计主菜单固定显示

第 2 步，页面主体区域通过 Bootstrap 网格系统进行设计，分为两行两列：第一行为两列显示，第二行为一列显示，结构如下：

```
<div class="container main-body market">
    <div class="row">
        <div class="span8"></div>
        <div class="span3"></div>
    </div>
    <div class="row">
    </div>
</div>
```

这种布局结构类似表格的跨单元格显示结构：

```
<table border="1">
    <tr>
        <td></td>
        <td></td>
```

```
    </tr>
    <tr>
        <td colspan="2"></td>
    </tr>
</table>
```

显示效果如图 18.24 所示。

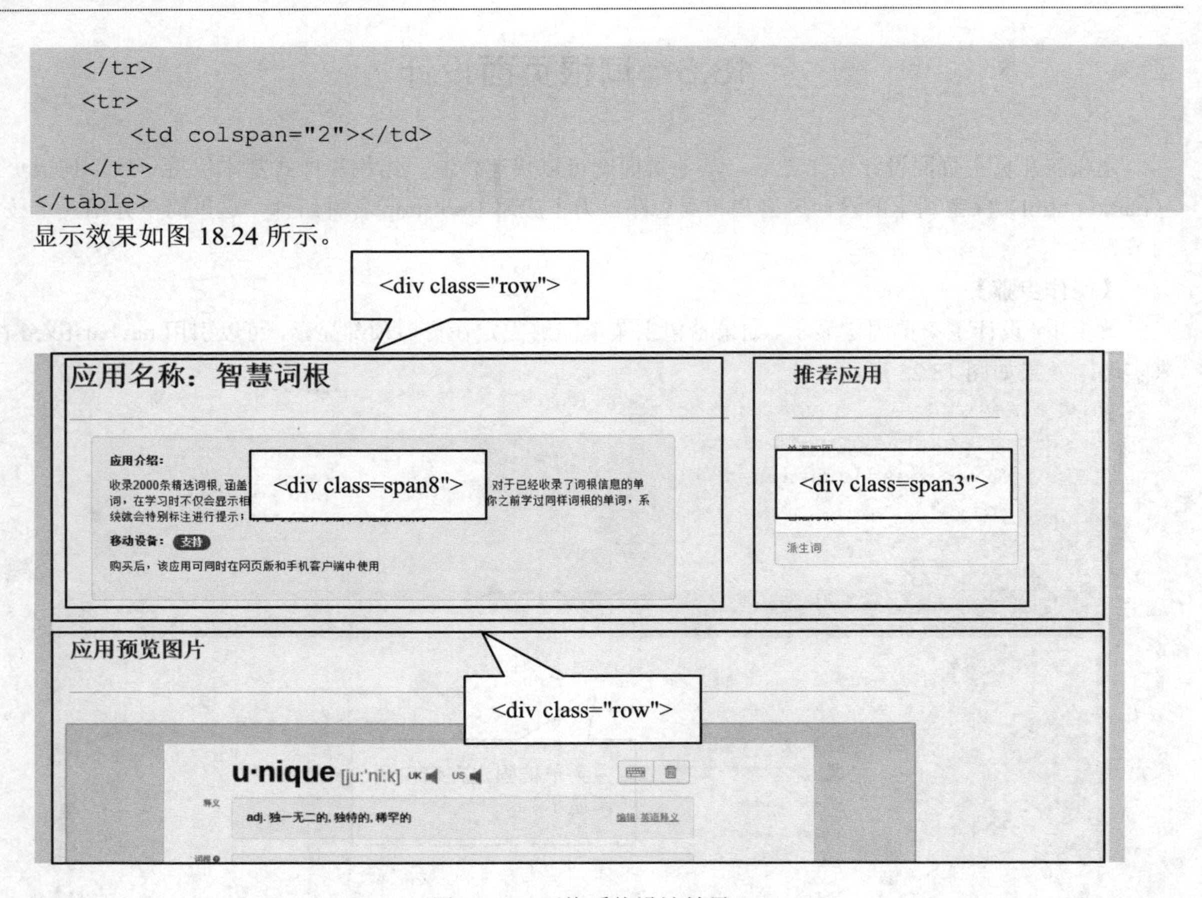

图 18.24　网格系统设计效果

第 3 步，在“智慧词根”栏目中，使用 Wells 组件进行设计，给页面元素添加简单的嵌入效果。

```
<div class="well">
     <p> <b>应用介绍：</b>
     <p> </p>
</div>
```

第 4 步，“推荐应用”栏目使用一个堆叠式标签页组件进行设计，效果如图 18.24 所示。

```
<ul class="nav nav-stacked nav-tabs">
    <li class=""><a href="#">单词配图</a></li>
    <li class=""><a href="#">音节划分</a></li>
    <li class="active"><a href="#">智慧词根</a></li>
    <li class=""><a href="#">派生词</a></li>
</ul>
```

第 5 步，在第二行结构中，使用细线表格风格进行设计，并通过 span9 设计表格显示的宽度。

```
<table class="table table-bordered span9"
</table>
```

第 6 步，然后把表格包含在<div class="well actions">框内，把表格与 Wells 组件包装在一起，设计如图 18.25 所示的效果。

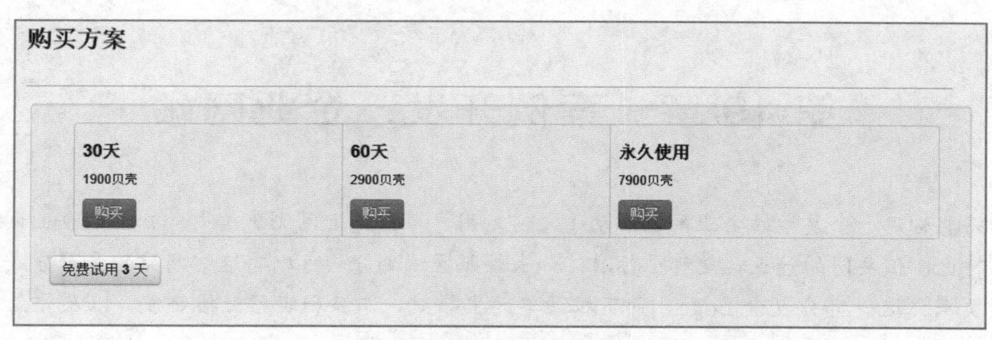

图 18.25　设计表格效果

到此，本案例设计基本完成。随着网站规模的扩大，可能还有更多的主页面需要设计，但是本案例主要展示了如何应用 Bootstrap 框架来快速设计一个成熟的、富有弹性的页面的效果基本达到。本案例应用了 Bootstrap 大部分组件、实用插件以及网格布局系统，通过训练，相信读者会对 Bootstrap 会有更深的理解和认识。

第 19 章　案例开发：企业网站

本例将要构建一个复杂的企业网站，动手之前，用户不妨先上网浏览国内外知名的企业网站，尽管它们各有特色，但共同的一点就是都很标准。如果按照区域划分，可以将这些网站的主页分成 3 部分。

- 页头：这一部分包含 Logo、带下拉菜单的主导航、二级和实用链接导航，以及登录和注册等选项。
- 主体：这一部分布局复杂，一般至少三栏。
- 页脚：包含多栏链接和信息。

为此，本例利用 Bootstrap 的网格系统完成整个页面的布局。

【学习重点】

- 使用 Bootstrap 的网格系统。
- 使用 Bootstrap 的 JavaScript 插件。
- 设计 Font 图标。

19.1　设计思路

本例将设计一个复杂的企业网站，主要设计目标说明如下：

- 页面整体设计风格规范，符合上市企业审美。
- 在桌面视图下，完成复杂的页头设计，包括 Logo、导航以及右上角的实用导航。
- 在移动视图下，实用导航只显示为图标，与折叠后的响应式导航条并列。
- 实现企业风格的配色方案。
- 调整桌面版和响应式导航条。
- 为主体内容栏目和页脚区域设置复杂的多栏布局。

扫一扫，看视频

19.1.1　网站结构

本例文件具体存放文件夹说明如下：

- img：图片、视频、音频等多媒体素材。
- css：样式表文件。
- js：JavaScript 脚本文件。
- fonts：字体文件。
- less：LESS 动态样式表文件。

扫一扫，看视频

19.1.2　设计效果

本例是企业网站应用，主要设计首页效果，列表页和详细页等分页设计可以套用首页模板。在桌面等宽屏下浏览首页，效果如图 19.1 所示。

图 19.1　宽屏下首页设计效果

第二部分将列出团队的服务项目，分 4 列，添加了相应的图标，并配有具体的文字说明，如图 19.2 所示。

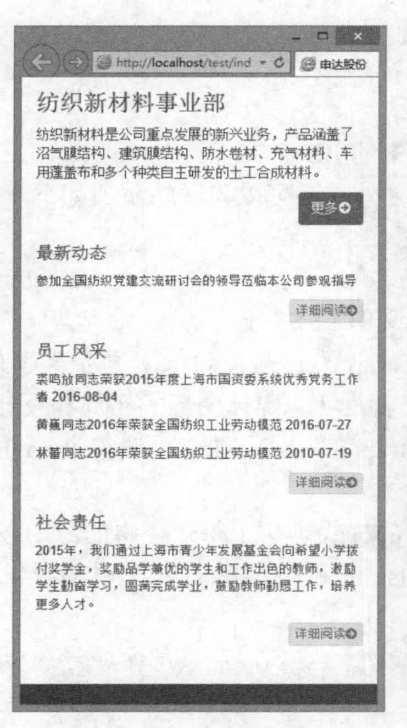

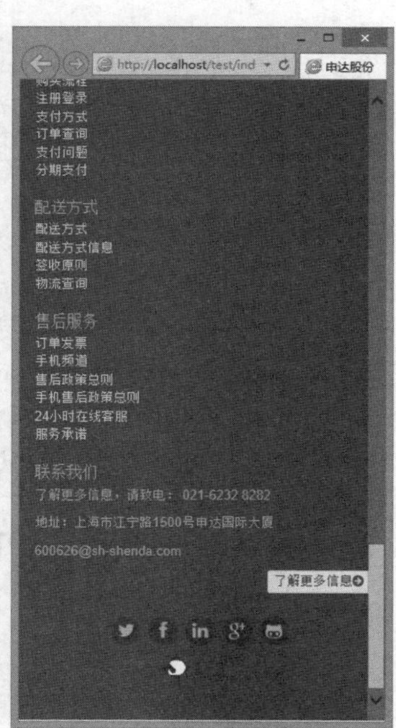

图 19.2　在窄屏设备下浏览效果

页面的主要特性如下：

- 导航条很复杂，有 7 项，每一项都有一个下拉菜单。
- 三栏中的第一栏开头是一个传送带，后面是一个标题、段落和一个按钮。
- 第二和第三栏同样都包含标题和段落，以及更多信息的导航按钮。

- 页脚包含 Logo 和社交媒体图标。
- 本例使用了一个 JavaScript 插件 holder.js，目的是为传送带动态生成占位图片。查看源代码，就会发现在页面底部 plugins.js 插件之前，包含了这个 holder.js 脚本。

扫一扫，看视频

19.2 准 备 工 作

如果读者需要动态编辑或定制本例网站设计风格和功能，可以通过下面的方式来实现，也可以直接浏览 index.html 查看示例效果。

【操作步骤】

第 1 步，Bootstrap LESS 和 JavaScript 文件，分别位于下列文件夹中。

- less/bootstrap：Bootstrap 的 LESS 文件。
- js/bootstrap：Bootstrap 的个别插件。
- js/plugins.js：Bootstrap 压缩后的插件。

第 2 步，HTML5 Boilerplate 及下列文件。HTML5 Boilerplate 是最流行的 Web 开发前端模板，可以构建快速、健壮，并且适应力强的 Web app 或网站。

- 网站首页基本结构文件 index.html。
- js/vendor/modernizr-2.6.2.min.js
- js/vendor/query-1.10.2.min. js

第 3 步，保证兼容 Internet Explorer 8 的 repond.js。

- js/vendor/respond.min.js

第 4 步，Font Awesome 字体图标。

- fonts 文件夹中的图标字体。
- less/font-awesome 文件夹中的 LESS 文件。

第 5 步，除了以上重要的资源之外，还可以为网站添加如下一些 LESS 文件，可以在 less 文件夹中找到。

- _main.less：基于 bootstrap.less,，导入了位于 less/bootstrap 中的 Bootstrap 的 LESS 文件、Font Awesome 字体图标和自定义的 LESS 文件。
- _carousel.less：基于 Bootstrap 的 carousel.less。自定义了传送带的内边距、背景和指示图标。
- _footer.less：包含 Logo，以及社交媒体图标的布局和设计样式。
- _navbar.less：基于 Bootstrap 的 navbar.less，调整了.navbar-brand 类的样式，以使导航条中的 Logo 位置合适。
- _page-contents.less：其中的样式确保了每一栏中的浮动按钮在呈现为单栏的情况下相互清除。
- _variables.less：基于 Bootstrap 和 variables.less，针对导航条和传送带自定义了灰颜色、新增了变量。

打开 index.html 文件，完成库文件的安装，在头部区域导入样式表和字体文件，在主体区域底部导入 JavaScript 脚本文件。

```
<!DOCTYPE html>
<!--[if lt IE 7]>      <html class="no-js lt-ie9 lt-ie8 lt-ie7"> <![endif]-->
<!--[if IE 7]>         <html class="no-js lt-ie9 lt-ie8"> <![endif]-->
<!--[if IE 8]>         <html class="no-js lt-ie9"> <![endif]-->
<!--[if gt IE 8]><!-->
<html class="no-js">
```

```
<!--<![endif]-->
<head>
<meta charset="utf-8">
<meta http-equiv="X-UA-Compatible" content="IE=edge,chrome=1">
<title>申达股份</title>
<meta name="description" content="">
<meta name="viewport" content="width=device-width">
<!-- Main Style Sheet -->
<link rel="stylesheet" href="css/main.css">
<!-- Modernizr -->
<script src="js/vendor/modernizr-2.6.2.min.js"></script>
<!-- Respond.js for IE 8 or less only -->
<!--[if (lt IE 9) & (!IEMobile)]>
        <script src="js/vendor/respond.min.js"></script>
    <![endif]-->
</head>
<body>
<script src="//ajax.googleapis.com/ajax/libs/jquery/1.10.2/jquery.min.js"></script>
<script>window.jQuery || document.write('<script src="js/vendor/jquery-1.10.2.min.
js"><\/script>')</script>
<!-- Holder.js for project development only -->
<script src="js/vendor/holder.js"></script>
<!-- Essential Plugins and Main JavaScript File -->
<script src="js/plugins.js"></script>
<script src="js/main.js"></script>
</body>
</html>
```

19.3 设计页头

扫一扫，看视频

页头在桌面浏览器以及较大窗口中，将会显示网站 Logo，位于导航条之上；包含菜单项的导航条，每个菜单项又都包含下拉菜单，右上角显示实用导航，包含用户名和密码字段的登录表单，效果如图 19.3 所示。

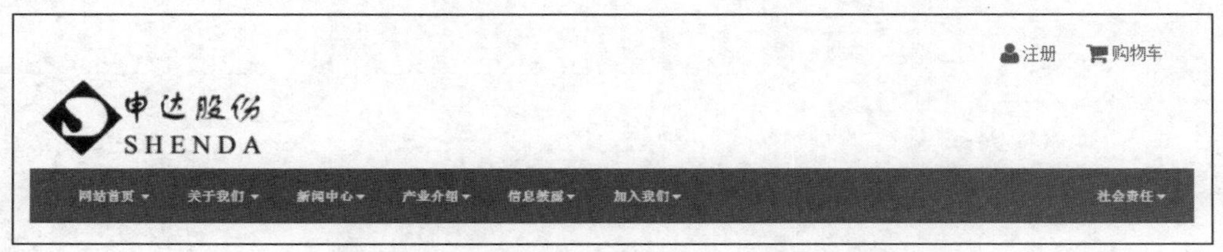

图 19.3 宽屏下的页头设计效果

在移动设备或窄屏下仅显示各种图标，导航条被折叠显示，效果如图 19.4 所示。

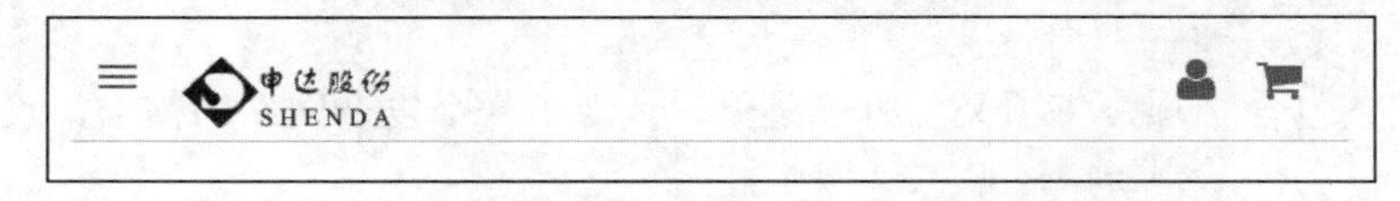

图 19.4 窄屏下的页头设计效果

单击折叠按钮，可以展开导航条，菜单以堆叠形式显示，效果如图 19.5 所示。

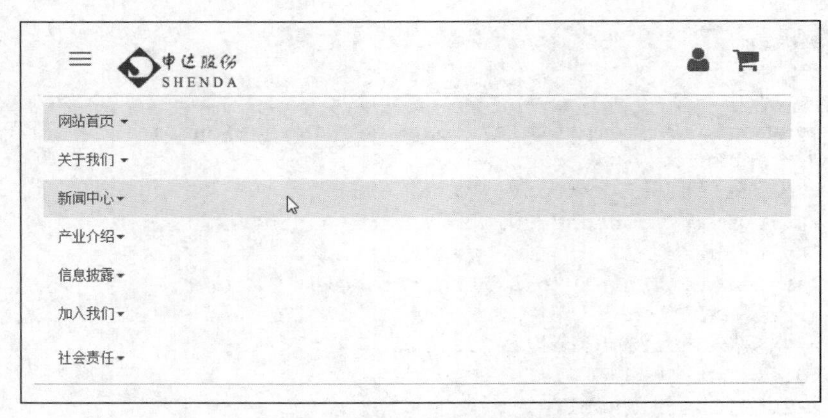

图 19.5　展开折叠的导航条效果

【操作步骤】

第 1 步，通过图 19.5 可以看到，Logo 可能出现在两个地方，应视情况而定：

- 在桌面和宽屏幕中，显示在导航条上方。
- 在平板设备和手机屏幕中，显示在响应式导航条内部。

利用 Bootstrap 的响应式实用类，这两点可以轻松做到。打开 index.html，找到导航条，复制 navbar-brand 的链接和图片：

```
<a class="navbar-brand" href="index.html"><img src="img/logo.png" alt="Bootstrappin'"
width="120"></a>
```

第 2 步，粘贴到导航条上方，在<header role="banner">标签和<nav role="navigation" class="navbar navbar-default">标签之间。

第 3 步，把这个 Logo 用<div class="container">和.</div>包装起来，使其被限制在 Bootstrap 居中的网格内部。

第 4 步，编辑 Logo 的链接，将其类名由 navbar-brand 改为 banner-brand，然后把图片宽度改为 180。下面来调整 Logo，让它只在必要的时候显示，代码如下：

```
<header role="banner">
    <div class="container"> <a class="banner-brand visible-md visible-lg" href=
"index.html"><img src="img/logo.png" alt="Bootstrappin'" width="180"></a>
        <div class="utility-nav">
            <ul>
                <li><a href="#" title="Login or Register"><i class="icon fa fa-user
fa-lg"></i> <span>注册</span></a></li>
                <li><a href="#" title="View Cart"><i class="icon fa fa-shopping-cart
fa-lg"></i> <span>购物车</span></a></li>
            </ul>
        </div>
        <!-- /.utility-nav -->
    </div>
    …
</header>
```

第 5 步，导航条包含 7 项，每项又各有子菜单，体现了一个复杂网站的需求。设计如下样式类和属性：

- 父级 li 元素中的<li class="dropdown">。
- 链接中的<a href="#" class="dropdown-toggle">。

- 链接中的 data-toggle="dropdown"。
- 子菜单 ul 中的<ul class="dropdown-menu">。

代码如下：

```
<ul class="nav navbar-nav">
    <li class="dropdown"> <a href="#" class="dropdown-toggle" data-toggle="dropdown">
网站首页 <b class="caret"></b></a>
        <ul class="dropdown-menu">
            <li><a href="#">菜单项 1</a></li>
            <li><a href="#">菜单项 2</a></li>
            <li><a href="#">菜单项 3</a></li>
            <li class="divider"></li>
            <li><a href="#">菜单项 4</a></li>
            <li class="divider"></li>
            <li><a href="#">菜单项 5</a></li>
        </ul>
    </li>
    ...
</ul>
```

另外，还有一个带特殊类的特殊标签，用于标识下拉菜单指示图标：<b class="caret"></b>。

第 6 步，为最后一项菜单单独设计样式，让其右侧浮动显示。

```
<ul class="nav navbar-nav navbar-right">
    <li class="dropdown"> <a href="#" class="dropdown-toggle" data-toggle="dropdown">
社会责任<b class="caret"></b></a>
        <ul class="dropdown-menu">
            <li><a href="#">菜单项 1</a></li>
            <li><a href="#">菜单项 2</a></li>
            <li><a href="#">菜单项 3</a></li>
            <li class="divider"></li>
            <li><a href="#">菜单项 4</a></li>
            <li class="divider"></li>
            <li><a href="#">菜单项 5</a></li>
        </ul>
    </li>
</ul>
```

扫一扫，看视频

19.4　设计实用导航

实用的导航链接让用户可以登录、注册和查看购物车。在宽屏中把它们放到页头右上角，如图 19.6 所示。

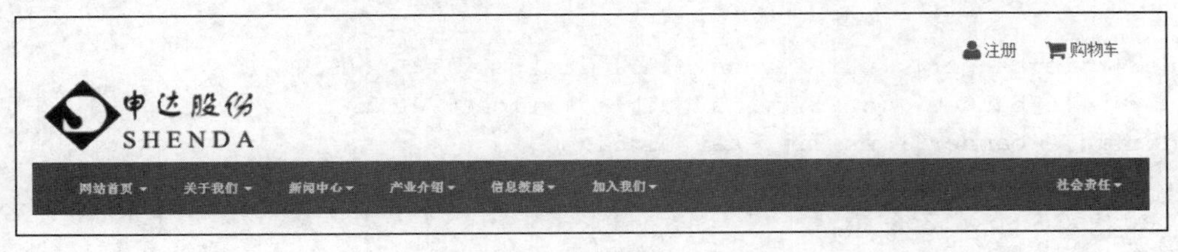

图 19.6　宽屏下的实用导航效果

在移动设备或窄屏下仅显示各种图标，效果如图 19.7 所示。

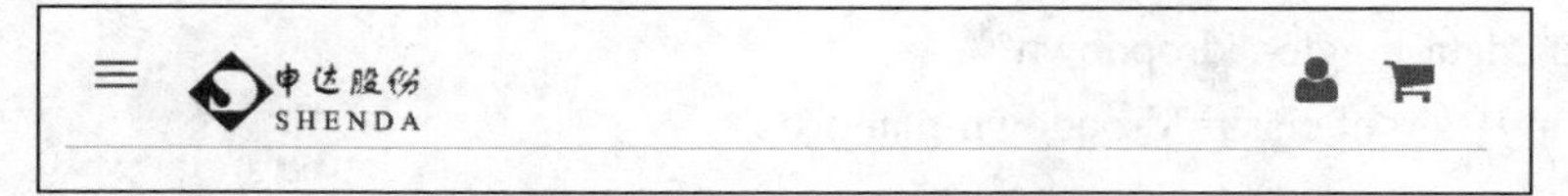

图 19.7　窄屏下的实用导航效果

打开 index.html 文件，找到实用导航 HTML 结构，添加如下代码：

```
<header role="banner">
   <div class="container"> <a class="banner-brand visible-md visible-lg" href=
"index.html"><img src="img/logo.png" alt="Bootstrappin'" width="180"></a>
      <div class="utility-nav">
         <ul>
            <li><a href="#" title="Login or Register"><i class="icon fa fa-user
fa-lg"></i> <span>注册</span></a></li>
            <li><a href="#" title="View Cart"><i class="icon fa fa-shopping-cart
fa-lg"></i> <span>购物车</span></a></li>
         </ul>
      </div>
      <!-- /.utility-nav -->
   </div>
   …
   </header>
```

在实用导航结构中，类 utility-nav 只是为了方便使用，它不是 Bootstrap 特有的类，也没有什么样式。这里已经通过 fa-user 和 fa-shopping-cart 类添加了 Font Awesome 的用户和购物车图标，并通过 fa-lg 类把它们的尺寸增大了 33%。关于增大 Font Awesome 图标的详细说明，可以参见官方帮助文档。

接下来，对布局进行相对位置的调整，也就是要应用一些自定义的样式。

- 为 banner-brand 类添加上内边距，以增加页头的高度。
- 将页头 container 的定位方式设置为 relative，以使它包含绝对定位的 utility-nav 元素。
- 删除无序列表的项目符号。
- 向左浮动列表项。
- 将链接显示为 inline-block 并添加内边距。
- 删除悬停时的下划线。

```
header[role=banner] .banner-brand { padding-top: 40px }
header[role=banner]>.container { position: relative }
header[role=banner] .utility-nav {
   position: absolute;
   top: 0;
   right: 20px;
   z-index: 1999
}
header[role=banner] .utility-nav>ul { list-style: none }
header[role=banner] .utility-nav>ul>li { float: left }
header[role=banner] .utility-nav>ul>li>a {
   display: inline-block;
   padding: 8px 12px
}
```

19.5　设计响应式布局

本例设计页面能够根据设备进行响应布局，对应为桌面设备、平板设备和移动设备。桌面效果和移动效果如图 19.1 和图 19.2 所示。

【操作步骤】

第 1 步，首先来梳理一下本站首页的基本框架。HTML 代码如下：

```
<header role="banner">
    <div class="container">
        <div class="utility-nav"></div>
    </div>
    <nav role="navigation" class="navbar navbar-default">
        <div class="container">
            <div class="navbar-header"></div>
            <div class="navbar-collapse collapse"></div>
        </div>
    </nav>
</header>
<main role="main">
    <div class="container">
        <div class="row">
            <section></section>
            <section></section>
            <section></section>
        </div>
    </div>
</main>
<footer role="contentinfo">
    <div class="container">
        <div class="row"></div>
        <ul class="social"></ul>
    </div>
</footer>
```

整个页面被分为 3 部分：头部区域<header role="banner">、主体区域<main role="main">和脚部区域<footer role="contentinfo">，3 部分堆叠显示。在其中使用 Bootstrap 网格系统实现布局。

第 2 步，在默认状态下，宽屏布局中三栏是等宽的，而且字体大小、按钮大小，还有颜色都一样，整个页面没有层次感。

要实现内容从视觉上的分层，可以调整栏宽、字体大小、按钮大小，还有颜色。下面先调整栏宽。在 index.html 中，搜索包含内容的 section 标签。

```
<section class="content-primary col-sm-4">
```

这里的类 col-sm-4 表示当前栏是父元素宽度的 1/3，从小视口（764px）及以上宽度开始。本例想在中大视口（992px 及以上）内保留 3 栏，而且希望第一栏比另两栏宽。

第 3 步，把 col-sm-4 修改为 col-md-5，如下所示：

<section class="content-primary col-md-5">

这样就把栏宽设置为了父元素的 5/12，并且从中型视口开始应用。

第 4 步，再搜索到后面两栏的 section 标签，将它们的类分别改为 col-md-4 和 col-md-3。

```
<div class="row">
    <section class="content-primary col-md-5"></section>
    <section class="content-secondary col-md-4"></section>
    <section class="content-tertiary col-md-3"></section>
</div>
```

第 5 步，调整标题，以便清除上方的按钮，默认这些按钮都浮动到了右侧。读者可以根据本例 index.html 直接修改样式表，如果熟悉 LESS，则建议打开_page-contents.less 文件，编写如下动态样式：

```
main {
    padding-top: 20px;
    padding-bottom: 40px;
    [class*="col-"] {
        h1, h2, h3, h4 {
            clear: both;
            padding-top: 20px;
            @media (min-width: @screen-sm-min) {
                &:first-child {
                    margin-top: 0;
                    padding-top: 0;
                }
            }
        }
    }
    .content-primary {
        font-size: @font-size-large;
    }
    .content-tertiary {
        font-size: @font-size-small;
    }
    // Make columns clear floats in narrow viewport single-column layout
    @media (max-width: @screen-sm-min) {
        [class*="col-"] {
            clear: both;
        }
    }
}
```

写一个选择符选择嵌套在 Bootstrap 的分栏类中的 hl 到 h4，这里可以使用 CSS2 的属性选择符，同时只针对嵌套在类以“col-”开头的元素内的这些标题。这样就可以选中所有可能用到的标题标签，以便清除它们的浮动，再给它们添加一些内边距。

标题之间增加了必要的分隔，也让按钮浮动到了相应位置。但这也在第二和第三栏上方增加了不必要的上内边距。为此，还要使用 first-child 选择符嵌套在标题选择符内。这里使用的&组合符，用于选择这些标题的第一个实例。

第 6 步，完成了上述调整，接下来可以调整按钮和字体大小。首先，来增大主栏内容的字体大小，在_variables.less 中，搜索@font-size-large 变量，将其值修改为：

```
@font-size-large:        ceil(@font-size-base * 1.15); // ~18px // edited
```

第 7 步，在_page-contents.less 中，添加如下代码，以利用上一步中设定的字体大小：

```
.content-primary {
   font-size: @font-size-large;
}
```

第 8 步，还需要利用 Bootstrap 在 mixins.less 中提供的方便的混入。打开 bootstrap/mixins.less，搜索//Button，可以找到以下代码的混入：

```
.button-variant(@color; @background; @border) {
  color: @color;
  background-color: @background;
  border-color: @border;
}
```

指定按钮字体、背景和边框颜色，分别对应于混入接收的三个参数。生成悬停、焦点和禁用状态的按钮，调整字体颜色、背景颜色和边框。

第 9 步，按照同样的模式，只需简单几步即可生成自定义功能按钮。先准备一组新的按钮变量。在_variables.less 中，将_primary 改为-feature-，作为背景颜色。然后在_buttons-custom.less 中修改和编辑代码。

第 10 步，对第二栏进行修改，缩小字体大小，同时让按钮不那么突出。调整字体大小，在_variables.l ess 文件中修改，调整@font-size-small 变量。

```
@font-size-small:        ceil(@font-size-base * 0.90); // ~12px // edited
```

第 11 步，无论在什么视图中，通常都应该在页面中提供一些留白。另外，每个区块的边框最好也有所标示。首先，在内容上下各添加一些内边距，给 main 元素添加一些上内边距，这个内边适用于所有视图，所以不必使用媒体查询：

```
main [class*=col-] h1, main [class*=col-] h2, main [class*=col-] h3, main [class*=
col-] h4 {
   clear: both;
   padding-top: 20px
}
```

第 12 步，设置分栏在单栏布局时，清除上方的浮动元素。如果不设置，第二栏和第三栏可能会盖紧上方的按钮。这些样式要写在媒体查询中，以便限制它只应用到窄视图。

```
@media (min-width:768px) {
main [class*=col-] h1:first-child, main [class*=col-] h2:first-child, main [class*=
col-] h3:first-child, main [class*=col-] h4:first-child {
   margin-top: 0;
   padding-top: 0
}
}
```

19.6 设计脚注

扫一扫，看视频

下面来实现一个复杂的多用途的页脚，页脚包括：指向网站下个重要栏目的二组链接、联系我们的文本、社交媒体图标，还有 Logo，效果如图 19.8 所示。

图 19.8　脚注效果

【操作步骤】

第 1 步，首先完成 HTML 结构的设计，具体代码如下：

```
<footer role="contentinfo">
    <div class="container">
        <div class="row">
            <div class="col-sm-4 col-md-2">
                <h3>购物指南 </h3>
                <ul>
                    <li><a href="#">服务商信息</a></li>
                    …
                </ul>
            </div>
            <div class="col-sm-4 col-md-2">
                <h3>配送方式</h3>
                <ul>
                    <li><a href="#">配送方式</a> </li>
                    …
                </ul>
            </div>
            <div class="col-sm-4 col-md-2">
                <h3>售后服务</h3>
                <ul>
                    <li><a href="#">订单发票</a></li>
                    …
                </ul>
            </div>
            <div class="clearfix visible-sm"></div>
            <div class="about col-sm-12 col-md-6">
                <h3>联系我们</h3>
                <p> 了解更多信息，请致电：
                    021-6232 8282 </p>
                …
            </div>
        </div>
        <ul class="social">
            <li><a href="#" title="Twitter Profile"><span class="icon fa fa-twitter">
</span></a></li>
            …
        </ul>
        <p class="footer-brand"><a href="index.html"><img src="img/logo.png" width=
"80" alt="Bootstrappin'"></a></p>
    </div>
</footer>
```

第 2 步，为了适用不同设备的显示要求，则在每栏中添加 col-sm-4 和 col-md-2 类样式，以实现不同的响应效果。如图 19.9 所示是在窄屏中的显示效果。

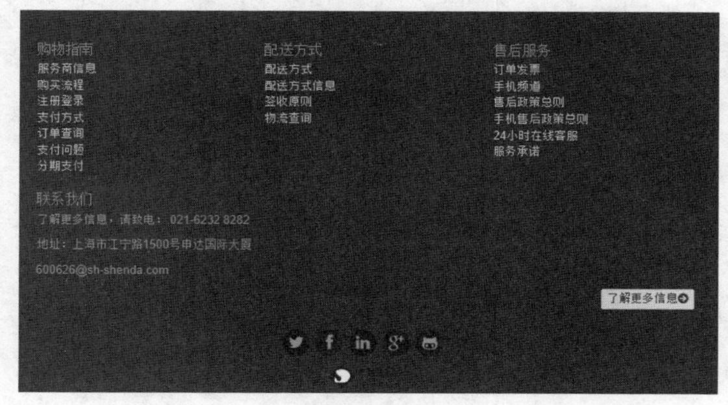

在平板中的显示

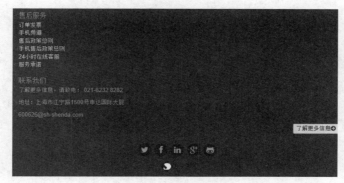

在移动设备中的显示

图 19.9　窄屏中的显示效果

第 3 步，在 Bootstrap 标准的布局方案中，应该使用类为 row 的 div 元素清除上方的浮动栏。但此处需要使用另一个方案，因为希望这个内容块在特定的断点范围内清除浮动。为此，可以在 LESS 文件中写一些自定义的样式。不过，也可以直接在标记中使用 Bootstrap 的响应式实用类提供的针对性的 clearfix 创建一个类为 clearfix 的 div，并添加一个 Bootstrap 的响应式实用类，使其只在小屏幕中可见。就把这个 div 放到“联系我们”栏的前面。

```
<div class="clearfix visible-sm"></div>
<div class="about col-sm-12 col-md-6">
```

这个 clearfix 类会强制当前元素清除上方的浮动。而 visible-sm 类则控制这个 div 仅在小屏幕中显示，也就是指定的断点范围内可见。在其他断点区间，这个 div 元素就像不存在一样。